저탄소 대안경제론

글쓴이 김해창은 경성대학교 환경공학과 교수(경제학 박사/환경경제학)로 있으면서 후학 양성에 힘을 쏟는 한편, 우리 사회의 새로운 희망과 변화를 모색하는 '소셜 디자이너(Social Designer)'이자 환경경제학자의 길을 걷고 있다.

1990년부터 2007년까지 17년간 국제신문에서 주로 환경 전문기자로, 2007년부터 2010년까지 (재)희망제작소에서 상임부소장으로 일했다. 현재 부산시 원자력안전대책위원회 위원, 에코시티연구회 부회장, 부산경실련·습지와 새들의 친구·지속가능공동체포럼 운영위원 등으로도 활동하고 있다. 아시아 리더십 펠로 프로그램(ALFP 2008) 한국 대상자로 선정되어 2008년 9월부터 약 3개월간 일본 도쿄에서 저탄소사회 만들기 사례를 연구했다. 2003년에 제5회 교보생명 환경문화상(환경언론부문)을 수상한 바 있다.

지은 책으로 『저탄소경제학』, 『일본, 저탄소사회로 달린다』, 『환경수도 프라이부르크에서 배운다』, 『어메니티 눈으로 본 일본』 등이 있고, 옮긴 책으로는 『아이디어 하나가 지역경제를 살린다』, 『굿머니-착한 돈은 세상을 어떻게 바꾸는가』, 『이산화탄소, 탈것으로 알아 보아요』, 『어메니티: 환경을 넘어서는 실천사상』 등이 있다.

E-mail: hckim@ks.ac.kr, seablue5@hanmail.net

Blog: 김해창닷컴(kimhaechang.com)

* 이 책은 한국언론진흥재단의 연구·저술활동 지원으로 출판되었습니다.

저탄소 대안경제론

2013년 8월 25일 1판 1쇄 인쇄
2013년 8월 30일 1판 1쇄 발행

지은이 김 해 창
펴낸이 강 찬 석
펴낸곳 도서출판 미세움
주 소 150-838 서울시 영등포구 신길동 194-70
전 화 02-844-0855   팩 스 02-703-7508
등 록 제313-2007-000133호
ISBN 978-89-85493-72-7 93530

정가 19,800원

저탄소 대안경제론

김 해 창 지음

머리말: 왜 저탄소 대안경제론인가

#1

노벨 경제학상 수상자 발표를 하루 앞둔 2012년 10월 14일 영국 유력지 가디언은 '경제학자들은 낡은 사고방식으로 상을 받을 수 없다'는 제목의 기사를 내보냈다. 신문은 경제학계가 올해 상이 누구에게 돌아갈지를 지켜보고 있다면서 그러나 이 '우울한 학문(Dismal Science)'은 여전히 과거에 매달려 있다고 비판했다. '우울한 학문'은 18세기 스코틀랜드 비평가 겸 역사학자인 토머스 칼라일이 경제학을 비꼬아 쓴 표현이다. 영국 중앙은행인 뱅크 오브 잉글랜드(BOE)의 통화정책위원을 지낸 미국 경제학자 데이비드 블랜치플라워는 가디언에 "경제학은 2008년 이후 마치 아무런 일도 일어나지 않은 것처럼 처신해왔다"면서 "모두가 늘 그랬듯이 똑같이 가르치며 똑같은 일을 반복하고 있다"고 강조했다. 『블랙 스완』이란 저서를 낸 경제학자 나심 니컬러스 탈렙(Nassim Nicholas Taleb) 또한 경제학이 모델과 수리의 틀에 갇혀 세계의 기초를 제대로 이해하지 못하는 오류를 범해왔음을 강하게 비판했다고 가디언은 덧붙였다. 다음날 2012년 노벨 경제학상 수상자로 미국 하버드대의 앨빈 로스(Alvin E. Roth) 교수와 로스앤젤레스캘리포니아주립대(UCLA)의 로이드 새플리(Lloyd S. Shapley) 명예 교수가 선정됐다. 로스 교수는 기자회견에서 "과거 식물학자들은 식물을 관찰하는 데 그쳤지만 이제는 새로운 식물을 설계하는 단계에 이르렀다"며 "경제학자의 역할도 시장을 관찰하는 데서 실패한 시장을 고치는 것으로 바뀌어야 한다"고 말했다.

#2

'환경분야의 세계은행'으로 불리는 녹색기후기금(GCF) 사무국이 인천 송도에 들어서게 됐다. 2010년 제16차 유엔기후변화협약 당사국총회에선 2020년부터 매년 1,000억 달러 규모의 기금을 조성해 녹색성장 프로젝트에 지원하기로 원칙적으로 합의했고, 2012년 제18차 당사국총회에서 녹색기후기금 사무국의 한국 유치가 결정됐다. 녹색기후기금 사무국 인천 유치의 경제적 효과는 초대형 글로벌기업 하나가 우리나라에 들어오는 것과 같다고들 한다. 한국개발연구원(KDI)은 연간 3,800억 원의 경제적 파급효과가 있을 것으로 내다봤다. 당초 기획재정부는 '2020년까지' 매년 1,000억 달러 조성을 목표로 한다는 잘못된 보도자료를 발표해 국내 대부분의 언론이 8년간 총 8,000억 달러가 조성된다는 오보를 내기도 했다. 더욱이 2012년 제18차 당사국총회에선 선진국들이 경기악화를 이유로 기금 규모에 대한 논의 자체를 미뤄 국내에 알려진 것과 같은 장밋빛 목표는 쉽게 달성되기 어려울 전망이다. 녹색기후기금 한국 유치와 관련해 녹색기후기금의 존재 이유에 대한 깊은 인식이 부족한 채 유치와 관련한 경제적 이익에만 관심을 쏟는 홍보 행태가 안타깝기 그지없다.

#3

2012년 10월 22일 밤 KBS 9시 뉴스를 보다 깜짝 놀랐다.

"노인들이 하루 종일 폐지 100kg을 모아 고물상에 팔면 얼마를 받을까요. 고작 3,000원입니다."라는 앵커의 말이었다. "폐지를 주워 생활하는 58살 김OO 씨는 요즘 폐지 값이 너무 떨어져 생계가 더 막막해졌습니다. 손수레에 폐지를 가득 싣고 고물상을 찾았지만 새벽부터 7시간 일하고 손에 쥔 돈은 고작 1,800원. 폐지를 주워 한 달 동안 버는 돈은 10만 원 남짓입니다. 지난해 이맘때까지 kg당 80원이었던 폐지 값이 지금은 1/3 수준인 30원으로 폭락했기 때문입니다. 고물상이 수집한 폐지는 중간 유통업체를 거쳐 골판지 업체로 넘어 가는데, 골판지 업체는 수분과 이물질을 감안해 폐지의 무게를 낮춰 가격을 매깁니다. 이렇게 무게를 낮추는 비율을 주요 골판지 업체들이 일제히 높여 kg당 가격이 뚝 떨어진 것입니다. (중략) 지난 1년 동안 주요 골판지 업체 6개 업체의 순이익은 최고 1,400%까지 올랐습니다. 폐지로 생계를 이어야 하는 빈곤층에서는 달리 하소연할 곳도 없습니다. 시장 지배력이 높아진 일부 제지업체가 가격을 좌우하면서 빈곤층 노인들이 생존선으로 내몰리고 있습니다."

노벨 경제학상에 대한 비판과 불만은 오늘날 지구의 문제를 푸는데 도움이 되지 않는 경제학의 효용성을, 녹색기후기금 사무국의 인천 송도유치 성공 기사는 기후금융의 미래에 대한 기대와 한계를, 한 달 열심히 폐지를 주워야 10만 원 남짓 되는 돈을 손에 쥔다는 빈곤층 노인들의 막막함은 오늘날 이 시대를 살아가는 우리들 경제적 삶의 단면들이 아닌가 싶다.

그러고 보니 중요한 것은 경제학이 오늘날 우리 지구가 갖고 있는 문제의 해결에 큰 도움이 되지 못하고 있다는 것이다. 그것은 이론의 문제가 아니라 실천의 문제이며, 예측의 문제가 아니라 선택의 문제라는 사실을 잊고 있기 때문이 아닐까하는 생각이 든다.

국가 차원에서 저탄소 녹색성장 얘기가 나온 지 5년이 지났지만 아직도 우리사회는 녹색보다는 성장에 방점이 찍혀있는 게 사실이다. 더욱이 2011년 3월 11일 일본 후쿠시마원전 대참사로 인해 원전에 의존하는 에너지체제에서 탈피하지 않으면 안 된다는 시민들의 절대절명의 목소리가 높으나 일본이나 우리나라나 아직은 이에 대한 깊은 성찰이 부족한 것 같다. 이명박 정부에 이은 박근혜 정부에선 '저탄소 녹색성장' 이야기는 잘 나오지 않는다. 대신 '창조경제'라는 말이 전가의 보도처럼 홍보되고 있다. 지난해 내선 때 후보들에게 기대했던 탈원전 대안경제의 실현 가능성은 거의 보이지 않는다.

이러한 가운데 이제야말로 새로운 사회, 특히 저탄소사회를 위한 경제학의 필요성이 강하게 대두되고 있다. 이 책은 지구의 지속가능성을 위한 새로운 경제학을 찾는 노력의 하나로 기획된 것이다. 지난 2월말 기후변화문제에 대해 경제학적으로 어떻게 대처할 것인가에 대한 이론서로 내놓은 『저탄소경제학』(경성대학교 출판부)에 이어 저탄소사회 구현을 위한 구체적인 실천 고민을 담아 『저탄소 대안경제론』으로 정리해보았다. 따라서 『저탄소 대안경제론』은 『저탄소경제학』의 실천편으로 실천분야에 대한 국내외의 다양한 사례와 함께 저자의 생각이나 제안이 담겨 있다.

『저탄소 대안경제론』은 다음과 같이 모두 10개의 장으로 구성되어 있다.

제1장은 탈자동차·탈원전론을 제시한다. 오늘날 기후변화와 자원고갈 문제를 대처하는 데 있어 가장 난제라고 할 수 있는 자동차와 원전문제에 대해 대안을 고민해본다.

제2장은 국책 또는 공공사업의 개혁에 관한 것이다. 이명박 정부의 4대강사업에서 여실히 보았듯이 국책사업이 환경파괴로 이어지는 현실을 개선하기 위해 국책사업 개선을 위한 대책 마련과 공공사업이 지역경제

에 미치는 효과를 알아보고 대안을 모색한다.

제3장은 환경친화적 조세구조와 인센티브에 관한 것이다. 환경세, 탄소세, 토빈세는 물론 최근 논란이 되고 있는 기본소득과 함께 보조금, 탄소포인트제와 같은 지구온난화 방지를 위한 인센티브, 그리고 배출권거래제와 탄소금융처럼 향후 우리들 생활에서 미칠 각종 제도의 효과에 대해 소개한다.

제4장은 자연에너지와 지역경제에 관한 것이다. 지속가능한 사회를 위해 가장 필요한 것이 지역에너지자립이다. 이러한 지역에너지자립에 자연에너지를 중심에 놓아야 한다. 자연에너지 채택을 통한 완전고용으로 가기 위한 지역산업의 미래에 대한 고찰이 담겨 있다.

제5장은 기업의 사회적 책임(CSR)과 사회책임투자(SRI)에 관한 것이다. 이는 오늘날 대기업 중심의 자본주의의 역기능을 개선하고, 환경경영과 환경회계를 통해 녹색소비자와 커뮤니케이션하는 새로운 기업경제의 필요성을 강조하고 있다.

제6장은 사회적 경제에 관한 것으로 사회적 기업, 마을기업, 협동조합, 3만 엔 비즈니스의 개념과 사례를 소개한다.

제7장은 도농상생에 관한 것으로 지산지소, 로컬푸드 또는 슬로푸드 운동 그리고 도시농업의 개념과 사례를 소개하고 도농교류 비즈니스와 농촌일손돕기은행 등 도농연대방안을 제안한다.

제8장은 국제무역과 공정무역 그리고 생태관광에 관한 것이다. 기존의 국제무역이 환경면에서 미치는 영향과 탄소발자국·생태발자국과 푸드마일리지의 개념을 알아보고, 대안으로 떠오르고 있는 공정무역과 생태관광의 개념과 대표적 사례를 소개한다.

제9장은 사회적 금융과 지역화폐 그리고 지역재단에 관한 것이다. 유럽이나 일본에서 일어나고 있는 사회적 은행, NPO은행과 같은 사회적 금융, 즉 착한돈의 기능과, 지역을 바탕으로 한 지역화폐, 지역재단의 개

념과 대표적 사례를 소개한다.

　제10장은 저탄소도시 만들기와 거버넌스에 관한 것이다. 전원도시에서 환경도시, 저탄소도시로 이어지는 도시의 변천이론을 소개하고 거버넌스를 통한 저탄소도시 만들기의 주민참여방안과 다양한 거버넌스 정책들을 소개 또는 제안한다.

　저탄소경제학은 환경경제학 가운데서도 특히 기후변화분야를 바탕으로 저탄소사회 만들기를 위한 응용경제학으로 방대한 분야이며 '저탄소 대안경제론' 또한 현실을 꿰뚫는 집단지혜가 필요하다. 부족한 지식으로 정리한다고 마음만 앞섰다. 그러나 이제 경제학이 달라져야 한다는 사실에서 이론만이 아니라 실천을, 우리의 현실을 놓쳐서는 안 된다는 데서 절박함이 더해졌다. 모자라는 책이지만 이 책을 통해 대안경제 모색의 필요성을 공감하고 집단지혜를 모으는 계기가 됐으면 한다. 한편『저탄소 대안경제론』의 이론적 바탕을 이해하고자 하는 분은 졸저『저탄소경제학』을 참고해주시면 고맙겠다.

　이 책은 넓은 의미의 '기후변화 정책학'이란 과목으로 경성대 환경공학과 및 기후변화특성화대학원 학생들과 수업을 하면서 기획됐고 정리됐다는 점에서 수업에 충실히 임해준 학부·대학원생들에게 무엇보다 고마운 마음을 전한다. 또한 이 책을 대학 교재로만 머물 것이 아니라 환경 실천에 관심이 있는 시민 또는 행정·기업가들을 위한 수준 있는 교양서가 될 수 있도록 어려운 여건 속에서도 흔쾌히 출판을 결정해준 미세움출판사 강찬석 대표님과 멋진 책으로 만들어주신 임혜정 편집장님께 정말 고마운 마음을 전한다. 아울러 귀한 사진을 제공해주신 국제신문 옛 동료기자들과 강평석, 장희정 님께도 감사드린다. 그리고 언론사 환경기자 시절 지구온난화방지 교토회의 취재 중에 뵌 이래 환경경제학의 매력에 빠져들게 해주신 우리나라 환경경제학의 거두 이정전 서울대

명예교수님과 대학원에서 학문적 소양을 길러주신 강상목 부산대 경제학과 교수님께 지면을 빌어 감사의 마음을 드린다. 또한 『저탄소경제학』과 『저탄소 대안경제론』의 필요성에 공감하면서 최초의 독자이자 감수자를 자처해 온 아내에게 고마움을 전하고, 대학생활과 군복무에 매진하고 있는 믿음직한 두 아들에게도 사랑한다는 말을 전한다.

2013년 7월
경성대 연구실에서
김 해 창

차 례

10 저탄소도시 만들기와 거버넌스 335

※ 본문 중의 환율은 2013년 7월 30일 기준임.

1

탈자동차·탈원전론

1.1 | 탈자동차론

자동차의 사회적 비용　　IPCC(기후변화에 관한 정부간 협의체)의 제4차 평가보고서 최종보고서(2007)는 지금과 같은 상황이 계속된다면 향후 100년간 지구 평균기온은 최대 6.4℃, 해수면은 59cm 상승할 것이라고 전망했다. 이렇게 볼 때 급속하게 증가하고 있는 온실가스 배출을 막는 일이 매우 중요하다. 그것도 앞으로 20~30년이 지구온난화의 악영향을 막는데 가장 중요한 시기라고 할 수 있다. 이런 면에서 저탄소 배출로 안정된 기후를 바탕으로 한 지속가능한 '저탄소사회' 만들기야말로 21세기의 시대적 요구임은 두말할 나위가 없다.

　'저탄소사회(Low-Carbon Society)'라는 말은 2005년 3월 영국과 일본의 공동연구인 '탈온난화2050프로젝트'를 주제로 한 국제 워크숍에서 공식적으로 처음 등장했고, 2007년 이후에 전 세계적으로 본격적으로 사용되기 시작했다. 이에 앞서 2003년 영국의 에너지백서에서는 '저탄소경제(Low-Carbon Economy)'라는 말이 사용됐다. 국제 워크숍에서 정의된 저탄소사회란 ① 사회의 모든 계층이 필요로 하는 발전을 확실히 하면서, 지속가능한 발전의 원칙에 맞는 행동을 하는 사회, ② 대기 중 온실가스 농도를 기후변화에 의한 위기적인 상태로부터 회피하는 수준으로 안정화시키기 위한 균형잡힌 공헌을 하는 사회, ③ 에너지 효율을 제고하면서 저탄소 에너지 자원 및 제조기술을 사용하는 사회, ④ 온실가스 배출이 적은 소비 행동양식을 하는 사회를 가리킨다. 종합하면 '생활에 필요한 서비스는 높이면서도 투입 에너지는 가능한 적게 하고 가능한 한 저탄소 에너지를 이용하는 사회'라고 할 수 있다.(김해창, 2009; 藤野純一 外, 2009)

이러한 저탄소사회를 만들기 위해서 가장 시급한 일이 우리 사회의 대량생산 및 소비구조를 바꾸는 일이라 할 수 있다. 이러한 대량생산 및 소비구조를 비꾸기 위해서는 무엇보다 우리들의 생활양식에 대한 근본적인 인식의 전환이 있어야 할 것이다. 그 대표적인 하나가 자동차에 매이지 않는 생활이다. 일면 수긍이 가지만 자동차 없는 우리들의 생활은 상상하기조차 어렵다. 여기서 탈자동차론은 자동차 없는 사회가 아니라 자동차의 이용을 최소화하고 저탄소 대안교통을 확대하자는 것이다. 편리함에만 익숙해진 우리들에게 과연 자동차란 무엇인가. 우선 자동차로 인해 우리 사회가 지불하는 사회적 비용이 어느 정도인가에 대해서부터 한 번 생각해보자.

경제학자 우자와 히로후미(宇沢弘文)는 『자동차의 사회적 비용(自動車の社會的費用)』(1974)이란 책에서 도쿄도를 모델로 해 자동차의 사회적 비용을 계산했는데 1974년 현재 자동차 한 대당 약 1,200만 엔(약 1억 3620만 원)이라는 사회적 비용이 발생한다는 결과를 산출해내고 있다. 1970년 일본의 교통사고사망자는 연간 1만 6000여 명이었는데 1973년도 도쿄도를 기준으로 해 자동차의 사회적 비용을 이렇게 계산해놓았다. 너비 5.5m의 도로 약 21만km에 해당하는 용지비용과 보차도 분리 등 관련 건설비 총액은 24조 엔이고 이를 당시 등록차량 수인 200만 대로 나누면 1대당 1,200만 엔이 나오고 이를 이자분만 부담한다고 해도 한 대당 연간 200만 엔이란 사회적 비용이 발생한다는 것이다. 결국 자동차를 직접 이용하는 사람이나 택배 등 트럭 서비스를 이용하는 사람은 비이용자가 지불한 세금을 연 100만 엔 단위로 빼내 쓰고 있다고 해도 과언이 아니라는 것이다.

여기서 '사회적 비용'이란 개념은 어떤 경제활동이 시장 거래를 거치지 않고 제3자나 사회 전체에 직접적, 간접적 피해를 주는 '외부 불경제'의 개념과 관련이 있다. 이 외부 불경제 가운데 발생자가 부담하지 않는 부분을 1950년 카프(K.W.Kapp)가 '사회적 비용(Social Cost)'이라 이름 붙였는데, 우자와의 연구는 이를 자동차에 적용해 계산한 것이었다.

우자와는 「자동차의 사회적 비용 재론(再論)」(『세카이(世界)』, 1990년 9월호)'에서 오늘날 자동차의 사회적 비용은 '천문학적인 수준에 달하고 있다'고 쓰고 있다. 우자와는 도쿄도의 도로연장은 1989년 현재 1만 8988㎞이고 도쿄도의 자동차 등록대수는 1990년 현재 442만 9000대로 1만 8988㎞의 도로에 대해 도로구조 변경을 위해 필요한 투자액은 용지취득비 343조 6700억 엔, 보도 및 완충대 설치비 1조 3671억 엔 해서 모두 합하면 약 345조 엔이다. 자동차도로 확충을 위한 총 투자액을 도쿄의 총 자동차 등록대수로 나누면 자동차의 사회적 비용은 무려 7,790만 엔이 된다는 것이다.

그런데 우자와의 이러한 계산에 선뜻 동의하기 어려운 분들도 많을 것이다. 이에 대해선 고지마 히로유키(小島寬之)가 쓴 『확률의 경제학』(2004)을 보면 우자와 이전의 연구에 대해 어느 정도 이해를 할 수 있다. 우자와 이전의 연구로는 다음 3가지가 알려져 있었다고 한다. 처음엔 일본 운수성(運輸省)이 1968년에 행한 계측에서 자동차의 사회적 비용을 대당 7만 엔이라고 발표했다. 그 결과에 불복한 일본자동차공업회가 독자적으로 다시 계산하여 1971년에 자동차 한 대당 사회적 비용이 6,600엔이라고 보고했다. 그 후 노무라종합연구소가 한 대당 17만 8960엔이라고 했다는 것이다. 이에 비해 우자와는 자동차의 사회적 비용이 대당 연간 약 200만 엔(이자분 부담만)이라는 자릿수 자체가 다른 큰 액수를 내놓았다.

어떻게 해서 기관마다 이렇게 현저한 차이가 벌어졌을까. 그것은 계산

© 김성효(국제신문 기자)

방식의 발상이 모두 달랐기 때문이다. 우선 운수성의 방법을 보면 운수성은 교통시설의 정비, 자동차 사고의 손실액, 교통경찰비, 교통의식 홍보비, 도로 혼잡에 의한 손실 등을 계산하고 그 합계액의 증가분을 자동차 증가분으로 나누어 값을 산출했던 것이다. 노무라종합연구소의 보고서는 운수성의 계산방식에다 배기가스에 의한 환경오염비용을 보탠 점이 특기할 만하다는 것이다. 그런데 우자와는 이러한 산출방법에 근본적인 의문을 제기한 것이다. 우자와는 '자동차의 존재로 인해 무엇을 잃고 있는가', 다시 말하면 '자동차사회를 선택하지 않는다면 무엇을 누릴 수 있는가'라는 근본적인 문제를 제기하면서 이를 '시민의 기본적인 권리'라고 불렀다. 도시에서 생활하는 시민은 모두 건강하고 쾌적한 생활을 누릴 권리, 자유롭게 길을 걸을 권리, 생명을 위협당하지 않을 권리를 갖는데 자동차의 존재가 그러한 시민의 권리를 침해한다고 본 우자와는 시민의 권리를 침해하지 않도록 자동차를 이용하려면 얼마만큼의 투자가 필요한가를 계산에 넣었던 것이다. 그는 시민의 기본적 권리를 보장받기 위해 최소한 차도를 좌우 4m씩 넓히고 보도와 차도를 가로수로 분리할 필요가 있다고 주장하고, 그 비용을 자동차 한 대당 최소 연간 200만 엔으로 잡은 것이다.

이를 고지마 히로유키(2004)는 자동차가 시민에게 가져다준 피해에 대해 '호프만 방식'과 '우자와 방식'이 정면 대립한다고 소개하고 있다. 호프만 방식은 '그 사람이 예전 그대로 건강하게 살았다면 얻었을 이익을 금전으로 환산한 금액'으로 교통사고나 환경오염의 피해를 어림잡는다. 예를 들면, 평균수명을 70년으로 보고 사고사의 평균연령 37세를 뺀 평균적인 수명 33년에 1인당 GDP 액수를 곱하고 거기에 사고사망자 수를 다시 곱한다. 이는 자동차로 생명을 잃는다는 부조리나 유족의 인간적인 고통과는 무관한 계산이라는 것이다. 이에 비해 우자와 방식는 '시민에게 자동차가 없었을 때 누릴 수 있었던 시민적 자유, 문화적 생활을 현상적으로 회복하기 위해 최소한 필요한 금액'으로서 피해액을 계산한다. 호프만 방식은 '현재부터 장래에 걸친 최적화'라는 개념을 바탕으로 한 것으로 자동차가 존재하는 현상 자체를 이미 어쩔 수 없는 기정사실로만 파악하고 있다는 점이 중요하다. 반면에 우자와 방식은 자동차사회라는 현상이 '과오에 의한 선택'이었을 가능성을 배제하지 않는다. 시민이 '자동차로부터 위협당하지 않았던 세계'를 현상의 전제로 삼고, 그것을 위해 도로 폭을 충분히 넓히고 가로수로 자동차와 보행자를 격리하며 보행자가 사고로 죽지 않고 환경오염으로 건강을 해치지 않는 환경을 조성하기 위한 비용을 계산한다. 우자와의 자동차의 사회적 비용은 '미래에 대한 지불일 뿐 아니라 과오가 있었던 과거를 최적화하는 금액'이라는 것이다. 과연 우리사회에서 자동차의 사회적 비용은 얼마나 될까. 그리고 우리사회는 이러한 사회적 비용을 제대로 물리고 있는가 한 번쯤 깊이 자문해볼 일이다.

가미오카 나오미(上岡直見)는 『자동차의 불경제학(クルマの不経済学)』(1996)에서 '노상주차의 사회적 비용' 또한 엄청나게 크다고 강조하고 있다. 노상주차의 경우 승용차 1대당 1.6명이 승차한다고 가정할 때 1시간에 750대의 차가 다니는 길에 승용차 1대가 노상주차를 하면 시간당 400대, 즉

640명의 도로 이용기회가 박탈당한다는 것이다. 일본인 1명의 평균 시간 가치를 39.3엔으로 치면, 시간당 150만 9000엔의 손해가 발생하게 되는데 가미오카는 결론적으로 노상주차의 경우 분당 2만 5150엔(약 28만 원)의 벌금을 징수해야 할 정도라는 것이다.

또한 가미오카는 자동차로 인해 잃어버리는 것들에 대해 다음과 같이 적고 있다. 첫째, 1년에 약 1만 명의 생명을 잃어버린다는 것이다.* 둘째, 아이들의 놀이터이다. 셋쌔, 선상이다. 즉 천식, 호흡기장애, 꽃가루 알레르기, 환경호르몬과 다이옥신의 증가, 뼈나 근육의 퇴화를 유발한다는 것이다. 넷째, 자동차로 인해 위협을 느끼거나 보도의 무단주차 또는 배기가스 등으로 인해 즐겁게 걷거나 자전거를 탈 권리를 빼앗긴다는 것이다. 다섯째, 경관의 아름다움을 제대로 느낄 수 없다. 여섯째, 아름다운 마음을 가진 사람이 점차 줄어들게 된다는 것이다. 이는 당시에 니시지마 사카에(西島榮)가 쓴 「자동차와 계층사회」라는 글에서 지적한 것인데 이를 잠시 인용하면 다음과 같다. "자동차의 앞을 꾸물꾸물 걷고, 길옆으로 비키지 않는 노인에 대해 욕을 하는 인간, 또는 가축을 몰아내듯 클락슨 소리를 내는 인간을, 우리들의 사회는 대량으로 만들어내고 말았다. 자신은 맑은 공기와 편안한 음악과 최고로 살기 좋은 공간을 향수하면서 다른 사람에게 배기가스와 소음과 흙먼지를 안겨주고도 태연한 인간을 대량으로 만들어내고야 말았다. 그리고 무엇보다도 연간 1만 명 이상의 사망자를 '별거 아니라고' 생각하는 무서운 인간을 대량으로 만들어내고 말았다." 일곱째, 자동차로 인해 조용한 생활이 사라지게 됐다는 것이다.

---

* 2012년 말 현재 일본의 전국 교통사고 사망자수는 4,411명이며, 우리나라의 경우는 5,200명이다.

자동차와 온실가스 우리 생활에 없어서는 안 될 인류 최대의 발명품의 하나인 자동차. 그러나 자동차는 지구환경을 위협하는 심각한 배기가스문제를 안고 있으며 오늘날 지구온난화의 주범으로 지목되고 있기도 하다. 자동차가 지구환경에 심각한 문제를 일으키는 것을 알게 된 것은 언제부터일까.

에릭 엑크만(Erik Eckermann)은 『자동차의 세계사(自動車の世界史)』(1996)에서 자동차 역사 100여 년을 정리해 놓았다. 자동차 100여 년의 빛과 그림자는 이렇게 요약할 수 있다.

1886년 7월 3일 칼 벤츠는 그의 '특허 엔진차'를 독일 만하임의 환상도로 위에 시험을 했다. 니콜라우스 오토를 모방해 10년 전에 개발한 4기통 엔진의 동력으로 한 대의 자동차가 도로 위를 자력으로 처음 주행한 것이다. 오토 엔진을 자동차에 적용한 것으로 인류의 역사에 이보다 큰 영향을 준 발명은 아마 없을 것으로 평가될 만큼 자동차는 공업선진국에게 결정적인 경제요인으로 성장했다. 자동차산업은 그 자체만 봐도 뚜렷한 가치의 창조를 가져왔고 게다가 석유, 철강, 유리 및 플라스틱제품 등 일련의 재료 부품산업이 더해졌다. 이밖에 경제적 영향으로서는 도로건설 및 수리업이 더해져 자동차 관련산업이 국내총생산(GDP)에서 차지하는 비율은 1990년대 초 미국에서는 약 20%에 이르는 것으로 알려져 있다는 것이다. 옛 소련에서는 노동자의 약 7명 중 한 명이 직접 또는 간접적으로 자동차에 의존하고 있었고, 일본의 경우도 취업인구의 11%가 자동차 관련 산업에 종사하고 있다는 것이다.* 또한 농

---

* 우리나라는 2009년 기준으로 자동차산업의 직·간접 고용인원이 약 170만 명으로 총고용의 약 7.2%를 차지하고 있다. 국내 자동차 생산실적은 2010년 완성차 약 427만 대이며, 국내 자동차 보유대수는 약 1,800만 대이며 그 중 승용차가 76%인 약 1,400만 대이다. 승용차 1대당 인구수는 3.6명, 자동차 1대당 인구수는 2.7명이다. 2013년 4월 현재 우리나라 자동차 보유대수는 약 1,907만 대(승용차 1,476만 대)이다. 한국자동차산업협회(www.kama.or.kr) 자료 참조.

업에서도 이러한 '모터리제이션(Motorization)'은 특별한 의미를 갖는다. 농업 차량 및 기계에 경량의 시프트 피스톤 엔진이 이용되지 않았다면 늘어나는 세계 인구를 부양하기는 아마 불가능했을 것이라는 평가가 나오고 있다는 것이다.

이처럼 자동차는 100여 년 전에는 상상하기 힘들었던 꿈같은 이동의 자유를 가져다 주었다. 자동차는 우리들의 직업이나 레저의 방법을 바꿨다. 일하는 장소나 취미를 거리와 관계없이 선택할 수 있게 된 것이다. 자동차 없는 생활은 이제 상상할 수가 없게 됐다. 그러나 자동차사고로 인한 인명피해는 심각하다. 1980년 당시 독일에서만 한해 약 1만 2900명의 사망자가 생겼다. 하루에 36명의 교통사고 사망자와 1,404명의 부상자가 생겼던 것이다.

에릭 엑크만은 1994년 말 현재 지구상에는 6억 4000만 대의 자동차가 이용되고 있고, 자동차에 의해 야기되는 무거운 부하를 회피 또는 제한하기 위해서는 세계적인 전략이 필요하다고 강조하고 있다. 1980년대 이후로 승용차의 연간 세계생산량은 약 5,000만 대로 유한한 원재료의 산출과 증대하는 환경부하의 인식이 자동차의 개념의 변경을 요구하고 있다는 것이다.* 목표과제는 역시 엔진성능과 최고속도의 향상만이 아

---

* 미국 자동차 전문지인 워즈오토(WARD'S AUTO)는 2011년 8월 16일부로 승용차, 트럭, 버스 등 전 세계에서 운행중인 각종 자동차의 보유대수가 10억 대를 돌파했다고 발표했다. 워즈오토는 1970년 이후 전 세계 자동차 보유대수가 15년마다 두 배로 증가하고 있다고 밝혔다. 현재 세계에서 자동차 최다 보유국은 미국으로 등록 대수가 2억 4000만 대에 이르며 이어 중국이 7,800만 대로 2위, 일본이 7,400만 대로 3위를 기록하고 있다고 한다. 우리나라는 2011년 6월말 현재 자동차 등록대수가 1,826만 대로 17위로 나타났다. 한편, 2010년 말 기준 세계 1인당 자동차 보유대수는 6.75명당 한 대꼴이며 미국과 이탈리아에서는 각각 1.3명당 한 대, 1.5명당 한 대, 프랑스, 일본, 영국은 약 1.7명당 한 대, 중국은 17.2명당 한 대, 인도는 56명당 한 대꼴로 나타났다. 워즈오토는 2010년 한 해 동안 세계 자동차 증가대수가 3,600만 대로 전년 대비 3.6% 증가한 것으로 나타났다고 밝혔다. WARSAUTO(www.wardsauto.com), 자동차신문(www.autodaily.co.kr, 2011.8.22) 참조.

니라 연료소비의 저하, 유해물질 및 소음의 감소, 안전, 에너지절약적 원료 및 에너지의 투입, 리사이클의 가능성이다. 세련된 기술의 도움으로 자동차가 갖고 있는 위험을 줄이고, 자동차를 인류에게 유용한 도구로 발전시켜가는 것이 새로운 과제라고 강조하고 있다.

아라이 히사하루(荒井久治)의 『자동차발달사(하)(自動車の發達史〈下〉)』(1996)를 보면 자동차의 배기가스가 문제가 된 역사적인 환경사고가 로스앤젤레스 대기오염사고임을 알 수 있다. 1940년경부터 미국 로스앤젤레스에서는 맑은 날임에도 불구하고 온 도시가 부연 스모그가 발생했는데 이로 인해 담배, 포도, 옥수수, 오렌지 등의 작물이 30% 이상 줄어들고, 소나무가 마르고, 병충해도 늘었다. 1950년대에 들어서도 이로 인해 눈물이 나거나 목이 아픈 증세를 호소하는 환자들이 점점 늘어나게 됐다. 캘리포니아공대 A. J. 하겐 스미스 교수가 이 같은 스모그의 발생 원인을 광화학현상으로 보고, 스모그는 강한 산화성 옥시던트가 그 주성분이라는 사실을 1952년에 밝혀냈다. 옥시던트 농도는 태양이 내리쬐면 높아져 한낮에 피크에 달하고 일몰과 더불어 낮아지는 것이 관측됐는데 스미스 교수는 1955년 질소산화물과 탄화수소의 혼합기에 강한 빛을 쬐면 오존을 생성한다는 사실을 실험으로 입증했다. 이에 따라 그는 스모그가 자동차의 배출가스와 캘리포니아의 강한 태양광선으로 인해 형성되고 있다는 사실을 지적했고 이때부터 자동차의 배출가스가 대기오염의 근본원인이라는 사실이 확인돼 '자동차의 배기가스대책'이 신중하게 검토되게 됐다는 것이다. 그 뒤 캘리포니아주 공중보건위원회는 1959년 '자동차에 의한 오염물질의 배출농도기준'을 결정했고, 주 의회는 1960년에 '주 보건안전규제'에 '자동차오염방지법'을 추가했다. 그리고 1970년 9월 미 상원이 배출가스 오염방지를 지향하는 '대기청정법' 개정법을 통과시켰는데 민주당 머스키(E.S.Muskie) 상원의원이 입법을 추진했다고 해서 이 법률을 '머스키법'이라고도 부른다. 그런데 1973년 제2차 오일쇼크 발생으로 경제정책이 오히려 우선돼 1970년의 '대기청정법'은 2차례 개정을 거쳐 1977년에 초기의 머스키법이 완화된 것이 1978년 이래 배출가스규제로 설정됐다. 그 뒤 도시의 대기가 목표 기준치에 미치지 못하고 과거 스모그나 산성비 문제의 심각화에 대한 여론이 비등해지자 1989년 부시 대통령은 대기정화법의 대폭적인 개정 필요성을 제안했고, 이것을 받아 1990년에 연방의회에서 대기청정법이 13년만에 개정돼 미국의 자동차배출가스규제는 새로운 선환을 맞게 된다. 연방 배출가스규제로서는 휘발유의 증산방지를 위해 미 환경청은 '휘발유증기압규제', '급유시 휘발유 증산방지', '증산가스테스트법'의 개정을 통해 지구환경 보존에 도움이 되는 조치를 취하게 됐다. 더욱이 앞서가는 캘리포니아주에서는 1998년형 자동차부터 '배출가스 제로'의 자동차(ZEV), 즉 전기자동차를 주 내에 판매하는 자동차의 일정 비율 이상을 준수할 것을 의무화하기도 했다.

그러면 실제로 자동차와 관련해 지구에 유해한 물질은 어떤 것들이 있을까. 이에 대해서는 가미오카 나오미(上岡直見)의 『지구는 자동차를 견뎌낼 것인가(地球はクルマに耐えられるか)』(2000)에 따르면 자동차의 제조에서 폐기까지의 과정에 관계되는 각종 유해물질만 약 130가지 항목이나 된다고 한다. 따라서 가미오카는 주행시의 배기가스공해만이 아니라 자동차의 제조·주행·폐기라는 전 과정에 걸친 종합적인 오염체계로 다룰 필요성이 있다고 제안한다.

우선 제조시에는 이산화탄소, 아산화질소, 아황산가스, 중금속류, 벤젠, 톨루엔, 키시렌, 내분비교란물질이 배출된다. 주행시에는 이산화탄소, 아산화질소, 아황산가스, 입자상물질, 중금속류(타이어, 도로분진), 톨루엔, 벤젠, 다이옥신, 옥시던트, 알데히드류가 배출되고 열오염, 소음, 진동 그리고 교통사고의 위험이 있다. 폐기시에는 중금속류(슈레더 더스트; shredder dust), 프레온, 내분비교란물질이 나온다. 이 가운데 이산화탄소,

아산화질소, 열오염, 프레온이 지구온난화에 영향을 미친다는 것이다.

가미오카는 우선 환경부하면에서 이산화탄소 배출량을 보면 일본의 경우 연간 자동차의 연료소비만 계산하면 약 2억 4222만t으로 약 2,400억kg의 CO_2를 배출하는데 이는 일본 전체 CO_2배출량의 약 22%를 자동차가 차지하고 있다는 사실을 보여주고 있다는 것이다. 일본 『환경백서』에 따르면 일본인 1인당 연간 CO_2배출량은 9.27t으로 한 해 동안 일본 전국의 CO_2배출량은 11억여t이며, 자동차 1대당 평균 CO_2배출량은 약 3,700kg(전국 CO_2량/6,500만 대)이라는 것이다. 그리고 일본의 연간 질소산화물(NOx) 배출량도 84만~113만t에 이른다고 한다. 질소산화물은 산성비나 천식의 원인으로 특히 디젤엔진차에서 대량 발생하고 있다는 것이다. 또한 부유입자상물질의 경우도 직경 10마이크론 이하의 입자도 있어 가볍기 때문에 공중에 오래 떠다니는데 쉽게 폐 깊숙이 들어가기에 발암성도 있다고 한다. 매연분진은 천식, 꽃가루 알레르기의 원인이 되는데 이 또한 디젤엔진차에서 대량 발생하고 있다는 것이다.

자동차로 인한 산업폐기물도 심각하다. 일본의 경우 1년간 폐차분 총량은 연간 약 100만t인데 이것도 타이어를 제외한 양이다. 폐타이어는 1990년 현재로 연간 약 8,900만 개로 80만t에 이른다고 한다. 자동차의 슈레더 더스트의 내역은 다종류의 처리곤란한 플라스틱조각이 약 30%이고, 유리, 섬유, 고무, 납, PCB(폴리염화비페닐), 비소, 수은, 크롬, 카드뮴 등으로 구성돼 있다. 유해성분은 차의 도료 폐유 용제가 원인이라고 한다. 그리고 차는 생산단계에서 1년간 산업폐기물이 폐유, 폐플라스틱 등 연간 30만t이 나온다고 한다. 그리고 자동차의 소음도 심각하다. 보통 고속철도 신칸센 주변이 약 50~70dB인데 국도의 경우 자동차 소음이 신간센보다 더 높다는 것이다. 참고로 시끄러운 전화벨 소리가 약 60dB이라고 한다.

가미오카는 또한 지구온난화와 관련해 자동차의 에어컨에서 나오는 열문제를 심각하게 보고 있다. 그는 일본의 반원전 환경단체인 '원자력 자료정보실(CNIC)'이 펴낸 「원자력시민연감98」 자료를 바탕으로 일본의 카에어컨에서 버려지는 총열량이 여름 석 달만 해도 1,000억kWh나 되는 것으로 추정된다는 것이다. 이는 일본의 모든 원전에서 나오는 폐열에 가까운 양으로, 그 열이 자동차가 집중돼 있는 도심의 기온을 상승시켜 여름철 냉방전력 피크를 초래하기에 원전 증설이 요구되는 이유가 되고 있다고 지적한다.

그는 또한 일본의 가계소비부문에서 이산화탄소를 가장 많이 배출하는 것이 바로 자가용 승용차라는 사실을 강조하고 있다. 즉 일본 가계소비부문에서 CO_2의 직접 발생량의 내역을 살펴보면 1위가 자가용의 휘발유(1,668kg)이고, 이어서 등유(880kg), 도시가스(488kg), LPG(470kg), 경유(디젤)(167kg) 순으로 나타나 가정에서 자가용 휘발유가 차지하는 비중이 매우 큼을 보여주고 있다.

그러면 연료 종류에 따라 온실가스의 배출량은 어느 정도 다를까. IPCC의 국가 온실가스 인벤토리 가이드가 규정하는 교통부문의 온실가스는 이산화탄소(CO_2), 메탄(CH_4), 아산화질소(N_2O)이다. 이 가운데 메탄과 아산화질소는 이산화탄소보다 강력한 온실효과를 갖고 있으며 각각 이산화탄소의 21배, 310배의 효과를 갖는다. 그래서 온실가스 배출량을 산정할 때 메탄과 아산화질소 배출량에 각각 이러한 온난화계수를 곱한 뒤 이산화탄소 배출량과 합해 이산화탄소 환산 배출량을 얻는다. IPCC의 「국가온실가스인벤토리 가이드라인」(2006)에 따르면 대표적인 자동차 연료인 휘발유, 경유, LPG, LNG를 자동차 엔진에서 연소시켜 1TJ(=1조

---

* 1J(줄)은 1N(뉴톤)의 힘으로 물체를 1m 움직이는 동안에 하는 일과 그 일로 환산할 수 있는 양에 해당하며, 1W의 전력을 1초간에 소비하는 일의 양과 같다. 영국의 물리학자 J.P.줄의 이름을 딴 것이다. 네이버 지식백과. 참조.

J)*의 에너지가 생산됐을 때 차량에서 발생되는 이들 가스의 배출량과 이산화탄소 환산 총 배출량은 〈표 1-1〉과 같다. 이 표에서처럼 휘발유의 경우 이산화탄소 환산 배출량은 7만 1094kg/TJ이며 이산화탄소 비율은 97%이다. 경유는 이산화탄소 환산 배출량이 7만 5360kg/TJ에 이산화탄소 비율이 98%, LPG는 이산화탄소 환산 배출량 6만 4710kg/TJ에 이산화탄소 비율이 98%이고, LNG는 이산화탄소 환산 배출량 5만 9294kg/TJ에 이산화탄소 비율이 95%로 나와 있다.

우승국·김영국 등의 「도로 네트워크의 온실가스 및 대기오염물질 산정방법론 연구」(한국교통연구원, 2011)에 따르면 이산화탄소와 질소산화물의 배출량은 차량의 엔진 크기, 연료 종류, 오염물질 저감장치 등의 요인에 의해 결정되며, 특히 차량의 이산화탄소 배출량은 차종, 유종과 차량평균속도에 의해 결정된다고 한다. 이들은 경차, 소형 승용차, 중형 승용차, 대형 승용차, 승합차, 고속버스, 소형 화물차, 중형 화물차, 대형 화물차 등 9개 차종의 평균속도에 따른 CO_2 배출계수의 변화를 정리해 보여주고 있는데 연료소비가 큰 대형차종의 CO_2 배출계수가 크고, 평균속도가 높아지면 배출계수는 작아지는 특성을 나타낸다는 것이다. 특히 평균속도 20km/h 미만의 저속에서는 평균속도가 낮아지면 CO_2배출

표 1.1 자동차 연료별 온실가스 배출량

구분	이산화탄소		메탄		아산화질소		이산화탄소 환산	이산화탄소 비율
	배출량 (kg/TJ)	GWP[2)	배출량 (kg/TJ)	GWP	배출량 (kg/TJ)	GWP	배출량 (kg/TJ)	%
휘발유[1)	69,300	1	3.8	25	5.7	298	71,094	97
경유	74,100	1	3.9	25	3.9	298	75,360	98
LPG	63,100	1	62	25	0.2	298	64,710	98
LNG	56,100	1	92	25	3	298	59,294	95

주: 1) 메탄, 아산화질소의 휘발유 배출계수는 1995년식 이후 차량 대상.
　　2) Global Warming Potential
출처: IPCC, *2006 IPCC Guidelines for National Green House Gas Inventories*, 2006.

량이 급격하게 증가하므로 CO_2배출량을 줄이기 위해서는 저속 교통류(Traffic Flow)가 발생하지 않도록 해야 한다는 것이다. 또한 이산화탄소 배출량은 연료의 종류에 따라 달라지는데 중형 승용차의 유종별 CO_2 배출계수를 보면 차종이 동일한 경우 LPG나 휘발유보다 경유를 연료로 하는 차량의 CO_2 배출계수가 작은 것으로 나타나고 있다는 것이다. 질소산화물 배출량의 경우 연료소비가 큰 대형차종의 질소산화물 배출계수가 크고, 평균속도기 높아지면 배출세수는 삭아지는 특성을 나타내고 있다. 차종에 따른 질소산화물 배출계수의 차이는 CO_2 배출계수보다 커서 대형차종이 질소산화물 배출량에 미치는 영향이 더 크며, 평균속도 10km/h 미만의 저속에서는 평균속도가 낮아지면 질소산화물 배출량이 급격하게 증가하는 특성을 나타낸다는 것이다.

이처럼 지구온난화의 주범이 된 자동차는 새로운 변신을 꾀하고 있다. ㈜일본화학공학회 SCE.Net이 펴낸『신재생에너지공학』(2008)을 보면 무공해 또는 저공해에너지 자동차의 개발 흐름을 알 수 있다. 우선 천연가스(CNG)자동차, 알코올자동차, 디메틸에테르(DME)차는 석유대체에너지를 이용하는 것이다. 천연가스자동차는 천연가스를 연료로 해서 달리는데 질소산화물을 디젤자동차의 10~30%로 억제하고 입자상물질이 배출되지 않는다. 반면에 차체가격이 기존 자동차의 1.4~2배 정도로 비싸고, 한 번 충전해 갈 수 있는 항속거리가 150~350km로 짧고, 탱크의 용적이 크고 무겁고, 연료공급시설이 적은 것이 단점이다. 알코올자동차는 에탄올과 메탄올을 연료로 사용하는데 시판되고 있는 것은 주로 메탄올자동차가 대부분이다. 메탄올자동차는 M-10(메탄올 1005)을 연료로 해 달리는데 입자상물질이 배출되지 않고 질소산화물을 디젤자동차의 약 50%로 억제할 수 있다는 점이 장점이다. 반면에 차체가격이 기존 자동차의 2배 정도이고, 저온일 때 시동 성능에 문제가 있고, 연료공급시설이 적으며 연료에 독성이 있고, 기동할 때 포름알데히드를 배출하는 것이 단점이라고 한다. 디메틸에테르차는 디메틸에테르를 연료로 디젤엔진으로 달리는데 경유에 비해 흑연의 배출이 전혀 없고 질소산화물이나 소음이 대폭 감소되는 점이 장점이다. 반면에 디젤자동차를 DME연료로 주행시키려면 경유연료 차량을 DME 사양으로 개조해야 하는 것이 단점이라고 한다.

한편 하이브리드차는 연료 소비량을 줄임으로써 배기가스의 양이 적어지게 하는 자동차이다. 종래의 엔진과 전동기 등의 두 개의 동력을 효율적으로 전환해서 달리는데 연비 향상에 효과가 있고, 배기가스를 줄일 수 있으며 기존의 인프라를 이용할 수 있는데다 항속거리가 기존 자동차와 동등하거나 그 이상인 점이 장점이다. 반면에 차체가격이 기존 자동차보다 비싸고, 배터리의 교환이 필요하다는 점이 단점으로 지적되고 있다. 연료전지자동차는 연료전지로 발전해 전동기로 달리는데 사용연료에 따라 다르지만 배기가스를 전혀 배출하지 않거나 배출하더라도 그 양이 적은 자동차이다. 연료전지자동차는 수소를 연료로 한 경우 물만 배출하기에 지구온난화문제 해결에 도움이 되는 것이 장점인 반면, 리스요금이 고액이고, 연료 공급시설이 적은 것이 단점이다. 전기자동차는 배기가스를 전혀 배출하지 않는 자동차로 축전기와 전동기로 달린다. 주행 중에 배출가스가 나오지 않으며 소음이나 진동이 작은 것이 장점이다. 반면에 차체가격이 기존 자동차의 2~3.5배로 비싸고 교환배터리의 가격이 비싸며, 한 번 충천해 가능한 항속거리가 100~200km 정도여서 항속거리를 얼마까지 늘일 수 있는가 하는 것이 큰 과제라고 한다.

탈자동차를 위한 정책들　　　이처럼 현재 우리의 생활에서 없어서는 안 될 존재가 돼버린 자동차에서 벗어나기 위해 어떤 대안이 있을까? 지금처럼 환경을 파괴하고 인간에게 위협과 공포, 불안을 가져다주는 일 없이 자동차를 지혜롭게 이용할 수 있는 방법은 없을까? 이에 대해 스기타 사토시(杉田廳)는 『자동차, 문명의 이기인가 파괴자인가』(1996)에서 자동차 절대수 줄이기, 속도제한, 주행장소의 제한, 자동차의 구조개선, 운전자의 제한, 자동차 이용기준으로서의 이타적 목적, 신진대사 에너지 최우선 정책 등의 실천을 통해 탈자동차사회 만들기가 가능하다고 주장한다. 여기서는 스기타의 주장을 바탕으로 탈자동차사회를 위한 여러 대안들을 정리해본다.

첫째, 자동차 절내수를 줄이는 것이 중요하다. 스기타는 절대수 감소를 위한 직접적인 방법은 자동차 자본의 규제와 사회적 비용의 부과에 있는데 각종 목적세 또는 '외부불경제 상각세'라는 형태로 사회적 비용의 일부를 자동차 소유자에게 부담시킬 수 있다는 것이다. 그는 환경파괴세, 공해발생세보다 구체적으로는 위험발생세, 보도설치세, 험프설치세, 대기오염발생세, CO_2발생세, NO_2발생세, 천식유발세, 소음진동발생세, 공원정비세, 소로(小路)박탈세, 놀이터침해세, 공공교통확충세 등의 형태로 부과하는 것이 바람직하다고 주장했다. 싱가포르와 같이 새차 한 대 를 구입하려면 갖고 있던 차 한 대를 폐차시켜야 하는 형태로 자동차 총량을 규제하는 방안도 고민해볼 만하다는 것이다.

실제로 가미오카 나오미(2000)는 싱가포르의 자동차 가격이 어느 정도 되는 지를 아시아 각 도시와 비교해 자료를 제시하고 있다. 〈그림 1-1〉은 아시아 각 도시 노동자의 평균 월수입과 승용차(1,500cc급 세단)의 가격을 비교한 것이다.

우선 일반노동자의 평균 월수입에서 아시아 각 도시는 최상위인 일본, 이어서 한국·대만 등의 중간 그룹, 그리고 기타 개도국이라는 3계층 구조로 이뤄져 있음을 알 수 있다. 승용차라는 제품은 통상 소비재와 달라서, 국민의 구매력이 높은 나라일수록 오히려 가격이 싼 이상한 경향을 보이는 소비재이다. 자동차는 금속과 석유의 집체이다. 이들 자원은 국제적인 시장에서 가격이 결정되는 데 달러가격으로 비교하면 자

동차의 가격은 국제적으로 거의 비슷하다는 것이다. 그런데 〈그림 1-1〉
에서 맨 위쪽에 한 점만이 동떨어져 있는 마크가 바로 자동차의 취득가
격을 정책적으로 높게 해서 자동차 억제책을 취하고 있는 싱가포르임
을 알 수 있다. 싱가포르의 인구는 2010년 말 현재 약 520만 명이고, 1
인당 GDP가 5만 달러에 이르는 부자나라이다. 땅이 좁아서 자동차 소
유자에게 매우 높은 세금을 매기고 있는 싱가포르는 자동차 구입비용
이 세계에서 가장 높다. 인구 520여만 명에 등록된 자동차대수는 65만
여 대에 불과하다.

싱가포르에서는 우리나라의 아반테급 승용차 한 대 가격이 7,000만
~8,000만 원 정도 한다고 한다. 국토가 좁은 싱가포르는 원활한 교통
통제를 위해 고속도로, 버스, 전철 등 대중교통을 적극 확대하고 있는
반면 자동차에는 각종 세금과 규제로 차량 증가를 억제하고 있다. 자동
차에 부가되는 것으로 '차량할당제(Vehicle Quota System)'라는 것이 있는데
이 제도는 차량증가를 억제하기 위하여 도입된 제도로 차량을 보유하려

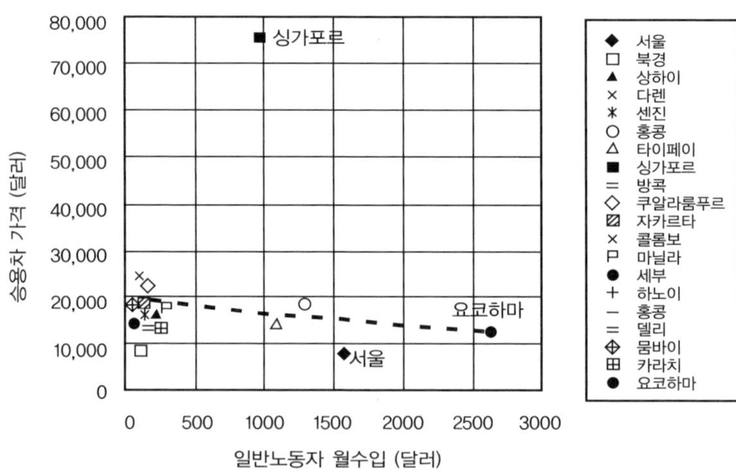

그림 1.1 아시아 각 도시 노동자의 평균 월수입과 승용차 가격

출처: 上岡直見, 『地球はクルマに耐えられるか』, 北斗出版, 2000. p.30

면 공개경쟁입찰을 통해 '보유허가증(COE: Certificate of Entitlement)'을 사야한 다. 이 자동차보유허가증은 공급이 한정돼 있으며, 수요에 따라 프리미 엄이 변하기 때문에 가격이 유동적이라고 한다. 보유허가증의 가격은 4 만~5만 싱가포르달러(SGD)(약 3,500만~4,400만 원)정도로 형성돼 있으며, 유 효기간은 10년이고 10년 이후 1만 2000싱가포르달러(약 1,050만 원)는 되돌 려 받을 수 있으며, 연장을 할 경우에는 재평가된 프리미엄을 추가로 지 불해야 한다는 것이다.

이렇게 볼 때 자동차의 절대수 감소를 위한 간접적 방법으로 대중교 통의 확충과 '직주근접(職住近接)'의 도시계획이 중요한 것을 알 수 있다. 가미오카 나오미(2000)는 대중교통의 내실화를 위해 교통세 제도를 제안 하고 있다. 교통세 제도는 일정한 돈을 '교통세'로 정기 납입함으로써 나 중에는 무료 또는 매우 저렴한 요금으로 전국 어디서나 자유롭게 대중 교통을 이용할 수 있게 하는 시스템으로 현재의 의료보험제도를 본뜬 것이라고 한다. 그는 또한 오늘날 도로 건설, 정비에 주로 사용되고 있 는 자동차 관련세금을 대중교통 확충에 쓰는 것이 가장 현실적인 방책 이라고 강조한다.

둘째, 탈자동차사회를 만들기 위해 필요한 것은 자동차의 속도제한 이라 할 수 있다. 이는 사고의 확률을 낮추고 소음·진동의 발생을 줄이 는데 큰 도움이 된다는 것이다. 예를 들어 자동차의 시내 주행속도를 현 행 60㎞ 이하에서 '시속 30㎞ 이하'로 제한하면 대단히 많은 폐해가 없 어질 것이라는 것이다. 실제로 독일의 '환경수도' 프라이부르크의 경우 도심 주요도로를 제외하고는 제한속도가 모두 시속 30㎞ 이하이며, 프 라이부르크를 벤치마킹한 뮌스터시의 경우 시속 15㎞ 이하라는 사실을 상기하면 충분히 실행가능한 정책임을 알 수 있다(김해창, 2003). 이와 동시 에 도심 안에서는 저속운전을 하지 않을 수 없는 물리적 시스템을 생각 할 수도 있다. 지그재그도로 및 험프(Hump)를 설치하는 것이다. 지그재그

도로의 경우 일본 오사카시 아베노(阿倍野)구에서 이를 채택한 결과 실시 이전의 약 60% 수준으로 교통량이 줄어든 것으로 보고되고 있다(스기타 사토시, 1996). 우리나라의 경우도 덕수궁 돌담길이 완만한 지그재그 도로로 돼 있는 것도 이러한 저속운전을 하게 만드는 물리적 시스템의 설치라는 발상에서 나온 것임을 알 수 있다.

셋째, 자동차의 주행장소를 제한하는 것도 매우 중요한 정책이라 볼 수 있다. 이는 자동차도로가 인간에게 공포와 불안을 주는 일이 없도록, 특히 아이들 노는 곳을 빼앗는 일이 없도록 주행공간을 제한하고, 그곳을 사람들이 걷고 생활하고 아이들이 놀 수 있는 공간으로 만들어야 한다는 생각이다. 우선 이면도로와 골목길은 원칙적으로 차량금지구역으로 만들어 자동차의 진입을 막아야 한다는 것이다. 또한 교차로의 사고를 방지하기 위해 '횡단차도'를 두자는 제안도 많다. 횡단차도란 횡단보도라는 형태로 보행자가 빌려 쓰는 것이 아니라 '본래의 보도'로 해 일반 보도와 같이 보도블럭으로 높게 쌓은 다음 자동차가 오히려 이 보도를 횡단차도로 해 일시적으로 횡단하게 한다는 것이다. 이러한 횡단차도는 신시가지나 신흥주택지의 조성 시에는 보도와 차도를 완전 분리하는 도로 설계를 도입할 필요가 있다는 것이다.(스기타 사토시, 1996)

넷째, 탈자동차사회를 만들기 위해선 자동차의 구조개선도 필요하다. 이는 환경을 파괴해 인간에게 해를 끼치는 일이 없도록 차의 구조 자체를 바꾸는 것을 말한다. 앞서 소개한 것 처럼 천연가스자동차나 하이브리드차 또는 연료전지자동차 등 대체에너지를 이용하는 자동차의 개발 보급에 적극 나서야 한다는 것이다. 이에 대해선 최근 우리나라에서 하이브리드차량이 대폭 늘어나고 있고, 전기자동차에 대한 연구가 진전되고 있는 것도 이러한 흐름을 반영하고 있는 것으로 볼 수 있다.

다섯째, 탈자동차사회를 만들기 위해서는 운전자의 자격을 엄하게 할 필요가 있다. 운전은 고도의 기술을 가진 전문가에게 제한시킬 필요가 있다는 것이다. 운전조건을 보다 엄격히 설정하면 사고의 가능성은 격감하게 될 것이다. 운전자의 제한 자체가 차의 절대량을 줄이는 데 결정적인 파급효과를 갖는다는 것이다. 자동차사고의 피해자는 대부분 보행자나 자전거 이용자로 인명사고의 위험성이 큰 만큼 점점 편리성 위주로 바뀌고 있는 자동차운전자격시험은 오히려 규제가 강화돼야 할 것이다. 또한 자동차 이용기준으로서 이타적 목적이 중시돼야 한다는 것이다. 이는 자동차를 이용할 때 긴급싱이나 필요성을 고려해 다른 어느 누구보다도 노인, 장애인, 환자 등을 우선시해야 한다는 것이다. 즉 '차는 약자의 것'이 되어야 한다는 것이다.

끝으로, 보행과 자전거 이용을 활성화해야 한다는 것이다. 이는 사람의 몸으로 움직일 수 있는 신진대사 에너지를 최우선으로 하고, 자동차는 보조적 역할로 줄이자는 것이다. 오카 나마키(岡並木)는『도시와 교통(都市と交通)』(1981)에서 '사람이 무리 없이 걸을 수 있는 거리는 400m 정도'라고 했다. 보행을 중심으로 하는 체계에서는 육교는 반드시 폐지돼야 한다. 계단을 오르고 내려갈 때는 같은 거리를 평지에서 걸을 때보다 15~20배의 신진대사 에너지가 필요하다고 한다. 이런 면에서 자전거는 인체에 맞는 가장 이상적인 교통수단이라고 할 수 있다. 자전거는 비바람의 영향을 받는 단점이 있지만 오늘날 자동차 우선의 법체계가 교통수단으로서의 자전거의 발전을 완전히 억눌러왔다는 사실을 잊어서는 안 된다는 것이다. 자전거는 물건을 많이 실어나르는 데는 부적합하다고 하지만 우리들이 어렸을 적 시골이나 도시에선 쌀이나 연탄 등을 배달하는 중요한 수단이 자전거였다는 사실을 상기하자. 일본의 저널리스트로 베트남전쟁을 취재했던 혼다 가츠이치(本多勝一)가 쓴『보리와 록히드(麦とロッキード)』(1983)에는 '베트남전쟁 중 베트남 국민들은 한 대의 자전거로 200kg의 화물을 태연하게 실어날랐다'고 하는 표현이 나온다. 이제 도시교통에서 자전거를 새롭게 보아야 할 때이다.

보론: 자전거의 재발견　　　데이비드 V. 헐리히(David V. Herlihy)의 『세상에서
가장 우아한 두바퀴 탈것』(2004)이란 책은 자전
거의 역사를 담은 책이다. 이 책에는 실제로 세계의 자전거 인구가 10억
명에 이른다고 한다. 오늘날 '자전거'라고 알려진 단순한 기계장치는 사
실상 '인간의 힘으로 움직이는 탈것(Human-Powered Vehicle)'을 향한 지난하
고도 힘겨운 탐구의 결과물이라는 것이다. 자전거 붐의 최고 절정기였던
1896년에는 미국에만 300여 곳의 회사가 자전거를 100만 대 이상 생산
했으며, 자전거 제조는 미국 최대 규모의 산업으로 성장했다고 한다. 자
전거업계는 도로개량운동을 시작해 몇 년 뒤 전국적인 고속도로망을 구
축했으며 수백 만대의 자전거를 조립했던 선진기술력은 자동차 제조에
도 적용됐다고 한다. 전국 단위의 거대한 네트워크를 형성하고 있던 자
전거수리점들은 최초의 주유소로 진화했다. 문자 그대로나 비유적으로
도 자전거는 자동차를 위한 길을 닦아주었던 것이다.

　　그러면 자동차와 자전거를 근거리교통수단으로서 비교하면 어느 쪽
이 경제적일까? 가미오카 나오미는 『자동차에 얼마나 돈이 드는가(自動車
にいくらかかっているか)』(2002)라는 책에서 이를 비교해놓았다.

　　첫째 사용기간과 비용면에서 자전거가 자동차보다 효율적이라는 주
장이다. 자전거의 상각비는 5만 엔 짜리 자전거(변속기부착)를 10년간 사
용하는데 매일 평균 60분 자전거를 탄다고 가정하면 분당 상각비는 5
만 엔/10/365/60=0.216엔이 나온다. 이에 비해 자가용 승용차의 경우
200만 엔 짜리 승용차를 10년간 사용하는데 매일 평균 60분 탄다면
총 주행거리는 20km×365×10=73,000km로 기름값을 km당 8엔으로 잡
고 세금, 차량검사비, 보험 등을 포함하면 분당 상각비는 (2,000,000엔
+100,000X10)/10/365/60=13.68엔이 나온다. 우리돈으로 치면 자전거는
10년간 탈 경우 시간당 약 147원인데 비해 자동차의 경우는 약 9,324원
으로 자동차가 자전거에 비해 무려 63배나 비용이 많이 드는 것이라고

할 수 있다. 여기에는 주차장요금, 타이어 등 소모품비나 수리비, 세차
비용, 에어컨으로 인한 연비, 차량관리에 드는 신경과 시간은 물론 폐차
를 위한 비용, 교통사고로 사람이나 물건을 살상할 위험성, 그리고 CO_2,
NOx의 배출로 인한 환경이나 타인에 미치는 손실은 제외된 것이다.

　둘째, 소요시간면에서 보면 도시 안에선 자전거가 자동차에 비해 경
쟁력이 있다는 것이다. 자동차의 소요시간은 시가지 평균 주행속도를 시
속 20㎞로 계산할 때 주차징 출입에 드는 시간이 약 5분 걸린다. 자전거
의 평균 주행속도는 시속 10㎞로 잡는데 변속기가 부착된 자전거의 경우
평균 시속이 15㎞이며 자전거 주차에 드는 시간은 약 2분이 든다고 한
다. 실제로 일본 홋카이도 에베쓰(江別)시에서의 주행거리와 자전거 자동
차의 소요시간과 비용을 비교한 자료가 있다. 먼저 편도 1~3㎞ 정도의
가까운 슈퍼나 지하철역에 쇼핑을 갈 경우 자동차와 자전거는 비슷하게
걸리거나 자전거가 빠를 경우가 있으며, 편도 4~6㎞ 정도 거리에 쇼핑
을 갈 경우는 자전거와 자동차의 소요시간에 별 차이가 없었다는 것이
다. 편도 10㎞ 정도의 거리에 쇼핑을 갈 경우 변속기부착 자전거와 승용
차간의 차이는 7분 정도였는데 이 정도의 차이라면 건강을 위해 자전거
를 선택하는 쪽이 좋다는 것이다. 그리고 편도 20㎞ 정도 거리의 쇼핑에
나설 경우 변속기부착 자전거와 자동차의 차이는 편도 22분, 왕복 44분
차이가 났다. 그런데 왕복일 경우 비용의 차이는 자전거보다 자동차가
2,000엔(2만 2700원) 이상 더 드는 것으로 나타났다. 건강을 생각하면 44
분의 시간차라도 자전거를 선택하는 것이 나쁘지 않다는 것이다. 가미
오카는 편도 20㎞ 이상일 경우엔 자전거 단독보다는 대중교통기관 이용
을 연결하는 것이 바람직하다고 제안한다. 다만 사이클링 자체가 목적이
거나 사이클링 여행을 하는 경우 사이클리스트는 평균 시속 15~30㎞로
하루에 100㎞ 정도 달리는 것이 표준이라고 한다. 이런 면에서 볼 때 자
전거는 도로의 조건만 잘 돼 있고 시간적 제약이 특히 없다면 자동차를

대신할 수 있는 '근거리 교통수단'으로 충분히 활용가능하다는 것이다. 이러한데서 일반적으로 승용차를 근거리 쇼핑이나 단기간 용무를 보는 데 사용하는 것은 결코 경제적으로나 환경적으로 바람직하지 않음을 알 수 있다. 승용차대신 자전거와 대중교통기관을 잘 조합해 살아가는 지혜를 도시행정가나 시민들이 깊이 고민해볼 필요가 있을 것 같다.

현재 도시에서 자전거가 다니기 힘든 것은 자동차 위주의 잘못된 도로체계에 기인한 것이 많다는 것을 알 수 있다. 이러한 면에서 근래에 추진되고 있는 자전거도로의 확장은 정책적으로는 바람직하다. 그러나 이러한 것이 레저용 자전거가 아니라 일상생활에서 도시교통을 분담할 수 있는 체제로 바뀌어야 한다는 것이다. 이런 점에서 4대강사업으로 강변에 대규모 자전거도로를 낸 것은 실질적인 면에서 친환경 교통정책이라고 보기 어렵다. 한편 세계적으로 추진되고 있는 공공자전거제도도 이제는 실질적인 근거리 도시교통 확대라는 차원에서 좀 더 관심을 갖고 볼 필요가 있다.

공공자전거라고 할 수 있는 '자전거 셰어링(Bike-Sharing)' 서비스가 구미 주요도시에서 급격히 확대되고 있다. 2007년 파리에서 시작한 공공자전거 '벨리브(Velib)'는 그 다음해엔 파리 전역으로 확대됐는데 약 300m마다 1,451개소의 자전거 스테이션이 설치돼 2만 600대의 자전거가 갖춰져 있다. 이는 파리 시민(217만 명) 100명당 자전거 1대의 비율이다. 이 벨리브시스템은 무인(無人) 스테이션의 터치패널로 이용자등록을 하고 등록료를 신용카드로 지불하며, 1회 30분 이내 승차라면 무료로 몇 번이라도 빌릴 수 있기에 시민뿐만 아니라 관광객도 널리 이용하고 있다는 것이다. 영국 런던도 2010년에 스테이션 400개소, 자전거 6,000대 규모의 '바클레이스 사이클 하이어(Barclays Cycle Hire)'시스템을 도입했는데 프랑스의 벨리브와 같은 서비스로 24시간 이용이 가능하고 어느 지역에서도 반환이 가능하며, 신용카드를 개인인증으로 사용함으로써 보증금이 필

요없게 만들었다고 한다. 이 세 박자가 맞아짐으로써 공공자전거가 도시 내 교통수단으로 실질적으로 자리잡을 수 있게 됐다는 것이다.(『주간 다이아몬드(週刊ダイヤモンド)』, 2012.12.7)

미국에서도 현재 30개 정도의 자전거 셰어링 프로그램이 가동되고 있는데 선도적인 도시는 2008년에 시작된 워싱턴 D.C.의 '캐피털 바이크셰어(Capital Bikeshare)'라고 한다. 이는 자전거 주차장 175개소, 자전거 1,670대 규모이다. 그런데 2013년 5월 하순부터 뉴욕시가 '시티 바이크(Citi-Bike)'라는 대규모 유료 공공자전거 시스템을 도입했다. '시티 바이크'란 이름이 붙은 것은 시티은행(City Bank)이 스폰서로 나섰기 때문이다. 맨허턴과 브룩클린에 자전거 주차장 330개소가 설치되고 자전거 6,000대가 비치돼 뉴욕이 미국 최대의 공공자전거도시로 탈바꿈했다고 한다. 뉴욕시는 앞으로 자전거 주차장을 600곳, 자전거를 1만 대까지 늘릴 예정이라고 한다. 이 서비스는 연중무휴로 16세부터 이용 가능하고 95달러(약 10만 5000원)를 지불하면 1년짜리 자전거 이용권이 주어진다. 다만 1회 최대 이용시간은 45분. 이를 넘기면 추가요금이 필요하다고 한다. 이 밖에 관광객 등을 대상으로 한 1일권(9.95달러)나 7일권(25달러)도 있는데 30분 이내라면 몇 번이라도 이용이 가능하다. 뉴욕시가 이러한 시스템을 도입하게 된 것은 교통체증 해소와 환경에 대한 배려, 건강한 라이프사이클을 추진하고자 하는 마이클 블룸버그 시장의 의지가 담겼다고 한다. 그렇지만 뉴욕타임스는 '자전거와 분노(The Bikes and the Fury)'라는 제목의 기사에서 자전거 이용자와 운전자, 보행자간의 대립이 심하고 자전거 주차장 인근 주민이나 상점 간에는 주차공간 부족이나 경관문제로 불만도 높다고 전하고 있다는 것이다. 그렇지만 여론조사 결과 시민의 7할이 '시티 바이크' 제도를 지지하고 있다고 한다(요미우리신문, 2013.5.14). 뉴욕시의 이 같은 노력은 바야흐로 자동차사회인 미국도 '탈자동차사회'를 위해 조금씩 바뀌고 있다는 것을 보여주고 있다.

물론 우리나라도 기존의 차량중심의 교통정책에서 보행자와 자전거 우선 정책으로 전환을 시도하는 도시가 나타나고 있다. 그동안 경남 창원시의 '누비자'나 대전광역시의 '탸슈'와 같은 공공자전거제도가 전국적으로 확산되고 있다. 창원시의 '누비자'는 자전거 식별장치가 부착된 무인공공자전거 대여시스템으로 연 회원 20,000원, 월 회원 3,000원, 주회원 2,000원, 비회원 1,000원이며, 2시간이 기본이고 초과시 30분당 500원을 받고 있다(nubija.changwon). 대전시의 무인 공공자전거 시스템인 '탸슈'도 연 회원 30,000원, 1개월권 5,000원, 7일권 2,000원, 1일권 500원이다(www.tashu.or.kr). 창원시의 '누비자'는 약 1,700대, 대전시의 '타슈'는 2013년 5월말 현재 약 1,000대가 비치돼 있다고 한다. 그리고 대전시설관리공단이 2012년 9월부터 12월까지 '타슈' 이용 시민 465명을 대상으로 '이용 만족도'에 대해 설문조사한 결과 90.1%인 419명이 '만족하고 있다'고 응답했으며, 용도로는 여가활동이 53.1%(247명)로 가장 많았고 대중교통 연계수단 20.0%(93명), 단거리 이동 13.5%(63명), 통학 7.1%(33명) 등의 순인 것으로 나타났다.(연합뉴스, 2013.1.14)

한편 수도 서울특별시의 교통정책도 크게 바뀌고 있다. 서울시는

2013년 5월에 2030년까지 서울의 보도면적을 지금의 배로 늘리고, 세종로를 비롯한 시내 곳곳에 보행전용공간을 조성하고, 모든 생활권도로의 주행속도를 30㎞로 제한하며 보행자와 자전거 우선 정책을 바탕으로 한 '서울 교통비전 2030'을 발표했다. 또 공공자전거 운영을 확대하고, 곳곳에 자전거길과 자전거 친화타운 등을 조성해 자전거 이용을 유도해 나갈 계획이며 기존 도시철도 노선을 중심으로 급행 서비스를 확대하고 도심을 잇는 철도망을 구축해 어디서나 10분 이내에 지하철역에 접근할 수 있도록 철도 중심의 대중교통체계도 구축한다는 것이다. 시는 자동차를 빌려 탈 수 있는 카셰어링 서비스 지점을 현재 292곳에서 1,200곳으로 확대해 나가기로 하고, 이동한 거리만큼 통행요금을 부과하는 주행거리 기반의 혼잡요금제 도입, 도심에 주차장이 없는 대형 시설물 도입 등을 통해 자동차 이용을 억제하는 정책도 추진한다는 것이다. 서울시는 이를 통해 2030년까지 시내 승용차 통행량과 대중교통 평균 통근시간을 각각 30%씩 줄이고, 녹색교통수단 이용면적 비율은 30%로 확대해 나갈 계획이라는 것이다. 서울시의 이번 교통비전은 핵심가치를 '사람·공유·환경'에 둔 것으로 2030년 서울에는 승용차가 없이도 편리하게 생활할 수 있는 도시 만들기를 지향하고 있다고 밝히고 있다.(국민일보, 2013.5.23)

이러고 보면 이제야 말로 도시의 교통에 대해 새롭게 인식할 때이다. 도시는 만들기 나름이다. 도시의 중앙로를 녹음 속에 편하게 걷고 마음껏 자전거를 타고 다닐 수 있는 일상도 마냥 꿈만은 아닐 것 같다.

1.2 | 탈원전론

원자력발전의 위험성 2011년 3월 11일 일본 후쿠시마원전 대참사는 원자력발전이 얼마나 위험한 것인지를 단적으로 보여준 일대 문명사적인 사고라고 할 수 있다. 그동안 기후변화에 대처하는 청정에너지라며 홍보해오던 원자력산업 자체에도 경종을 울리고 있다. 외신에 따르면 후쿠시마원전 참사 발생 직후 독일은 1980년 이전에 건설된 7개 원전의 폐쇄를 비롯해 오는 2022년까지 자국 내 모든 원전을 폐쇄하기로 결정했다. 스위스도 2034년까지 탈원전 정책을 추진하겠다고 공언했으며, 이탈리아도 실비오 베를루스코니 전 총리가 추진한 원전 재가동을 위한 국민투표가 부결되면서 세계에서 세 번째로 탈원전 정책을 선언했다. 중국 역시 새로운 안전 규정이 만들어질 때까지 신규 원전 승인을 보류한다고 밝혔으며 프랑스는 원자력발전 비중을 기존의 75%에서 50%로 줄이겠다고 밝혔다. 일본은 2012년 1월 원자로규제법을 개정해 원전의 운전기간을 원칙적으로 40년으로 제한하기로 했다고 밝혔다. 이는 후쿠시마원전 사고 이후 원전 신설이 사실상 불가능해졌기 때문에 현재 가동 중인 최신 원전의 가동 연수가 40년이 되면 모두 폐기될 전망이다. 이렇게 되면 2050년엔 일본이 어쨌든 '원전 제로' 국가로 탈바꿈한다. 물론 2012년 12월 아베 정권이 들어선 뒤엔 탈원전 정책에

©AP통신/연합뉴스

대한 변수가 있는 것은 사실이다.

우리나라의 경우는 늘어나는 에너지 소비를 감당할 수 없다는 판단에 따라 당초 원전 비중 확대 계획을 유지하는 쪽으로 가닥을 잡고, 후쿠시마 사고 이후 세계에서 처음으로 강원도 삼척과 경북 영덕이 신규 핵발전소 후보지로 선정됐다. 언론보도에 따르면 당시 이명박 대통령은 후쿠시마원전 사고 이후인 2012년 5월 한국원자력안전기술원을 방문한 자리에서 "일본에서 원전 사고가 생겼다고 하면서 안 되겠다고 하는 건 후퇴하는 것"이라며 원전 확대 정책을 그대로 밀고 나갈 뜻을 분명히 했다. 국가에너지기본계획(2010년 수정안)에 따르면 현재 운영 중인 21기의 원전 외에 19기를 더 건설해 2030년에는 총 40기의 원전이 가동될 예정이며 현재 전체 전력 발전량의 30%를 차지하고 있는 원자력발전량을 2030년까지 59% 수준으로 끌어 올릴 계획이라는 것이다.(노컷뉴스, 2012.3.10)

독일과 일본 같은 경우 에너지 소비를 줄여나가는 방향으로 기술을 발전시키고 있지만 우리나라는 2030년에 에너지 소비를 지금보다 50% 이상 늘리려고 하고 늘어나는 전력량을 원전으로 충당하려고 하는 이명박 전 정부의 에너지정책은 근본적으로 방향을 잘못 잡았다는 지적을 받아왔으나 박근혜 정부에 와서도 전체적인 틀은 변함없는 기조를 보이고 있다.

후쿠시마원전 사고는 도쿄전력이 "임계사고 혹은 노심용해사고라고 하는 최악의 사태가 일어나도 절대로 방사성물질을 외부로 누출되지 않도록 하는 '5중의 벽'이 있다"고 공언하고 엄청난 돈을 쏟아부어 홍보를 해왔지만 결국 연료펠릿 고형화, 연료피복관으로 봉쇄, 원자로압력용기, 원자로격납용기, 원자로 철제콘크리트 건조물의 5중벽은 무너졌다. 문제는 원전 당국이 안전하다고 하는 그 '안전'을 어떻게 검증할 것인가 하는 데 있다.

가네코 마사루(金子勝) 게이오대 교수는 『탈원전성장론(脫原發成長論)』(2011)에서 원전의 사고 원인 검증에는 다음 세 가지가 중요하다고 강조하고 있다. 첫째, 안전내진성 등 원전의 핵심 구조에 근본적인 결함이 없는 지 제대로 점검하고, 이를 개선하려고 노력하고 있는가? 둘째, 위기관리체제의 불충분함에서 오는 인위적인 실수를 어떻게 예방할 것인가? 즉, 사업주체, 인허가당국, 점검기관의 상호 관계의 시스템이 제대로 돼 있어 정보은폐나 사고은폐를 어떻게 막을 수 있는가? 셋째, 본래 예상되는 사태에 대해 사업주체 내지 인허가당국이 충분히 대비하고 있으며, 예상되는 사태에 대해 확실히 안전기준이 마련돼 있는가 하는 것이다.

원전사고에 있어 가장 위험한 것이 바로 안전에 대한 과신 또는 안전불감증이다. 일본의 사례를 좀 더 소개한다. 2010년 일본 중의원 내각위원회에서 요시이 히데카쓰(吉井英勝) 의원이 "대규모지진 등으로 원전의 전원이 상실될 경우 어떤 사태가 발생할 지 예상할 수 있는가"하는 질문을 했는데 당시 일본 원자력안전보안원 원장은 "노심용융으로 이어지는 것은 논리적으로는 생각할 수 있다"고 답변했는데 이러한 것이 바로 후쿠시마원전 참사로 나타났다. 즉 이러한 참사가 예상 가능했던 재해였다는 말이다. 또한 2007년 7월 미국 마이애미에서 열린 국제회의에서 도쿄전력 원전전문가팀은 후쿠시마원전을 모델로 쓰나미 발생과 원전에 미치는 영향을 분석해 리포트로 발표했다. 9m 이상의 쓰나미가 올 확률은 약 1%, 13m 이상의 대쓰나미가 올 확률이 0.1%라고 발표했다. 그런데 후쿠시마원전의 경우, 이에 제대로 대비를 하지 않아 큰 참사를 당한 반면, 인근 도호쿠전력의 오나가와(女川)원전(미야기현)의 경우 높은 쓰나미를 예상해 해수면에서 약 15m 높이의 방벽을 확보했기에 같은 쓰나미에도 원자로 3기 모두 자동정지 냉각상태로 무사했다는 사실이다. 안전이라는 것은 객관적이 될 수 없다. 국민들이 안전하다고 믿을 수 있어야 하는 것이다.

　이러한 원전안전에 대한 불신의 원인 중 하나가 바로 원전행정의 불투명성과 비밀주의에 있다고 볼 수 있다. 원전의 안전성에 관해서는 소위 '베크(Beck)의 법칙'이란 것이 있다. 베크의 법칙이란 1965년 미국의 베크 박사가 1964년까지 과거 21년간 미국 원전 246기의 원자로 및 원전 사고기록을 분석해 발표한 논문의 결론을 말한다(C.K. Beck, 1965). "첫째, 원전사고의 경우 상상 가능한 사고는 일어날 수 있다고 생각해야 한다. 둘째, 사고 시에는 안전장치가 작동하지 않을 수 있다. 셋째, 사고는 예상치 못한 때, 예상치 못한 원인으로 일어나며, 예상치 못한 결과를 낳는 경우가 많다. 여기서 '상상 가능한 사고'란 원전에서 생각할 수 있는 최대의 사고를 말한다." 이처럼 안전은 안전을 어떻게 볼 것인가 하는 마인드가 중요하다. 특히 원전의 경우 예상할 수 없는 사고발생 가능성이 상존하기에 이에 대한 대비가 절대적으로 필요한 것이다. 그런데 이러한 베크의 법칙에 반원전학자인 오쿠노 고야(荻野晃也) 전 교토대 공학부 교수는 "원전 추진파의 생각이야말로 오히려 희망적 관측으로 시종일관하고 있으며 비과학적"이라고 비판했다. 그는 2011년 9월 도쿄에서 행한 한 강연에서 원전 추진파들이 철저히 베크의 법칙을 무시하고 있다고 밝혔다. '첫째, 그러한 사고가 일어날 리가 없다. 둘째, 안전장치가 작동하지 않을 리가 없다. 어느 하나는 작동할 것이다. 셋째, 있을 수 있는 일은 모두 고려하고 있기에 문제가 없다'는 것이다. 그러나 오쿠노 전 교수는 핵분열형 원자로는 제어가 곤란하며 사고가 일어나면 그 영향의 심각성과 지리적 광범위성이 매우 크고 '사고는 예상치 못한 때, 예상치 못한 원인으로 일어나며, 예상치 못한 결과를 낳는 경우가 많기에' 지난번 후쿠시마원전 사고가 일어날 수 있는 일에 대해 비록 안전대책을 취했다고 하더라도 그 뒤 예상치 못한 원인으로 또 다른 사고가 일어날 지도 모를 일이라고 경고했다.

'원자력시설에 대한 파괴적 행동의 의미(『아소시에(ア'ソシエ)』 2002년 10월호)'라는 논문에서 야마자키 히사타카(山崎久隆) 박사는 항공기추락이나 대테러, 핵시설 공격 등으로 인한 원전시설의 피해 가능성을 소개하고 있다. 현재 원전은 항공기 추락을 예상해 설계돼 있지는 않은 채 원전에 항공기가 추락할 확률은 100만분의 1이라고 무시할 뿐 정작 의도적인 공격에 대해서는 아무런 언급이 없는 게 문제라는 것이다. 야마자키 박사는 또한 후쿠시마원전 1호기의 경우 내진설계면에서 일본의 비등수형경수로 가운데는 가장 취약한 부류의 원전이라고 지적했다. 후쿠시마원전의 경우 결국 지진 쓰나미 대책에 실패해 일어난 대형원전사고가 아닌가. 그런데 세계적인 원전강국을 자랑하는 일본에서 원자력행정은 이러한 가능성들을 철저하게 무시했던 것이다.

또한 항공기 이외 주로 트럭폭탄이나 자폭하는 경우 원자로의 내부를 알면 주배관의 파괴나 ECCS(비상노심냉각장치)계통의 기능마비는 그다지 어렵지 않다는 것이며, 내부 협조가 있을 경우엔 노심파괴도 가능하다고 보고 있다. 미국 원자력규제위원회(NRC)도 이러한 공격에 원전이 극히 취약하다는 점을 인정하고 있다. 실제로 9.11테러 이후 미해군특수부대 대원이 모의테러훈련의 일환으로 원전 침입을 시도한 결과 11개 원전 가운데 7개 원전에서 노심파괴에 이르는 피해를 입었다는 결과를 2002년 1월 미국 핵관리연구소가 발표한 바 있다. 또한 원전이 군사공격의 대상이 될 가능성은 상존한다고 봐야 한다는 것이다. 실제로 이스라엘이

1981년 6월 F16전투기 6대로 이라크를 공습해 탄무즈 1호 원자로를 폭격해 건설중이던 40만kWh급의 원전을 완전히 파괴한 사실이 있다. 전시때 극단적으로는 원전이 '핵지뢰밭'이 될 수 있다는 것이다(山崎久隆, 2002). 이러한 것은 원자력 안전전문가가 쉽게 답할 수 없는 문제로 국가안보와 직결돼 있는 심각한 문제이다.

원전사고는 교과서적으로만 봐도 원인과 결과가 정말 다양하다. 그중 원전의 사고원인만 간략히 정리해보면 ① 노심용융(멜트다운)사고, ② 수소폭발(또는 수증기폭발사고), ③ 냉각재상실사고, ④ 인위적 실수 계기이상, ⑤ 임계사고, ⑥ 원전의 정전, ⑦ 냉각수의 손상, ⑧ 냉각펌프의 문제, ⑨ 나트륨사고, ⑩ 반응계수, ⑪ 제어봉의 출입구 문제 등을 들 수 있다. ① 노심용융(멜트다운)사고의 대표적 사례가 1979년 미국 스리마일섬 원전사고, 1986년 체르노빌원전사고, 그리고 2011년 후쿠시마원전 사고이다.

원전사고 방지와 관련해 가장 중요한 것은 원전행정의 투명성과 신뢰성이다. 그런데 2012년 3월에 밝혀진 고리원전 1호기 정전사고 은폐사실은 원전 지역 주민들은 물론 온 국민을 분노케 했다. 후쿠시마원전 사고 초기단계와 흡사한 이 정전사태는 사고 자체도 문제이지만 귀 밝은 지역 시의원이 없었다면 이러한 사실이 감쪽같이 묻혔을 것이라는 점에서 원전당국에 대한 불신과 불안이 극에 달했다. 그것은 고리원전 제1발전소장의 조직적 은폐기도, 한국수력원자력 사장의 상부 보고 지체, 원자력안전위원회 주재관의 감독부실 등 '원자력행정'의 무책임성이 적나라하게 드러난 사건이기 때문이다. 문제는 이러한 원전사고의 은폐가 대재앙의 전조였음을 2011년 3·11 후쿠시마원전참사가 여실히 보여주고 있다는 점이다. 그런 가운데 터진 고리원전 1호기 사고은폐사건에다 이어진 고리원전의 부품 납품비리사건은 원전이 '비리의 복마전'으로 원전행정에 대한 불신을 가중시키고 있다.

이러한 상황에서 대해 원자력안전위원회 차원에서 2~3개월에 걸쳐 고리 1호기에 대한 안전점검을 벌이고, IAEA(국제원자력기구) 특별점검반이 현지에 와서 조사를 벌여 '기술적인 면에서 안전하다'고 아무리 이야기를 했지만 고리지역 주민들은 물론 국민대다수를 설득하지는 못했다. 이러한 국민의 원자력행정에 대한 불안과 불신은 지난 1986년 옛 소련의 체르노빌원전 참사에 이어 지난해 3월 11일 일본 후쿠시마원전 참사라는 초대형 원전사고가 '발생했기' 때문에 우려가 현실로 '확인된' 것이다. 안전위가 2012년 고리원전 1호기 점검에서 제대로 밝혀야 할 것은 원자로 안전에 대한 총제적 점검과 은폐사고의 발본색원 방법이었다. 그러나 이에 대한 믿음을 주지 못했다. 게다가 2013년에 5월 들어 불거진 신고리 1·2·3·4호기와 신월성 1·2호기 원자로에 시험성적표가 위조된 부품이 사용된 사실이 드러나 강도 높은 검찰수사와 함께 가동·재가동 일정 연기가 불가피해졌다. 국민의 입장에선 원전은 '고양이에게 생선가게를 맡긴 꼴'이 된 것이다.

그런데 이러한 원전의 부정부패가 대형원전 참사의 뿌리라는 사실을 잊어선 안 된다. 실제로 도쿄전력에 의한 사고은폐 사례는 다반사였다는 사실이 밝혀졌다. 2002년 8월 29일 일본 원자력안전보안원이 제너럴일렉트릭 소속 검사원의 고발에 따라 조사를 실시한 결과 도쿄전력의 원전 정기검사기록에 부정이 있다는 사실을 발표했는데 그간 무려 26건의 부정리스트가 제출됐다는 것이 드러났다. 개요는 도쿄전력이 1980년대 후반부터 1990년대에 걸쳐 후쿠시마 1호기, 2호기, 가시와자키가리와(柏崎시羽)원전의 노심내 설계에 균열이나 그런 징조를 발견했음에도 불구하고 검사작업기록에 부정을 행한 의혹이 사실로 밝혀진 것이다. 이 발표에서는 부정의 시기, 원전명은 발표하지 않았고 그해 9월 13일에 이르러 조사에 대해 잠정보고는 했지만 고발이 있은 지 이미 2년이 지난 시점이었고 그 뒤 9월 17일 도쿄전력은 회장 사장 부사장 고문 5명의 사임과 관계직원 35명의 처분을 발표했다. 그러나 이름과 소속을 명확히 하지 않고 감봉 엄중주의 수준이 대부분이었고 구체적인 부정과의 관계도 제대로 밝히지 않아 그마저도 솜방망이처벌에 그쳤다는 것이다.

우리가 또한 간과해선 안 될 것이 최근 노후화를 원인으로 한 사고가 빈발하고 있다는 사실이다. 원전업계는 노후화라는 말대신 '경년열화(經年劣化)' 또는 '고경년화(高經年化)'라는 어려운 말을 쓴다. 부식이나 피로는 장기에 걸쳐 사용한 결과이며 노후화로 인한 부식이나 피로는 지금까지 주목받지 않았던 개소에서 냉각수 누설 등으로 나타나는 것이 특징이다. 일반적으로 냉각수 누설은 배관이나 용기가 두터운 보온재로 둘러싸여 있기 때문에 쉽게 발견하기 어렵다. 정기점검 중에도 발견되지 않고 운전 재개 후 얼마 되지 않아 나타나는 경우도 적지 않다. 노후화에 의한 사고사례를 살펴보자. 우선 일본의 경우 2001년 주부(中部)전력 하마오카(浜岡)원전에서 원자로 압력용기수 누수사고(운전 26년째, 비등수형)가 발생했다. 이는 장기운전에 의한 용접부 응력부식균열이 원인인 것으로 밝혀졌다. 또한 미국 데이비드 벳세이원전의 경우 압력용기 관통직전사고(운전 24년째, 가압수형)가 발생했다. 2002년 2월 정지중 검사로 원자로 압력용기 윗덮개에 용접부에는 없는 용기본체 그 자체에 3개의 큰 구멍이 발견됐는데 관통직전상태였다. 원인으로는 냉각수에 녹는 제어용 붕산이 흘러나와 오랜 기간에 걸쳐 부식됐다고 추정된다는 것이다. 만일 관통됐다면 대규모 냉각수 누설로 공중폭발사고나 고온고압증기의 제트분출로 인한 윗덮개의 제어봉 구동장치의 파괴와 제어봉 비출(飛出)로 인한 폭주사고를 초래할 위험이 있었다는 것이다.

원전의 노후화가 어떠한 원인에서 일어나느냐 하면 주로 ① 피로(진동이나 온도변화의 반복 등), ② 마모, ③ 부식, ④ 중성자누적조사량의 증가, ⑤ 2001년 주부전력 하마오카원전 1호기에서 발생한 수소폭발사고와 같이 종래 일어나리라고 생각하지도 못한 사고, 또는 통상이라면 확률적으로 낮다고 생각해온 사고의 발생을 더할 수 있다고 한다. ①~④까지는 사용재료의 '경년열화'이기에 기기나 부품을 신품으로 교환하면 연장이 가능하다고 하더라도 가압수형경수로에서의 증기발생기의 교환이나 비등수형경수로에서는 슈라우드(노심덮개)는 모두 당초 설계 및 건설 때에는 원자로의 수명 중에 교환하는 것을 예상하지 않았던 기기이다. 따라서 그것을 교환하는 작업은 매우 큰일이다. 그중에도 교체 곤란한 기기는 원자로압력용기 자체, 노심구조물의 일부 및 격납용기이다. 언제까지 연명을 할 수 있는지는 교체곤란한 기기의 수명, 특히 플랜트의 중추가 되는 원자로압력용기의 수명에 의해 결정되는 것으로 보고 있다. 노후화문제는 어디에서 무엇이 일어날지 알 수 없다는 것이 특징이다. 최근의 국내 원전의 잇단 사고 사례는 알 수 없는 노후화문제를 사전에 찾아내는 것이 얼마나 어려운가를 보여주고 있다. 비교적 오래된 원자로압력용기에는 가압열충격(취성파괴를 야기한다)이나 응력부식에 비교적 약한 재료가 사용되고 있다. 그러나 그것을 불순물금속의 포함비율 제어를 통해 강한 현재의 재료로 교체할 수는 없다. 이 때문에 오래된 원전은 비교적 새로운 원전에 비해 위험성이 훨씬 큰 것이다. 참고로 일본원자력학회 자료에 따르면 원자로의 부품은 비등수형과 가압경수로형의 평균이 열교환기 140기, 펌프 360개, 밸브 3만 개, 모터 1,300개, 배관 170km, 용접부위 6만 5000곳, 모니터 2만 곳, 전기배선 1,700km라고 한다.(www.aesj.or.jp)

경제학이론 중 '기회손실최소화기준'이라는 게 있다. 이 이론을 정리한 학자의 이름을 따 '서비지(Survage)이론'이라고도 하는데 이것은 '후회의 정도를 최소로 억제할 수 있도록 선택을 하는' 불확실성하의 의사결정방법이다. 과연 우리나라 원전당국은 이러한 모든 가능성에 대해 모두 커버할 수 있는 정도의 완벽성을 지녔는가 하는 점이다.

원전사고와 피해　　　　현재 우리나라에서 국민들이 가장 걱정하고 있는 원전이 부산 기장군 고리원전 1호기라 볼 수 있다. 노후화된 고리원전 1호기에서 사고가 발생하면 그 피해는 얼마나 될까? 고리원전 1호기 사고로 방사능이 누출되면 장기적인 인명피해가 최대 90만여 명, 피난에 따른 경제적 피해가 최대 628조 원에 이른다는 모의실험 결과가 나왔다. 2012년 5월 발표된 이 모의실험은 일본의 원자력발전소 사고평가 프로그램인 'SEO code'(세오 코드)를 이용해 경제적 피해를 추정한 일본의 '원자력발전소의 사고피해액 계산'(박승준, 2003)을 한국의 핵발전소에 적용한 것이다. 고리원전은 인근에 인구가 밀집한 부산시가 위치해 있어 방사능 유출사고가 발생하면 급성사망 4만 7580명에 이르고 장기적 암사망으로 인한 피해가 최대 85만 명으로 예측됐다. 특히, 피난에 따른 경제적 피해는 최대 628조 원에 이를 것으로 추산됐다. 하지만 우리나라는 일본의 보험비용에도 한참 못 미치는 500억 원이 한국수력원자력주식회사가 배상할 수 있는 보험비용 전체이며, 이외 사고 시 모든 비용은 정부가 부담하도록 돼 있다고 반핵부산대책위는 설명한다.

　월간지 『신동아』가 2011년 5월호에 고리 1호기 사고피해 시뮬레이션 결과를 소개했다. 핵폭탄 등 대량살상무기가 실제로 사용됐을 경우 피해규모를 현장 사령부에서 신속히 산출할 수 있도록 돕는 HPAC(Hazard Prediction and Assessment Capability) 프로그램을 활용한 것이었다. 고리원전 1호기 사고시 인명피해는 우선 바람이 없는 경우 즉시 사망 3,864명, 30일 이내 사망 1만 5200명, 10년 이내 사망 3만 9100명, 허용치 이상 피폭 인원(5밀리시버트 이상) 159만 명 등 모두 189만 9487명이 피해를 입는 것으로 나타났고, 초속 3m 바람이 부는 경우 허용치 이상 피폭자가 500만 명에 이른다는 것이다. 이것도 물론 원자로 내에는 폐연료봉이 100만 개 이상 보관중이며 이 폐연료봉이 함께 폭발하지 않는 조건에서다.

일본의 경우도 다카하마원전 4호기에서 대형사고가 나면 어느 정도 인적 피해가 발생할 것인가 시뮬레이션을 해 놓은 게 있었다. 미국핵관리연구소 과학부장인 에드워드 S. 라이먼 박사가 1999년 10월에 발표한 논문 '일본 원전에 대형사고가 발생할 가능성에 MOX연료* 사용이 미치는 영향'이 그것이다. 이 원전에 필적하는 출력 87만kW인 가압수형 경수로에 사고발생시 반경 113km 범위내 발생하는 급사와 잠재적 암사망자수를 시뮬레이션한 결과, 대상지역내 인구밀도를 1km²당 550명으로 잡고, 원자로내의 플로토늄 누출률을 3.5%(강), 1%(중), 0.14%(약)의 3가지로 시산할 때 1% 경우 급사자는 75명, 잠재적 암사망자는 1만 1700명에 이르는 것으로 나타났다. 노심 전부에 MOX연료를 장착해 운전할 경우 잠재적 암사망자는 5만 6800명으로 피해규모가 5배 정도 늘어나는 것으로 밝혀졌다. 참고로 고리원전 1호기의 발전용량은 약 59만kW로 20만 가구에 전기를 공급할 수 있는 규모다.

이러한 피해 수치도 중요하지만 정작 중요한 것은 주민의 입장에서 이러한 피해에 어떻게 대처할 수 있을까 하는 것이다. 시미즈 슈지(清水修二) 후쿠시마대학 부학장은 『원전에 또다시 지역의 미래를 맡길 것인가(原發になお地域の未來を託せるか)』(2011)라는 책에서 원전의 경우 피난과 대피시 주민들의 심리적, 윤리적 문제가 크다고 강조했다. 그것은 첫째, 피난을 둘러싼 갈등이 있다는 것이다. 가족의 소재 확인이 어려운 경우 혼자만 도피하기도 어렵고, 독거노인의 경우 피난이 사실상 불가능해 결국 정부 지시가 없으면 피난하기 어렵기에 당국에 대한 신뢰가 무엇보다 중요하다는 것이다. 둘째, 방사선 허용량이 어느 정도인가 하는 것인데 실제 허용치

---

* MOX란 혼합산화물핵연료(Mixed Oxide Fuel)의 약자로 플로토늄 산화물과 우라늄 산화물을 혼합해서 만든 통합산화물핵연료를 말한다. 플로토늄을 효율적으로 연소시키기 위해 처음부터 플로토늄을 우라늄연료에 혼합한 것이다.

는 안전치와 다르기에 원전당국이 말하는 허용치를 그대로 받아들일 수 있는가 하는 문제로 연결된다. 셋째, 농업인이 안고 있는 고뇌는 훨씬 심각하다. 오염된 토양에 작물을 재배해야 할지 결심이 안 서는데다 농산물 판매가 사실상 불가능해지기 때문이다. 넷째, 지역 이미지 피해와 인권의 문제가 있다. 실제로 후쿠시마원전 사고 이후 후쿠시마현 출신이 외지에서 입주를 거부당하는 사례가 빈발했고, 피폭자의 경우 사회적 차별을 받고 있는 것으로 인론에 드러났다는 것이다. 다섯째, 원전사고 현장의 작업종사자 문제도 심각하다. 실제로 사고현장 수습에 누가 투입될 것이며, 그들의 안전을 누가 책임질 것인가 하는 문제가 있다는 것이다. 여섯째, 공식정보를 믿지 않는다는 문제가 있다는 것이다. 특히 후쿠시마원전 사고 당일에 TV에서 후쿠시마원전 1호기 원자로 건물이 날아갔는데도 원전당국이 전혀 딴 소리를 하고 있었다는 것이다.

그러면 실제 후쿠시마원전 사고로 인한 지역의 피해는 어느 정도일까. 우선 후쿠시마원전의 환경오염은 아직 진행중이다. 특히 토양오염과 후쿠시마원전의 오염수 처리가 최대과제라고 한다. 일본의 언론보도를 종합하면 후쿠시마지역의 피해상황은 이러하다. 피난지시를 받은 반경 20km권내에는 약 2,700개의 사업소에 3만 3000여 명이 있었으나 지금은 아무도 살지 않는다. 수도권에 식량공급기지 역할을 해온 후쿠시마현은 낙농업이 가장 큰 피해를 보았는데 사고 직후 지역산 원유, 야채, 원목 등의 출하제한조치가 시행됐다. 원전에서 40~50km 떨어진 바다의 해저토에서도 높은 방사선량이 검출됐다는 보도도 있고, 공업제품조차 거래처로부터 방사선 조사를 받고 있는 처지이다. 원전사고 발생지로부터 100km나 떨어진 센다이시조차도 관광객이 찾지 않는다는 것이다. 후쿠시마지역 쓰나미 피해로 약 2만 4000명이 사망 실종됐고, 피난자·탈 약 8만 4000명이라고 공식 집계되고 있다.

시미즈 슈지(2001)는 '원전재해의 이론적 피해범위'를 소개했는데 이는

〈표 1-2〉와 같다.

도쿄전력에 관한 경영·재무조사위원회의 보고서(2011)에 바탕을 두고 교토대 박승준 교수가 계산한 것에 따르면 후쿠시마 사고 피난비용만 약 66조 원(5조8천억 엔)에 이르는 것으로 나타났다. 이 피난비용에는 정부의 피난 등 지시, 정부의 항행 금지, 농림수산물 출하 제한, 기타 정부 지시, 소위 뜬소문(風評) 피해, 소위 간접피해, 방사선피폭에 의한 손해, 지방공공단체 피해 등이 포함된 것이다.

그러면 원전사고 피해 보상은 어떻게 될까. 이에 대해선 일본이 타산지석이다. 일본의 경우 1961년 일본 '원자력 손해 배상에 관한 법률'이

표 1.2 원전재해의 이론적 피해범위

(1) 피난 대피의 계속으로 사업소나 농어업의 영업상 손실
(2) 사업소의 휴업으로 인한 임금수입 단절
(3) 발전소의 휴업 내지 폐지로 인한 고용의 상실
(4) 관련기업(혹은 기타 입지기업)의 퇴출로 인한 고용 상실
(5) 피난에 따른 지출(지자체 사무소 포함)
(6) 현장작업에 종사한 지역노동자의 건강피해
(7) 피난 및 대피 스트레스에 기인한 주민의 건강장애
(8) 대기오염대책에 필요한 제 물자(물과 비상식량)에 대한 지출
(9) 이미지 저하로 인한 농업 손실
(10) 일손 지체로 인한 농업 손실
(11) 토양 방사능오염으로 인한 장기적 농업피해
(12) 해양오염에 의한 어업피해
(13) 지역 이미지 실추로 인한 관광객 감소
(14) 쓰나미피해로부터의 복구(농지의 염해 제거 등) 지연·저해 등에 따른 손실
(15) 지역 대학에 대한 입학자 감소
(16) 학교의 휴교·중단으로 인한 교육상 손실
(17) 지자체의 기능 이전 및 기능 저하의 영향
(18) 방사선 모니터링 기기 및 인원의 정비에 소요되는 지출
(19) 발전소로부터의 세수(특히 고정자산세)의 대폭 감소로 인한 행정서비스의 저하
(20) 법인소득 및 개인소득의 감소에 따른 세수 감소
(21) 방사능오염이나 이미지 저하 등에 의한 부동산가치의 저하

출처: 淸水修二, 『原發になお地域の未來を託せるか』, 自治体研究社, 2011

제정됐고, 1999년 발생한 JCO임계사고* 이후 배상상한액이 인상돼 현재에 이르고 있다. 이 법률의 핵심은 '원자력사고의 손해를 배상할 책임이 전력회사 등 원자력사업자에 있다. 다만 사고 원인이 사회적 난동이나 천재지변, 지진 등의 경우는 배상하지 않아도 좋다'는 것이다. 지불능력 확보를 위해 법률이 원자력사업자에게 요구하고 있는 것은 사업자당 상한액 600억 엔의 배상책임보험 가입뿐이다. 천재지변, 지진 등의 원인이나 손해액이 600억 엔을 초과할 경우 원자력사업사는 '원자력손해배보상계약'을 정부와 체결해 결국 대형사고의 보상은 정부가 책임을 지게 돼 있고, 국민이 세금을 부담하게 돼 있다는 것이다.

한편 원전사고 피해에 대해 어느 정도 국민이 부담해야 할 것인가에 대해선 2007년 9월에 출판된 후나세 슌스케(船瀬俊介)의 『거대지진이 원전을 습격한다(巨大地震が原発を襲う)』라는 책에 이미 1960년대 당시 일본 과학기술청이 극비로 시산한 내용이 소개돼 있다. 워낙 피해규모가 엄청나 1960년대 당시 국회에서도 일부만 보고되고 전체는 극비로 다뤄졌으며 1999년에 이르러서야 과학기술청이 전문을 공개했을 정도라고 한다. 열출력 50만kW(발전효율 30% 정도로 치면 16만kW 정도)으로 일본 도카이무라에 최초로 도입된 원전과 거의 일치하는데 20㎞ 이내에 인구 10만 명인 중소도시, 120㎞ 근처에 인구 600만의 대도시가 있다고 가정하고, 인구밀도는 1㎢당 300명으로 잡고 운전개시 4년 후에 사고가 발생한다고 가정한 것이다. 이 경우 방사성물질 방출량은 노심 내 저장량의 0.02%(10만 큐리)와 2%(1,000만 큐리) 2가지이며 이밖에 방출된 방사성물질의 구성, 고온 저

---

* 1999년 9월 30일 일본 이바라키현 도카이무라(東海村)의 우라늄 가공회사인 (주)JCO 공장에서 우라늄용액을 잘못 다뤄 핵분열이 계속되는 임계사고가 발생해 3명이 피폭되고 그 중 2명이 사망한 일본 원전의 첫 대형사고로 기록되고 있다. 원전 반경 500m 이내 주민에게 피난권유, 10㎞ 이내 주민 10만 세대(약 31만 명)에게 옥내피난 및 현장 주변 국도 등이 폐쇄되기도 했다. 2004년 4월 현재 사고조사위가 인정한 피폭자수만 667명이다.

온의 경우, 방사성물질의 입자크기, 맑은 날, 우천시, 대기안정도 등을 각각 2가지 경우로 상정했다. 손해액도 인적 피해(사망, 장애, 요관찰)와 물적 피해(대피, 피난·이주, 농업제한)로 구분해 계산했는데 사망보상은 83만 엔이라는 소액으로 당시 교통사고보상 수준에 맞춘 것이었다. 이 가운데 피해자수가 가장 큰 것은 '저온·전방출·입자가 가늘 경우'에다 기상이 좋지 않을 경우 전체 피해자수는 400만 명에 이르며 이 경우 최대 피해액은 당시 3조 7300억 엔이라는 천문학적 규모로 나왔다는 것이다. 10만 명의 조기대피, 1,760만 명의 피난 이주, 국토 3분의 1에 이르는 15만㎢의 농업제한 등 전쟁 이외엔 상상할 수 없는 피해규모였다. 이는 당시 일본 국가예산의 2배가 넘는 피해로 지금이라면 약 100조 엔이 넘는 액수라고 한다. 이 시뮬레이션의 대상 원전은 고작 16만kW짜리였다. 가시와자키가리와원전 6·7호기나 하마오카원전 5호기의 출력이 각각 130만kW가 넘는데 이들 원전에서 사고가 난다면 일본의 GDP를 능가하는 피해액이 된다는 것이다. 과연 원자력이 이러한 리스크를 질만큼 매력적인가 다시 한 번 깊이 생각해봐야 할 것이다.

원전과 발전비용　　　원전은 안전하지 않은 것은 물론이거니와 다른 에너지 발전에 비해 단가도 한전이나 정부가 밝히고 있는 것보다 훨씬 더 비싸다는 것이다. 일본 후쿠시마원전 사고에서 드러났듯이 원전사고에 대해서 전력회사는 책임을 다 지지도 못하고 결국 국민들의 부담으로 전가되고 있는 것이 현실이다. 특히 원전에 대한 건설비 및 홍보비용을 너무 많이 쓰다 보니 재생가능에너지 등 대안에너지 개발 자체가 사실상 불가능해지고 있고 원전의 비효율적인 발전이나 송전으로 인해 실질적 효율이 떨어지고 있으며 원전드라이브 정책으로 정부가 국민들에게 에너지절약을 제대로 홍보하지 않고 국민들도 에너지절약에 잘 나서지 않는다는 것이 문제이다.

　　국내 자료가 제대로 공개되지 않은 상태여서 원전의 발전단가를 정확
히 계산하기는 매우 어렵다. 이에 대해선 지금으로선 엔슈 히로미(遠州尋
美) 오사카경제대학 교수가 펴낸 『저탄소사회로의 선택: 원자력에서 재
생가능에너지로(低炭素社会への選択—原子力から再生可能エネルギーへ)』(2009)에 소개된
일본 사례를 통해 논리적으로 이해해나갈 수밖에 없을 것 같다. '일본
의 경우 1980년 중반부터 다양한 입장에서 원전의 발전단가 시산이 시
도됐지만 확실한 것은 없다'는 것이다. 1985년경 간사이전력이 대략 발전
원가를 공표했는데 시산근거가 불분명하지만 수력이 kWh당 21엔, 원전
이 13엔, 석유화력 11엔, LNG화력 9엔, 석탄화력 10엔이었다는 것이다.
1992년 일본 정부(통산성)가 시산결과를 최초로 공표했는데 출력 110만kW
원전 4기, 가동률 70%, 법정내용연수 16년 운전을 가정했을 때 kWh당
9엔으로 LNG화력과 동일하며, 수력 13엔, 석유화력 11엔, 석탄화력 10
엔이었다고 한다. 1999년 12월 통산성은 재차시산을 공표했는데 운전기
간을 40년으로 높이고, 가동률도 80%로 잡았다. 출력 130만kW라는 대
규모 발전소를 40년간 풀가동시키는 조건으로 5.9엔/kWh으로 공표했는
데 이후 일본 정부나 전력회사 모두 원전이 가장 싸다고 대대적 선전하
기 시작했다는 것이다.

　　그런데 진짜 발전비용은 누구도 모른다는 것이다. 2000년 5월 일본
'지구환경과 대기오염을 생각하는 전국시민회의'(CASA)가 전문가에 의뢰
해 1989—98년 90개 전력회사의 유가증권보고서 재무자료에서 원전 운
전관련 경비를 바탕으로 발전량 구하는 방식으로 시산한 결과 원전은
통산성 발표비용의 배에 이르는 10.3~10.6엔/kWh, 수력 9.6엔, LNG 및
석탄화력은 모두 9.3엔으로 나타나 실적치로 원전이 가장 비싸다는 결
론이 나왔다고 한다. 2003년 12월 일본 전기사업연합회의 시산 결과는
가동률 80%에 법정내용연수(16년) 경우 원전 7.3엔/kWh, LNG 및 석탄화
력 7.0엔, 7.2엔, 석유화력 12.2엔, 수력 10.6엔으로 나왔고 40년 가동 가

정시 원전 5.3엔/kWh, LNG 및 석탄화력 6.2엔, 5.7엔, 석유화력 10.7엔, 수력 11.9엔으로 나왔는데 이에 대한 근거 데이터나 시산식 등은 제대로 공개하지 않았다고 한다. 결국 원전의 경우 가동률이 높으면 비용이 내려가고, 신설 원자로를 이상적인 조건에서 운영된다고 가정하면 비용이 내려가지만 현실은 그렇지만은 않다는 것이다.

엔슈 히로미 교수는 일본 정부의 시산에 문제점이 많다고 지적한다. 통산성 시산의 원전 5.9엔/kWh의 내역은 자본비 2.3엔, 운전유지비 1.9엔, 연료비 1.7엔이지만 특히 연료비는 채굴에서 가공, 재처리, 폐기물처리비용을 포함했다고 하나 전문가들은 신뢰하지 않는다는 것이다. 2002년 6월 원전관련 전문잡지가 이를 지적했는데 재처리비용 산정근거가 모호하며, 적절한 수선비가 포함돼 있지 않고, 재처리공장의 해체처리비용이 포함돼 있지 않는 문제가 있다고 지적했고 그 해 당시 일본 민주당 의원이 자료요청을 했는데 산정근거에 원전당국이 검은 칠을 해 보내 물의를 빚은 적도 있다는 것이다. 또한 원전은 24시간 가동중지를 할 수 없기에 원전 가동률을 높이려면 야간전력의 소비촉진이 필요한데 이를 위해 양수발전소를 건설해 가동하기에 이에 대한 발전원가가 매우 높지만 전력회사는 이에 대해 일절 공표하고 있지 않다는 것이다. 〈표 1-3〉는 일본의 전력 발전단가의 시산결과를 비교한 것이다.

게다가 원전의 경우 폐로비용과 이후 관리비용, 핵쓰레기처리비용을 감안하면 엄청난 국고를 낭비하는 요인이 되고 있으며 이러한 것이 반영되면 오히려 재생에너지, 친환경에너지분야의 시장성이 높아진다는 것이다.

원자력발전소의 열효율은 평균 34.5% 정도로 65%의 열이 바다로 버려지고 있다고 한다. 가령 100만kW출력의 표준원전은 300만kW분의 열을 발생하면서 100만kW분의 전기를 만들고 200만kW의 열을 바다로 보내 해수온도를 높이고 있다는 것이다. 우선 우라늄 채굴 가공비용을 보

표 1.3 일본 전력 발전단가의 시산결과 비교

발표시기	1985년	1985년	1992년	1999년	2000년	2003년	
발표주체	시민에너지 백서 (논문)	간사이 전력	통산성	통산성	환경시민회의(CASA)	전기사업연합회	
시산조건	건설단가상 승률 5% (엔/kWh)	불명	운전기간 법정내용 연수 (원전 16년)	원전내용 연수 40 년, 가동률 80%	1989~98 년 전력회 사 유가증 권보고서 활용	운전기간 법정내용 연수 (16년)	40년 운 전 가동 률 80%
수력	24.1	21	13.0	13.6	9.6	10.6	11.9
석유화학	17.0	17	11.0	10.2	9.3	12.2	10.7
LNG화력	19.4	17	9.0	6.4	9.3	7.0	6.2
석탄화력	15.3	14	10.0	6.5	9.3	7.2	5.7
원자력	13.1	13	9.0	5.9	10.4	7.3	5.3

출처: 電力勞働運動近畿センター作成資料(2007.9). 遠州尋美, 『低炭素社会への選択−原子力から再生可能エネルギーへ』, 法律文化社, 2009, p.53에서 재인용.

면 우라늄가격은 2000년 10달러/U308였던 것이 2006년에는 46달러로 무려 약 5배나 올랐다. 원전건설비용을 보면 일본 원전 54기의 건설 총 액은 13조 엔이라고 한다. 원전운전비용은 발전단가가 일본 정부 발표로 kWh당 5.9엔으로 가장 싸다고 하지만 근거는 모호하며 학계에선 실제는 10엔 이상으로 추정하고 있다는 것이다. 이와 함께 노후화대책, 수명연 장, 내진보강 등 안전보완비용은 하마오카원전 1기 보강에만 600억 엔 으로 일본 전체 원전을 보강할 경우 약 3조 엔 이상의 비용이 든다고 한 다. 또한 가장 골칫거리인 원전쓰레기처리비용이 일본정부 추정 총사업 비 약 19조 엔(민간 추정 30조 엔)에 이른다. 4개 재처리공장 및 고준위방사 성폐기물저장관리센터 건설비만 2조 7000억 엔으로 개당 약 7,000억 엔 이 소요되며 원전을 모두 해체해 폐로하는 비용만 일본전기사업연합회 추정으로 약 3조 엔에 이른다는 것이다.

여기에 원전입지 지자체 지원비 또한 뺄 수 없다. 주부전력 하마오카 원전이 입지한 도시인 시즈오카현 오마에자키(御前崎)시(인구 약 4만 명)는 22 년간(1983-2005) 약 209억 엔, 매년 10억 엔의 교부금이 시재정에 투입됐다. 이 도시의 경우 시 재정수입의 약 15%에 이르며 여기에 원전의 고정자산세 및 도시계획세 연 33억 엔을 보태면 시 전체 재정의 약 4할을 차지하는 것으로 알려지고 있다. 문제는 원전의 법정 내용년수가 16년이어서 15년을 경과하면 2할 정도 수준으로 감소하기에 재정위기에 봉착해 다시 원전시설을 계속 받아들이는 구조가 되기에 원전지원금이 장기적으로 지역경제를 왜곡한다는 지적도 있다는 것이다. 일본은 또한 원자력입국 정책으로 원자력 관련 연구 교육 홍보비에만 세금에서 5년간(2002~2007) 약 2조 엔을 투입했을 정도로 원전은 '돈먹는 하마'인 국책사업이기도 하다.

부산일보(2012.2.20)에 따르면 대외경제정책연구원(KIEP) 정성춘 연구위원이 「동일본 대지진 이후 일본의 에너지 선택: 발전단가 검증위원회 결과 분석 및 시사점」이라는 보고서에서 '일본정부 차원의 검증 결과, 사회적 비용(추가 안전대책비용, 정책비용, 사고 대책비용 등)을 포함할 경우 원전의 발전단가는 석탄이나 LNG와 비슷한 수준까지 상승한 반면, 풍력·지열·태양광 등 재생에너지는 기술혁신과 양산효과로 향후 단가가 큰 폭으로 하락할 것으로 추정됐다'고 지적했다. 실제로 '전원 종류별 발전단가 계산 결과'를 보면 2010년 기준으로 원자력발전단가는 kWh당 8.9엔 이상(2004년 kWh당 5.9엔)으로 석탄화력(9.5엔), LNG화력(10.7엔) 등 화석연료와 비슷한 수준까지 상승했다. 반면, 재생에너지의 경우 육상풍력과 지열발전은 원자력과 동등한 수준의 경제성을 지니고 있으며, 태양광은 세계적인 양산효과를 고려할 경우 발전단가가 절반 이하로 하락할 가능성이 있는 것으로 평가됐다는 것이다.

사실 30, 40년간 운전해 노후화된 원전의 해체문제 자체도 엄청난 부담이다. 방사성물질 때문에 실제 해체하는데도 엄청난 시간이 걸린다. 한수원 기획기술처의 '국내외 원자로 해체현황' 자료(2011.9)에 따르면 원전 해체방식에 있어 해체기간이 즉시해체의 경우 약 15년, 지연해체의 경우 60

년의 장기간이 걸린다는 것이다. 한수원, 원자력환경기술원의 '고리 1호기 해체비용' 관련 자료(2005.12)에 따르면 가압수형의 경우 1995년 해체비용 산정 기준연도로 순 해체비용 약 2억 2400만 달러, 부지복구비용 약 6,400만 달러 등 총 1억 8800만 달러에 이른다는 것이다. 일본종합에너지조사회가 1985년에 발표한 110kW급 원전 해체비용 추정액이 약 300억 엔이다. 일본 정부 및 전력회사의 폐로비용 적립제도 규정에 따르면 1999년 추성의 경우 비능수형 578억 엔, 가압수형 592억 엔으로 일본의 10개 전력회사의 폐로 준비적립금은 2001년 말 현재 9,477억 엔에 이른다고 한다. 실제로 2002년 3월 폐로가 결정된 신형전환로 '후겐'을 해체모델로 검정한 결과 예산액은 해체비 300억 엔, 폐기물처리비 400억 엔으로 16.5만kW의 소규모 실험로 해체에만 700억 엔이 소요되는 것으로 나왔다. 이밖에 언론의 지적은 운전 중에 나온 저준위방사성폐기물 처리에 약 140억 엔, 시설철거까지의 유지비(운전정지후 25년간 관리)를 포함하면 16.7만kW 소규모 실험로 해체에만 1,200억~1,300억 엔이 소요되는 것으로 추정되고 있다.

한편 현재 우리나라의 고리 1호기 폐로비용에 대해서 IEA(국제에너지기구)에 따르면 2011년 현재 9,860억 원으로 돼 있다. 그런데 2011년 6월말 현재 우리나라 원전의 폐로비용은 4조 9555억 원의 충당부채 잔액으로만 남아있다.(강창일 외, 2011)

원전과 지역경제　　　　　원전입지 도시는 상대적으로 원전의 위험성을 담보로 정부의 지원을 받고 있다. 그러나 장기적으로 인구가 감소*하고 지역경제의 자생력 침체가 현실이다. 원전지원

---

* 부산 기장군의 경우 인구 증가로 나타나는데 이는 다소 특이한 경우로 부산외곽 아파트 개발로 인한 인구 유입의 성격이 크다고 볼 수 있다.

금이 원전사고 예방 대책이나 지역민의 이해를 반영해 집행되기보다는 불필요한 건물 짓기 등으로 낭비되고 있다.

울산 울주군에는 바로 옆 부산 기장군에 고리원자력 1~4호기에다 이미 상업운전에 들어간 신고리원전 1기~2호기가 있고 울주군 땅에는 3~4호기를 건설 중이다. 인근 경주에 월성원자력 1~2호기가 있다. 이런 가운데 울주군수가 다시 원전을 추가로 유치하기로 하면서 신고리 5~6호기에 대한 공청회가 2012년 6월 29일 열렸다. 후쿠시마원전 사고 이후 이처럼 원전에 대한 시민의 불안이 가중되고 있는데도 왜 지자체장은 원전을 자꾸 유치하는 것일까? 그 의문을 풀 수 있는 단서가 국민권익위 발표(2012.11.7)에서 드러났다. 국민권익위는 발표자료에서 '발전소 주변 지원법 시행령에 규정된 한수원의 사업자 지원사업이 자치단체 예산성 사업들로 구성되어 있다'며 '자치단체들은 기관장의 선심성 사업, 공약 사업들에 사업자지원사업비를 쌈짓돈처럼 사용하고 있었다'고 지적했다. 국민권익위가 발표한 울산 울주군 사례로는 종합운동장 건설(80억 원), 스포츠파크 건설(212억 원) 등 모두 10여 건의 유사사업에 지원금이 지급됐다. 특히 영어마을 조성사업 지원금으로 2007~2009년 원전지원금 85억 원이 투입됐으나 이 사업이 중단된 것으로 확인됐다. 이번 국민권익위 조사에서는 영어마을 조성 중단으로 인한 낭비금액이 85억 원으로, 감사원 감사 때보다 6억 원 더 늘었다. 울주군에 따르면 지난 1999년부터 지원되기 시작한 원전 특별지원금은 모두 1111억 400만 원에 이른다. 원전별로는 신고리 1~2호기 222억 4200만 원, 신고리 3~4호기 888억 6200만 원이며, 이 금액은 1999~2005년까지 750억 2700만 원이, 2006년에는 나머지 잔액인 360억 7700만 원이 모두 지급됐다. 특히 지난 6월 29일 공청회가 진행된 신고리원전 5~6호기 건설이 확정되면 다시 울주군은 수천억 원의 지원금을 받을 것으로 전망된다. 울주군에 따르면 특별지원금의 50%는 원전 인근 5km 이내 지역을 위해 사용하며 나머지

고리원전 1호기 폐쇄를 주장하며 가
두시위를 벌이는 부산 기장군 주민들

© 김성효(국제신문 기자)

50%는 울주군 사업으로 사용된다고 한다. 하지만 지원금은 이것이 다가 아니다. 한수원은 원전 발전량에 따른 인센티브로 일반지원금을 지급하는데, 울주군청에 따르면 울주군은 매년 65억 원 가량을 받고 있는 것으로 나타났다. 이외 한수원은 원전지역 주민과 논의해 특별 사업지원금도 주고 있다. 울주군이 지난 2009년 2월 원전지원금 27억 원을 포함해 모두 73억 5000만 원을 들여 대지 9,998㎡, 연면적 6,421㎡로 건립한 서생면청사는 3층 건물에 4층 옥상, 5층 전망대까지 갖췄다. 하지만 서생면은 3,316가구에 인구가 7,530명(2011년 4월 8일 기준)에 불과해 건립 당시에도 호화청사 논란을 일으켰고, 특히 건립한 지 2년이 조금 넘어 면사무소 건물에 비가 새는 등 부실공사 논란도 인 바 있다. 여기다 한수원이 서생면 지역에 350억 원의 원전지원금으로 울주군 간절곶 해맞이공원 내에 지으려던 간절곶 타워가 주민의 반대에 부딪혀 좌초되는 등 원전지원금 사업에 대한 적절성이 논란이 돼 왔디. 특히 이번 권익위 지적처럼 유사 토목건축 사업이 남발되면서 그 배경에 의혹이 제기되고 있다.(오마이뉴스, 2012.11.8)

원전이 지역경제에 장기적으로 도움이 되는가에 대해 시미즈 슈지(2011)는 앞서 언급한 책에서 일본 후쿠시마원전이 있는 후쿠시마현 후타바(雙葉)군의 사례를 소개하고 있다. 후타바군은 후쿠시마원전 1호기 공사가 시작된 1967년부터 제2원전 4기 건설을 거쳐, 히라노(広野)정의 히라노화력발전소 4기 공사가 종료된 1993년까지 4반세기에 걸쳐 건설공사가 계속돼왔다. 총투자비는 약 2조 1667억 엔이었다. 후타바군의 산업별취업자 구성의 변화추이를 보면 우선 농업이 1970년 44.2%에서 1990년에는 14.4%로 줄어들었고, 건설업이 같은 기간 8.1%에서 19.8%로 늘어났고, 서비스업 전체가 32.7%에서 45.7%로 늘어났다고 한다. 그런데 발전소 건설은 잠시 붐이 끝나고 나면 지역산업이 회복되지 않는 이른바 '일과성 효과'에 지나지 않는다는 것이 정설이다. 자동차산업과 달리 에너지를 생산하기에 관련산업이 지역에 정착하지 못한다는 것이다. 원전이 자리잡은 지자체는 재정적으로 매우 유복하다. 관련법에 의해 엄청난 세수나 교부금이 들어와 지자체는 대형체육관, 도서관, 학교, 병원, 도로 등 대규모 공공시설을 건설할 수 있다. 문제는 수입의 동향이라는 것이다. 대체로 이러한 것이 기한부라는 점이다. 후타바군의 경우 재정력지수는 0.77로 현재 다른 지자체의 0.48에 비해 높지만 재정상황은 나빠 행·재정운영에 커다란 문제가 있다는 지적이 있다. 경상수지비율이 높아 재정에 자유도가 거의 없기 때문이라는 것이다.

또 다른 원전이 있는 일본 에히메현 이카타(伊方)정의 사례도 후타바지역과 거의 비슷하다. 장정욱 마쓰야마대 교수는 2012년 11월 9일 부산대에서 열린 '국제화 및 지방화 심포지엄'에서 참석해 '핵발전소와 지역경제·지방재정'을 주제로 이카타정의 사례를 소개했다. 이카타정은 시코쿠전력의 이카타원전 3기(1·2호기 각 56만 6000kW, 3호기 89만kW)가 그간 시코쿠지역의 전력의 약 35%를 생산해왔다고 한다. 물론 후쿠시마원전 사고 이후에는 3기 모두 가동정지 상태이다. 이카타정의 경우 농업과 수산업 인구는 후계자 부족으로 급격한 감소를 보이고, 원전 가동률의 감소로 서비스업도 1986년 이래 계속 줄어들고 있다고 한다. 게다가 건설업의 경우도 하청업의 한계로 소득이 외부로 유출되고 있으며, 지역산업의 쇠퇴와 원전의 빈약한 고용창출효과로 젊은이들의 유출이 심하다는 것이다. 더욱이 '전원3법교부금(발전소주변지역지원금)'도 점점 축소경향을 보이고 유지·보수 비용 등 일반재원의 부담이 증가되고 있다는 것이다. 이카타지역주민들이 주로 하는 것은 청소 및 식당 운영 정도라는 것이다. 장 교수는 원전이 지역경제에 미치는 영향으로 고용창출효과는 일용직 노동자의 증가와 전력회사에 종속화하는 것으로 나타났고, 소득증대는 통계상, 전기업의 생산액 증대로 1인당 소득이 수치싱 증가할 뿐이며, 서비스, 상업, 수산업, 농업 등의 발전과 관련해서는 수입의 불안정성 및 축소경향을 보이고 있다고 밝혔다. 게다가 원전 건설기간의 임금상승은 오히려 1차산업을 피폐화시켜 노동구조의 변화를 초래했고, 인구유출의 억제효과로 전력회사의 종업원이 800~1,000명 정도 증가했으나 이들 대부분은 타지에서 출퇴근하고 있다는 것이다. 또한 지방재정과 관련해 전원3법교부금은 2008년까지 총 약 150억 엔을 지원받았으나 긴급성이 없는 공공시설의 증가나 유지보수비용의 부담이 늘어나고 있으며 지방세수의 경우도 재산세의 급격한 변동으로 재정의 불안정을 가져오고 또한 이 기간 주민세의 증가는 거의 없었다는 것이다. 결국 원전이 입지한 지역의 경제는 원전건설기간을 중심으로 한 일시적인 거품경제로 인구감소의 억제 및 지역산업의 육성이 불가능하고, 건설 검사기간 동안의 일시적 호경기로 인한 지역의 경기변동이 심하고, 결국 지역경제 및 지방재정이 전력회사에 종속화해 핵발전소의 증설의 반복으로 이어지고 있는 것으로 분석했다.

이처럼 '원전시설의 유치를 통한 지역발전'이라는 지역정책을 재고해봐야 하는 이유는 '발전의 질'의 문제이다. 원전유치에 의한 지역발전이란 전형적인 '외래형 개발'로 지역의 산업적 기반이 갖춰지지 않아 지속가능성이 낮고 '발전없는 성장'을 초래하고 있는 것이 현실이다. 이에 비해 원전 입지 지역이 부담해야 하는 '원전 리스크'는 너무 크다. 사고발생 위험성과 함께 원전 퇴출 위험성도 늘 함께 하고 있기 때문이다. 일본의 경우 후쿠시마원전 사고 이후 원전추진정책에 체동이 걸리면서 원전이 들어선 이들 지역경제가 크게 타격을 입고 있는 것 또한 현실이라고 한다.

탈원전을 위한 정책들 일본 후쿠시마현 후타바지역의 미래는 어떻게 될까. 사고가 난 후쿠시마원전 1~4호기는 모두 폐쇄하게 돼 있다. 후쿠시마원전 5·6호기도 폐로해야 한다고 후쿠시마현 지사가 밝히고 있다. 앞으로 후타바지역은 '원전이 없는 상태'가 될 것으로 보고 있다. 시즈미 슈지(2011)는 이들 지역의 부흥을 위한 기본방침으로 이렇게 제안하고 있다.

첫째, 고향에 계속 살 권리를 유지하는 일이라는 것이다. 이를 위해 아무리 많은 비용이 들더라도 오염된 토양을 제거하고 이 지역 출신자에 대한 편견을 버리도록 국민교육이 필요하다는 것이다. 둘째, 원전의존에서 벗어나야 한다는 것이다. 원전유치로 인한 지역진흥은 이번 대참사로 끝났다는 것이다. '원전시설의 복구'가 아니라 '탈원전'이 새로운 과제라는 것이다. 셋째, 일할 권리의 회복이라는 것이다. 도쿄전력이 원인자책임으로 원전 이외의 방법으로 이 지역의 금후 사업부흥에 기여할 책임이 있다는 것이다. 넷째, 부흥을 계기로 새로운 지역사회를 건설해야 한다는 것이다. 지역 인적 조직과 네트워크를 구축해 사람들의 마음을 모으고 원전 이외 새로운 대안에너지 기지 만들기에 도전할 필요가 있다는 것이다. 다섯째, 연대와 협동을 통한 지역 만들기를 시작해야 한다는 것이다. 고베대지진의 경험을 살려 이 지역의 부흥·재생을 위해서는 도쿄 등 수도권과 긴밀한 협조를 통해 '대안에너지의 수도권 공급기지'로 재출발하는 길을 모색해야 한다는 것이다.

이제 우리나라에서 탈원전을 위한 길을 어떻게 밟아나가야 할 것인가에 대해 고민을 해보자.

첫째, 무엇보다 원전당국의 대국민 신뢰성 회복을 위한 근본적인 조치가 필요하다. 이를 위해 먼저 규제위원회인 원자력안전위원회의 실질적인 역할을 담보해내는 일이 가장 시급하다. 안전위에 반대의견을 지닌 전문가와 원전 입지 광역·기초지자체 단체장 및 주민대표 등의 참여를 보장하고 향후 원전사고은폐나 부품납품비리, 시험성적 조작비리 등을 근절할 수 있는 시스템을 마련해야 할 것이나. 그리고 산업통상자원부 등 원전 감독기관의 고위간부가 한수원이나 한전 등에 낙하산 인사로 가는 구조를 원천적으로 막아야 할 것이다. 이는 일본 도쿄전력의 사례에서 보았듯이 '원전담합'을 가져와 원전 안전에 치명적일 수가 있기 때문이다.

둘째, 노후화되고 위험한 원전을 순차적으로 폐로하는 절차에 들어가야 한다. 고리 1호기 폐쇄 결정이야말로 정부가 국민에게 내놓을 수 있는 원전의 안전관리에 대한 대정부 신뢰성의 최소한의 증표이기도 하다.* 그리고 지금부터 노후원전들의 폐쇄 로드맵을 보여줘야 한다. 무엇보다 이명박 전 정부의 원전르네상스정책을 재고해 시대를 역행하는 원전의 증설이나 수출대신 원전의 연구 홍보에 들어가는 엄청난 재원을 재생에너지 연구 개발로 전환하고 대국민 에너지절약캠페인을 적극 펼쳐야 할 때다.

노후원전의 해체문제는 그 자체로만도 엄청난 일이다. 한수원 기획기술처의 '국내외 원자로 해체현황' 자료(2011.9)에 따르면 원전 해체기간은 즉시해체의 경우 약 15년, 지연해체의 경우 60년의 장기간이 걸린다는 것이다. 후쿠시마원전 사고 직후 미국 TV에서 '노심용융이 일어나고 있

---

* 고리원전 1호기 폐로와 관련해서는 김해창, 고리원전 1호기 문제를 어떻게 풀 것인가, 『녹색평론』, 2013년 5·6월호를 참고하시기 바란다.

다'고 지적한 미국의 원자력기술자 아니 간더선(Arnie Gundersen) 씨는 2012년 9월 일본을 방문해 가진 기자회견에서 "후쿠시마원전 해체를 30년만에 할 수는 있지만 이 경우 주변 피폭 가능성이 높아 세슘 반감기를 고려하면 적어도 100년이 걸릴 수도 있다"며 "후쿠시마원전 해체를 도쿄전력이 아닌 해외전문가를 포함한 전문관리회사를 별도로 만들어 추진해야 할 것"이라고 조언했다.

한수원·원자력환경기술원의 '고리 1호기 해체비용' 관련 자료(2005.12)에 따르면 가압수형의 경우 1995년 해체비용 산정 기준연도로 순 해체비용 약 2억 2400만 달러, 부지복구비용 약 6,400만 달러 등 총 2억 8800만 달러(약 3,210억 원)에 이른다는 것이다. 민주당 강창일 의원과 환경운동연합은 「2011년 국정감사정책보고서: 원자력이 멈추는 날-고리원전 1호기 폐로비용 추산 및 준비정도 평가」에서 우리나라 원전의 해체방식에 대한 논의가 필요한데 관련법에 조항을 신설해 해체계획 마련이 이뤄져야 할 것이라고 제안했다. 폐로비용도 2011년 6월말 현재 원전해체충당금으로 4조 9555억 원이 잡혀 있지만, 이 비용이 실제 적립되지 않고 장부상 부채로 충당되고 있어, 실제 재정지출 시점에서 재정압박이 우려된다는 것이다. 이 정책보고서는 결론으로 ① IAEA 권고에 따라 고리 1호기 해체 계획서가 제출되어야 한다, ② 고리 1호기 해체 비용이 최대 9,860억 원까지 들 수 있는데 원전 해체 충당금을 부채가 아닌 바로 쓸 수 있는 적립금으로 전환해야 한다, ③ 고리 1호기 해체 방식과 비용 등에 대한 연구가 이루어져야 한다, ④ 원전 해체 방식에 대해 지역사회가 참여하는 가운데 사회적 합의를 이루기 위한 과정에 착수해야 하며 관련 기구 구성이 시급하다고 제안하고 있다.

그러면 폐로 이후의 원전입지 마을의 모습을 어떻게 그려볼 수 있을까. 폐로 과정을 통해 새로운 지역으로 재생해가는 좋은 사례를 발견해 벤치마킹할 필요가 있다. 이런 면에서 원전폐로에 대한 좋은 사례로 독일의 북동부 루브민(Lubmin) 지역의 그라이프스발트(Greifswald)원전을 들 수 있다. 2012년 5월 5일 일본 NHK BS1 다큐멘터리 웨이브(Wave) '탈원전에 요동치는 마을-독일 세계최대 원전적지(跡地)' 프로그램은 22년 전부터 시작된 독일 그라이프스발트원전의 폐로과정을 잘 보여주고 있는데 이는 고리원전의 미래의 모습이기도 하다. 이곳에는 옛 동독 원전 6기중 5기가 자리 잡고 있는데 옛 동독의 전력 1할을 공급하던 원전이었던 것이 독일 통일이후 1990년에 옛 소련제 원전에 대한 불안여론이 높자 독일정부가 정치적으로 폐로를 결정한 것이다. 폐로 22년이 지난 지난해까지 해체 및 오염제거작업이 계속되고 있는데 지금까지 든 비용이 약 41억 유로(약 6조 원)이며, 앞으로 20~30년간 더 계속해야 한다는 것이다. 그런데 지금 그라이프스발트원전 지역은 풍력발전 및 태양광발전 등 재생가능에너지산업 단지가 돼 있다고 한다. 이곳 폐원전의 터빈건물에 해양풍력발전기를 제조하는 덴마크기업이 들어서 있는 것을 비롯해 폐원전 공장부지안에 모두 30여개의 각종 대안에너지기업이 입주해 있다는 것이다. 이 원전지역의 오염제거 및 해체작업을 하며 사용후 폐연료봉을 용기에 보관하는 중간저장시설을 관리하는 EWN사가 있는데 처음엔 민간기업이었던 것을 2000년 독일정부가 국유화했다고 한다. 현재 이 회사와 관련돼 일하는 사람만 2,000명으로 과거 원전 운전당시의 5,000명에는 못미치지만 20년 이상 계속 일을 해오고 있는데다 그간 노하우가 쌓여 새로운 탈원전 비즈니스를 창출하고 있다는 것이다. 또한 이 회사는 오염제거작업을 마친 철, 동, 알루미늄 등 폐공장 자재의 9할을 재활용자원으로 판매하고 있다고 한다. 이처럼 그라이프스발트원전은 계획적인 폐로를 통해 방사능오염 안전관리가 가능해 오염제거작업을 마친 재료의 재이용도 가능했는데 후쿠오카원전사고처럼 대형사고가 난 원전의 경우 이러한 해체작업조차 불가능하다는 것이다. EWN사는 이미 러시아 리투아니아 불가리아 등 5개국 7개 원전의 해체작업을 수주했고, 러시아 원자력잠수함 해체작업도 해냈다고 한다. 이러한 상황을 언론에선 '루브민의 기적'이라 부르기도 하는데 이는 원전이 폐지돼도 그에 의존해온 지역의 재생이 불가능하지는 않다는 것을 보여주는 좋은 사례이기도 하다.

이처럼 루브민의 기적이 가능한 것은 이 지역이 독일에서 흔하지 않는 북쪽지역의 항구를 갖고 있어 근래 늘어나고 있는 풍력발전 및 태양광발전 등 재생가능에너지산업의 해상수송에 유리한 입지에 힘을 입었다. 게다가 인근 지자체와 힘을 합쳐 항만 인프라를 중앙정부에 요구해 지원금을 받았고, 폐원전 건물을 거대한 공장으로 활용해 재생가능에너지산업체의 대대적 유치를 이끌어 냈다는 점이다. 루브민은 아름다운 해변을 갖고 있어 관광을 중시해왔는데 EWN사가 지역사회 공헌 차원에서 매년 무상으로 모래해변 정비를 실시하고 있다고 한다.

그렇지만 근래 루브민지역에도 해결되지 않는 근본적인 문제가 있어 미래가 불안하다고 한다. 결국 핵폐기물의 중간저장시설과 최종처리장 문제인데 1993년 독일연방정부가 인근 고아레벤(Gorleben)지역의 지하 암염동굴을 최종처리장으로 하기로 하고 폐원전 내에 중간저장시설을 40년간 운영하기로 했지만 최종처리장계획이 안전성문제로 2000년 백지화돼 대안이 없는 상태이다. 게다가 2010년 독일 정부가 원전별로 분산보관해오던 전국의 방사성폐기물을 집중보관이 경제적이라는 이유로 중간저장시설인 고아레벤, 아하우스(Ahaus)에 이어 루브민에도 타지역의 원전폐기물을 반입키로 한 것이 악재이다. 이 경우 폐기물 반입료는 EWN사의 사업수입이 되고 지역 단체장도 폐기물 반입 허용에 찬성하고 있다고 하지만 후쿠시마원전 참사 이후 주민들과 반핵단체의 반대시위가 거세지고 있다는 것이다.

이런 점에서 볼 때 고리원전 1호기는 독일 그라이프스발트원전 폐로과정을 벤치마킹하는 노력이 필요하다고 본다. 아이디어를 하나 더 하자면 고리원전 1호기를 폐로할 경우 지연해체방식을 통해 '고리에너지 파크'로 리모델링해 근대산업유산을 살리면서도 전 국민의 '원전안전 및 에너지교육의 장'으로 삼을 필요가 있지 않을까 싶다. 이에 대한 사례는 일본 사가현 겐카이(玄海)원전의 '겐카이에너지파크'를 참조할 수 있겠다. 이 파크는 10만 8,500㎡ 부지에, '겐카이 PR센터', '사이언스관', '규슈(九州) 고향관' 등 에너지를 주제로 한 흥미로운 시설이 세워져 있다. 한편 후쿠오가현 기타규슈시에는 폐기물리사이클 및 재생에너지를 중심으로 한 에코타운에 '차세대에너지파크' 계획을 추진중인데 태양에너지와 연료전지 전시시설을 두고 신재생에너지를 시민들이 체험할 수 있게 한 테마공원이다. 여기서 기장군 고리 일대를 '에너지교육특구'로 지정해 육성하는 방안도 생각해 볼 수 있을 것이다.

셋째, 원전 입지 지역의 원전방재대책을 실질적으로 세워야 한다. 최근 탈원전선언을 한 스위스의 사례를 보면 종래 5기의 원전이 비교적 인구밀집지역 인근에 있었는데 '원자력과의 공존'을 인정하고 전 국토를 3개 구역으로 나눠 사태의 심각도에 대응한 긴급시 대책을 면밀히 수립해왔다. 가옥신축시 지하실이나 피난처 확보를 의무화했고, 공기청정기를 부착한 공동대피소도 곳곳에 마련돼 있으며 각 지구의 방사선량을 실시간으로 자택에서 체크할 수 있도록 돼 있다고 한다. 그런데 국제신문(2012.7.21)에 따르면 고리원전 1호기가 있는 인구 11만 명인 기장군에 대규모 공공체육시설이 줄줄이 들어서고 있어 주민 수에 비해 과다한 이들 시설의 적자 운영이 불가피하다는 지적이 나오고 있다. 이러한 예산 가운데 상당부분은 원전 안전시설에 대한 확충이나 안전물자 보급에도 투자가 돼야 할 것이다.

여기서 나는 원자력 피해범위 확대지역의 방재 및 효율적 피난대책 마련을 위해 '원전안전이용부담금' 제도의 필요성을 제안한다. 2011년 후쿠시마원전 사고 이후 대형 원전사고 발생시 피해범위가 원전에서 최소

반경 30㎞로까지 확대되고 있으나, 아직도 우리 정부의 원전대책은 반경 5㎞ 이내 지역 주민에게만 사실상 적용되고 있다. 실제로 고리원전단지 반경 30㎞ 이내에는 부산시, 울산시의 약 320만 명의 시민이 대형 원전사고 발생 위험에 상시 노출돼 있으나 이에 대한 방재대책이 제대로 마련돼 있지 않다. 더욱이 이러한 원전은 3% 전력생산에 비해 38%의 과도한 전력소비를 하고 있는 수도권으로 보내지는데 송전과정에서의 손실이나 이로 인한 막대한 추가비용이 들어감에도 전력요금에 있어 지역 간의 차이가 없다는 게 문제이다. 이에 원전 피해범위 반경 30㎞에 거주하는 주민들의 실질적 원전사고 예방정보시스템 및 사고발생시 약품 등 대책 마련을 위해 수도권 등 원거리에 있는 원전 소비자들에게 '원자력 안전이용부담금'을 부과함으로써 원전입지 피해예상지역 주민들의 안전대책 수립 등 효율적 대처방안에 관한 연구가 필요하다. 그런데 원자력 안전이용부담금의 경우 뜬금없는 것이 아니다. 그것은 기존의 '물이용부담금제도(1999.8)'가 있기 때문이다. 물이용부담금제도 시행의 입법 취지를 보면 사전예방의 원칙에 기초해 상수원의 원수를 보호하기 위한 것이다. 이는 일반적인 오염유발자가 아닌 하류의 오염피해예상자이자 상수도 수혜예상자가 상류의 상수원보호구역이라는 규제로 인해 피해를 입게 되는 상류 상수원 인근주민들을 위해 부담금을 내고 있는 것이다. 마찬가지로 원자력안전이용부담금의 경우도 이같은 사전예방의 원칙에 기초해 원전 생산지역이자 피해범위 지역의 원전 안전시스템 마련을 위한 재원을 원전에서 먼 거리에 있는 소비자가 부담토록 하자는 것이다. 그리고 국제원자력기구(IAEA)의 비상계획구역 권고안에 따라 기존의 원전 주변지역의 안전과 정부의 지원체계를 분석해 기존 원전 반경 3~5㎞의 예방적 보호조치구역과 반경 5~30㎞ 이내의 긴급보호조치계획구역으로 나눠 실질적인 지원과 대책이 필요하다고 본다. 미국의 경우 비상계획구역을 80㎞로 잡고 있기에 피해예상지역의 확대도 충분히 검토할 필요가 있다.* 이 경우 적어도 원전 주변 30㎞이내 피해범위 주민들이 대형원전사고에 대한 사전예방적 정보시스템 및 방재비품 등 대책 마련이 가능해지고, 원자력안전이용부담금의 도입을 통해 원전 입지에서 먼 수도권 등의 원전전력요금이 인상됨에 따라 현재 급증하고 있는 원전 전력 수요를 저감시키고 지속적으로 절전을 유도하는 가격효과를 유지하는 데도 실질적으로 기여할 수 있을 것이다.

넷째, 지자체의 에너지지역분권에 내한 목소리가 적극 반영돼야 한다. 특히 원전이 입지한 지자체의 목소리가 적극 반영될 필요가 있다. 부산시는 2011년 후쿠시마원전 사고 이후 부산시 원자력안전대책위원회를 구성했으나 고리 1호기 사고은폐사건 이전에는 후속회의가 없었고 지난해 8월 고리 1호기 재가동 이후엔 회의를 적극적으로 소집하지 않고 있다. 이제는 부산시가 고리 1호기 폐쇄 및 고리핵단지 중단의 목소리를 중앙정부에 내야할 때다. 지금은 고리지역에 원전이 들어서던 1970년대 박정희 시대의 부산시가 아니다. 부산광역시장은 350만 명이 직접 뽑은 시장이다. 지난해 3월 고리 1호기 폐쇄를 촉구하는 대정부 결의안을 채택한 부산시의회도 좀 더 적극적인 후속조치가 필요하다고 본다. 세계적으로 '원자로입지 심사지침'은 '혹 일어날 지도 모르는 최악의 사고(중대사고)'에 대비하기 위해 대도시 인근은 피하도록 하고 있다. 그런데 과연 고리지역은 이렇게 핵단지화돼 가도 좋은 것일까 깊이 고민을 해보아야 할 것이다. 기존의 원자력 관련법의 개정이 필요하다.

다섯째, 대도시 차원에서의 탈핵에너지전환운동이 필요하다. 특히 우리나라의 경우 서울 인천 등 수도권의 경우 에너지생산에 비해 소비가 과다하다. 따라서 종래와는 다른 정책이 필요하다. 다행히 우리나라에

---

* 우리나라는 8~10㎞를 비상계획구역으로 설정해 놓고 있다.

서도 서울특별시 일선구청을 비롯해 전국 기초지자체에서 '탈핵에너지 전환도시' 운동이 일어나고 있다. 서울시는 2012년 4월 26일 '원전 1기 줄이기' 종합대책을 발표했다. 서울시는 2014년까지 에너지 200만 TOE (원전 1기 수요 대체량)를 절감하기 위해 햇빛도시 건설과 수소연료전지발전소 건립, 신축건물 에너지총량제 도입 등을 담은 '원전하나줄이기 종합대책'을 마련했다. 먼저 공공청사, 학교, 주택, 업무용 건물 등 1만여 공공·민간 건물의 옥상과 지붕에 290MW의 태양광발전소인 '햇빛발전소'를 설치한다. 설치시 기후변화기금을 활용, 설치비의 30% 범위 내에서 연리 2.5%로 장기 융자 지원할 예정이다. 자치구별로 에너지 자립도를 높이기 위해 마을 주민의 주도적 참여로 신재생에너지를 자체 생산해 외부로부터 받는 에너지를 최소화하는 '에너지자립마을'도 구별로 1곳 이상 조성할 예정이라는 것이다. 또한 건물에만 적용하던 '에너지(온실가스) 총량제'를 2014년부터 도시개발계획 수립시에도 적용하고 신재생에너지 설치 의무화 비율을 현재 6%에서 2014년 10% 이상으로 강화한다. 중대형건물, 공공임대주택, 시립 사회복지시설, 학교 등 1만 2200여 개의 에너지다소비 건물에는 3년간 에너지절약시설을 개선 또는 설치하는 건물에너지 효율 개선사업(BRP)을 실시하고 에너지 진단 의무대상도 현재 2,000TOE 이상(총면적 7만 8,000㎡ 이상)에서 2013년부터 1,000TOE 이상 건물로 확대하기로 했다. 서울시는 에너지 절약시설 공사시 서울시 기후변화기금에서 사업비의 80%까지 연 2.5% 저리로 융자 지원하고 저소득층의 경우 최대 500만 원까지 장기(8년) 저리 무담보로 융자 지원할 계획이다. 아울러 공공청사 및 도로시설, 지하철역사, 지하상가, 대형업무시설, 백화점 등 다중이용시설의 781만 5,000여 개의 실내조명은 에너지 효율이 높은 LED 조명으로 교체한다는 것이다. 이밖에 대규모 비상정전에도 자체 상시 전력 공급이 가능한 '수소연료전지 발전소' 131개소 건립과 작은 낙차에서도 발전 가능한 '소수력 발전소' 5곳 건립도 추진할 계획이라고 한다. 서울시는 이같은 대책으로 2014년부터 매년 2조 800억 원의 원유수입 대체효과와 더불어 4만 개의 에너지분야 녹색일자리가 창출될 것으로 보고 있다.(www.seoul.go.kr)

연합뉴스(2012.2.13)에 따르면 전국 45개 지방자치단체가 원자력을 넘어 지속가능한 도시 만들기를 위한 '탈핵 선언'에 동참했다. 서울 노원구 김성환 구청장 등 45개 지자체의 단체장이 2012년 2월 13일 서울 대한상공회의소 국제회의장에서 열린 '탈핵 에너지 진환을 위한 도시선언 심포지엄'에 참석해 탈핵 선언문을 채택한 것이다. 선언문에는 에너지 조례 제정, 불필요한 에너지 수요 절감 대책 추진, 에너지협동조합 설립을 통한 신재생에너지 보급, 녹색일자리 창출, 수명을 다한 원전 가동 중단과 증설 반대 등의 내용이 담겼다. 이번 행사에 참여한 자치단체는 새누리당, 민주당, 진보당 등 여야가 망라돼 있고 지역별로는 서울 15곳, 경기 10곳, 인천 7곳, 충청 4곳, 대구·울산·전남 각 2곳, 광주·대전·경북 각 1곳 등이다.

원전은 국책사업으로 안전대책도 국가가 전적으로 책임을 져야 할 사항이다. 원전 운영에 그동안 지자체는 아무런 권한이 없고 오로지 사고 수습에 대한 책임만 있었다. 그러나 이제 원자력안전위를 비롯해 각종 원전행정에 지자체가 적극 참여하도록 관련 법을 바꿔야 한다. 이제부터는 원전을 '지방자치의 문제'로 새롭게 인식할 필요가 있다. 지자체 단체장과 시의원은 특히 '에너지 지방분권'에 관심을 가져야 할 것이다. 일본에서는 후쿠시마원전 참사를 계기로 '과학기술을 주민의 손에'라고 하는 새로운 주민자치운동이 일어나고 있다. 위험한 원전을 재정이 약한 지역에 보조금이라는 사탕발림으로 유치토록 하는 구조를 고쳐야 한다. 우리는 1986년 체르노빌원전 참사에서 제대로 교훈을 얻지 못했다. 이제 후쿠시마원전 참사의 교훈마저 더 이상 남의 나라 일로 보아선 절대 안 된다.

저탄소도시 사례1

'태양의 도시' 독일 프라이부르크

'독일 연방의 환경수도' 또는 '태양도시(Solar City)'라는 수식어가 붙어 다니는 인구 20여만 명의 독일 남부 프라이부르크는 독일 사람들이 가장 살고 싶어 하는 도시 중의 하나로 손꼽힌다. 프라이부르크는 반원전에서 에너지자립 그리고 탈자동차를 위해 노력해 온 전형적인 환경도시이다.

프라이부르크 중앙역에서 지역 여행지도를 구하면 그 안에 시내 주요 건물에 설치된 태양광 발전시설들이 자세히 표시돼 있다. 프라이부르크는 태양에너지를 비롯한 재생가능에너지의 도시이다. 시는 1995년에는 드라이잠축구경기장 남쪽 스탠드 지붕에 '시민참여형'으로 대형 태양전지패널을 설치했다. 3년 뒤에는 프라이부르크시에 솔라주식회사(SAG)가 설립됐는데 이는 '솔라주식'을 모집해 대규모 태양광발전 시설을 설치해 생산한 전력을 자기가 원하는 전력회사에 파는 것이다. 프라이부르크시내에는 태양을 향해 태양전지패널이 방향을 바꾸는 '헬리오트롭'이라고 하는 태양주택이 있으며 교외 뮌찡겐 지역에는 태양광을 이용한 분양주택단지인 '솔라가든'이 즐비하다.

시내 중심부에서 노면전차로 10분쯤 달리면 생태주거단지인 보봉지구가 나온다. 제2차 세계대전 후 지난 1992년까지 연합군의 일원으로 프랑스군이 주둔했던 곳인데 기지 철수를 계기로 지역 주민들이 '포럼 보봉'을 결성해 이곳을 생태마을로 바꿨다. 400여 세대가 태양광과 열병합발전을 주 에너지로 삼고, 노면전차와 같은 대중교통을 끌어들였으며, 빗물을 재활용하는 시스템을 도입해 세계적인 생태마을로 널리 알려지게 됐다.

이 같은 노력으로 프라이부르크는 종래 60%였던 원전의존율을 30% 수준으로 낮췄고, 도시 전력의 50%를 열병합발전으로 충당하고 있으며, 2009년 현재 시 전체 고용인력의 3%에 가까운 1만여 명이 태양광 및 환경에너지 산업과 연관된 1500개의 크고 작은 일터에서 500만 유로의 가치를 창출하고 있다고 한다. 프라이부르크는 연중 1800 일조시간 그리고 m²당 1,117kW의 일조량으로 독일에서 가장 햇볕이 많은 도시 중 하나로 지역에너지자원을 가장 잘 활용하고 있는 도시이다.

이러한 태양광에너지의 보급은 이산화탄소 감축을 통한 지구온난화 대응에서도 앞선 도시로 세계적으로 알려지게 된다. 프라이부르크는 1996년에 이산화탄소를 2010년까지 25% 줄이기로 결의했다. 더욱이 2007년 여름 녹색당 프라이부르크지부장 출신인 디터 잘로몬 시장은 '2030년까지 이산화탄소 40% 감축'이란 더 높은 목표를 내세워 의욕적으로 추진하고 있다.

프라이부르크의 교통정책의 효과는 다음과 같다. 1982년에서 1996년 사이 시내에서의 교통량 증가 중 자전거가 차지하는 비율이 15%에서 28%로, 대중교통수단의 비율은 11%에서 18%로 증가한 반면, 자동차를 이용한 거리의 비율은 38%에서 30%로 감소했다. 독일의 다른 대도시들과 비교해 볼 때 프라이부르크의 자가용 소유 비율은 인구 1,000명당 423대로 독일에서 가장 낮은 비율을 나타내고 있다고 한다.

프라이부르크가 이처럼 환경수도, 태양도시로 유명해지게 된 것은 원전반대운동에서 비롯됐다. 1970년대 초 제1차 오일쇼크 이후 프라이부르크 인근 숲과 포도밭이 어우러진 비일지역에 독일의 20번 째 원자력발전소 건설계획이 추진되자 시민들의 반대운동이 거세게 일어났다. 그런데 이 도시가 오늘날 태양도시가 된 것은 반대 구호를 넘어서 생활에서 '에너지절약운동'을 철저히 전개했기에 가능했던 점이 여느 도시와는 다르다. 즉, 원전 건설반대와 더불어 에너지낭비와 쓰레기투기, 자동차에 의존하는 대량소비생활에 대한 철저한 반성에서 시와 시민들이 하나가 되어 에너지절약 환경실천에 나섰던 것이다.

이러한 것이 반영돼 1972년 프라이부르크시 교통국은 '제1차 자전거교통망 플랜'을 수립해 자전거도로를 설치했고, 시 전철을 유지 확대키로 결정했다. 1973년에는 옛 시 중심가에 승용차 진입 규제가 이뤄졌고, 1979년에는 환경친화적인 '제2차 종합교통시스템'이 만들어졌다. 이런 과정에서 1986년 옛 소련의 체르노빌 원전 사고 이후 프라이부르크시 의회는 만장일치로 '비일원전 건립 반대'를 결정해 '탈원전'을 선언했다. 이와 동시에 당시 롤프 뵈메 시장은 태양광에너지를 바탕으로 한 에너지절약정책, 교통정책, 쓰레기대책 등 환경문제 전반에 대해 종합대책을 수립해 시민과 함께 '솔라시티' 만들기를 적극 추진했다. 이러한 노력으로 프라이부르크시에는 ICLEI(국제환경지자체협의회) 유럽사무국, 프라운호프연구소 등 현재 60여개의 국내외 환경관련 단체 및 연구기관이 자리 잡게 됐다.

독일 프라이부르크의 태양광패널공장 솔라팩토리(상)와 프라이부르크 시내를 달리는 친환경교통수단인 노면전차(하)

© 김해창(상)
© 프라이부르크시청 제공(하)

프라이부르크의 에너지자립 정책을 보면 크게 3가지이다. 첫째는 에너지절감정책으로 기존의 에너지절약 방식을 실천하는 것이다. 시는 1996년부터 에너지절약형 인버터식 형광램프를 개발해 각 가정에 무상으로 나눠줬다. 둘째는 기존의 에너지를 새로운 형태로 이용하는 방법을 개발하는 것으로 시는 천연가스를 이용한 지역발전을 하고, 1992년부터 공공건물 등에 저에너지 건축만을 허가하는 조례를 제정했다. 셋째는 태양광·풍력·수력 등 재생가능에너지의 이용을 활성화하는 것인데 FEW(프라이부르크에너지수도공사)는 교외 란트바서지구 쓰레기매립지에서 발생하는 메탄가스를 이용해 열병합발전을 하고 있다.

지난 1972년 선진국의 대부분이 고속도로 건설에 익숙해져 있던 시기에 프라이부르크가 자동차억제정책을 도입했다는 점은 놀랍다. 이러한 방침에 따라 시 전차 노선의 확충, 시내버스의 노선 정비, 자전거도로망의 확충, 보행자지대의 설치, 주택가 최고시속 30km 제한, 중심지 자동차노선의 축소 및 진입제한, 주차요금의 인상, 주택지구 주차우선권제도 등 실질적인 교통정책을 수립했다. 그 결과 1979~89년 10년간 프라이부르크 시내의 승용차대수는 6만 2,000여 대에서 7만 8000여 대로 늘어났음에도 사용대수의 변화는 거의 없었다는 것이다. 프라이부르크시는 1989년부터 시내 모든 주택가에 대해 자동차 속도를 시속 30km로 제한하고 있다. 이로 인해 주택가에 배기가스나 소음이 줄어들고, 교통사고가 거의 사라졌다고 한다. 대신 자전거전용도로를 150km나 정비했다. 프라이부르크에는 레기오카르테(지역환경정기권)라는 것이 있는데 이는 승용차대신 전철 버스 등 대중교통기관을 이용할 수 있도록 값싸고 편리하게 요금체계를 구축한 것이다. 또한 '파크 앤 라이드(Park & Ride)' 시스템이라는 것을 구축했다. 이는 프라이부르크 근교 전차의 시외 역 인근에 넓은 무료 주차장을 조성해 놓고 시외에서 시내로 통근 혹은 쇼핑하러 오는 사람들이 이 역세권 주차장에 차를 두고 전차로 갈아타고 시내에 들어오도록 하는 시스템이다.

환경수도 프라이부르크의 시민들에게 배울 점은 무엇일까. 그것은 첫째, 대량소비 생활의 반성에서 출발해 그것이 실천으로 이어졌다는 것이다. 프라이부르크의 시민다움이 이러한 친환경정책을 가능하게 했고 1980년대부터 시작된 독일의 철저한 환경교육이 이러한 시민과 공무원을 길러냈다고 볼 수 있다. 둘째, 전문가들의 적극적인 참여가 있었다는 점이다. 에너지 전문가를 포함해 지역 환경 NGO가 시에 대안을 적극 제시했다. 셋째, 환경 지자체 단체장의 선택 및 행정과의 파트너십 형성을 들 수 있다. 환경수도 프라이부르크에는 환경시장의 '태양도시 만들기'에 대한 의지가 확고했기에 가능한 일이었다. 또한 옛 소련의 체르노빌 원전 사고 이후 프라이부르크 시의회가 신속히 '원전 포기'를 결정한 일도 높이 살만하다. 이처럼 지방자치의회나 단체장이 주민의 요구를 정확히 읽어내고 신속한 결정을 하는 것이 중요하다는 사실이다.

끝으로, 프라이부르크는 홍보성 행정이 아니라 실천을 유도하는 행정을 폈다는 점도 빼놓을 수 없다. 캠페인성 홍보보다는 시청 공무원들이 먼저 실천했고, 시민들이 대중교통을 이용하거나 자전거를 타고 다니기에 편리하게 인프라를 구축하고 '인센티브'나 '메리트'를 제도화했다. 도심에 차를 갖고 다니는 게 오히려 불편하게 만드는 '역발상'의 행정이 주효했던 것이다. 태양도시 프라이부르크에는 녹색시민이 있었던 것이다.

이 장의 내용은 김해창, 공공사업의 환경파괴적 구조 분석 및 개선방안 연구, 환경연보 제 19권 제1호, 경성대학교 환경문제연구소, 2012.12.를 바탕으로 요약, 정리한 것이다.

2

공공사업의 개혁

2.1 | 공공사업과 환경

새만금간척사업, 경부고속철도 천성산·금정산 관통문제, 서울외곽순환도로 북한산관통문제, 부안군 핵폐기장 조성문제 그리고 4대강사업 등에 이르기까지 대한민국 곳곳이 정부와 지자체가 벌이는 대형공사로 급속한 자연파괴가 일어나고 있다. 이 모두가 국책사업 또는 공공사업이란 이름으로 행해지고 있는 것들이다.

국책사업 혹은 공공사업이란 국가 또는 지방자치단체가 사회자본인 도로 항만 등을 건설하고 유지하는 일을 말한다.* 지난 1998년 1월 당시 김대중 대통령당선자는 대통령직인수위 간사회의서 경부고속철, 시화호간척, 새만금간척사업을 김영삼정권의 3대 부실사업으로 규정해 전면 재조사를 벌이기로 결정해 그해 4월 감사원이 주요감사대상으로 확정한 대형 국책사업이 새만금 시화호 경부고속철 인천국제공항 가덕항 등 16개에 예산만 84조9523억 원이었으니 국책사업 규모의 방대함을 짐작할 수 있다. 새만금간척사업은 여의도 넓이의 140배에 이르는 갯벌을

---

* 광의의 공공사업은 국책사업을 포괄한다.

간척해 4만 100ha의 농지(토지조성 2만 8300ha, 담수호 1만 1800ha)를 만들겠다는 구상이지만, 1991년 착공 이래 수질문제로 농지조성이 사실상 불가능하며, 경제성이 낮아 조성 목적의 타당성이 없다는 점이 드러났음에도 추진되고 있다.

이러한 대형 국책사업을 비롯한 공공사업의 상당수가 국민 혹은 지역주민 대다수의 공감을 얻지 못하고 있고 이로 인한 자연파괴가 심각한 문제로 대두되고 있음에도 불구하고 공공사업에 대한 반성이나 재검토가 전혀 이뤄지지 않고 있는 것이 현실이다.

한국법제연구원 전재경 박사는 한국사회환경단체회의에서 주최한 토론회에서 '대형국책사업의 문제점과 바람직한 국토이용 방안'이란 제목의 발제를 하면서 "국책사업은 경제논리보다 해당 사업에 특별한 법적 지위를 부여해 법률상 각종 규제를 피해나가기 쉽게 돼 있는 허점이 있으며 이는 개발과 보전간의 법적 균형이 결여된 우리나라의 법률체계에 문제가 있다"고 지적했다. 그러다 보니 공공사업은 사업 결정에 있어 타당성 결여나 절차적 비민주성을 보이고 있다. 특히 국책사업의 경우 지금까지 대선 및 총선 때 '선심성 공약'에서 출발해 타당성조사나 사전환경영향평가 등이 거의 무시된 채 정책결정자의 지시에 따라 '형식적 검토'를 거쳐 쉽게 착공되는데서 태생적으로 문제를 안고 있다. 이 때문에 국책사업을 비롯한 공공사업은 필연적으로 이들 정치인과 행정관료 그리고 재벌 건설업체간의 유착관계를 낳고 있으며 이들은 '부패고리'로 연결되어 있는 경우가 많다. 정치인은 국민 혹은 지역주민들에게서 표를 얻기 위해 '공약'을 하고 관료들에게 특정건설업체의 수주 로비도 해주고, 건설업체는 답례로 이들에게 정치자금을 대주고, 행정관료는 떡고물을 받아 챙기고 이들은 서로가 서로의 뒤를 봐주다보니 '한 번 시작한 공공사업은 결코 멈추지 않는 신화'를 만들어내고 있는 것이다.(김해창, 2003)

이러한 환경파괴를 초래하는 대규모 공공사업과 같은 공급위주의 경제개발정책의 추진 배경에는 미국 케인스(J. M. Keynes)의 경기부양대책 중 재정정책과 관련이 있다. 1935~36년에 출판된 케인스의 『고용·이자 및 화폐에 관한 일반이론』의 핵심은 2가지로 볼 수 있는데 하나는 실업에 관한 기존의 이론이 불합리하다는 것을 밝히는 것이었다. 케인스에 따르면 소비자는 자신이 얻는 소득의 크기에 따라 지출이 제한되므로 경기순환변동의 원인이 될 수는 없으며 동적인 요인은 바로 기업투자자와 정부이다. 따라서 불황시에 해야 할 일은 사적 투자를 확대하거나 부족한 사적 투자를 대체할 수 있는 공적 투자를 창출하는 것이라고 강조했다. 미국의 경우 1946년 '고용법'을 제정하여 공식적으로 대통령과 의회에 호황을 유지토록 하는 의무를 부과했다.(R.Lakachman, Britannica)

케인스는 사회가 비효율적인 상태, 즉 불황에 봉착했을 때, 어떻게 탈출할 것인가에 대한 처방전을 생각했다. 불황이라고 하는 것은 생산물에 대한 기업 경영자의 투자(투자수요)가 부족하든지, 가계의 저축의욕이 높아 결국 소비수요가 낮은데 기인한다.* 즉, 생산가능한 상품에 비해 그것을 필요로 하는 수요측이 위축돼 있는 것이 원인이라는 것이다. 여기서 케인스는 정부가 잉여 생산물의 사용처가 되면 좋겠다고 생각했다. 정부라고 하는 것은 국민의 돈을 사용하고 있기 때문에 가능한 것이다.

예를 들어 투자 100조 원, 저축률 20%에 있어서, GDP는 500조 원으로 결정됐지만 여기서는 정부가 2조 원의 공공사업을 위한 지출을 계획한다고 하자. 그러면 (저축S)=(투자I)+(정부지출G)=100+2=102가 된다. 저축액은 소득의 20%이기에 (총생산GDP)=(저축)÷0.2=102조 원

---

* 이것을 유효수요의 부족이라고 한다.

÷0.2=510조 원이 된다. 정부가 2조 원의 지출을 했을 뿐인데 GDP는 10조 원이나 더 늘어나게 된다. 이러한 것을 500조 원의 GDP 때는 실업에 놓여있던 노동자들이 10조 원 분의 추가적 생산으로 인해 고용될 수 있게 된 것을 의미한다. 결국 정부의 공공사업은 지출의 5배 규모로 실업을 해소하는 힘을 갖고 있다는 것이다. 케인스는 이처럼 불황 하에서는 정부가 남아도는 생산력의 사용처가 돼 고용이나 설비의 유휴를 해소하는 정책을 주장했다. 이것이 게인즈의 경기대책 중 '재정정책'이라고 하는 것이다.

이러한 케인즈의 사고방식이 보급됨과 함께 2차 세계대전 후의 대부분의 나라는 경기대책으로 공공사업이 행해지게 됐다. 그러나 고지마 히로유키(小島寬之)는 『에콜로지스트를 위한 경제학(エコロジストのための経済学)』(2006)에서 이러한 공공사업이 2가지 점에서 문제를 낳았다고 지적하고 있다.

첫째는 관료의 부정부패의 온상이 됐다는 것이다. 둘째는 공공사업에 의한 심각한 환경파괴가 초래됐다는 것이다. 경기대책을 명목으로 한 공공사업의 제도화는 정부 관료에게 거대한 경제권력을 부여하게 된다. 정치가나 관료는 공공사업의 발주나 유치업자로부터 유형무형의 보상을 받는 것이 가능하게 되고, 거기서 권리가 발생한다. 시민은 수많은 뇌물사건을 목격해왔지만 그 배경에는 이 케인스정책이 있었다는 것을 부정하지 못한다. 또 정부에 의한 공공사업은 민간이라면 웬만해서 손대기 힘든 사업이 일반적인데 더욱이 자연환경을 개조하려고 하는듯한 대규모사업은 민간기업에서는 좀처럼 착수하기 어려운 것임에도 이러한 것이 정부의 사업이라면 이 2가지 모두 문제가 되지 않게 할 수 있다는 것이다. 원래 공공사업은 채산성을 전체로 하지 않는데다 정부가 국민의 대표이기에 공공의 재산인 자연환경을 조작할 권리를 행사하기 쉽기 때문이라는 것이다. 이러한 이유에서 경기대책의 공공사업은 쉽게 자연환경파괴의 원흉이 되어버릴 수가 있다. 이명박 정부의 4대강사업의 경우처럼 국민들이 알게 돼 대대적인 반대운동이 일어나도 좀처럼 사업계획을 백지화하기 어려운 것도 잘 보이지 않지만 공공사업의 먹이사슬이 엄연히 존재하고 있기 때문이라는 지적이 많다.

그동안 논란만 계속돼 왔던 약 22조 원 규모의 4대강사업 공사에 심각한 부실이 있다는 사실이 최근 감사원에 의해 확인됐다. 매일경제(2013.1.17)에 따르면 감사원이 국토부와 환경부 등을 대상으로 지난해 5월부터 9월까지 실시한 감사 결과에 따르면 4대강에 설치된 총 16개보 가운데 11개보에 대한 근본적인 보완이 필요한 것으로 나타났다. 감사 보고서에 따르면 4대강에 설치된 보의 설계기준 자체가 엉터리로 적용된 것으로 조사됐다. 4대강이 대형 하천이어서 수문을 개방할 때 구조물과 보 하부에 큰 충격이 가해지지만 소규모 고정보에 적용하는 설계기준을 적용했다는 것이다. 총 16개의 보 가운데 15개 보에서 세굴현상을 방지하기 위한 바닥 보호공이 유실되거나 침하된 사실도 확인됐다. 결국 11개보는 근본적인 보강 방안이 마련되지 않을 경우 안전에 심각한 문제가 발생할 수 있다는 것이 감사원의 분석이다. 시민단체와 환경단체가 지속적으로 문제를 제기한 수질관리에서도 문제점이 드러났다. 감사원은 4대강의 경우 보와 보 사이 수자원의 체류시간이 늘어나면서 조류증식 가능성이 높기 때문에 화학적 산소요구량(COD)이나 조류농도를 수질관리의 기준으로 삼아야 한다고 지적했다. 그러나 환경부는 4대강의 수질관리 기준을 일반 하천과 같은 생물학적 산소요구량(BOD)으로 삼았다. 이와 함께 환경부는 상수원이 있는 7개 보 구간과 18개 취수원에서 식수오염 가능성을 경고하는 조류경보제를 운용하지 않은 것으로 밝혀졌다. 감사원의 4대강사업 감사결과에 따라 이명박 정부가 무리하게 임기 내에 공사를 마무리하다 부실공사를 자초했다는 비난을 피하기 어려울 것으로 보인다. 이와 함께 부실공사와 부실관리 책임자에 대한 민형

사상 책임을 묻는 시민단체, 정치권 등의 목소리가 높아질 가능성도 크다는 것이 보도의 요지이다.

김정욱(2003)은 '주요 환경현안 및 국책사업에서의 지속가능성 확보방안'에서 우리나라는 40~50년간 성장과 공급위주의 경제개발에 몰두해 왔는데 이러한 방식의 경제개발은 경제위기를 불러왔을 뿐만 아니라 우리나라의 많은 환경문제의 근원적인 원인으로도 지목받고 있다고 강조하고 있다. 그는 시기업들은 구조조정이 많이 이뤄졌으나 국영기업들은 그대로 남아 여전히 공급위주의 과잉투자사업들을 계속 밀고가고 있다며 우리나라 국토이용의 기본골격을 형성하게 되는 대형국책사업들이 바로 이런 공급위주 개발의 전형을 보여주는 것으로 이들이 바로 우리나라의 경제를 고비용-저효율 구조로 만들어 나갈 뿐만 아니라 국토환경에도 되돌리기 어려운 악영향을 미치고 있다는 점을 강조했다.

이렇게 보면 자연파괴라고 하는 환경문제의 배후에는 자본주의의 불안정성과 그것을 완화하기 위한 케인스정책이라는 경기부양대책이론이 자리잡고 있음을 알 수 있다.

공공사업 추진 및 평가상의 문제점　　　김태윤·김상봉(2004)은 『비용편익분석의 이론과 실제: 공공사업 평가와 규제영향』에서 공공사업효과로 ① Demonstration(전시)효과, ② 교육효과, ③ 승수효과, ④ 생산유발효과, ⑤ 소득재배분효과, ⑥ 고용유발효과, ⑦ 환경에의 영향을 들고 있다. 그런데 실제 공공사업의 추진과정에서는 경제적 편익이 지나치게 강조되는 경향을 보이는 반면 환경에의 영향은 거의 취급되지 않고 있는 것이 현실이라 할 수 있다.

김기태(2005)는 '균형성과표 기반 공공사업평가체계에 관한 연구'에서 사업에 대한 평가체계는 사업을 기획하는 측과 수행하는 측이 공유하는 가치체계의 표현으로 양측이 공유하는 평가체계를 통해서 사업은 기획되고 수행되는데 이와 같은 평가체계가 사업에 대한 모든 것을 담아내지 못한다면 그 사업은 시작부터 성공을 담보해 낼 수 없을 것이라고 지적했다. 공공사업은 국민의 세금이라는 공적자금을 투자해 진행되는 만큼 자금의 사용이 투명해야 함은 물론이거니와 사업의 목적이 충분히 달성될 수 있도록 충분한 준비가 중요하며 이 준비는 사업에 대한 정확한 평가체계를 필요로 한다는 것이다. 즉 공공사업을 하기 전에 관련 평가체계를 구축해야함을 강조하고 있다.

이승우·김호철(2008)은 '공공사업에서의 갈등관리 연구: 용인 죽전지구 택지개발사업 사례'에서 공공사업의 갈등 성향으로 개발 우선적인 지배이념이 1990년 들어서 한국 사회의 지배적 위치를 상실하고 환경보전에 대한 요구가 공공사업 정책 결정과정에 영향력을 발휘할 수 있는 상황이 조성된 데다 ① 개발 우선의 사업계획 수립, ② 사업 추진의 정당성 미확보, ③ 사업의 지원 및 협조체계 부재, ④ 이해당사자의 참여 부족 등에 기인한다고 지적했다. 또한 공공사업의 갈등관리의 문제점으로는 ① 패러다임 전환에 따른 대처 미흡, ② 갈등요인 분석 및 갈등관리제도의 취약, ③ 대화와 타협의 중요성, ④ 협력적 거버넌스의 필요성을 강조했다. 나아가 갈등관리개선방안으로 제도적 측면에서 ① 개방형 시안 설계, 주민불편 및 민원에 대한 모니터링 등 실질적인 주민참여 시스템의 제도화, ② 예비적 갈등관리시스템의 도입을 통한 사업 추진상 갈등의 사전 예방 및 감소, ③ 사업단계별로 민원성향과 주민요구에 계획적으로 대처할 수 있는 갈등요소의 집중관리 시스템의 구축 및 갈등해소형 설계의 도입 등이 필요하다고 강조했다. 운영적 측면에서는 ① 공정하고 책임 있는 갈등조정기관 또는 제3의 전문기관의 역할의 필요, ② 사업의 전 과정에 갈등관리 운영체계 도입의 필요, ③ 사회적 합의를 통한 갈등관리와 이를 위한 거버넌스체제의 구축을 제안했다.

홍기용(2004)은 '영국정부의 공공사업 예비타당성조사 내용분석'에서

경남 함안군 함안보 공사현장에 환
경시민단체 활동가들이 타워크레인에
올라가 농성을 하고 있다.

© 박수현(국제신문 기자)

우리 정부는 공공사업의 비과학적이며 정치화로 인하여 많은 사업이 과
학성과 투자성을 고려하지 않고 선정되고 있어 많은 비용을 지불하고 있
다고 지적하고 있다. 게다가 공공사업평가에 대한 공식적인 지침서가 마
련돼 있지 않아 사업평가에 대한 표준화가 되어 있지 못한 실정이며 현
재 이루어지고 있는 예비타당성분석은 경제분석인지 사업설계서인지 분
간이 가지 않을 정도로 혼돈을 겪고 있는 실정이라는 것이다. 그는 영국
정부의 공공사업지침서를 활용해 우리 실정에 적절한 지침서를 작성하
여 관련 사업을 그 기준에 평가할 필요가 있다며 우리나라에서도 대학
등 전문인력을 이용한 분야별 전문인력으로 위원회를 조직해 분야별 평
가기법을 개발하고 영국처럼 지역별로 실행지원위원회를 구성해 수시로
사업평가를 지도해주는 지식확산조직이 필요하며 비경제사업에도 이러
한 평가모형을 도입해 공공자원의 효율화를 기해야 한다고 제안했다.

김상봉(2002)은 '공공투자사업의 사회경제적 효율성 평가방법과 그 적
용에 관한 연구―일본의 행정투자 및 공공사업을 중심으로'에서 현재
공공사업이 문제시하고 있는 하나의 큰 원인, 특히 공공사업에 대한 국
민불신의 배경에는 이러한 공공투자에 대한 공식 비공식의 평가 결과
가 공개되지 않는 것에 기인하고 있으며 또한 공공정책 및 의사결정과
정에 있어서의 불투명성에도 그 주요원인이 있다고 지적했다. 공공투자

및 공공사업이 적절히 실시되는 것은 사전평가만으로는 불충분하다며 사업을 효율적으로 시행하고, 완성 후에 적절한 유지관리를 행함과 동시에 서비스 실적과 효과가 어떠한가를 사업 중 또는 사업 후에도 검토하여 사업의 조정과 차후의 계획에 반영하는 것 또한 대단히 중요하다고 강조했다.

최승원(1988)은 '공공사업으로 인한 어업피해와 손실보상'에서 공공사업의 시행으로 인해 권리의 침해를 받은 자에 대한 보상문제가 제기되지만 그러한 침해내용으로는 해당지역에서 더 이상 기존의 농업이나 어업 등을 영위할 수 없게 된 주민들의 피해처럼 직접적인 인과관계를 가진 경우가 있는가 하면 사업계획 수립 당시에는 도저히 예상할 수 없었던 원지(遠地)에 환경변화의 연쇄적 반응으로 나타나는 피해도 있다고 밝혔다. 그런 보상법리의 실질적 기능 제고를 위해서는 보상의 대상과 범위나 절차 등에 관해 유형적으로 체계화된 보상법제의 밑받침이 필수적이며, 현행법제 하에서 공공사업으로 인한 어업보상에 관해서도 가칭 '어업소실평가 및 보상에 관한 법률'의 마련이 중요하다고 강조하고 있다.

이처럼 공공사업이 환경파괴의 구조를 갖게 되는 것은 공공사업에 대한 편익은 과장되게 취하면서 비용 또는 환경피해에 대해서는 사전환경영향평가는 물론 환경가치평가가 소홀히 다뤄지고 있으며 이러한 것에 대한 평가시스템이 제대로 마련돼 있지 않음을 알 수 있다.

2.2 | **공공사업의 효과분석과 개선방안**

공공사업의 경제적 효과 공공사업은 경기부양을 위해 불가피한 투자라는 것이 정부나 지자체의 한결같은 입장이다. 그런데 정말 공공사업이 경기부양을 위해 불가피한 투자이며 이들 투자가 효과가 있는 것인지에 대해서도 부정적인 견해도 많다.

호보 다케히코(保母武彦)는 『공공사업을 어떻게 바꿀 것인가(公共事業をどう変えるか)』(2001)에서 일본의 공공사업의 문제점으로 ① 재정위기의 초래, ② 자연 생태계의 파괴, ③ 지역경제의 파탄 초래를 들고 있다. 그는 지난 30년간 일본의 공공사업비가 일본 국내총생산(GDP)에서 차지하는 비율이 미국 영국 등 구미선진국 4개국의 평균인 2.0%보다 3배나 높은 6.0%에 이른다는 것이다. 이는 일본의 누적적자 증가의 원인이 되고 있는데 국채 364조 엔 가운데 건설국채가 203조 엔으로 절반이상이 공공사업 때문에 진 빚이라고 한다. 지방재정 상황도 심각한데 지자체의 빚이 10년 전 67조 엔에서 2000년 말에는 187조 엔으로 약 3배나 급증했다는 것이다. 일본 전체의 행정투자 규모가 연간 45조~50조 엔인데 그 사업비의 3분의 2를 지자체가 부담하기에 공공사업을 하면 할수록 지방재정 파탄을 불러올 수밖에 없는 구조라고 지적한다. 이러한 공공사업이 또한 자연 생태계 파괴의 주범이 되고 있다고 강조한다. 과거에는 주로 사

기업이 해오던 것을 이제는 국가나 지자체 등 공공사업 주체가 환경파괴의 주범으로 등장하게 됐는데 이는 공공사업이 지나치게 비대해진데 원인이 있다는 것이다. 공공사업 한 건의 사업비총액이 수천억 엔에서 수조 엔에 이르고 환경영향평가도 제3자가 아닌 사업주체가 행하고 있기에 공공사업이 '공익'이 아닌 '공해'사업이 되고 있다는 지적이다. 또한 공공투자의 대부분이 건설업에 들어가지만 그것도 지역중소건설업체보다는 재벌 건설업체의 불량채권 처리로 들어가기에 지역경제 활성화효과는 거의 없다고 분석했다. 그는 일본이 공공사업에 의존할 수밖에 없는 사회가 된 것은 공공사업의 목적인 사회간접자본이 완공된데 따른 시설의 사회적 유용성보다 건설투자 그 자체만 중시하는 일본의 정치인이나 관료의 잘못된 인식에서 비롯되고 있음을 강조했다.

스와 유조(諏訪雄三)는 『공공사업을 생각한다(公共事業を考える)』(2003)에서 공공사업이 불황타개에는 그나마 도움이 될 것이라는 일반인의 생각에 대해 한마디로 '노'라고 말하며 사례를 제시하고 있다. 1992년 8월 일본의 종합경제대책에서부터 2000년 10월의 '일본 신생을 위한 신발전정책'에 이르기까지 11차례나 경제대책이 실시돼 약 125조 엔이 공공투자에 들어갔지만 경기회복으로는 좀처럼 연결되지 않았다는 것이다. 공공투자승수도 1957년~71년 평균 2.27이던 것이, 1966~82년 평균 1.47 그리고 1983~92년에는 1.32로 점점 줄어들고 있다는 것이다. 이는 공공사업이 경기자극효과가 거의 없다는 것을 반증한다는 것이다. 놀라운 것은 일본 공공투자의 민간대비 건설투자 구성비가 1990년에 31.60%이던 것이 1999년에는 49.0%로 늘어났다. 이는 공공투자를 늘리는 이상으로 민간투자가 줄어들기에 경기회복의 효과가 나오지 않는다는 것을 의미한다는 것이다. 그는 일본지자체문제연구소가 펴낸 『사회보장의 경제효과는 공공사업보다 크다』(지자체연구사, 1998)를 인용해 일본 정부가 국회에 제출한 생산 고용 국내총생산(GDP)효과에 대한 정부공인 수치를 소

표 2.1 사회보장, 의료·보건과 공공사업의 경제적 효과

	생산효과비교 (1조 엔의 수요=투자)	고용효과비교 (1조 엔의 수요=투자)	조부가가치(GDP효과) (1조 엔의 수요=투자)
사회보장	2조 7164억 엔	29만 1581명	1조 6416억 엔
의료·보건	2조 7373억 엔	22만 5144명	1조 4669억 엔
공공사업	2조 8091억 엔	20만 6710명	1조 3721억 엔

출처: 『社會保障の經濟效果は公共事業より大きい』, 自治体硏究社, 1998.을 인용한 保母武彦, 2001, 『公共事業をどう変えるか』, 岩波書店. p.69. 도표를 바탕으로 재구성.

개했다. 이를 나타낸 것이 〈표 2-1〉이다. 1조 엔을 투자했을 때 생산효과는 사회보장쪽이 2조 7164억 엔이고 공공사업이 2조 8091억 엔으로 사회보장이 공공사업보다 927억 엔(약 3.3%) 적지만 고용효과면에서는 사회보장이 29만 1581명으로 20만 6710명인 공공사업보다 약 8만 4871명(41.0%) 많다. 그리고 국내총생산(GDP)효과와 밀접한 조부가가치도 사회보장이 1조 6416억 엔으로 공공사업 1조 3721억 엔보다 2,695억 엔(19.6%) 더 많다는 것이다.

이런 면에서 볼 때 우리나라의 새만금사업이나 4대강사업의 생산효과나 고용 그리고 국내총생산 효과의 산출에도 이러한 공식이 적용되고 있는데 공공사업의 경제적 효과만 주로 강조할 뿐 사회보장이나 의료·보건분야의 경제적 효과는 다뤄지지 않는 것이 문제라고 할 수 있다. 이는 공공사업의 경제적 효과가 과장됐으며 환경피해에 대한 고려가 제대로 되었을 경우에는 경제적 효과가 훨씬 줄어들 수밖에 없다는 사실을 보여주고 있다.

대형개발사업과 지역경제　　　이러한 공공사업은 대체로 대통령선거나 국회의원 선거 등을 통해 후보자들이 지역마다 대형개발사업을 공약하는 경우가 많다. 그런데 이러한 프로젝트형 지역개발사업이 과연 지역발전에 도움이 될지에 대해서 공약 당시의 경제적 파

급효과를 논하는 경우는 많지만 실제로 지역경제에 도움이 됐는지에 대한 연구는 거의 없다.

오카다 도모히로(岡田知弘)는 『지역 만들기의 경제학입문–지역내재투자력론(地域づくりの経済学入門: 地域內再投資力論)』(2008)에서 간사이(関西) 신공항을 비롯해 간사이 문화학술연구도시의 개발, 도쿄만 횡단도로, 요코하마 미나토미라이(MM)21사업 등의 사례를 분석한 결과 이들 대형 프로젝트형 지역개발사업이 장기적으로 지역발전에 도움이 되지 않는다고 결론내렸다.

이 가운데 간사이신공항 건설에 대해 살펴보면 간사이신공항은 1960년대부터 간사이 상공업계가 간사이 부흥을 위해 추진해온 프로젝트로 기존의 이타미(伊丹) 공항이 협소한데다 소음공해문제를 해결하기 위해 신공항 건설의 요구가 끊임없이 제기됐다. 1984년에 간사이국제공항 (주)이 설립돼 1987년 1월에 착공해 1994년 9월에 개항한 간사이국제공항은 24시간 공항을 실현하기 위해 해상공항방식을 채택했다. 매립방식으로 인해 건설비가 당시 7,841억 엔(직접 건설비용은 공항용지 5,977억 엔, 연결다리 1,800억 엔, 폐기물처리장 건설 64억 엔)으로 이는 내륙의 나리타공항 조성시 공항용지(529억 엔) 비용의 10배가 넘었고 관련 인프라 정비를 포함한 총사업비는 1조 5000억 엔에 이르렀다. 게다가 간사이신공항의 경우 지자체의 '청원'에 의한 민자형 신공항었기에 총사업비의 3분의 1을 지자체와 민간기업이 부담해야 했다. 그는 분석 결과 신공항 건설로 간사이 지역경제가 발전보다 오히려 퇴보했다고 밝혔다. 1980년대 후반 오사카부 지역의 현내 총생산은 전국 평균을 밑돌았고 현민소득 증가율은 그 보다 훨씬 밑돌았다는 것이다. 개인 기업소득(농림어업도 포함)의 증가율이 오히려 마이너스로 바뀌었다. 결국 대형 프로젝트사업을 통해 '반짝 경기'는 있었지만 재단소득이나 민간 법인 기업소득으로 흡수돼 개인경영이나 노동자에 대한 소득분배로는 연결되지 않았다는 것이다. 게다가 간사이신공항 프로젝트의 수혜자는 일본의 당시 대형건설업체를 갖고 있는 6개 대기업 그룹에다 건설시장 개방을 집요하게 요구해온 미국이나 유럽의 토목건설설계·항공 관련기업이었다는 것이다. 건설 단계에서부터 지역 중소기업의 사업 참여는 토목건설 하청에 한정됐기에, 1988년 오사카상공회의소의 조사에서도 대부분의 기업은 신공항 비즈니스에 신중한 자세를 보였다고 한다.

이러한 대형프로젝트 사업은 지역산업에는 오히려 마이너스 효과를 가져왔다. 간사이신공항 건설사업은 공항섬에 가까운 이즈미사노(泉佐野)시의 경우 지가급등에다 부동산업이나 금융보험업의 사업장수 및 종업원수가 크게 늘어난 반면 신공항 신도시의 건설이나 공유수면 매립을 통한 농지면적이나 어선수 감소로 농업이나 어업의 축소는 물론 제조업의 사업체·종업원수도 감소한 지자체가 적지 않았다. 게다가 땅값상승과 재개발은 주민을 지역에서 몰아내 인구 감소를 초래했다는 것이다. 한편 간사이신공항 프로젝트는 제3섹터방식으로 오사카부를 비롯한 12개 지자체가 출자를 하게 됐는데 당초 총 534억 엔 정도의 출자금액이 공항섬의 지반침하로 인한 공사연장과 사업계획 재검토로 인해 1992년에는 715억 엔으로 늘어나버렸다고 한다. 게다가 엄청난 건설비용을 단기간에 회수하기 위해 착륙요금이나 연결다리 통행료를 높게 잡은데 다 버블 붕괴 후의 장기불황으로 이용객수나 취급화물량이 현저하게 낮아지게 됐고 기존 이타미항공의 국내선도 남아있기 때문에 공항이용객이 당초 계획을 훨씬 못 미쳐 공항회사의 재무내용 또한 악화일로가 됐다는 것이다.

한편 간사이공항은 2012년 4월 신간사이(新関西)국제공항주식회사가 설립돼 그해 7월에는 기존의 이타미공항(전 오사카국제공항)과 경영통합이 됐다. 그 이유는 2012년 2월 (재)간사이공항조사회 주최로 열린 '간사이·이타미공항 통합사업에 대한 기대와 과제'를 주제로 한 세미나에서 밝혀졌는데 간사이공항의 총 2조 4000억 엔(1기 사업 약 1조 4500억 엔+2기 사업 9,500억 엔)에 이르는 소요자금 중 금융시장에서 조달한 1조 3500억 엔의 부채가 공항운영에 구조적인 문제가 되고 있었던 것이다. 당시 약 1조 엔 수준으로 줄어든 부채에 평균금리 약 2%를 적용해도 연간 200억 엔의 이자를 지불해야 했고, 매년 정부보조금 90억 엔으로 적자경영을 메워가야 했기에 일본 정부는 특단의 조치로 경영통합을 조건으로 연간 75억 엔의 보조금을 지급키로 했다. 간사이공항은 2010년도 경영이익이 약 190억 엔으로 그럭저럭 양호한 편이지만 지불이자가 약 182억 엔이었기에 정부보조금 75억 엔을 더해 겨우 경상이익 82억 엔의 흑자를 내고 있는 실정이었다.

오카다(2008)는 대형 프로젝트 공공사업으로 왜 지역이 발전하지 않는가에 대한 원인으로 대규모 공공사업인 만큼 지역과 관계가 없는 대기업 토건회사나 재료 메이커가 공사를 수주해 이들 기업과 거래 관계가 없는 지역산업은 마이너스의 영향을 받기 때문이라고 강조했다. 그는 간사이신공항의 사례분석을 통해 지자체의 행·재정은 민자유치의 거대 프로젝트를 위해 있는 것이 아니라 지자체의 주권자인 주민의 생활과 영업에 대한 지원을 위해 있다며 이러한 근본문제를 제대로 파악해야 한다고 주장했다.

그는 또 지자체 단체장이 강조하는 대기업 유치로 지역이 발전하는가에 대한 분석도 회의적이라고 밝혔다. 지자체 차원에서 막대한 선행투자를 해 대기업의 첨단산업공장을 유치하는 것보다는 실제로 지역자원을 살린 지역자본을 의식적으로 형성하거나 육성해가는 쪽이 훨씬 효과적이라는 것이다. 일본의 경우 1920년대 중반부터 지자체가 공장유치에 나섰는데 토지의 무상제공이나 보조금의 지출, 도로나 용배수로의 정비, 과세 면제, 가스 수도 전기사용요금의 우대 등 현재의 우대조치와 마찬가지의 특혜를 붙여 공장유치에 지자체가 노력했다는 것이다. 1960년

이명박정부의 동남권신공항 건설계
획 백지화 선언에 부산지역 시민단
체들이 항의집회를 벌이고 있다.

© 박수현(국제신문 기자)

대 초반에는 신산업도시 건설을 둘러싸고 지정 경쟁과 기업유치활동이 전개됐는데 문제는 공장입지가 들어서면서 농림어업이나 지역산업이 급격히 후퇴했고 공해가 발생했으며 공공산업 기반이 편재해 주민복지가 후퇴하는 일이 벌어지고 대부분이 분공장이기에 그 수익 대부분이 도쿄 본사로 이전됐다는 것이다. 대신 지역에는 공해와 지방채의 누적채무만 남을 뿐이었다는 것이다. 그래서 1960년대 말 일부 지자체에선 공장유치조례를 폐지하는 경우도 생겼다고 한다. 설령 첨단기업이 입지했다고 해도 본사가 아닌 분공장이기에 지역경제에 별 도움이 안 된다는 것이다. 대기업 기술첨단기업의 분공장과 향토산업의 지역경제효과를 비교한 1988년 「기후현 경제의 성장과정과 현내 기업의 사업활동의 전개」라는 보고서에 따르면 한 분공장의 경우 1986년 매출액이 520억 엔, 고용자수가 605명, 현내 관련사업장수가 하청 1개사이며 상업관련은 하나도 없는데 비해 도자기산지의 지역공장의 경우 매출액은 503억 엔이지만 상시고용이 6,151명, 현내 관련사업소수가 728개사업소, 상업 연관이 935개 사업소 2,570명에 이른다는 것이다. 따라서 지자체 차원에서 막대한 선행투자를 해 대기업의 첨단산업공장을 유치하는 것보다는 실제로 지역자원을 살린 지역자본을 의식적으로 형성하거나 육성해가는 쪽이 훨씬 효과적이라는 것이다.

우리도 지금까지 개발이라고 하면 대형프로젝트의 유혹에서 결코 벗어나지 못하고 있다. 그러나 이제부터 지역의 특성을 최대한 살린 '내발적 발전'을 이룰 수 있도록 특단의 조치가 필요하다. 특히 수도권 집중에서 벗어나 지방분권, 지역 특화산업의 진흥에 주력해야 할 때이다.

공공사업의 구조조정 잘못된 공공사업을 어떻게 고칠 것인가. 4대강 사업과 같이 현재 심각한 문제점이 지적되고 있는데도 불구하고 국책사업이라는 이름으로 강행되고 있는데 대해 앞으로 이러한 공공사업에 대한 사회적 규제시스템을 어떻게 구축할 것인가 하는 것이 과제로 남는다. 이에 대해 우리가 지금까지 국책사업을 비롯한 공공사업에서 모델로 삼아왔던 '토건국가' 일본에서조차 잘못된 공공사업과 관련한 중대한 결단이 행해졌다는 것을 타산지석으로 삼을 수 있을 것이다. 2000년 8월 '한 번 시작된 사업은 결코 중단되는 법이 없다'던 일본의 공공사업이 자민 공명 보수당 등 여3당의 발의로 국회차원에서 '공공사업개선위원회'가 구성돼 일본의 공공사업이 전면 재검토되기 시작했다. 검토 기준은 ① 사업채택 후 5년 이상 경과해도 착공되지 않은 것, ② 완성예정년도부터 20년 이상 경과해도 미완성 상태인 것, ③ 조사비를 계상해 10년 이상 채택되지 않은 것, ④ 정부의 공공사업재평가제도에서 제외키로 결정한 것, ⑤ 지역주민이 중지를 모아 합의한 것 등으로 이중 한 가지에 해당하는 사업은 원칙적으로 중지한다. 단 생명, 신체, 재산을 지키기 위한 사업이나 국제공항 등 필요하다고 인정된 사업은 지역민의 반대가 있는 경우라도 우선한다는 조건을 깔고 있다. 이로 인해 중지 권고된 공공사업은 모두 233건에 이른다. 여론의 비난을 받아왔던 잘못된 일본의 공공사업에 첫 제동이 걸린 사례이다. 중지 권고된 233건의 공공사업에 투자된 액수는 모두 5,683억 엔에 이른다. 이 돈은 헛돈이 돼버렸지만 이 사업이 계속됐을 때 들어가야 했을 사업비

분인 2조 8000억 엔을 국가차원에서 절약할 수 있게 됐다는 것이다.(保母武彦, 2001)

이상의 분석 결과를 토대로 무엇보다 국책사업을 비롯한 공공사업의 구조개혁을 위해서는 다음과 같은 제도 개선이 필요하다.

첫째, 공공사업을 둘러싼 정치인 관료 재벌기업의 '부패사슬'을 끊기 위한 사회적 감시망이 강화돼야 한다. 이를 위해 감사원 국책사업감사단의 행정감사체제가 강화돼야 한다. 특히 공공사입 추진 과정의 투녕성 확보를 위해 공공사업의 목적과 효과, 비용 대 효과, 사전환경성평가, 대체수단의 유무 평가, 입찰방법, 예정가격 및 입찰결과, 낙하산인사 유무, 사후평가 등 모든 정보를 공개해야 한다. 아울러 시민단체의 공공사업 감시역량을 키워야 하며, 정치인에 대한 기업의 헌금을 제한하고, 공공사업 개발부서 업무담당 관료의 퇴직후 관련기업의 낙하산 인사를 막고 수주경쟁에 참여하지 못하도록 법제화할 필요가 있다.

둘째, 국회 차원에서 '국책사업재검토위원회'를 설치해 건설 및 계획단계에 있는 국책사업을 전면 재검토할 필요가 있다. 또한 광역 및 기초 지자체에도 지방분권 차원에서 광역시의회 및 시구군의회에 '공공사업재검토위원회'를 설치해 지역의 공공사업을 재평가할 필요가 있다.

셋째, '공공사업기본법(가칭)' 같은 것을 제정해 21세기에 맞는 사회간접자본 정비의 기본원칙을 만들 필요가 있다. 잘못된 공공사업을 중지하기 어려운 것의 하나가 법률의 미비에 기인한 것이 많기 때문이다.

넷째, 공공사업의 '분권화'가 필요하다. 지역에서 실시하는 공공사업은 재벌 중심에서 벗어나 지역 중소건설업체의 컨소시엄으로 지역기업 참여 발주비율을 높여야 할 것이다. 그래야 지역경제에 도움이 될 것이다.

다섯째, 국토해양부 등 개발부처와 밀착되어 있는 '개발기술자집단'의 자기증식을 막는 일이다. 개발기술자집단이란 공공사업관계 전문기술자로 이들이 도로 하천 도시계획 항만 공항 등 전체 공공사업의 계획에서 시공까지 거의 대부분을 장악하고 있는 전문가집단이다. 앞으로 이들이 행하는 용역보고서에 책임을 지우는 제도를 마련할 필요가 있을 것이다. 경부고속철도 금정산 천성산 구간에 대한 개발기술자집단의 환경영향평가보고서에는 39개 저수지, 22개의 늪, 12개의 계곡, 40종의 보호 동식물이 있는 이 구간에 대해 한마디로 '보호할 가치가 있는 생물은 하나도 없다'는 것이 보고서의 결론이다. 당초 건교부의 의뢰를 받고 천성산 일대의 수질조사를 했던 대덕연구단지의 한 지하수전문가가 이 구간은 '100% 지하수 유출구간'이라고 강조하고 의견을 넣었지만 이 연구원에게 더 이상의 용역참여 기회는 주어지지 않았다고 한다(김해창, 2003). 이들 개발기술자집단의 자기증식을 막고 공공사업의 타당성을 높이기 위해 환경영향평가 및 감리를 전담할 독립된 '국립환경영향평가원(가칭)'을 설치할 필요가 있고 평가결과는 반드시 공개되도록 해야 할 것이다.

여섯째, 이제 정부나 지자체도 환경파괴형 공공사업에서 탈피해 환경의 복원·재생사업을 새로운 공공사업의 중점사업으로 전환할 필요가 있다. 간척사업 교량건설 원전건설 등 우리나라 대형 국책사업을 비롯한 공공사업은 일본을 모델로 한 경우가 대부분이었다. 최근 일본의 경우 이바라기현 가스미가우라(霞ヶ浦)의 자연재생사업처럼 시민단체가 맡아하는 시민주도의 공공사업도 추진되고 있다. 시민형 공공사업은 지금까지의 행정주도와는 달리 지역주민이 서로 지혜를 모아 이해관계를 가진 다양한 지역관계자가 참여해 자연재생사업을 지역경제 활성화로 연결시키는 것을 목적으로 하고 있다. 가스미가우라의 자연재생사업은 가스미가우라의 녹조현상을 해결하기 위해 노랑어리연꽃을 호수에 심어 자연재생을 도모하는 '아사자프로젝트'를 NPO법인 아사자기금이 맡아 한 것으로 유역의 170여 개 초등학교가 참여했다고 한다. 국토교통성 가스미가우라공사사무소는 2001년 아사자프로젝트와의 제휴부분에 약 34억

엔의 예산을 들여 약 20㎞에 걸쳐 자연형 방파제조성사업을 실시했다고 한다.(三橋規宏, 2004)

이처럼 국책사업을 비롯한 공공사업의 개혁을 위해서는 공공사업의 시행에 있어 환경영향평가를 철저하게 하고 환경파괴를 최소화하는 사회적 시스템을 구축하는 것이 중요하다. 개발과 보전이 팽팽히 맞서는 지금이야말로 이러한 공공사업의 구조조정에 나설 적기라고 볼 수 있다.

저탄소도시 사례2

———

'빌딩 속의
생태공원도시'
중국 홍콩

'화려한 밤거리', '관광쇼핑의 천국', '동방의 진주'라고 불리는 홍콩. 공식 명칭은 중국 홍콩 특별행정구정부이다. 마천루가 빡빡하게 들어선 국제 항구도시 홍콩을 찾은 사람들은 섬 구석구석이 숲과 공원으로 둘러싸여 있음을 알고는 놀라게 된다.

홍콩에는 모두 23개의 교외공원(Country Parks)과 17개의 특별지구 그리고 4개의 해양공원 및 해양보호지구가 있다. 이들 각종 공원의 면적은 약 4만1644ha로 홍콩 전체 면적의 약 38%에 해당한다. 이들 공원 안에는 160개의 피크닉 장소, 38개의 캠핑구역, 50~100km에 이르는 4개의 긴 트레일 코스가 있다. 홍콩은 항만과 공항 주변 그리고 도심지는 적극 개발해 초고층 빌딩이 밀집해 있지만 근교는 대부분 공원으로 지정해 개발을 철저히 제한하고 있다. 공공사업에 따른 대체 공원 조성이 제대로 이뤄지고 있는 것이다.

홍콩은 습지나 해양의 자연 상태를 잘 유지 관리하면서 이를 철저히 교육의 장으로 삼는 자연보호지구가 많다. 이들 가운데 대표적인 곳이 마이포 자연보호지구이다. 통상 '마이포 습지'라고 불리는 이곳은 홍콩 국제공항에서 자동차로 1시간 거리에 있는데 '새들의 천국'이다. 중국 광둥성 선전시과 '디프베이(深灣)'를 사이에 두고 있는 마이포 습지는 입구가 마치 우리나라의 비무장지대처럼 주변에 철책이 쳐져 있다. 지난 1995년 9월 이곳 마이포 습지와 인접한 디프베이를 합친 1,500ha가 람사르 습지로 등록돼 '마이포 자연보호지구'로 보호되고 있다. 출입이 엄격하게 통제되고 있는 이곳에는 멸종위기종인 저어새를 비롯해 5만~6만 마리의 물새가 겨울을 난다.

마이포 자연보호지구를 관장하는 곳은 홍콩 특별행정구정부의 농어업자연보호청(AFCD)이다. 이곳은 법적 관리 책임은 농어업자연보호청이, 탐조나 교육 등 운영은 세계자연보호기금(WWF) 홍콩지부가 맡고 있다. 마이포 자연보호지구는 크게 철책을 경계로 디프베이의 갯벌과 연결된 맹그로브숲과 새우양식장 양어장 등이 있는 '게이와이'지역으로 나뉜다. 갯벌과 연결된 곳에 자라는 잡목숲인 맹그로브숲은 디프베이쪽으로 약 700~800m 이어지는데 그 숲 속에는 물에 뜨는 나무다리가 설치돼 있다. 이곳 마이포는 타이완의 타이난 습지에 이어 세계 제2의 저어새 월동지로 유명한 곳으로 세계 생존 개체수 1,400여 마리의 20%인 약 300 마리가 이곳에서 월동하기에 이를 보기 위해 전 세계 탐조가들의 방문이 끊이지 않는다.

철책 반대편에는 마치 저수지 같은 것이 논처럼 펼쳐져 있는데 이를 중국말로는 '게이와이'라고 한다. 이곳은 원래 새우양식장과 양어장이었다. 이러한 게이와이는 모두 24개로 나뉘어 있는데 10월 이후 양식이 끝나 물을 어느 정도 빼면 이곳은 새들에게 둘도 없는 삶터로 바뀐다고 한다. 이곳 보호지구엔 약 1만 마

대규모 아파트단지 개발 때 대체습지로 조성된
홍콩습지공원(상)과 홍콩 마이포자연보호지구의 망그로브숲(하)

© 김해창(상·하)

리의 민물가마우지가 겨울을 난다고 한다. 마이포 습지는 전통적인 새우 양식장 운영과 철새 보호문제를 행정과 지역 농어민 그리고 환경단체가 서로 협조하면서 보전해나가는 정책을 펴고 있다.

마이포 자연보호지구에서 '디프베이' 맞은 편으로 자동차로 약 20분 달리면 홍콩습지공원이 나오는데 이곳은 개발과 습지보존의 대표적인 사례로 홍콩이 자랑하는 지역이다. 지하철 습지공원역에서 걸어서 5분 거리인 이곳 주변은 60~70층의 초고층 아파트 단지가 병풍처럼 둘러싸여 순간 당혹감을 느끼게 된다. 그런데 이 3만 8000세대 규모의 '틴슈이와이 뉴타운' 개발이 홍콩습지공원을 낳는 계기가 됐다고 한다. 홍콩특별행정구 정부가 뉴타운의 공공개발 이익금으로 이곳에 대규모 홍콩습지공원을 조성한 것이다. 약 6억 4000만 홍콩달러(약 915억 원)를 투입해 대체습지 공원을 조성했는데 넓이가 61ha인 이곳 공원은 방문자센터의 면적만 약 1ha를 차지하고 있다. 원래 양식장과 습지가 있던 이곳은 정부와 민간조직이 협력해 지난 2000년 12월 소규모 습지전시관을 열었고 지난 1996년 5월에는 '습지박물관'이라고 할 방문자센터를 건립하는 등 대규모 습지공원으로 전면 개관해 홍콩 습지를 세계에 홍보하고 있다.

이곳 공원에는 약 195종의 물새가 있고, 110종의 나비, 40종의 잠자리 등이 발견된다고 하는데 이는 우리나라 낙동강 하구에서 발견되는 새가 연중 170~180종인 것과 비교해보면 종다양성이 매우 풍부함을 알 수 있다. 지난 2006년 5월 개관 이후 이곳을 찾는 사람들이 연간 100만 명이 넘는다고 한다.

또한 치우항 특별지구에서 차로 약 20분 거리에 가면 호이하완 해양공원이 있다. 홍콩 최초의 해양공원인 이곳은 지난 1996년 문을 열었는데 공원관리사무소는 호이하완 마을의 민간주택을 개조한 것이라고 한다. 이곳 공원은 원래 있는 마을을 가능한 한 유지하면서 공원을 조성했다는 것이다. 홍콩이 이처럼 자연공원을 잘 보전하는 비결은 행정시스템이 잘 돼 있기 때문이다. 환경교통노동부나 보건복지식량부 또는 농어업자연보호청과 같이 통합행정체제가 잘 구축돼 있어 개발할 곳과 보전할 곳을 확실히 해 집중 관리하는 방식을 취하고 있는 것이 특징이다.

홍콩의 경우 산지가 많아 매립 등 개발 요구가 많지만 대규모 민간개발의 경우는 환경부처의 중앙위원회에서 결정하는데 환경영향평가 절차를 거친 뒤 승인 전에 반드시 시민들에게 정보를 공개해 이에 대한 반론을 참고해 최종 결정하는 것을 원칙으로 삼고 있다고 한다. 특히 10여 년 전 도로건설을 계획했던 롱밸리 지역의 경우 환경단체의 반대와 환경영향평가 결과를 토대로 사업을 전면 재검토해 터널방식으로 변경한 경우도 있다는 것이다.

홍콩은 도심을 집중개발을 해 마천루를 세운 반면, 주변은 생태공원으로 철저히 보호하고 있다. 또한 통합행정을 통해 종합적인 관리가 이뤄지고 있고, 환경영향평가 등도 제대로 이뤄지고 있는 것으로 평가되고 있다. 그리고 이들 공원의 운영에 철저히 민간전문단체를 참여시킴으로써 시민의 자발성과 창의성을 십분 활용하고 있는 것이 녹색 공원도시 홍콩을 만드는 비결이라고 볼 수 있다.

3

환경친화적 조세구조와
탄소금융

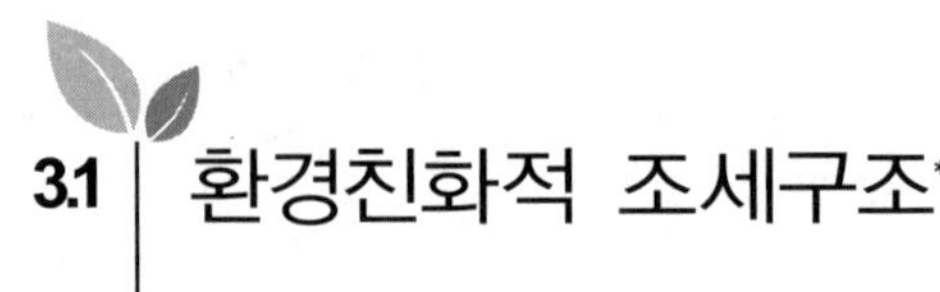

3.1 | 환경친화적 조세구조[*]

배출부과금

경제발전과 더불어 사람들의 소득수준이 높아지면 소득증가와 함께 소비량도 증가한다. 소비량의 증가는 필연적으로 쓰레기를 양산하게 된다. 이 때 가정에서 배출되는 '일반쓰레기'와 공장에서 배출되는 '산업폐기물'은 회수돼 소각시설에서 소각되거나 최종쓰레기처리장에서 매립되는데 쓰레기량이 늘어나면 쓰레기 처리비용 또한 증가한다. 따라서 나라마다 쓰레기를 감축하기 위해 리사이클이나 쓰레기 유료화 등의 정책을 펴고 있다.

일반적으로 환경문제를 해결하기 위해 경제적으로 규제하는 방식에도 직접규제와 간접규제가 있다. 직접규제란 사회적으로 바람직한 수준의 '환경의 질'을 달성하기 위해 정책당국이 오염자가 준수해야 할 행위를 구체적으로 법률로 정하고 사법권, 경찰력, 벌금, 행정조치 등과 같은 수단을 동원해 오염자가 법률을 준수토록 하는 환경정책을 의미한다(권오상, 1999). 이러한 직접규제는 환경기준을 설정해 오염행위를 통제함으로써 실행과정이 비교적 단순하고 직접적이며, 정책의 목표를 명확히 표

---

[*] 『저탄소경제학』(김해창, 2013)의 '저탄소사회를 위한 경제적 정책 수단'을 수정 보완한 내용이다.

현할 수 있다는 장점이 있고, 환경기준을 위반할 경우 위반자를 처벌하는 절차를 포함하고 있으므로 환경오염은 비도덕적이라는 사회적 윤리의식과도 부합되는 정책이라고 할 수 있다. 이런 이유로 인해 환경기준을 통해 시행되는 직접규제는 각국이 가장 많이 사용하고 있는 환경정책이다. 이러한 직접규제 중 대표적인 것이 배출부과금제도이다. 배출부과금의 부과는 배출량에 따라 부과금의 액수가 달라진다는 점에서 공해세와 유사한 성격을 가지고 있으나 일정한 배출기준을 초과해 오염물질을 배출했다는 사실에 대한 행정적 제재로서의 의미를 동시에 갖는다는 점에서 공해세와 구별된다고 볼 수 있다.(문태훈, 1999)

우리나라에서 배출부과금은 배출허용기준을 초과해 오염물질을 배출하는 사업자에게 초과배출한 오염물질의 처리에 소요되는 비용에 상당하는 경제적 부담을 부과하는 방식으로 운영되고 있는데 1983년 9월부터 시행되고 있다. 배출부과금은 수질 및 대기오염물질을 일정 규모 이상 배출하는 기업에 물리는 돈으로 환경개선을 촉진하기 위한 경제적 제재수단으로 2가지 종류가 있다. 하나는 기본부과금으로 사업장 규모에 따라 부과되며 따라서 폐수배출량이 많거나 에너지 사용량이 많을수록 많은 돈을 내야한다. 다른 하나는 처리부과금인데 규정된 배출허용기준을 초과했을 때 매기는 것으로, 배출허용기준을 넘긴 오염물질 처리비용을 사업자로부터 받아내기 위한 것이다. 이 가운데 대기배출부과금은 허용기준을 넘는 오염물질을 배출한 업체에 환경부가 물리는 일종의 벌금으로 오염물질의 기준 초과 정도, 배출기간, 오염물질의 종류, 배출량, 위반횟수에 따라 부과금의 요율이 달라진다. 배출부과금 부과대상 오염물질은 크게 대기분야, 수질분야, 축산폐수분야로 나누는데 대기분야의 경우 황산화물, 불소화합물, 먼지, 악취, 염화수소, 염소, 시안화수소, 암모니아, 황화수소, 이황화탄소 등 10가지이다. 수질분야는 BOD 또는 COD, SS, 카드뮴 및 그 화합물, 시안화합물, 유기인 화합물, 납 및 그

화학물, 6가크롬화합물, 비소 및 그 화합물, 수은 및 그 화합물, PCB, 동 및 그 화합물, 크롬 및 그 화합물, 페놀류, 테트라클로로에틸렌, 트리클로로에틸렌, 아연 및 그 화합물, 망간 및 그 화합물, 총질소, 총인 등 19가지이며, 축산폐수분야는 BOD와 SS이다.(『2010 환경백서』, 2010)

한편 환경개선부담금제도는 유통·소비과정에서 환경오염물질의 다량 배출로 인해 환경오염의 원인이 되는 시설물 및 경유자동차 소유자에게 환경개선비용을 부담토록 함으로써 오염저감을 유도하고 중·장기 환경개선에 필요한 투자재원을 확보하기 위해 운영하고 있는 제도이다. 이는 미세먼지, 질소산화물 등 대기오염물질의 주요 배출원이 경유자동차이고, 사회적 피해비용도 휘발유차에 비해 높기 때문에 현재 자동차의 경우에는 경유자동차만을 부과대상으로 규정하고 있다.

고형폐기물에 적용되는 배출부과금으로는 쓰레기종량제, 폐기물예치금제도, 폐기물처리부담금제도가 있다. 그 중 쓰레기종량제는 쓰레기수거료로 알려져 있는데 가정이나 상가 등 쓰레기의 최종배출자에게 부과되는 공공요금을 말한다.

이정전(2004)은 수거료를 산정하는 방법에 따라 다음과 같은 제도가 있다고 소개하고 있다.

첫째, 고정률제도이다. 이는 수거량에 직접 관계없이 일정률로 수거료가 징수되는 제도로 경제적 효율과는 거리가 멀지만 주로 비용충당의 원칙에 입각해 수거 및 처리비용을 염출하는 데 그 의의가 있다.

둘째, 종량수거료제도이다. 보통 주거량 단위당 수거료를 징수하는 제도로서 과표는 무게일 수도 있고 부피일 수도 있다. 대개는 수거된 쓰레기통의 수에 따라 요금을 정하기도 하지만 쓰레기통을 한 가지 종류로 규격화하거나 용량을 달리 하는 몇 가지로 구분하기도 한다. 쓰레기통 대신 합성수지나 종이로 만든 봉지를 사용하기도 하는데 이 가운데 부피를 기준으로 한 것이 우리가 매일 쓰고 있는 쓰레기종량제봉투이다.

© 국제신문 제공

종량수거료는 이름만 다를 뿐이지 내용은 배출부과금이다.

셋째, 서비스기준제도이다. 수거의 난이도에 따라 요율에 차등을 두는 제도를 말한다. 난이도의 기준은 수거지점, 수거빈도, 수거시간 등에 의해서 결정된다. 종량수거료제도를 좀 더 발전시킨 제도이다.

우리나라는 1985년에 '빈병보증금제도'를 도입한 이래, 1992년 '자원의 절약과 재활용촉진에 관한 법률', '폐기물예치금제도', 1993년에는 '폐기물부담금제도'를 도입하는 등 재활용제도의 기반을 마련했으며, 1995년에는 '쓰레기종량제'를 실시해서 재활용과 함께 쓰레기 감량도 추진해왔다. 매립부지의 부족과 지역이기주의로 인해 매립에서 소각으로 전환하는 것이 어렵게 되자 재활용을 추진하고자 하는 의지가 더욱더 확고해졌다. 2003년에는 '생산자책임재활용제도'를 도입, 정부의 폐기물 감량, 재활용에 대한 강한 의지를 표명하였다.(유정수, 2006)

여기서 배출부과금의 핵심은 자원을 많이 소모하고 쓰레기를 많이 배출하는 상품의 생산 및 소비를 억제하는 데 있다. 종량수거료는 쓰레기 배출량뿐만 아니라 폐기물의 재활용에도 직접적으로 영향을 미치기 때문에 쓰레기의 수거 및 처리에 소요되는 사회적 비용이 정확하게 반영되도록 해야 한다. 그런데 이러한 부과금제도에는 딜레마가 있다. 쓰레기수거료 요율이 충분히 높지 않으면 수거료 본연의 기능, 즉 쓰레기배출량을 사회적 적정 수준으로 줄이는 기능을 다할 수가 없고, 한편 감량효과가 현저하게 발생할 만큼 수거료가 비싸면 수거료 부담을 피하기 위한 불법투기가 성행하게 된다는 것이다. 이러한 쓰레기수거료제도의 대안으로 최종배출자대신 장차 쓰레기가 될 상품의 생산자에게 수거 및 처리비용을 부담시킬 수 있는데 이것을 상품 생산자 또는 유통업체에게 부과되는 제품부과금이라고 한다. 우리나라에서 폐플라스틱의 수거 및 처리비용의 일부를 조달하기 위해 플라스틱제품의 생산자에게 생산액의 일부를 부과금으로 징수해왔는데 이 부과금이 일종의 제품부과금이라 할 수 있다. 또한 지금 실시되고 있는 폐기물부담금 역시 제품부과금의 일종이다. 그런데 제품부과금은 부과당하는 기업이 이를 소비자에게 전가하기에 소비자 입장에서 보면 일종의 소비세 역할을 하므로 쓰레기를 많이 배출하는 경향이 있는 상품의 소비를 억제하는 효과를 가진다.(이정전, 2004)

일본의 경우 재미있는 것이 기타큐슈(北九州)시나 아키타(秋田)시와 같은 일부 도시에선 재활용자원 쓰레기조차도 유료 쓰레기봉투에 담아 배출하도록 하고 있다는 사실이다. 기타큐슈시는 2007년 2월부터 '자원화물(資源化物) 쓰레기 유료화수거제도'를 도입했다. 기타큐슈시는 자원화물, 즉 신문지를 비롯한 폐지, 캔, 병, 페트병 등과 같은 재활용가능쓰레기도 45ℓ 짜리 쓰레기봉투 1개 분량을 처리하는데 90엔(약 1,000원)의 비용이 든다는 사실을 강조하면서 자원화물 쓰레기봉투도 45ℓ 10장 한묶음 500엔, 20ℓ 10장 한묶음 220엔에 팔고 있다. 기타큐슈시는 이러한 조치로 전체 쓰레기 배출량이 약 20% 줄어드는 효과가 있다고 밝히고 있다(www.city.kitakyusu.lg.jp). 아키타시도 쓰레기배출이 생각보다 줄어들지 않자 2012

년 7월부터 '자원화물 쓰레기 유료화수거제도'를 도입했다. 재활용쓰레기봉투의 경우 ℓ 당 1엔으로 쳐서 30ℓ 짜리 봉투의 경우 10장 한묶음에 300엔에 판매하고 있다. 아키타시는 이러한 조치로 전체 쓰레기 배출량의 약 10% 감축을 목표로 하고 있다.(www.city.akita.akita.jp)

쓰레기수거료의 약점을 보완하는 다른 한 가지 방안이 예치금(deposit-refund)제도이다. 이 제도 중 하나가 소비자예치금인데, 주로 재활용할 수 있는 상품을 구내할 때 구매사로 하여금 일정금액을 예치케 하고 그 상품을 반환하면 예치했던 금액을 환불하는 제도이다. 또 하나는 생산자예치금인데 쓰레기가 될 상품을 생산하거나 유통시킨 기업으로 하여금 일정금액을 예치하게 한 뒤 쓰레기를 수거하고 처리하는 경우에 그 예치금을 반환해주는 제도이다. 그런데 생산자예치금은 소비자예치금제도에 비해 효과가 떨어지기에 별도 쓰이지 않는 제도이다.

이 가운데 빈병(빈용기)보증금제가 그나마 가장 정착된 제도이다. 빈병보증금제도는 사용된 용기의 회수 및 재사용 촉진을 위하여 출고가격과는 별도의 금액(빈용기보증금)을 제품의 가격에 포함시켜 판매한 뒤 그 용기를 반환하는 사람에게 빈용기보증금을 돌려주는 제도이다. 빈병보증금은 병의 종류에 따라 다른데 190㎖ 미만의 경우 개당 20원, 190㎖ 이상 400㎖ 미만은 개당 40원, 400㎖ 이상 1,000㎖ 미만은 개당 50원, 1,000㎖ 이상은 개당 100~300원의 보증금을 받을 수 있다. 그런데 지역의 슈퍼마켓이 사라지면서 이들 빈병보증금시스템이 예전처럼 제대로 돌아가지 않고 있다고 한다.

(사)한국용기순환협회가 추정한 바에 따르면 1년에 판매되는 가정용 소주가 12억 9000만 병인데 소매상·도매상을 통해 회수되는 것은 2억 9000만 병뿐이라는 것이다. 나머지 10억 병(빈병보증금 400억 원)은 아파트와 주택가 주민들이 재활용쓰레기로 내놓는 양으로 제대로 보증금을 받지 못하고 있다는 것이다. 길가에 버려지는 맥주병의 빈병보증금만 335

억 원에 이르는데 이러한 빈병은 빈병 줍는 노인 분들과 고물상 그리고 재활용업체, 공병상의 복잡한 유통구조를 거쳐 다시 제조업체로 돌아온다고 한다. 2012년 한 해 동안 소주와 맥주 등 54억 병이 출고됐는데, 주류업체로 다시 돌아온 병은 95%인 50억 7000만 병이라고 한다. 우리나라의 빈병 재사용률은 다른 나라와 비교해 10% 이상 떨어지고, 재사용 횟수도 턱없이 부족하다고 한다.(SBS, 2013.5.30)

이러한데서 학교나 대형마트 등에 보증금반환센터를 확대해 보증금을 소비자에게 돌려주는 운동이 일어나고 있다. (사)한국용기순환협회가 서울시교육청과 함께 서울시교육청 산하 9개 초등학교가 참여하는 '학교로 찾아가는 빈병보증금환불센터' 캠페인을 2013년 5월부터 연말까지 실시하고 있다. 학생들이 직접 학교에서 빈병을 모아 협회가 운영하는 용기순환센터에 반환하고, 여기서 모인 보증금은 학생에게 주거나 학교발전기금으로 사용토록 한다는 것이다(www.kovra.org). 문제는 이러한 빈병보증금제의 실태를 제대로 파악해 실질적인 재활용이 될 수 있도록 해야한다는 것이다. 또한 이마트와 같이 현재 빈병보증금환불센터를 운영하고 있는 대형마트가 더 늘어나도록 해 보증금을 제값을 쳐주고 받아주는 시스템을 마련할 필요가 있다.

부과금 중에는 재미있는 발상도 있다. 경기도 소방재난본부가 담배에 화재예방부담금을 물리는 방안을 검토해 관심을 끌었다. 경기도 소방재난본부는 2008년 7월 담뱃불 때문에 일어나는 화재가 전체의 10%를 넘는다며 담배 1갑당 100원의 화재예방 부담금을 부과하는 방안을 추진 중이라고 밝혔다. 소방재난본부는 "지난해 경기도 안에서 일어난 화재 1만 800여 건 가운데 11.9%인 1,291건이 담뱃불에 의한 것으로 조사됐다"며 "담뱃불 화재로 인한 손실을 막고 소방 재정을 확충하기 위해 올해 안에 담배에 화재예방 부담금을 부과하도록 중앙정부에 건의하거나 국회의원 발의 형태로 법 개정을 추진하기로 했다"고 덧붙였

다.(한겨레, 2008.7.9)

　이왕 담배 얘기가 나와서 말인데 여기서 나는 담배꽁초회수부담금을 하나 첨가했으면 한다. 이는 일종의 폐기물처리부담금이라고 할 수 있다. 폐기물처리부담금은 유해물질을 함유하고 있거나 회수·처리 및 재활용이 어렵고 폐기물관리상의 문제를 초래할 가능성이 있는 제품, 재료, 용기에 대해 해당 폐기물의 처리 비용을 부과해 소비를 억제토록 하기 위한 것이다. 대싱품목으로는 현재 살충세, 부탄가스제품, 유녹불제품, 화장품, 전지, 부동액, 형광등, 껌, 1회용 기저귀 등 9종 15개 품목이다(문태훈, 1999). 담배꽁초회수부담금은 담배를 구입할 때 담배값 외에 별도의 담배 한 개피당 꽁초 회수비용으로 가령 개당 5원씩을 책정해 담배 한갑당 100원의 꽁초예치금을 부과한다. 이 경우 담배판매점에서는 매월 판매 담배 꽁초의 절반 이상을 회수토록 의무화한다. 그리고 담배 판매시 담배제조회사에서 꽁초용기를 제공 또는 판매토록 해 흡연자가 꽁초용기를 갖고 다니면서 담배를 피운 뒤 반드시 구입할 때 꽁초를 회수하도록 한다. 이 경우 꽁초 20개당 한 세트로 100원을 내준다. 이것은 마치 빈병예치금과 같이 운영할 수도 있다. 여기다 담배제조회사에서 별도의 기금을 내 매월 특정일을 정해 일반시민들이 길거리에 버려진 꽁초를 주워 kg당 일정액을 지불하는 '꽁초대청소 캠페인'을 전개한다면 보다 큰 효과를 얻을 수 있을 것이다. 외국담배의 경우 이러한 처리가 불가능하기에 꽁초회수부담금을 좀 더 높이면 될 것이다. 다소 황당하게 보일 지도 모르겠지만 길거리나 해수욕장에서 흡연할 경우 벌금을 몇만 원씩 물리면서 단속하는 것보다는 훨씬 실질적이지 않을까? 이러한 것이 정착되면 대한민국도 싱가포르를 능가하는 깨끗한 거리를 세계에 자랑할 수 있지 않을까 싶다.

환경세와 탄소세

환경세란 환경부하의 억제를 목적으로 과세표준이 환경에 부하를 주는 물질에 주어지는 세를 말한다. 즉 공장 등에서 배출되는 오염물질의 양에 맞춰 세금을 부과하는 것으로 환경오염을 억제하는 방법의 하나이다. 이 가운데 특히 온실가스 억제를 위해 화석연료에 포함돼 있는 탄소의 양에 따라 과세하는 환경세를 별도로 탄소세라고 한다. 탄소세는 오염배출자로 하여금 그들의 한계저감비용이 탄소세율과 같아지는 수준까지 배출량을 감소시키도록 하기 때문에 결과적으로 개별오염배출자의 감축비용 및 감축수단에 의해 배출량이 결정된다. 가령 CO_2에 부과금을 부여하는 탄소세의 경우를 생각해보자. CO_2를 감축하기 위해서는 에너지절약 설비를 도입하거나 풍력발전 등 CO_2배출량이 적은 에너지를 사용할 필요가 있다. 이 때문에 CO_2를 감축하기 위해서는 많은 비용이 필요하지만 기업에 따라서는 아직 에너지절약대책이 돼 있지 않는 상태라면 새로운 설비를 도입함으로써 비교적 쉽게 대책을 실시할 수 있는 경우가 있다. 반면에 이미 최신식 설비가 도입돼 있는 경우는 더 감축하려고 하면 막대한 비용이 발생한다.

환경세에도 2종류가 있다. 첫째가 경제적 수법으로서의 환경세이다. 이는 과세 그 자체에 의한 감축효과를 활용한 수법으로 종래 주류였던 규제적 수법이 아니라 경제적 수법으로 환경문제를 해결하기 위해 도입되는 세를 통틀어 일컫는 말이다. 환경세에 의해 외부불경제가 경제 내부에 들어오는 것이 기대된다. 과세에 의한 외부불경제를 시장 내부에 적용시킬 것을 주장한 것은 피구(A.C.Pigou, 1920년)이며, 피구가 제창한 세제를 피구세라고도 부른다. 유럽의 세제 중립인 탄소세의 경우 재원 용도는 환경에 한하지 않아 경제적 수법으로서의 환경세에 해당한다. 둘째, 재원 용도를 환경대책으로 한 목적세이다. 환경재원으로서의 환경세, 산림환경세, 산업폐기물세, 수원(水源)환경보전세 등 지방 환경세가 도입되고 있지만 이들은 경제적 수법으로서의 면이 아니라 재원 용도를 환경대책으로 한 목적세로서의 측면이 있다. 이들 지방환경세는 지방분권 일괄법에 의해 신설된 법정외 목적세를 활용해 만들어지고 있다.

　지구온난화 대책으로서 가장 본질적인 수법으로 환경세는 유럽의 각국에서 도입되고 있다. 유럽에서는 1990년대에 탄소세가 도입됐다. 1990년 핀란드와 네덜란드, 1991년 스웨덴, 노르웨이, 1992년 덴마크, 1999년 독일, 이딜리아, 2001년 영국, 2008년 스위스, 2009년 아일랜드가 탄소세를 도입했다. 세계 최초로 탄소세를 도입한 핀란드는 2004년부터 에너지세를 기본세로 하고 에너지세의 부가세(Surtax) 형태로 탄소세를 운영하고 있다. 기본세는 가솔린과 디젤에 부과되며, 부가세는 석유제품, 기타 화석연료 및 전력에서 징수된다고 한다. 에너지세는 판란드의 중요한 국가세수 중 하나인데 연간 30억 유로(약 4조 4300억 원)에 이르며 전체 세수의 약 8%를 차지한다고 한다.

　1999년 탄소세를 도입한 독일은 제1차 환경세제 개혁을 실시해 기존의 에너지세인 광물 및 석유세에 세율을 추가하는 방식으로 탄소세를 도입했으며 이 세금은 현재 가솔린, LPG(액화석유가스), 천연가스 등에 적용되고 있다. 독일은 모든 석유류 제품에 일반소비세인 부가가치세를 부여하고 있으며, 2007년 1월부터 19%의 부가가치세율을 적용하고 있다. 단, 산업 및 전력발전용으로 사용되는 에너지원과 상업목적으로 사용되는 경유에 대해서는 부가가치세를 환급해주고 있다. 독일은 경제 주체들의 부담을 고려해 에너지세제를 단계적으로 인상하였으며, 추가 세수를 사회보장기여금 감축에 재사용해 기업경쟁력 약화문제를 해소하였다고 한다. 독일경제연구소(DIW)에 따르면 환경친화적 조세개혁 이후 전반적으로 에너지 소비가 절약되고 환경오염이 감소될 뿐만 아니라, 경제성장에도 유의한 부정적 효과는 나타나지 않은 것으로 평가하고 있다. (김승래·김지영, 2010)

유럽 각국의 경우 탄소세는 휘발유 ℓ 당 약 50~150원 정도이다. 세수는 연금 등의 일반 목적에 사용되고 있다. 세수를 온난화대책에만 사용하면 기업측은 탄소세로 부담이 늘어나기 때문에 메리트가 없다. 따라서 탄소세의 세수를 연금의 재원으로 사용함으로써 기업이 지불하는 보험료를 억제하는 메리트를 기업에 주고 있는 것이다.

일본의 경우는 지난 1998년 환경성이 탄소세의 검토회를 설치했다. 2000년에 공표된 검토회의 보고서에 따르면 CO_2를 2% 감축하기 위해서는 휘발유 ℓ 당 20~26엔(약 230~300원)의 탄소세가 필요하다는 것이다. 그러나 세수를 온난화대책에 사용하면 2엔의 탄소세라도 감축가능하다는 결론이었다. 이것을 받아들여 환경성은 2004년 12월에 휘발유 ℓ 당 1.52엔의 탄소세를 제안했다. 세대당 부담액은 연간 3,000억 엔, 세수는 연간 4,900억 엔으로 예상됐다. 그러나 기업측은 탄소세의 도입에 강하게 반대했다. 그리고 온실가스의 억제효과가 불분명한 것이나 기존의 휘발유세와의 중복되는 점이 있다는 이유에서 2004년 12월 탄소세의 도입은 연기되게 됐다.(栗山浩一, 2008)

일본은 2011년도 정부세계대강(政府税制大綱)에서 '지구온난화대책세'의 도입이 내각에서 결정됐다. 석유석탄세를 연료의 환경부하분에 따라 2011년도부터 단계적으로 증세하는 조치가 골자이다. 지구온난화대책세의 세율은 이산화탄소 t당 289엔 수준이며, 기존의 석유·석탄세에 부과되던 세금에 추가해 부과하게 된다고 한다. 기존의 석유·석탄세는 2011년 10월 기준으로 원유 및 석유제품은 kℓ 당 2,290엔, 가스상태의 탄화수소는 t당 1,340엔, 석탄은 t당 920엔으로 계획됐으며, 2015년까지 점차적으로 인상될 계획이다.(環境省, 2010)

신상철·박현주(2011)는 탄소세제도의 장점을 다음과 같이 들고 있다.

첫째, 적용범위의 포괄성이다. 탄소세제도의 가장 큰 장점은 오염자부담원칙에 따라 탄소를 배출하는 모든 주체들에 대해 공평부담을 요구한다는 것이다. 탄소세는 무임승차를 막고 가격 인센티브 효과를 통해 탄소배출삭감에 노력하지 않는 대상들도 모두 탄소세제도에 포함시킬 수 있다. 또한 소규모 배출자들에게도 탄소세 부과가 가능하므로 이들을 배출저감 대상에 포함시킬 수 있다는 것이다.

둘째, 피구세적 특성이다. 오염배출에 대해 탄소비용을 부담시킴으로써 탄소배출로 인해 발생하는 피해비용을 경제시스템에 내재화시킬 수 있디는 것이다.

셋째, 연료가격의 확실성 보장을 통한 저탄소투자의 불확실성을 줄일 수 있다. 탄소세는 에너지가격 등에 대한 가격확실성을 부여함으로써 배출권거래제도 등에 비해 상대적으로 저탄소투자 전망에 대한 불확실성을 상당부분 제거할 수 있기에 저탄소투자를 촉진하는 촉매로 작용할 수 있고, 따라서 장기적으로 온실가스배출 저감을 위한 기술투자 등에 대한 확실성을 높일 수 있다는 것이다.

넷째, 제도 설계의 용이성 및 거래비용 등의 추가비용이 적다. 탄소세는 화석연료에 대해 탄소배출량에 해당하는 만큼의 세금만 부과하면 되므로 제도 설계가 상대적으로 단순하며 거래비용이 적게 소요된다. 즉 배출권거래제를 실시할 경우 수반되는 배출량 파악 및 감독 등에 비용이 들지 않는다는 것이다.

다섯째, 안정적 세수 확보를 통한 에너지절감 투자재원 등의 확보가 가능하다. 배출권가격은 급격한 변동이 발생할 수 있으나, 탄소세는 일정 수준에서 세율이 고정되므로 정부의 탄소세수 확보에 안정성이 보장되며, 따라서 탄소배출 저감 및 에너지 이용 효율화 등을 위한 관련기술 개발을 위한 투자재원 확보가 안정적이라는 것이다.

여섯째, 친환경적 조세체계로의 전환 수단으로서의 기능을 수행할 수 있다. 조세중립의 원칙 아래에서 탄소세제도를 활용할 경우에 기존의 조세를 대체함으로써 추가적인 국민의 세금부담 없이 기존의 조세체계를 환경친화적인 조세체계로 구축하는 방안을 검토할 수 있다는 것이다.

신상철·박현주(2011)는 또한 탄소세제도만을 활용할 경우 다음과 같은 과제가 있다고 지적하고 있다.

첫째, 탄소세는 적정 조세율을 설정하기가 어렵고, 탄소세도 일종의 세금이기에 탄소세 도입에 따른 조세저항이 발생할 수 있다는 것이다. 탄소세율을 책정하는 과정에서 배출권거래제 참여자와 비교할 때 탄소세를 부담하는 부문의 탄소비용 형평성문제가 대두될 수 있기에 배출권시장에서의 배출권가격을 탄소세율로 책정하는 방안도 고려할 필요가 있다는 것이다.

둘째, 탄소세가 소득수준이나 에너지 소비량에 상관없이 에너지사용량에만 비례해 세금을 부과하므로 오염배출 기여도에 따른 차별적 책임을 부과하기 어렵다. 따라서 일부 저소득층 등이 주로 소비하는 연탄 등 석탄에 대한 탄소비용이 더 많이 부과되고, 석탄을 주 연료로 하는 영세업종의 경쟁력이 낮아져 이들에 대한 탄소세 완화조치가 필요하다는 것이다.

셋째, 정부의 인위적 세율 설정에 따른 각 업종별 한계저감비용을 반영하기가 어렵다는 것이다. 이 경우에는 탄소세가 가장 비용효율적인 저감수단으로서의 기능을 수행하지 못할 우려가 있다는 것이다.

넷째, 온실가스 감축을 위한 정책수단으로 탄소세제도의 가장 큰 단점은 온실가스 감축효과가 불확실하다는 것이다. 설사 탄소세가 부과되더라도 비용만 지불하면 에너지를 사용하는 것이 허용되므로 소득이 증가하거나 에너지가격이 하락하는 경우 배출량 감축목표를 달성하기 어려울 수 있다는 것이다.

다섯째, 에너지다소비업종인 석유화학, 철강, 비금속산업 등 대규모 산업배출자들에 대해서는 탄소세보다는 배출권거래제가 배출저감에 더욱 강력한 유인을 제공할 수 있다는 것이다.

여섯째, 탄소세의 도입과 관련해 주된 이슈 중 하나는 탄소세를 기존의 에너지세와는 별개로 새로이 도입할 것인가 혹은 기존의 에너지세를 대체할 것인가 여부에 관한 것인데 탄소세의 도입목적이 현재의 배출량을 저감시키는 데 그 주안점이 있다면 탄소세의 신설을 고려할 필요가 있다는 것이다.

토빈세　　　　　　　　토빈세란 단기자금이 국경을 넘을 때 고율의 세금을 매기는 것으로 외환·채권·파생상품 등으로 막대한 수익을 올리고 있는 국제투기자본(핫머니)의 급격한 유출입으로 각국 통화가 급등락해 통화위기가 촉발되는 것을 막기 위한 규제방안이다.

노벨경제학상 수상자인 미국 예일대학교의 제임스 토빈(J.Tobin) 교수가 고정환율제를 표방했던 브레튼우즈체제가 붕괴함에 따라 환율안정을 위해 국경을 넘는 자본이동에 대해 과세를 하자는 취지로 1978년에 제창한 개념이다. 토빈세는 일반 무역거래와 장기 자본거래, 실물경제에는 전혀 지장을 주지 않으면서 투기성 자본에만 제약을 가한다는 점이 특징이다. 또 각국의 중앙은행은 자국 실정에 맞게 독립적인 금리정책을 시행할 수 있어 국가재정수입도 늘어나는 효과가 있다. 1998년 프랑스에서 국제NGO 'ATTAC(어택: 시민을 지원하기 위한 금융거래에 과세를 요구하는 조직)'이 탄생했다.

우리나라의 경우도 론스타가 외환은행 인수로 4조 5000억 원 이상의 차익을 챙기면서 세금을 한푼도 내지 않게 되자 국부유출 차단과 외국 투기자본 횡포 방지를 위한 토빈세 도입 목소리가 커지고 있다.

토빈세는 투기목적의 단기적인 거래를 억제하기 위해 국제통화거래에 저율의 과세를 하자고 하는 아이디어로 1994년 멕시코 통화위기 이래 주목을 받았다. 또한 1990년대 말 아시아통화 위기 이후의 금융불안 등에서도 단기자본 유입을 억제하는 방법으로 다시 주목을 받았다.

토빈세란 투기목적의 국제금융거래에 과세를 해 그 수입을 개도국의 원조에 충당하자고 하는 것이다. 그 세율은 한 번의 투기적인 거래마다 거래액의 0.1%가 적당하다고 한다. 가령 0.1%의 세율이라도 연간 3,900억 달러의 세금을 징수할 수가 있는데 이는 현재 개발원조(ODA)의 실제 7배 수준이라고 한다. 이를 통해 투기 자금의 폭주를 억제하고 또 그 세수를 개도국의 빈곤이나 환경파괴의 대책자금으로 충담함으로써 세계경제의 불균형을 시장할 수 있다는 발상에서 나온 것이다.

왜 이러한 토빈세를 실시해야 하는가 하는 것이 중요하다. 자유주의적 세계화는 국제적 차원에서의 자본이전의 전면적 자유로 나타나는 것으로 이것이 투기의 전 세계적인 확대를 가능하게 하고 있다. 기업이익의 증대는 성장에 공헌하는 대신 주식에 대한 투자를 증가시킨다. 대부분의 시민이나 ATTAC와 같은 단체가 항의하고 있는 것은 투기를 목적으로 하는 세계경제의 이 변화에 대해서이다. 이들은 토빈세를 투기의 주요형태의 하나, 즉 통화에 관한 투기형태에 대한 투쟁을 위한 단순명쾌한 수단이라고 보고 있다. 투기자는 통화의 붕괴를 이끌어내면서도 돈을 버는 것을 멈추지 않으며 결과적으로 수백만 명의 사람들이 곤궁에 빠져 있음에도 그러하다는 것이다. 투기가 야기하는 사회적 손해를 회복하기 위해 투기이익의 일부를 되돌려 받아 자유주의 노선의 지지자의 오만함에 타격을 주는 것, 이것이야말로 토빈세가 여론을 환기시키는 이유인 것이다.

그 원리는 단순하다. 통화에 대한 통상의 투기는 가령 이익을 얻기 위해 어느 통화를 팔고 그 뒤 그것을 싼 가격으로 도로 사는 것이다. 1일 통화매매액을 증가시킴으로써 투기자는 가능한 한 큰 이익을 실현할 수가 있다. 그러나 토빈세가 실시되면 통화를 매매할 때 투기자는 예상되

는 이익에 대응하는 세금을 지불해야 한다.(ドミニク·プリオン, 2000)

토빈세는 단기자본뿐아니라 장기자본에도 적용된다. 그러나 세율을 극히 작게 해 장기자본에 미치는 악영향을 적게 하고 단기적인 자금(단기적으로 매매가 필요)에는 큰 부하를 줄 수 있다. 결국 연 1회밖에 거래를 하지 않는 투자가에 비해 빈번하게 거래를 계속하는 투기자쪽이 보다 많은 세금을 지불하지 않으면 안 된다. 헤지펀드의 행동으로 대표되는 외환차익을 구하는 외환거래에서는 하루중에도 수차례 동화매매가 이뤄지기에 저율의 과세라고 해도 그 효과를 발휘한다. 또 외환거래액에 의한 과세는 높은 레버리지(leveragr)*에 의해 자산을 운용하는 경우 큰 장애가 된다. 이러한 것에 의해 금융시장의 효율성이나 안정성을 촉진하는 중장기적인 거래에서 투기적인 단기거래를 구별해 낼 수가 있다. 이런 까닭에 단기자본 이동을 억제할 수가 있는 것이다.

특히 국제외환거래가 거액이기 때문에 낮은 세율이라도 큰 세수를 기대할 수 있다. 과세율 0.1%, 연간 과세 베이스를 260조 달러로(전 세계 외환시장에서 거래는 추정으로 1일 1조 달러라고 알려져 있다) 시산하면 세수는 약 연간 2,600억 달러가 된다. 과세의 영향으로 전 외환거래 규모가 축소되고, 연간 과세 베이스가 10분의 1인 26조 달러가 됐다고 해도 세수는 약 연간 260억 달러가 될 수 있다. 이 세수가 국제적 금융감시기관의 운용자금이나 개도국에 대한 지원 등 국제금융의 안정화를 위해 사용되는 등 용도는 많다는 것이다.

토빈세는 효과적인 수단이라고 생각되는 한편, 문제점도 지적되고 있다.

첫째, 거래나 시장 모두 글로벌화해 세계 공통의 과세가 가능한가 하

---

* 레버리지는 '지렛대'라는 의미로 금융계에선 일반적으로 차입 자체를 의미한다. 즉 낮은 금리로 자금 차입을 지렛대 삼아 수익성 높은 곳에 투자하는 방식에서 나온 말이다.

는 것이다. 헤지펀드와 같은 거액자금은 큰 이익을 노리고 있어 가벼운 과세로 억지력이 가동할 것인가 하는 것이다. 소액의 시장참여자가 감소해 시장의 두께가 없어지면 거꾸로 시장 변동이 커지게 될 가능성이 있다는 우려도 나와 실현은 어려울 것으로 보인다는 것이다.

둘째, 세수는 다액이 되지만 환경문제에 대한 대책비용, 개도국에 대한 지원이나 국제금융의 안정화, 금융감시기관의 운용자금 등 세계 규모로 일어나고 있는 문제에 대한 자금으로 용도는 넓지만 특히 이 방식의 채택에 관해 모든 나라가 도입하지 않는 한 이 세제가 돼 있지 않은 나라로 옮김으로써 조세가 회피될 수 있다는 점도 문제점으로 지적되고 있다.

이밖에도 현대의 복잡화한 외환거래를 모두 관리, 과세해가는 것은 어렵고, 관리비용이 막대하게 든다거나, 저율의 거래세로는 외환율의 변동이 큰 경우, 투기자의 외환투기를 막을 방법이 없다고 하는 등의 반론도 있다. 또한 이렇게 좋은 아이디어지만 동시에 그 세금의 징수와 분배를 누가 맡을 것인가 하는 점에서 거대한 장벽이 있다. 유엔이 맡는다고 해도 쉽지 않은 일이라고 보고 있다.

그런데 이처럼 일반인들에게 토빈세는 그다지 와닿지 않았는데 최근 브라질이 토빈세를 폐지했다는 뉴스가 뜨면서 많은 사람들이 토빈세에 대해 접할 기회가 많아졌다. 머니투데이(2013.6.13)에 따르면 브라질 정부가 2013년 6월 5일 채권에 부과하는 6%의 토빈세를 폐지한데 이어 12일에는 4년래 최저 수준을 나타내고 있는 헤알화 가치절하를 막기 위해 통화 파생상품에 부과돼 있는 토빈세를 폐지했다고 밝혔다는 것이다. 브라질 정부는 2011년 7월부터 헤알화 강세를 저지하기 위해 선물시장에서 외환거래에 대해 1%의 토빈세(IOF tax)를 부과했다. 하지만 헤알화가 2013년 봄부터 약세를 보이기 시작하면서 2010년부터 시작했던 자본 규제를 풀고 있다는 것이다. 브라질의 경우 종전에는 토빈세가 있어도 장기간 투자하면 토빈세 6% 이상의 수익을 볼 수 있었던 것이다. 브라질의 토빈세 폐지는 미국의 출구전략으로 외국 투자자본이 급격히 빠져나가는 것을 우려해서인데 6%의 토빈세가 폐지됨에 따라 전문가들은 브라질 국채의 인기가 더 높아질 것으로 예상하고 있다. 그러나 일부 전문가는 최근 S&P가 브라질 신용 등급을 낮게 전망하고 있는데다 아울러 금리 인상으로 인해 국채 투자 매력도 반감될 것이라고 예상하고 있다. 브라질의 토빈세 폐지 선언은 파생금융시대 토빈세의 직용이 현실적이 얼마나 어려운지를 보여주는 하나의 사례라고 볼 수 있다.

보조금 보조금에는 실적보조금과 간접보조금 두 가지가 있다. 실적보조금이란 배출부과금의 정반대이다. 배출부과금제도에서는 오염원인자가 오염물질을 배출할 때 단위당 일정액을 지불하는 데 반해서 이 실적보조금제도에서는 오염원인자가 오염물질의 배출을 한 단위씩 줄일 때마다 일정액을 장려금으로 받는다. 환경정책과 관련해 경제학에서 말하는 보조금이란 주로 이런 실적보조금이다. 간접보조금이란 주로 오염방지시설이나 환경보전시설, 환경보전기술개발 등에 대한 정부의 금전적 보조나 융자 또는 세제상의 혜택 등을 말한다.(이정전, 2004)

단기적으로 실적보조금은 배출부과금과 동일한 오염억제효과를 발생시키지만 장기적으로는 실적보조금제도는 오히려 환경오염을 확산시킬 우려도 있다고 한다. 왜냐하면 실적보조금은 공해업체의 이윤을 높여주기 때문에 이 높은 이윤이 신규 공해업체를 유혹해 장기적으로는 공해업체의 수를 증가시켜 환경오염을 오히려 부추길 우려도 있다는 것이다. 또한 실적보조금을 포함해 일반적으로 보조금제도의 가장 큰 현실적 문제는 보조금의 재원을 어떻게 마련하느냐에 있다. 그러나 폐기물의 재활용분야에 있어서는 종래의 규제정책에 비해 보조금제도와 같이 상을 주는 정책은 필요하다고 보고 있다.

폐기물재활용은 개인적으로는 경제성이 없지만 사회적으로는 경제성이 높다는 것이다. 폐기물재활용은 첫째, 자연자원을 절약하게 하고, 둘째, 쓰레기 수거 운반 매립에 소요되는 비용을 절약시켜주고, 셋째, 쓰레기가 노출되거나 처리과정에서 발생할 2차 환경오염을 감소시켜준다는 것이다. 그런데 이정전(2004)은 이러한 세 가지 사회적 기여에 대해 재활용이 받는 대가는 첫 번째 기여에 국한되고 나머지는 일종의 공공재적 성격을 띠고 있어 사회적 인정을 받지 못하고 있다는 것이다. 또한 폐기물재활용이 갖는 구조적인 문제점은 시장의 불안정이라는 것이다. 재활용상품의 시장은 대체로 2차적인 시장이고 재활용 제품에 대한 수요는 비정기적이고 기복이 커 가격변동 역시 크다는 것이다. 게다가 자연자원생산에 종사하는 업체들은 대체로 대기업 또는 독과점업체들인 경우가 많은 데 반해, 재활용업계에는 수많은 영세업체들이 난립해 있는 경우가 대부분이고, 이로 인해 대기업 특히 독과점업체들이 가격을 조작할 수 있는 위치에 있다는 것이다. 이에 재활용율을 높이기 위해서는 재활용에 소요되는 비용에서 쓰레기수거료에 상응하는 만큼을 경감시켜주거나 재활용된 제품의 가격에 쓰레기수거료에 상응하는 만큼을 얹어줘야 한다는 것이다. 이 때 재활용에 소요되는 비용이란 폐기물을 다시 쓸 수 있도록 가공처리하는 비용뿐만 아니라 재활용을 위해서 쓰인 쓰레기의 수거비용과 쓰레기에서 재활용될 쓰레기를 분리하는 데 소요되는 비용까지 포함한 비용이라는 것이다.

권오상(2000)은 보조금제도는 오염문제 해결에 있어 수혜자부담원칙이나 피해자부담원칙에 가까운 정책이라 할 수 있는데, 크게 오염저감시설에 대한 보조정책과 저감량에 대한 보조정책으로 나누고 있다. 저감시설에 대한 보조정책은 오염물질 발생량을 줄이는 데 필요한 시설을 오염자가 설치할 경우 그 비용의 일부를 정부가 보조해주는 정책이다. 예를 들어 축산폐수를 줄이기 위해서는 폐수 정화시설을 설치할 필요가 있다. 그러나 영세한 축산농가가 고가의 정화시설을 설치하기가 힘들기 때문에 정부가 정화시설에 대해 각종 보조나 저리 융자를 해주는 경우가 그것이다. 저감시설에 대한 보조금제도는 오염자의 수익성을 저해하지 않으면서도 오염피해를 줄일 수 있기 때문에 산업에 대한 보호와 환경오염 완화를 동시에 추구하기 위해 자주 사용되는 정책이다. 축산농가가 폐수 배출량을 줄이기 위해서는 정화시설을 설치해 분뇨를 정화한 후 방류할 수도 있고, 축산분뇨를 처리하여 비료로 만들 수도 있으며, 기타 생산관행을 바꿀 수도 있다. 그러나 저감시설에 대한 보조는 상품세를 통해 배출량을 규제하고자 하는 정책과 마찬가지로 비교적 경직된 제도이다. 저감시설에 대한 보조정책은 오염자가 취할 수 있는 다양한 저감 노력 가운데 단지 한 가지 방법에 대해서만 지원을 하므로 오염자가 취할 수 있는 선택의 폭을 제한하게 된다는 것이다.

또한 저감시설에 대한 보조가 가지는 경직성을 완화시키면서 동시에 오염자를 보호하는 정책으로서 저감량에 대한 보조정책을 들 수가 있다. 이 제도는 정부가 오염자가 자유롭게 배출할 수 있는 오염물질의 상한을 부여한다. 만약 오염자가 정부가 부여한 상한보다도 더 적은 양의 오염물질만을 배출한다면, 이 차이에 대해 단위당 특정 금액만큼의 보조금을 정부가 오염자에게 지불하는 것인데, 이를 저감보조금(Emission Subsidy)이라고 한다.

이처럼 동일한 수준의 배출부과금과 저감보조금은 완전히 동일한 배출량 수준을 달성하는데 이 때 발생하는 유일한 차이는 보조금을 줄 경우에는 오염자의 소득이 늘어나지만 부과금을 징수할 경우는 오염자의 소득이 하락한다는 것이다. 특정 산업이 항상 하나의 오염자로만 구성되어 있거나 다수의 오염자가 존재하더라도 이 산업에서 생산행위를 하는 기업의 수가 더 이상 변하지 않을 경우에는 배출부과금과 저감보조금의 대칭성이 유지된다. 그러나 보다 장기적으로 보면, 저감보조금을 기업에 줄 경우에는 배출부과금을 징수할 경우에 비해 기업의 이윤이 늘어나게 되고, 이 산업에 속하는 기업의 이윤이 상대적으로 늘어날 경우 새로운 기업이 이 산업에 진입하게 된다. 따라서 저감보조금을 줄 경우에는 부과금제도를 시행할 경우에 비해 장기적으로 산업 전체의 생산량이 늘어나고, 이 산업에서 배출하는 오염량 역시 더 많아지게 된다는 것이다.(권우상, 2000)

지구온난화대책에 관련한 보조금제도로 일본 시즈오카현이 2006년부터 실시하고 있는 온실가스감축대책사업비 보조금사업이 모델이 될 수 있다. 보조대상이 되는 사업소는 현내 전역에 소재하는 사업소로 중소기업기본법에 정해진 중소기업자가 경영하는 사업소 및 에너지관리 지정공장이다. 사업내용도 천연가스열병합발전시스템의 도입뿐만 아니라 온실가스의 배출량을 감축하기 위한 설비를 정비하는 사업으로 또한 온실가스산정배출량을 연간 1000t 이상 감축할 수가 있다고 한다. 보조액은 5,000만 엔을 웃돌고 있다.(水谷洋一外, 2008)

또한 환경과 연계된 농업보조금도 있다. 연합뉴스(2013.3.20)에 따르면 유럽연합(EU) 27개 회원국이 2014년부터 2020년까지 7년 중기 예산에서 환경보전과 연계한 농업보조금을 포함한 공동농업정책(CAP)에 합의했다는 것이다. EU는 1962년부터 CAP를 시행하고 있다. 시행 초기에는 전체 EU 예산의 70%에 달했으나 2014~2020년 예산에서는 40% 수준으로 감소했다. 농업보조금을 포함한 CAP는 EU 예산의 가장 큰 부분을 차지하고 있으나 EU 전체 국내총생산(GDP)에서 차지하는 비중은 1.7%에 불과하다. 경제협력개발기구(OECD)의 2009년 통계에 따르면 EU 농업부문의 고용은 4.6%이며 농산물 수출은 전체 수출의 6.5%를 차지하고 있다. EU 예산에서 CAP가 차지하는 비중이 너무 높다는 논란이 벌어지고 농업보조금에 대한 감독이 필요하다는 지적에 따라 2007년 리스본

조약에서 유럽의회에 CAP 예산에 대한 통제권을 부여했다. EU 농업장관들은 농업보조금과 환경보전을 연계하는 방안에 합의했다. 농업보조금은 애초 식량안보를 지원하기 위한 것이었지만 현재는 환경을 개선하는 방향으로 목적이 전환되고 있다. EU 집행위원회와 유럽의회는 지난주 농민에 직접 지급되는 농업보조금의 30%는 '녹색 조치'를 조건으로 제공하는 데 합의했다. 환경 보전을 위한 녹색 조치는 품종 다양화, 영구 초지 조성, 연못과 늪지 등 환경보전지역 설정 등이 포함돼 있다. 이번 합의에는 젊은 농업인들에게 더 많은 영농 자금을 지원하는 방안을 담고 있다는 것이다.

여기서 하나 덧붙이자면 환경세와 보조금과는 차이가 뭘까. 보조금제도를 채택하는 경우 생산량을 줄였을 때 감축량에 대해 보조금을 주기 때문에 수입의 증가를 생각할 수 있다. 환경세의 경우는 생산량에 대응해 과세가 되기에 비용이 증가한다. 결국 보조금의 경우 환경세와 비교해 기업의 총비용이 적어지게 된다. 그러나 동시에 생산량을 보다 감축함으로써 비용이 적어진다는 점에서는 마찬가지이다. 결국 두 정책의 차이점은 보조금의 지급에 의해 고정비용이 경감될 수 있기에 생기는 비용 삭감뿐이다. 환경세를 도입한 경우에는 기업의 비용을 인상하게 되기에 기업의 이윤을 지금보다 줄이고 마이너스의 이윤이 되는 기업을 산업에서 퇴출시키게 된다. 여기서 환경세 부담이 무겁게 돼 마이너스의 이윤이 되는 기업은 환경보전형의 생산방법을 갖지 않은 기업이다. 환경부담이 큰 생산방법을 보유하고 있는 기업이라도 플러스 이윤이 확보되기 때문에 살아남는다. 환경세는 산업구조를 환경저부하형으로 유도하는 효과를 가지지만 보조금은 환경고부하형으로 유도하는 효과도 갖는다. 결국 환경대책을 실시하는 경우, 장기적인 관점에서 판단하면 보조금을 사용하지 않고 환경세를 실시하는 것이 바람직하다고 볼 수 있다.

탄소포인트제　　　　　　　탄소포인트제란 가정, 상가에서 전기, 상수도, 도시가스 등의 사용량 절감을 통한 온실가스 감축률에 따라 포인트를 발급하고 이에 상응하는 인센티브를 제공하는 전 국민 온실가스 감축 실천프로그램이다. IPCC 제4차 평가보고서(2007)에 의하면 건물, 가정과 상업 부문의 온실가스 감축 잠재량이 가장 큰 것으로 분석됐다.

　이에 따라 환경부는 그간 산업부문에 치중해온 온실가스 감축정책을 가정 및 상업 시설에까지 확대해 실시하고자 2009년부터 탄소포인트제도를 도입했다. 탄소포인트제는 지자체가 가정, 상업 부분의 관리를 통해 국가 기후변화 온실가스 대응에 주체적인 역할을 할 수 있는 제도이기에 지자체뿐만 아니라 국민 개개인의 적극적인 참여를 필요로 하고 있다. 참여조건은 참여자의 거주시설에 전기 등의 사용량을 확인할 수 있도록 고유번호가 있는 계량기가 부착되어 있어야 하며, 그러하지 않은 경우 다른 객관적인 방법으로 참여자의 전기 등 사용량 확인이 가능하여야 한다. 참여방법은 운영프로그램(http://cpoint.or.kr)에 접속하여 온라인으로 직접 등록하거나, 탄소포인트제 참여 신청서를 작성한 후 우편, 팩스 및 전자우편 등으로 해당 지자체에 신청할 수 있다. 이 경우 세대당 1개의 아이디를 부여한다. 서울특별시에 거주하는 가입자는 해당 사이트(http://ecomileage.seoul.go.kr)에서 가입하면 된다. 이 때 일반참여자(만 14세 이상), 일반참여자(만 14세 미만), **단체회원**(상업시설, 공공기관, 학교), 국내거주외국인 등 회원유형을 선택해 절차에 따라 가입하면 된다. 또한 개인정보변경 시엔 거주지 이전 등 개인정보 변경 시 운영프로그램에 접속하여 온라인으로 변경하거나 변경 신청서를 작성한 후 우편, 팩스 및 전자우편 등으로 지방자치단체의 장에게 변경신청 하여야 한다. 참여자가 개인정보를 변경하지 아니한 경우 인센티브를 지급하지 않을 수 있다고 한다.

　포인트 산정은 참여시점으로부터 과거 2년간 월별 평균 사용량 대비

금월 사용량을 확인하는데 전기 등 지방자치단체가 시행하는 개별 항목별(전기, 상수도, 도시가스 등) 온실가스 감축률에 따라 해당 포인트를 부여하고 포인트당 2원 이내의 인센티브를 지급한다. 인센티브 지급 횟수 및 시기는 연 2회 지급하는데 상반기 인센티브는 당해연도 11~12월, 하반기 인센티브는 다음연도 5~6월에 지급한다.

인센티브의 종류는 그린카드를 발급받은 경우는 첫째, 전기, 상수도, 도시가스 사용량 10% 이상 절감시 연간 최대 7만 원 상당의 포인트가 지급된다. 둘째, 에너지절감, 대중교통 이용, 그린카드 가맹점 이용, 녹색매장 친환경제품 구매 시 등에 포인트가 적립된다. 셋째, 그린카드는 국립공원 할인, 휴양림 입장권 면제, 제휴 가맹점에서 현금처럼 사용된다. 그린카드 발급을 받지 않은 경우 현금, 기부, 교통카드, 상품권, 종량제 봉투, 공공시설 이용 바우처, 상장, 기념패, 캐시백 포인트, 지방세 납부 등 다양한 형태의 보상을 받을 수 있다.

서울경제신문(2012.7.9)에 따르면 경기도 수원시는 탄소포인트제 운영으로 2011년 하반기 동안 이산화탄소를 5,288t 감축했고, 참여 시민에게 인센티브로 모두 7,250만 원을 지급했다고 한다. 인센티브는 가입자의 전기사용 등 절감에 따라 매 반기 별로 지급되며, 5월 30일 기준으로 2만 2000여 명의 수원시민들이 참여하고 있다는 것이다.

창원시는 기후변화 원인물질인 온실가스 감축을 위해 시행중인 '탄소포인트제도'에 대한 2011년 성과를 평가한 결과, 온실가스는 5,331t을 감축하고, 전기·수도사용량을 5% 이상 절감한 4만 1909가구(상·하반기 포함)에 총 3억 7800만 원의 인센티브를 지급했다고 2012년 6월 28일 밝혔다. 2011년 한 해 동안 탄소포인트제에 참여한 4만 6991가구의 전기·수도사용 절감량은 각각 1189만 3000kWh, 86만 7000t이며, 그중 전기·수도 중 5% 이상 절감한 4만 1482가구(상·하반기 합산)에 대해 감축률에 따라 반기별로 전기는 1~2만 원, 수도 2,500~5,000원 등 절감 가구당 평균

9,000원을 지급했다. 창원시는 2012년 상반기에만 1만 7000가구가 신규 가입해 현재 6만 6000가구가 참여하고 있고 밝히고 있다. 앞으로 탄소포인트가 보다 더 많은 인센티브를 갖게 되면 온실가스를 줄이는데 유효한 방안이 될 수도 있을 것이다.(뉴스와이어, 2012.6.28)

창원시는 녹색소비와 녹색생활을 통해 쓰면 쓸수록 에코머니가 쌓이는 '그린카드 제도'를 운영하기로 했다고 한다. 그린카드는 전기, 수도 등을 줄이는 녹색생활을 실천하거나 녹색제품 구입 또는 대중교통을 이용할 경우 정부, 지자체, 참여기업 등에서 인센티브를 지급하는 카드이다. 이 카드는 경남, NH농협, 우리, 하나SK, IBK기업, 대구, 부산, KB국민은행 영업점과 전용 홈페이지(www.greencard.or.kr)에서 가입 신청해 발급 받을 수 있으며 연회비는 무료이다. 카드 이용에 따른 혜택은 ① 그린카드제 참여 유통점이나 가맹점에서 녹색제품 등 구입시 그린카드로 결재할 경우, 제품가액의 1~5%가 포인트로 적립되고, ② 대중교통인 시내버스와 지하철을 이용할 경우, 이용금액의 최대 20%까지 적립되며, ③ KTX와 고속버스는 이용금액의 5%가 각각 적립된다. 이밖에 국립공원, 휴양림, 지자체 공공시설 이용시에도 무료입장 또는 할인이 가능하다는 것이다.(연합뉴스, 2011.8.12)

최근 원전비리 등으로 인해 국내 원전 23기 중 잇따른 가동정지 상태로 2011년 9.15 순환정전 사태 이상의 전력대란이 우려되면서 전력예비율이 바닥으로 떨어지자 다급한 한국전력이 전기 사용을 줄이기 위해 사전 신청한 가구를 대상으로 절전 포인트제와 수요관리형 선택요금제(CPP 요금제)를 시행키로 하고 있다. 중앙일보(2013.6.26)에 따르면 주택용 절전포인트제는 8~9월분 기준사용량(2010~2012년 해당 월평균 사용전력량) 대비 20~30%를 줄이면 전기요금의 5%를, 30% 이상 절감하면 10%를 포인트로 쌓아 주는 것이라고 한다. 보통 절전량이 30%가 넘으면 전기료가 절반으로까지 뚝 떨어진다. 250kW를 쓰는 가정은 한 달 전기료가 3만

3000원에서 1만 6400여 원까지 줄일 수 있다. 이 절전포인트는 2013년 말까지 고객이 희망하는 월 전기요금에서 감액해 준다. 6월 24일~7월 24일 고객센터(국번없이 123), 한전 사이버지점(http://cyber.kepco.co.kr), 한전지사에서 신청을 받는다. CPP 요금제는 일반용과 산업용을 대상으로 7~8월 중 피크일을 10일 정해 산정한다. 피크일의 최대 부하시간대인 오전 11~12시, 오후 1~5시의 사용전력량 단가는 지금의 가격보다 3.4배 높인 대신, 지정일의 다른 시간대나 비지정일의 단가는 0.8배로 낮추게 된다. CPP 요금제를 적용받으려면 6월말까지 한전지사에 신청하면 된다. 절전포인트제는 8월부터 두 달간, CPP요금제는 7월부터 두 달간 한시적으로 시행되며, 공히 신청자에 한해 혜택이 주어진다고 한다.

기본소득　　　기본소득(Basic Income)은 인터넷 백과사전에는 '재산이나 소득의 많고 적음, 노동 여부나 노동 의사와 상관없이 개별적으로 모든 사회 구성원에게 균등하게 지급되는 소득'이라 소개돼 있다. 이 기본소득이 중요한 것은 지구온난화와 같은 전 지구적인 문제를 해결하기 위해서는 지금과 같은 탐욕적인 자본주의시스템의 '욕망이 욕망을 낳는' 구조에서 벗어나 우리사회가 전 지구적인 문제를 인식하고 생활 속에 실천하는 '만족할 줄 아는 인간'을 만들어내데 매우 필요한 제도이기 때문이다.

현재 세계적으로 기본소득지구네트워크(BIEN: Basic Income Earth Network)가 있고, 우리나라도 기본소득네트워크(basicincome.tistory.com)라는 단체가 있다. 또한 지난 2012년 대선 때 청소 노동자 출신의 무소속 김순자 대선 후보가 월 33만 원의 '국민기본소득제' 도입을 공약으로 내걸기로 했다.

기본소득을 이해하는데 도움이 되는 책으로 브루스 액커만, 앤 알스톳, 필리페 반 빠레이스 등이 지은 『분배의 재구성-기본소득과 사회적 지분급여』(2011)와 사회당 대표를 지낸 최광은씨가 쓴 『모두에게 기본소득을』(2011) 등을 들 수 있다.

『분배의 재구성-기본소득과 사회적 지분급여』의 핵심은 '평등주의적 자본주의를 위한 초석이 기본소득과 사회적 지분 급여'임을 강조하고 '모든 시민에게 미약하나마 무조건적인 소득을 지급하라'는 것이다. 반 빠레이스가 제안한 기본소득은 모든 시민들이 빈곤선 이상의 생활수준을 유지할 수 있을 만큼 일정 정도의 현금급여를 매달 지급하는 방안이다. 부유한 사회에서 빈곤한 생활을 하시 않는 것도 기본적인 인권이라는 관점에서 출발하는 기본소득은 근로상태와 상관없이, 어떤 자산조사도 없이 모두에게 지급된다는 것이 특징이다. 또한 브루스 액커만과 앤 알스톳의 사회적 지분 급여는 성인이 된 시점에 있는 모든 시민들에게 8만 달러에 달하는 금액을 일시금으로 지급할 것을 제안한다. 이는 모든 시민들이 공평한 기회를 갖고 동일 선상에서 성인으로서의 삶을 시작할 수 있어야 한다는 관점을 반영한 것이다. '모든 사람들은 공정한 출발선에 설 수 있어야 한다'는 것이다.

『모두에게 기본소득을』은 세계 최초로 시민기본소득법을 제정한 브라질과 기본소득과 유사한 배당을 실시하는 알래스카주 등의 사례를 소개하고 있다. 이 책에 소개된 브라질의 시민기본소득법은 다음과 같다. 시민기본소득법은 2004년 1월 룰라 대통령의 서명으로 공포됐는데 기본소득 지급 대상에는 브라질 국민은 물론 브라질에 최소한 5년 이상 거주한 외국인들도 포함돼 있다. 시민기본소득법은 세계 역사상 최초로 전국적 수준에서 기본소득제를 도입하는 것을 목표로 한 것이다. 시민기본소득의 재원은 2006년 브라질 상원에서 통과된 '시민기본기금 설치에 관한 벌률'을 토대로 마련될 예정이나 재정의 문제가 해결되지 않는 숙제라고 한다. 또한 아프리카의 나미비아는 1990년 아프리카공화국으로로부터 독립한 인구 200만 명의 작은 나라인데 이곳에서 2008년부터 2009년까지 만 2년 동안 수도 빈트후크(Windhoek)에서 100km 떨어진 오미타라

(Omitara)라는 시골마을을 대상으로 이곳 주민 모두에게 1인당 매월 100나미비아달러(약 1만 5000원)를 조건 없이 지급한 기본소득 실험 프로젝트가 있었다는 것이다. 이 실험프로젝트의 결과 빈곤문제가 급격하게 개선됐다고 한다. 우선 식량 빈곤선에 있는 사람들의 비율이 2007년 11월 72%에서 2008년 11월 16%로 무려 56%나 줄어들었고, 실업률 또한 이 기간에 60%에서 45%로 상당히 많이 줄었다는 것이다. 특히 주목할 만한 부분은 기본소득으로 말미암은 소득 증가분을 제외한 임금노동, 자영업, 농업 등을 통한 기타 소득이 같은 기간 118나미비아달러에서 152나미비아달러로 29% 증가했다는 사실이다. 이는 부분적이고 제한적이긴 하지만 기본소득의 경제 효과가 증명된 셈이라는 것이다.

미국 알래스카주는 기본소득과 유사한 배당을 실시하고 있다. 1976년 당시 제이 하몬드 알래스카주지사는 주 헌법 개정을 통해 석유를 포함한 주 소유 자연자원의 판매로부터 벌어들인 수익의 최소 25%를 적립하는 알래스카영구기금을 설치했다. 2008년 10월 이후부터는 석유 수익의 50%를 기금으로 적립하고 있다. 영구기금의 설치 배경은 석유 생산에서 얻어진 수익을 알래스카의 미래세대들을 위해서도 쓸 수 있도록 모아 두어야 한다는 것과 이러한 수익을 낭비적으로 지출할지도 모를 정치인들로부터 지켜내야 한다는 것이었다고 한다. 1982년 일 인당 1,000달러의 배당이 지급됐고, 2008년에는 역대 최고 수준인 3,269달러가 지급됐다. 영구기금 배당은 미국에서 가장 낮은 일인당 평균소득을 보여주던 알래스카에 상대적 소득격차를 줄이는 등 뚜렷한 경제적 평등의 효과를 보여 주었으며, 알래스카가 미국의 주들 가운데 가장 평등한 주가 됐다고 한다.(최광은, 2011)

한편 기본소득에 대한 세계적인 관심을 촉발시킨 사람으로 독일의 괴츠 W. 베르너(Götz W. Werner)’를 들 수 있다. 독일의 생활용 화학제품 체인 스토어인 DM(데엠) 창업자이자 2004년부터 칼스코에대 교수로 재직중인

베르너는 2004년부터 독일의 대중잡지에 무조건의 기본소득에 관한 자신의 구상을 소개해 각계의 주목을 받게 됐는데 그가 2006년에 펴낸 책이 『미래를 향한 기초-베이식 인컴(Ein Grund für die Zukunft: Das Grundeinkommen, Stuttgart)』(2006)이다.

이 책의 일본어 번역판인 『베이식 인컴(Basic Income)-기본소득이 있는 사회로』(2007)에 따르면 베르너는 현대경제의 생산성 향성과 고용기회의 감소라는 딜레마를 해결하기 위해 기본소득의 필요성을 수장하고 있음을 알 수 있다. 베르너는 우선 생산성 향상의 이익을 소비자인 전 국민이 누리게 하는 것이 중요하고 그 전제로서 고용보장과 무관한 국민적인 소득보장의 새로운 방법, 즉 전 국민에 대해 기본소득을 보장하는 구상을 내놓은 것이다. 베르너는 책의 모두에 이렇게 쓰고 있다. '우리사회는 한명이라도 대부분의 시민을 사회적 안전망에서 배제시키지 않으면 안 될 정도로 가난한 것인가? 생산성은 늘 상승하고 있음에도 불구하고 우리들은 도무지 그걸 체감하지 못하고 있다. 높은 세금과 사회보험료가 부과되는 돈벌이 노동시스템에 의해 기업의 노동이 너무 비싸지고 있다. 그래서 기업은 합리화에 힘써 직장을 국외로 옮긴다. 실업자는 실업보험 등에 의해 일정한 수입을 얻지만 그 재원이 되는 것은 세금과 사회보험료이다. 그렇게 되면 모두가 손해를 보는 것이다. 각자가 손에 넣는 소득과 사회적 급부는 점점 작아지게 된다. 그렇지만 무조건의 기본소득에서는 현재의 사회보장시스템이 모두 통합되기에 이러한 현실을 바꿀 수가 있다. 그렇게 되면 누구나 생존의 걱정에서 해방돼 자유로운 시민으로 활동하고 동시에 자기 자신에 있어 뜻있다고 생각되는 일을 할 수가 있다. 상호부조로서의 노동이 사회적 보장아래 존엄을 갖고 자신의 선택에 따라 실현될 수 있다는 것이다.'

그러면 기본소득의 재원 조달은 어떻게 할 수 있을까? 베르너가 기본소득을 조달할 재원으로 최적이라 생각하는 것은 소비세이다. 소비세의 이점은 소비가 적은 사람은 세금을 적게 내고, 소비가 많으면 많을수록 세금을 많이 지불한다는 것이다. 따라서 과세는 경쟁중립적이 되고 자본이 국내에서 흐르기에 국내고용이 확보된다는 것이다. 베르너는 기본소득의 도입을 위해 ① 기본소득에 충당되는 재원은 소비세로 한다, ② 소비세 이외의 세는 최종적으로 전폐한다. 법인세가 폐지되기에 지금까지 법인세가 부과됐던 생산물의 가격은 훨씬 싸진다, ③ 소비세를 단계적으로 인상하는 것과 병행해 법인세를 인하한다, ④ 소득세를 경감하고 소비세 부담을 늘리고 서서히 기본소득을 도입한다, ⑤ 국가는 연금이나 실업수당, 건강보험, 아동수당, 주택수당 등의 사회적 급부 및 기타 보조금을 전폐한다, ⑥ 임금과 급여의 일부는 기본소득에 의해 대체된다. 실질적인 수령액은 내려가지만 기본소득에 의해 보전되기에 각자의 구매력은 유지된다, ⑦ 긴 프로세스가 필요하기에 완전한 신체제로 이행하기에는 15~20년이 걸린다는 것이다. 베르너가 기본소득의 재원으로 소비세를 내세운 것은 사회적인 공헌으로 봐야 할 가치창조인 생산에는 과세해선 안 된다는 생각을 갖고 있기 때문이다. 이러한 관점에서 그는 환경세는 소비시점이 아니라 생산시점에서 징수돼야 한다며 환경세를 기본소득의 재원으로 하는 것에는 반대한다. 그는 또한 재원을 소득세로 할 경우, 부자들의 돈을 뜯어서 가난한 사람들에게 뿌려주는 '계급투쟁'으로 인식돼 사회적으로 받아들이기에 어려움이 있을 것으로 판단했다는 것이다.

베르너의 기본소득에 대한 구체적인 구상은 이렇다. 우선 독일 시민 한 사람에게 1,500유로(약 212만 원)의 지급을 가정하고 있다. 시민의 연령에 따라 단계를 둬 최고지급액은 35세부터 50세 사이가 되고 그 후에는 다시 줄어든다. 18세 미만의 미성년자에 관해서는 친권자가 대신 수급하고 적절하게 쓴다. 시민이 그 이상의 수입을 얻는다면 자유롭게 일과 직장을 골라 추가적으로 노동할 수가 있다. 한편 소비세율은 45~50%

가 된다고 한다. 그는 스칸디나비아제국의 일부에서는 부가가치세가 이미 25%에 이르고 있는데 그래도 독일보다도 잘 돌아가고 있다는 점에 주의를 환기시키고 있다.

일본의 평론가이자 사상사가인 세키 히로노(関曠野)도 『녹색평론』(2010년 7-8월호)에 게재된 '기본소득과 새로운 삶의 방식'이란 제목의 글에서 대부분의 사람들이 잠재적 실업자인 사회에서는 고용과 소득을 분리해, 사람들에게 고용에 좌우되지 않는 기본소득을 분배하는 것을 검토해야 한다고 주장한다. 세키의 기본소득 보장이란 모든 국민에게 개인 단위로 가령 매월 10만 엔(약 114만 원)을 지급하는 제도이다. 이 경우 기본소득 보장은 자본의 철저한 분산을 통해서 경제를 안정시키는 시도이며, 그 결과 돈은 수도나 전기처럼 사람들의 생활을 지원하는 일종의 공공인프라가 된다는 것이다. 재원에 관해서는 정부가 중앙은행과는 별도로 스스로 발행하는 통화를 소득보장을 위해 사용하면 국가의 부채가 되지는 않는다고 강조한다. 그는 이 같은 기본소득 보장은 정책적으로는 완전히 실행 가능하지만, 실현을 가로막는 최대의 걸림돌이 산업혁명 이래 사람들이 품어온 노동에 대한 고정관념이라고 한다. 노동은 인간에게 부과된 필연적인 것이며, 소득은 고된 노동을 견뎌낸 것에 대한 보답이라는 사고방식이 문제라는 것이다. 그는 모든 사람들에게 기본소득을 보장하는 것의 궁극적 의의는 사람들이 근대적 노동으로부터 해방돼 모두 예술가처럼 살고 일하는 게 가능해진다는 데 있다고 강조한다.

세키는 특히 '사회변혁의 도구로서의 기본소득'을 중시하는데 일본의 도쿄 일극(一極) 집중을 극복하고 지방의 농업과 지역산업을 살려내기 위해 기본소득을 실시할 때에는 수도권을 5년 정도 소득보장 대상에서 제외시키면 어떨까하고 제안한다. 그렇게 하면, 수도권에 집중된 인구, 특히 젊은층이 지방으로 이동할 가능성이 높다는 것이다. 그는 특히 지금의 경제위기는 단지 경제적인 것이 아니라 공황에다가 지구온난화나 원유생산 체감이라는 이중적 곤경에 처해 있기에 이는 이른바 '녹색 뉴딜'에 의한 태양광 발전 보급 정도로는 도저히 극복할 수 없는 위기, 즉 문명의 전환점이라고 말한다. 이를 위해서는 무수한 사람들이 풀뿌리 차원에서 시행착오를 거듭하면서 새로운 삶의 방식을 모색하는 것이 필요한데 기본소득은 그러한 사람들이 이런저런 실험을 시도하는 것을 용이하게 해준다는 것이다.

세키의 글은 『녹색평론』(2009년 9–10월호)에도 '삶을 위한 경제 — 왜 기본소득 보장과 신용의 사회화가 필요한가'라는 제목으로 실려 있는데 여기엔 기본소득 보장과 더불어 신용의 사회화를 강조하고 있다. 오늘날의 문제는 자본이 과잉상태가 되었는데도 자본이 부족했던 시대의 제도가 공룡처럼 살아남아 있다는 게 문제인데 그 전형적인 예가 은행이라는 것이다. 그는 자본이 더 이상 부족하지 않은 시대에 짐짓 자본을 귀중한 것, 부족한 것이라고 연출하고 있는 게 은행인데 이러한 은행 권력의 해체를 고민한 사람으로 스코틀랜드 출신의 엔지니어였던 클리포드 더글러스라는 인물을 소개하고 있다. 클리포드 더글로스(C.H. Douglas)는 사회신용론(Social Credit)의 주창자로 알려져 있는데 그 사회신용론의 일환으로 제창된 것이 바로 '기본소득(Basic Income)'이라는 것이다. 케임브리지대학을 중퇴한 더글러스는 인도와 미국의 웨스팅하우스사(社) 등에서 엔지니어로 일했고 제1차 세계대전 중에 공군 소령으로 항공기 생산공장의 회계감사 일을 했는데 그때 기업의 회계에 이상한 점을 발견했다고 한다. 처음 그가 발견한 것은, 노동자는 기업에서 임금 급여를 받더라도 그것으로는 절대로 기업이 생산한 것을 총체적으로 구매할 수는 없다는 점이었다는 것이다. 노동자가 생산한 제품들의 총가격은 노동자의 소득총액을 훨씬 넘어서는 것이라는 사실을 발견한 것이다. 그는 100개 이상의 공장의 회계를 조사했지만, 어디로 가든 마찬가지로 노동자들의 소득총액으로는 결코 상품의 총체를 매입할 수는 없었다고 한다. 즉 가격과

소득 사이, 생산과 소비 사이에 터무니없는 간극이 있었다는 것이다. 그러한 간극이 발생하는 이유를 집중적으로 연구한 결과가 바로 그의 사회신용론이라고 한다. 그런데 1929년 대공황이 발생하였고, 더글러스가 말한 것이 전부 맞아떨어져 더글러스는 당시 세계적인 각광을 받고 '경제사상의 아인슈타인'이라는 말을 듣기도 했으나 세계대전 후에는 완전히 잊혀진 사람이 되었다고 한다. 그것은 공황이 유야무야하게 전쟁에 의해 끝났기 때문이라는 것이다. 더글러스의 이름은 케인즈의 『고용, 이자 및 화폐의 일반이론』의 말미에 언급돼 있을 정도라는 것이다.

기본소득의 재원과 관련해 세키는 베르너가 소비세를 주장한데 대해 반대의견을 내세우고 있다. 소비세로 할 경우 터무니없이 높은 소비세율이 되고 만다는 것이다. 모처럼 소득을 보장하더라도 상품가격이 높아져서 아무것도 살 수 없게 된다는 것이다. 그래서 세키는 사회신용론에 입각해서 공공통화로 하면 재원 문제는 전혀 염려할 필요가 없어진다고 강조한다. 그것은 지폐를 마음대로 찍어내어 뿌리자는 게 아니라 생산능력이 있고, 인민의 필요 내지는 수요가 어느 정도 있다는 통계 자료를 근거로 통화를 발행해 기업에 융자한다면 경제는 순조롭게 돌아갈 것이라는 것이 그의 주장이다.

기본소득의 재원과 관련해 야마자키 모토(山崎元)의 시산(다이아먼드온라인, 2012.3.12)에 따르면 일본의 경우 연금 생활보호 고용보험 아동수당이나 각종 공제를 기본소득으로 바꿈으로써 1엔도 증세하지 않고 일본 국민 전원에게 매월 4만 6000엔의 기본소득을 지급하는 것이 가능하다고 한다. 야마자키는 구체적으로는 일본의 사회보장급부비는 2013년에 총액 99조 8500억 엔이며, 여기서 의료 30조 8400억 엔을 빼면 69조 엔이 되고, 이것을 인구를 1억 2500만 명으로 단순히 나누면 월액 4만 6000엔이 된다는 것이다. 교토부립대학 복지사회학부 오자와 슈지(小澤修司) 교수도 일본의 경우 월액 5만 엔 정도의 기본소득 지급이라면 증세 없이도 현행

제도대로도 가능하다고 시산하고 있다.(『公共研究』제3권제4호, 2007.3)

최광은(2011)은 기본소득의 재원 마련의 구체적인 방안과 대표적인 모델을 비교 정리해 놓았는데 이는 〈표 3-1〉과 같다.

우리나라의 경우 기본소득에 대한 논의는 어떨까. 경향신문(2010.10.18)에 따르면 한국 기본소득네트워크 대표인 강남훈 한신대 교수가 2010년 10월 8월 한·일 기본소득네트워크 심포지엄에서 우리나라의 기본소득 도입시안으로 국민 1인당 월 25만 원(연간 300만 원)을 지급하는 방안을 제시했다. 국민연금 등 기존의 복지제도는 유지하되 기초노령연금제도는 없애고 기초생활수급권자의 최저생계비를 올려 기본소득 이외에 최저생계비와 기본소득의 차이만큼을 생계급여로 지급한다는 것이다. 강 교수는 기본소득 총 재원 146조 원은 조세개혁을 통해 이자·배당 등에 대한 중과세 부과, 파생상품 거래세와 환경·토지세 등을 신설하면 충당할 수 있다는 것이다. OECD(경제협력개발기구) 회원국 중 하위수준인 총조세 부담률을 2008년 현재 26.6%에서 35% 정도로 끌어올리면 재원은 충분히 조달된다고 밝혔다. 기본소득을 현재 통용되는 화폐가 아닌 정부화폐로 지급하는 방안을 도입하면 인플레 우려도 줄어든다는 것이다. 정부화폐는 이자가 붙지 않는 화폐로 상품권과 유사한 개념인데 미국 링컨 대통

표 3.1 기본소득의 재원 마련 방안 비교

재원	구체적 방안	대표적인 모델
조세	소비세 중심	독일의 좌파당 기본소득연방연구회의 기본소득 모델
	소비세 중심	독일 괴츠 베르너의 기본소득 모델
비(非)조세	자연자원 수익을 통한 기금 마련	미국 알래스카주의 영구기금 배당 모델
	공공통화 발행	더글러스의 국민배당 모델
조세와 비조세의 혼합	조세, 자연자원, 연방정부 자산 수익 등을 통한 기금마련	브라질의 시민기본소득 모델

출처: 최광은, 『모두에게 기본소득을』, 박종철출판사, 2011. p.130.

령이 남북전쟁 당시 전쟁비용 조달을 위해 발행한 그린백이 대표적이라고 밝혔다. 권정임 서울시립대 연구교수겸 기본소득네트워크 운영위원은 오마이뉴스(2012.1.27)에 기고한 '지속가능한 생태사회와 기본소득'이란 글에서 '기본소득의 실시는 경제발전, 나아가 생태친화적·질적인 경제발전으로 이어질 것이며 그 결과 생태적으로만이 아니라 경제적으로도 지속가능한 생태사회를 창출하게 될 것'이라며 생태세의 도입을 제안했다. 권 교수는 기본소득의 다른 재원이 충분한 경우, 자연자원의 사용료 중 일부를 기본소득으로 지급하고 나머지는 생태친화적 기술을 촉진하는 생태기금으로 사용하는 '생태현물 기본소득'을 지급할 것을 주장했다. 예를 들어 모든 대중교통수단을 현물 기본소득으로 지급해 무상으로 사용할 수 있게 하면 사적 교통수단의 이용률을 급격하게 떨어뜨릴 것이고 그 결과, 교통체증 비용뿐만 아니라 탄소배출이 현저하게 줄어들 것이라는 것이다. 또한 4대강사업 같은 반생태적인 사업에 지출되는 토건예산을 생태현물 기본소득으로 전환해 산업시설과 각 가정의 에너지조달 및 주거방식을 생태친화적으로 재조성하는 데 사용하면 탄소배출을 급격하게 감소시킬 것이라는 것이다. 김 교수는 나아가 한신대 강남훈 교수가 제안한 온실가스 배출에 대한 '생태세'를 부가해 화력발전소가 생산하는 전기사용을 줄이는 동시에 거두어진 생태세를 '생태현물 기본소득'으로 지급하면 단기적으로는, 전기수요의 감소에 기초해 핵발전소의 점진적 해체가 가능해지고 국민들의 소득이 증대될 것이며, 장기적으로는, 생태친화적인 에너지체제로의 전환을 촉진하고, 핵 재앙으로부터 완전히 탈출할 가능성을 제공할 것이라고 소개했다.

　기본소득의 도입에는 논란이 있지만 이제 저탄소사회를 만들기 위해서 기본소득의 장단점에 대한 심도 있는 검토를 통해 실험적인 적용이 필요하지 않을까 싶다.

3.3 | 탄소배출권거래제와 탄소금융

탄소배출권거래제 이러한 시장경제 메커니즘을 이용하는 것으로 주목을 받고 있는 것이 탄소배출권거래제도이다. 지난 2005년 2월 16일 발효된 교토의정서에서의 온실가스 감축목표를 달성하기 위해 각국의 국내 대책만이 아니라 다른 나라와 협력해 노력하기 위해 '교토메커니즘'이라는 틀을 이용하도록 했는데 이 가운데 하나가 배출권거래제(ET: Emission Trading)이다*. 배출권거래제는 배출량을 시장에서 매매하는 방법이어서 배출량거래제라고도 한다. 여분으로 감축한 국가는 여분을 시장에 매각해 이익을 얻을 수 있고 감축할 수 없는 나라는 시장에서 구입함으로써 비용을 절약할 수 있다.

배출권거래제는 현재 유럽연합 배출권거래제(EU-ETS), 스위스연방 배출권거래제(CH-ETS), 미국 동북부 지역의 전력시장을 중심으로 한 지역온실가스협약(RGGI), 캐나다 알버타의 배출권규제(AER), 호주 뉴사우스웨일즈지역 중심의 온실가스감축제도(NSW GGAS), 뉴질랜드배출권거래제

---

* 교토메커니즘에는 배출권거래제 외에 공동이행제도(JI: Joint Implementation)와 청정개발체제(CDM: Clean Development Mechanism)이 있다. 공동이행제도는 선진국끼리 공동으로 감축하는 방법이고, 청정개발체제는 선진국이 개도국과 공동으로 온실가스를 감축하는 방법이다.

(NZ-ETS) 등이 있다(신상철·박현주, 2011). 이 가운데 대표적인 것이 유럽연합 배출권거래시장(EU-ETS)이다.

EU-ETS는 2005년 도입돼 유럽연합 내에 46%에 해당하는 다배출시설의 온실가스 총량 감축을 맡고 있으며, 전력 및 산업부문의 27개국, 1만 2000여개 시설, 4,000개 기업이 이에 해당한다. EU-ETS는 일부 국가와 일부 산업에 배출권 할당이 집중되는 경향을 보이고 있다. 국가별로는 독일 24%, 폴란드 11%, 이탈리아 10%, 영국 10%, 스페인 8%, 프랑스 7%, 기타 21개국 20%의 비중으로 구성된다. 또 산업부문별로는 발전 및 열공급 59%, 금속 및 철강 11%, 시멘트·석회 및 유리 11%, 정유 및 가스 9%, 펄프 및 제지 2%, 기타 8%의 비중을 보이고 있다(김지석, 2011). EU-ETS는 세계 최초의 다국가 대상 배출권거래제로서 배출총량을 설정한 후 배출권을 거래하는 총량제한거래제이며, 모두 3기로 나눠 진행된다. 당초 계획에 따르면 제1기(Phase I; 2005~2007년) 에서는 할당량의 5% 미만, 그리고 제2기(Phase II; 2008~2012)에서는 10% 미만까지 유상할당이 시행될 예정이었다. 그러나 제3기(Phase III; 2013~2020)에서는 더욱 엄중한 배출총량제한을 조건으로 하는데 1990년 수준에 비해 2020년까지 20%, 2050년까지 50%의 온실가스 감축을 제안하고 있다(신상철·박현주, 2011). 또한 제1기에서는 에너지산업부문이 대상이었지만 제2기에는 이에 항공부문이 더해졌고, 제3기부터는 알루미늄, 화학부문으로까지 확대될 예정이다.(日本スマートエナジー, 2008)

신상철·박현주(2011)는 배출권거래제의 장·단점을 다음과 같이 들고 있다.

배출권거래제의 장점은 첫째, 총량제한 배출권거래제를 실시한다고 할 경우, 탄소배출량이 많아서 배출량을 관리해야 할 필요가 있는 업종 분야에 대해서는 배출목표량을 설정하기 때문에 배출총량 관리의 확실성이 보장된다. 둘째, 시장 기능을 활용함으로써 효율적인 온실가스 감축이 가능하다. 셋째, 할당된 배출권에 비해 초과하여 배출하는 경우에는 배출권거래 시장을 통해 배출권 구입이 가능하므로 직접적 규제수단 등에 비해 더 다양한 감축수단을 제공한다. 넷째, 세율이 고정적인 탄소세에 비해 배출권가격은 시장에서 결정되므로 물가상승 등에 따라 탄소비용이 자동적으로 조정될 수 있다는 것이다.

배출권거래제의 단점으로는 첫째, 거래비용의 문제가 있다. 배출권거래제는 가령 거래방법 설계, 거래시장 설치, 배출량에 대한 감시 및 감독 등 거래비용을 수반한다. 이처럼 거래비용 및 절차가 복잡한 것이 가정/상업부분의 소규모 배출자 및 소규모 산업부문 배출자들이 배출권 시장에 참여하는데 현실적으로 가장 큰 장애요인으로 작용할 수 있다는 것이다. 둘째, 배출권가격의 변동성이 심하게 발생할 수 있다는 것이다. 배출권가격이 지나치게 낮은 수준에서 유지될 경우 탄소배출의 사회적 비용이 배출권가격에 충분히 반영되지 못할 우려가 발생한다는 것이다. 배출권 가격의 변동성이 높아질 경우 저탄소 투자의 전망에 대한 불확실성이 높아짐에 따라 저탄소 투자를 저해하는 요소로 작용할 수 있다는 것이다. 실제로 EU-ETS의 경우 배출권거래제 도입 초기인 2005년의 배출권 가격은 2월에는 t당 약 6유로, 7월에는 30유로, 그리고 하반기에는 평균 20~24유로 수준에서 배출권가격이 형성됐다고 한다. 셋째, 배출권시장의 유동성 문제가 크다는 것이다. 한국과 같이 배출권시장의 규모가 작을 경우에는 여러 부작용이 발생하는 비효율적 시장이 될 가능성이 높다는 것이다(이재승·윤상호, 2010). EU-ETS의 경우 약 1만 2000여 개의 배출권 참여자가 존재하는데 우리나라의 경우 2만 5000tCO$_2$ 이상 배출자들을 대상으로 배출권거래제를 시행한다고 가정하면 2015년부터 시작될 배출권거래시장 참여자는 500여 개 수준에 머물 것으로 추산된다는 것이다. 실제로 환경부 보도자료(2011.10.11)에 따르면 2011년 10월 기준 2만 5000tCO$_2$ 이상 배출자로 구성된 목표관리제 적용대상 업체들을 기준으로 할 경우 그 숫자는 458개 업체에 불과하다는 것이다. 넷째, 배출권시장의 과점적 양상에 따른 시장왜곡의 가능성이 있다는 것이다. 우리나라에서 배출권거래제가 실시될 경우 시장 참여자의 숫자가 충분히 많지 않은데다 배출권시장에서 전력 및 철강부문의 비중이 매우 높아 담합 등에 의해 배출권가격이 지나치게 낮은 수준에 머물 가능성이 존재한다는 것이다. 다섯째, 배출권가격과 탄소세율과의 괴리에 따른 형평성 문제가 발생할 우려가 있다. 배출권가격이 너무 낮은 수준에서 형성될 경우 대규모 탄소배출자들이 탄소세 적용을 받는 소규모 배출자들에 비해 오히려 탄소비용을 적게 부담하는 형평성의 문제가 발생할 수가 있다는 것이다. 여섯째, 배출권이 경쟁사업자 사이의 견제 수단으로 활용될 가능성이 있다는 것이다. 다량의 배출자들이 시장지배력을 행사해 배출권가격을 조절하거나 배출권을 독점할 경우 배출권이 다른 경쟁사업자들을 견제하는 전략적 수단으로 활용될 가능성이 존재한다는 것이다.

구리야마 고이치(2008)도 배출권거래제의 과제로 다음과 같은 것을 들고 있다.

첫째, 배출권가격이 불안정하기 쉽다는 점이다. 배출권의 시장가격은 수요와 공급의 균형에 의해 결정되지만 원유시장이나 주식시장과 마찬가지로 투기적 목적에 의해서도 영향을 받는다는 것이다. 둘째, 배출량을 최초로 각 기업에 할당할 때 공평하게 배분하기가 어렵다는 점이다. EU-ETS는 과거의 배출량에 맞춰 무상으로 배출량을 할당하는 무상배분방식을 채택하고 있다. 이 방법은 무상으로 배출량이 주어짐으로써 기업측에 부담이 적어지지만 문제는 온난화대책을 실시해 배출량을 감축한 기업에게는 조금밖에 배출량이 할당되는 것도 아니고, 오히려 대책이 늦은 기업에게 대량의 배출량이 무상으로 할당되기에 공평성이 결여돼 있다는 것이다. 이 때문에 EU-ETS는 제3기부터 할당방법을 경매형식으로 변경할 예정이다. 배출량이 필요로 하는 기업에게 대부분의 배출량이 할당되도록 하는 것이 가능하지만 처음부터 유상으로 할 경우 기업의 부담이 늘어나게 된다는 것이다.

그러면 배출권거래제는 과연 온실가스 감축에 기여하는가? 배출권거래제가 온실가스 감축에 도움이 되는가에 대한 논란이 많은데, 엘러만(A. Denny Ellerman) 등이 발간한 『Pricing Carbon(탄소 가격 매기기)』과 여타 연구에 따르면, EU의 온실가스 배출은 EU-ETS 도입에 힘입어 경제성장과 유가상승에도 불구하고 1990년 대비 1기(2005~2007년)에는 2~5%(1억 2000만~3억t), 2008~2009년에는 13.47%가 감축된 것으로 분석됐다. 이 중 2008년에는 3%가 감축된 것으로 분석되며, 2009년에만 11.6%가 감축된 것으로 추정되나 이는 경기침체에 기인한 것으로 분석된다는 것이다. 특히 EU는 2008년에 경제가 0.7% 성장했음에도 불구하고 온실가스 배출량이 2.0% 감소함으로써, 경제가 성장하면 온실가스 배출도 증가한다는 기존의 상식을 뒤집고 경제가 성장함에도 온실가스의 배출은 감소하는 저탄소 산업구조로 변화하고 있다고 평가받고 있다.(박천규 외, 2012)

그러면 전 세계 온실가스의 거래액은 어느 정도 될까. 2004년 전 세계의 온실가스 총 배출량은 약 490억t이라고 한다. 그런데 2006년 전 세계에서 거래된 온실가스 총량은 약 15억 9700만t으로 전체 온실가스 총 배출량에서 차지하는 비율은 3% 수준에 불과하다는 것이다. 중형차 1대가 CO_2를 연간 5t 배출한다고 하면 전 세계에 연간 거래되는 온실가스는 중형차 3억대 분에 상당한다. 참고로 미국의 자동차 보유대수는 약 2억 5000만 대*인데 중형차 1대가 CO_2를 연간 5t 배출한다고 하면 전 세계에 연간 거래되는 온실가스는 중형차 3억 대 분에 상당할 정

---

* 2008년 자동차산업통계자료에 따르면 2006년 전세계 자동차 보유대수는 약 8억 9,360만 대다.

도이다(日經サイエンス社編輯部, 2008). 세계은행에 따르면 세계의 배출권시장의 규모는 2005년 797만 달러, 2006년은 2,470만 달러, 2007년엔 5,035만 달러로 급속히 확대되고 있다고 한다(日本スマートエナジー, 2008). 이런 점에서 볼 때 탄소배출권거래제가 정착되려면 선진국의 참여가 절실히 필요하다고 볼 수 있다.

탄소금융　탄소배출권을 사고파는 '탄소시장'이 급속히 커지고 있다. 세계 이산화탄소시장의 거래 규모는 2005년 108억 달러에서 2009년 1,263억 달러로 3년 만에 12배로 성장했다. 우리나라는 온실가스 감축 의무국이 아니지만 유엔이 인정하는 온실가스 감축사업인 청정개발체제(CDM·Clean Development Mechanism)사업에 따라 개도국이 자체적으로 또는 선진국과 함께 온실가스를 줄이면 그 실적만큼 CER(Certified Emission Reduction)이란 탄소배출권을 받는다. 이를 위해선 유엔이 정한 엄격한 조건을 충족해야 하는데 현재 국내에선 80여 건의 CDM 사업을 추진 중이며, 그중 30여 건은 이미 유엔에 등록을 마쳤다.(중앙일보, 2010.6.30)

한국수자원공사는 2010년 6월 수력발전으로 얻은 7,129t의 탄소배출권을 ㈜한국탄소금융(KCF)에 팔았다. 한국탄소금융은 국내에서 유일하게 탄소배출권 거래와 투자를 하는 민간기업으로 이 거래로 오간 돈은 1억 7,000만 원에 불과했지만 국내 기업끼리 탄소배출권을 사고파는 첫 사례로 기록된다. 한국탄소금융은 2009년 10월 민간기업 투자로 설립됐다. 다만 회사 설립의 배경에는 지식경제부의 정책적 판단이 작용했다. 자본금은 모두 50억 원인데, 한국투자신탁운용의 탄소펀드에서 20억 원(지분율 40%), 후성·휴켐스·KT&G에서 각 10억 원(20%)씩 냈다. 이 회사는 탄소시장에서 마치 증권사가 주식시장에서 하는 일과 비슷한 일을 하고 있다. 증권사가 고객을 대신해 주식을 사고 팔고, 직접 투자도 하듯이 탄소배출권을 거래하는 것이다.

국내에서 하는 CDM 사업으로는 주로 태양광이나 수력·조력·풍력 같은 발전사업이 많다. 친환경 방식으로 전기를 생산하면 석탄이나 석유를 태우는 화력발전에 비해 온실가스가 대폭 줄어들기 때문이다. 사업 규모는 대체로 작은 편이다. 연간 100만t이 넘는 대형 프로젝트는 4건밖에 없고, 나머지 대부분은 수천~수만t 규모라고 한다. 과거에는 사업구상 단계부터 외국기업과 연계돼 있었고, 배출권 판매도 대개 외국 기업을 통했으나 한국탄소금융이 2009년 10월 출범한 뒤에는 사정이 달라졌다고 한다. 2009년 10~12월 석 달간 이 회사의 배출권거래 실적은 70만t이었고, 2010년에는 전체로는 200만t 정도로 전망했다.

한국탄소금융은 CDM 사업에서 나오는 배출권을 프랑스에 있는 '블루넥스트'란 탄소배출권 거래소에 판다. 배출권도 주식처럼 선물·옵션 같은 파생상품과 현물로 나뉘는데, 블루넥스트는 현물 배출권의 세계 시장 점유율이 90%가 넘는다. 한국탄소금융은 이 거래소의 회원사로 교토의정서에서 개발도상국으로 분류한 나라 중에는 이 회사가 유일하다고 한다. 배출권 가격은 경기에 민감한데 경기가 나빠 공장을 조금 돌리면 온실가스가 줄고 이로 인해 배출권의 수요가 적어져 가격이 하락한다는 것이다. 경기가 좋아지면 물론 반대가 된다. 2010년 초에는 배출권가격이 한때 t당 7유로 선까지 떨어졌지만 그해 4월 이후에는 t당 12유로 전후에서 움직이고 있다는 것이다.(중앙일보, 2010.6.30)

연합뉴스(2012.10.24)에 따르면 우리나라에서도 2015년부터 탄소배출거래권 시장이 열린다는 것이다. 현재 탄소배출권 시장이 활성화된 곳은 유럽뿐인 만큼 한국의 시장 개설은 전 세계적으로도 빠르다는 평가다. 녹색기후기금(GCF) 유치를 계기로 관심이 고조됐지만 새로운 형태의 시장 개설에 대한 대비는 이제 시작 단계인데 탄소배출권 거래제를 도입하면 국내 제조 상품의 원가가 올라 기업 경쟁력이 떨어진다는 반대 목

탄소배출권거래소 부산유치위가 창
립행사를 하고 있다.

© 김동하(국제신문 기자)

소리도 있다고 한다. '온실가스 배출권의 할당 및 거래에 관한 법률'은 2010년 처음 입법예고되고 나서 2012년 5월 국회 본회의를 통과했고 12월 15일에는 시행령이 제정됐다. 정부는 2020년까지 탄소배출량을 현재 전망치(813만t)보다 30% 감축하는 것을 목표로 하고 있다. 2005년 수준인 570만t으로 되돌리겠다는 것이다. 현재 한국 탄소배출권 시장을 담당할 거래소 선정을 두고 한국거래소(부산)와 전력거래소(광주·전남)가 유치를 위해 경합하고 있다는 것이다.

탄소시장이 활성화되면 관련 파생상품이나 펀드 시장도 활기를 띨 수 있다고 보고 있다. 그러나 국내 증시의 반응은 아직 걸음마 단계라고 한다. 동양자산운용이 출시한 공모펀드인 '동양탄소배출권특별자산신탁'과 한국투자탁운용이 설정한 '사모펀드' 정도가 탄소배출권과 관련한 유일한 상품이라 할 수 있다. 동양자산운용의 탄소펀드는 2009년 출시 당시 업계 최초로 유럽 탄소선물거래시장에 투자하는 펀드로 주목받았지만 유럽 경제위기의 직격탄을 맞아 성적이 초라한 상태다. 설정액 자체가 45억 원으로 소규모이고 최근 3년 수익률은 -60.80%다. 그나마 최근 유럽위기가 완화되는 양상을 띠면서 2012년 10월 22일 기준 1주 수익률이 2.74%를 나타냈다는 것이다. 증시 전문가들은 유럽 탄소시장이 회복세를 보이고 한국에서도 시장이 개설되면 관련 상품 개발 또한 기지개를 켤 것으로 내다봤다. 탄소배출권을 기초로 선물·옵션 상품, 펀드 등이 만들어지면 탄소시장이 더욱 활성화돼 시너지 효과가 날 것이라는 분석이다.

한국은행 부산본부의 지역경제 조사연구자료집 「탄소배출권시장의 현황 및 시사점」(2010.6)에 따르면 국내 탄소배출권 거래제도의 성공적인 정착을 위해서는 다음과 같은 정책적 노력이 필요하다고 제안한다.

첫째, 관련 인프라 구축과 함께 이러한 제도에 대한 정부 및 기업의 조기학습이 긴요하며, 정부는 합리적인 배출권 할당을 위한 효율적인 온실가스 배출 검증체계를 구축하는 한편 기업들도 온실가스 인벤토리 구축, 실시간 데이터 수집체계 등을 갖추어 온실가스 감축에 따른 경영여건 변화에 대비해야 한다. 둘째, 신규 CDM사업 발굴, 해외 CDM사업 확대 및 금융지원 등을 통해 국내 CDM사업의 역량을 제고해야 한다. 셋째, 온실가스 감축의무 부과가 국내산업에 미칠 부정적인 영향을 완화하기 위해 일부 산업에 대한 한시적인 배출권 무상할당 등을 고려하는 한편 제도의 본격적인 도입에 앞서 다양한 시범사업과 연구를 통해 우리나라 실정에 맞는 방식을 채택할 수 있도록 노력해야 한다. 넷째, 배출권거래제도는 온실가스 감축을 위한 여러 수단중 하나이므로 탄소세 등 다른 수단과 함께 강구해 효율적인 규제방안을 모색해야 한다. 다섯째, 대상기업의 부담 완화를 위해 배출권의 예치 및 제한적 차입을 허용하고 배출권 할당시 원단위 방식의 부분적 도입 등도 고려해야 한다는 것이다.

한편 일반 탄소펀드가 수익을 위해 배출권을 거래하지만, 오로지 온실가스 배출량을 줄이는 것을 목표로 한 '착한탄소기금'이란 것도 있다. 임송택 착한탄소기금(준) 공동운영위원장은 『작은것이 아름답다』 2013년 5월호에 기고한 '지구를 식히는 착한탄소기금'이란 글에서 '착한탄소기금 참여자들은 자기가 배출한 온실가스에 대한 법적 의무는 없으나 스스로 책임지고 온실가스를 줄이고자는 뜻에서 착한탄소기금은 일종의 기부이지만 지구와 미래세대의 지속가능한 삶을 위한 투자'라고 강조한다. 기금 참여 대상은 '착한탄소기금 기탁금'을 지정계좌에 입금하면 참여할 수 있는데 이 기금으로 구매한 배출권은 유엔기후변화협약기구의 절차에 따라 소멸된다는 것이다. 실제로 착한탄소기금은 2013년 4월 3일 온실가스종합정보센터에서 '제1차 탄소배출권 소각행사'를 열고 참여시민들에게 배출권 소각증서를 전달했다. 시민들의 기금을 통해 한국지역난방공사로부터 사들인 온실가스배출권 1,859t을 유엔의 절차에 따라 정식 소각했고, 지역난방공사는 배출권 판매수익 전액을 나무심기 프로그램에 다시 기부해 온실가스 줄이기에 동참했다고 한다. 중요한 것은 탄소배출권제도라는 '수익성'의 손가락만 볼 것이 아니라 그 손가락이 가리키는 '온실가스 감축'이라는 달을 보아야 할 것같다. 문제는 제도가 아니라 제도 설립의 취지를 제대로 이해하고 실천하는 것이 중요한 것이다.

4

자연에너지와 지역경제

4.1 | 지속가능한 사회를 위한 지역에너지 자립

지역자원과 에너지자립　저탄소사회 만들기를 위해서 가장 중요한 것이 바로 화석연료의 사용을 줄이는 것이다. 그리고 이러한 것은 지역의 자원을 최대한 활용하고, 가능한 한 지역단위로 에너지자립을 추구하는 것이다.

오토모 노리오(大友詔雄)는 『자연에너지가 만들어내는 지역 고용(自然エネルギーが生み出す地域の雇用)』(2012)에서 독일의 경우 재생가능에너지로 100% 자급을 지향하는 지역이 현재 500곳을 넘어선 것으로 알려져 있다고 소개하고 있다. 그중 바이오매스만으로 에너지 자급자족을 달성하고 있는 지역만 66곳이라고 한다. 에너지자급 100%를 목표로 하는 지역으로 엠스란트(Emsland)지역을 들고 있다. 독일 니더작센주의 엠스란트지역은 면적 2,899㎢, 인구 31만 3820명(2010년 현재), 지자체수 60개의 독일에서 2번째로 큰 지역이다. 이 지역 각 지자체의 에너지(전력) 자급률은 2011년 10월 현재 100~200%가 13개 지자체, 200~500%가 10개 지자체, 500% 이상이 2개 지자체가 돼 있어 전력자급률 100%를 넘는 지자체만 25개나 된다. 가장 높은 자급률은 니더랑겐의 1,198%이라고 한다. 독일의 에너지 수급에 주목해야 할 것은 바이오매스만으로 100% 에너지 자급자족을 하고 있는 지역이 66개 지자체(2008년)에 이른다는 사실이다. 이들 '바이

오에너지촌'이 충족해야 하는 조건으로는 ① 지역에서 소비되는 전력은 적어도 100% 이상을 바이오매스로 발전할 것, ② 지역에 있어 열의 수요는 적어도 50%를 바이오매스로 공급되며 또한 열병합발전을 통해 높은 에너지효율을 확보할 것, ③ 바이오에너지 설비의 소유자는 반수 이상이 열공급의 고객 및 바이오매스로 공급하는 농가로 가능한 한 지역 모든 관계자가 바이오에너지공장의 혜택을 받도록 할 것이라는 것이다. 이와 같은 '바이오에너지촌'에서는 전력과 열의 공급 양분야에서두 화석연료 에너지원을 탄소중립적인 바이오매스로 대체하는 것을 목표로 하고 있다. 그 결과 주민 각자의 이산화탄소 배출량이 몇 년 사이에 적어도 50%의 감축이 이뤄져 온난화대책의 목표 달성에 크게 공헌하고 있다는 것이다. 독일연방식량농업소비자보호성(BMELV)은 연간 전력과 열수요를 지역에서 생산된 바이오매스로 충당하는 모범적인 '바이오에너지촌'을 표창하고 있는데 표창의 기준은 바이오매스를 가능한 한 효율적·지속적·혁신적으로 이용하고 있는지 여부와 지역주민참여 정도라고 한다.

에너지자원으로서 지역자원인 농업 임업 등에서 공급의 확보 및 지역주민에 의한 바이오에너지 설비의 경영, 이러한 것의 귀결로 지역경제순환이 강화돼 지역에 있어 고용확보와 생활의 질 개선으로 가는 명확한 전망을 보여주고 있다. 이처럼 지역에 있는 자연에너지자원을 효과적으로 활용함으로써 화석연료나 원전에 의존하지 않는 '지역내순환경제'를 지향하는 지자체가 유럽에는 많이 등장하고 있다. 원전을 없애기 위해서는 원전을 대체할 에너지를 확보해야 하는데 이는 우선 지역에 있는 자연에너지를 어떻게 발굴하고 활용하는가에 달렸다. 특히 유럽에선 산림과 연계된 목질바이오매스가 하나의 대안이 되고 있는 것은 꽤 고무적이라 할 수 있다.

스위스에 거주하는 환경저널리스트인 다키가와 가오루(滝川薫) 등이 펴낸 『유럽의 에너지자립지역(欧州のエネルギー自立地域)』(2012)이란 책을 보면 '에

너지자립지역'이란 '1년간 지역내에서 소비되는 에너지의 양과 지역내에서 생산되는 재생가능에너지의 양이 적어도 같은 지역'을 의미한다. 에너지자립 개념의 요점은 지역 내에서 생산한다고 하는 '영토원칙'에 있다고 한다. 지역이란 지자체 또는 이들 지자체의 집합과 같이 사례에 따라 다르다는 것이다. 이와 달리 사용되는 것으로 '100% 재생가능에너지'라는 개념이 있는데 이 개념은 2가지로 달리 사용되고 있는데 하나는 앞서 말한 '에너지자립'과 동의어로 사용되는 경우라고 한다. 다른 하나는 '경제원칙'에 바탕을 두고 자금을 출자하면 생산설비가 지역 외에 있어도 지역의 재생가능에너지 이용으로 인정하는 경우이다. 이는 주로 대도시의 시영에너지회사가 100% 재생가능한 전력공급을 할 때 부분적으로 이용하는 경우가 많은 방법이다. 지역 외에서의 전력, 열, 가스 등의 그린전력증서의 구입도 '경제원칙'에 속한다는 것이다. 이와 함께 '2000W 사회'라는 개념도 있다. 2000W사회는 스위스 쮜리히공과대학에서 개발된 스위스의 사회비전이기도 한데 세계 평균의 1인당 1차 에너지소비량을 출력으로 환산한 것이 바로 2000W라는 것이다. 스위스 국민 1인당 출력수요는 현재 6,500W, CO_2배출량으로는 연간 8.5t으로 이를 세계평균인 2,000W까지 줄이고, 그 75% 이상을 영토 내의 재생가능에너지원으로 생산하면 지속가능한 에너지 이용과 온난화 방지 목표를 달성할 수 있다는 것이다. 2000W는 1960년 스위스사회의 소비 수준이지만 오늘날 기술을 활용하면 생활의 질을 떨어뜨리지 않고도 2000W사회를 실현할 수가 있으나 1차 에너지 소비량이 큰 원자력을 이용하면 이 비전은 달성할 수 없다는 것이다.

우리나라에서도 근래 에너지자립에 대한 지자체의 논의가 확산되고 있다. 2012년 11월 중순 1박2일간 전북 완주군에서 '2012년 제4회 커뮤니티 비즈니스 한일포럼'이 열렸는데 주제가 '지속가능한 농촌, 에너지자립은 가능하다'였다. 완주커뮤니티 비즈니스센터와 ㈜희망제작소가 공동주최하고 완주군과 (재)일본국제교류기금이 공동후원한 국제행사였다. 이 포럼에서는 첫날 '원전사고 재해를 넘어 일본의 지속가능한 지역 만들기와 지역에너지 전략을 생각한다(이토나가 코지 일본대학 교수)'라는 기조강연과 1부 '한일 지역에너지의 동향 및 향후방향'이란 주제 아래 '일본의 지역에너지 자립의 동향과 시사점(김해창)', '한국 에너지 자립마을의 현황과 전망(이유진 에너지기후정책연구소 연구위원)'의 발표에 이어 2부에서는 '한일 에너지자립을 위한 사례'로 '기후변화에 지속대응 가능한 지자체 거버넌스(다카하시 가츠히코 일본 AMR부회장)', '농촌생활을 위한 화목난방 적정기술(김성원 흙부대생활기술네트워크 대표)'의 발표와 토론이 있었다. 다음날에는 1부 '지역의 자원을 활용한 지역에너지 만들기'라는 주제 아래 '시민의 힘에 의한 바이오가스 플랜트, 그 의의와 가능성(구와바라 마모루 NPO후도 대표)', '전기도 우리 스스로 만들자(사쿠라이 가오루 솔라넷 대표)', '적정기술, 사람을 품다(이재열 『태양이 만든 햇빛온풍기』 저자)'라는 발표가 있었다. 다음날에는 '비전력, 저에너지로 살아가기'라는 주제 아래 '볏짚과 흙으로 짓는 집(카일 홀츠휴터 일본대학 건축지역공생디자인 연구실 연구원)', '흙으로 만드는 따뜻한 세상(김석균 흙건축연구소 살림 대표)', '원전과 자급적 생활(이시오카 게이조 후쿠오카 일본 로켓스토브협회 대표)'에 대한 발표가 있었다. 그리고 야외에서는 태양열 온풍기, 태양열 순간온수기, 태양열 패널 제작, 화덕 및 로켓스토브, 축열식 벽난로, 이동식 화덕, 벽난로, 소형 바이오가스 플랜트, 바이오가스로 움직이는 제초기, 흙건축, 저에너지 건축, 단열벽 사례, 자전거 세탁기, 곡물건조기, 발 탈곡기, 손 논풀제초기, 쟁기, 외발 손수레 등 적정기술 체험 및 전시행사가 있었다.

이번 포럼에서 이유진 에너지기후정책연구소 연구위원은 우리나라 지자체 에너지정책의 열악한 현실로 ① 에너지 위기는 중앙집중, 원전중심, 가격, 에너지세 등 정부 정책 실패에 기인한다. ② 지자체가 수요관리 업무와 실행의 의무만 지고 있다. ③ 인력부족, 예산부족으로 인해 중앙정부 공모사업에 의존하고 있다, ④ 기초지자체의 에너지 행정기능은 더욱 취약하다, ⑤ 정책수단, 인력, 예산, 의지 모든 것이 열악하다고 강조했다. 그는 지역에너지정책이란 지역에서 에너지절약과 에너지효율 향상을 전제로 에너지정책을 만들고 에너지를 생산해 지역의 에너지 자립도를 높이는 데 둬야하며, 중앙집중형 에너지공급시스템을 분산형으로 전환해 에너지 위기에 민감하게 대응할 수 있도록 하고, 지역주민들이 에너지 생산과 소비에 대한 결정과정에 참여하고, 지역사회가 에너지 생산에 대한 비용과 편익을 책임지는 것이 중요하다고 강조했다. 에너지의 생산과 소비에 따른 화폐적 순환이 지역사회 안에서 일어남으로써 장기적으로는 지역경제의 활성화에도 기여하는데 이 경우 재생가능에너지의 역할이 매우 중요하다는 것이다.

이유진 연구위원은 또한 우리나라의 에너지자립마을을 크게 정부주도형과 주민주도형으로 나눠 사례를 소개하고 있다(완주커뮤니티 비즈니스센터·희망제작소, 2012). 정부주도 에너지자립마을로는 그린빌리지정책이 대표적인데 그린빌리지정책은 10가구 이상으로 구성된 마을에서 태양광(3㎾), 태양열(20㎡), 지열(17.5㎾)발전시설을 설치하고자 할 때 정부보조금이 지급되는데 이 경우 설치비의 40~50%이다. 그린빌리지사례로 잘 알려진 곳이 제주도 동광 그린빌리지이다. 이곳에는 국비 15억 7000만 원(70%), 도비 6억 8000만 원(30%)의 사업투자비가 들어 주민의 직접부담이 없었다. 2004년 계통연계형으로 총 578세대, 시설용량 143kW를 설치했고 2005~2006년 32만 8518kWh의 전력을 생산하고 있는데 전력대체율은 73.2%라고 한다. 그런데 이곳은 태양광마을, 생태체험마을로 유명하지만 전력 사용량의 지속적인 증가와 설치비 전액지원으로 주민들의 무관심과 참여부족으로 인해 시설 중심의 정부주도사업의 한계를 보이고 있다는 것이다. 그는 또한 정부주도 에너지자립마을 정책으로 저탄소 녹색마을 만들기사업의 문제점도 지적하고 있다. 저탄소 녹색마을사업*은 에너지자립도 40%의

© 박현철(국제신문 기자)

'에너지자립형 지역공동체'를 2010부터 2020년까지 600개를 조성하는 계획으로 지원시설은 주로 바이오매스 에너지화시설(바이오가스, 펠릿 보일러 등)이며, 예산은 총사업(60억 원)으로 국고 50%, 지방비 50%로 하되 일부 주민출자를 하도록 한다는 방침이다. 그런데 이 또한 재생가능에너지 시설 용량 확대에만 집중을 한데다 주민참여가 부족하고, 시설중심이어서 운영계획 및 지역자원 조사가 미비해 정책의 실효성이 없고, 예산집행의 형평성 문제가 있다고 지적했다.

한편 주민주도 에너지자립마을의 경우 ① 전북 부안 등용마을, ② 경남 산청 갈전마을, ③ 전북 임실 중금마을, ④ 경남 통영 연대도가 대표적이라는 것이다. 부안 등용마을은 30가구 50여 명이 사는데 지역리더를 중심으로 지자체와 NGO가 협력하면서 태양광, 지열을 활용해 에너지효율 개선을 도모하고 있는데 정부 정책으로 발전차액지원제도를 잘 활용하고 있다고 한다. 이곳은 2005~2007년 준비기 때는 시민햇빛발전소(총 36㎾), 지역냉난방시스템(35RT), 태양온수기 등 재생가능한 에너지생산 인프라를 구축했고, 2008~2010년 1차 자립기 때는 마을 전기에

---

* 저탄소 녹색마을정책 1차 시범사업으로는 충남 공주시 월암마을(행안부, 도농복합형), 광주 남구 승촌마을(환경부, 도시형), 전북 완주군 덕암마을(농수산식품부, 농촌형), 경북 봉화군 서벽리(산림청, 산촌형) 등이 추진되고 있다.

너지 30% 줄이기, 마을 전기에너지 자립도 50%를 달성했다는 것이다. 2011~2013년 2차 자립기 때는 마을 총에너지 30% 줄이기, 마을 총에너지 자립도 50% 달성을 목표로 하고 있다고 한다. 산청 갈전마을의 경우는 민들레공동체 30명, 갈전마을 원주민 80명이 살고 있는데 대안기술센터를 중심으로 다양한 재생가능에너지 기술을 활용하고 있다는 것이다. 임실 중금마을은 31가구 80여 명이 살고 있는데 지역리더를 중심으로 태양광, 바이오디젤 기술을 활용하고 있다고 한다. 통영 연대도는 48가구 82명이 살고 있는데 지역리더를 중심으로 태양광, 패시스하우스 기술을 활용하고 있다고 한다.

이런 점에서 볼 때 지금까지의 중앙집중적 에너지 전략에서 지역에너지자원에 대한 인식을 새롭게 하고, 그것도 관주도가 아니라 주민주도로 가는 것이 매우 중요하다는 것을 알 수 있다.

자연에너지와 지역산업 에너지는 크게 재생불능에너지와 재생가능에너지로 나눌 수 있다. 석탄, 석유 등 화석연료가 대표적인 재생불능에너지이다. 재생가능에너지는 재생가능자원에서 에너지용도로 이용되는 것으로 특히 태양광, 태양열, 수력, 지열, 풍력, 해양에너지(조력, 파력), 바이오매스 등 다양하다. 재생가능에너지는 화석연료보다 환경부하가 작기 때문에 청정에너지로 불린다. 화석연료는 에너지 이용시 온실가스인 CO_2를 배출하지만 재생가능에너지를 이용할 때는 CO_2를 배출하지 않는다. 특히 바이오매스자원의 경우는 광합성에 의해 CO_2를 흡수하면 순 CO_2배출은 제로가 된다. 그러나 재생가능에너지 중에도 에너지 이용시설의 건설과 관련해 간접적인 CO_2배출은 있다. 또한 대규모 유역의 환경피해를 수반하는 수력개발이나 산림파괴가 따르는 바이오매스 에너지의 이용 등 환경부하가 큰 재생가능에너지도 있을 수 있기에 주의가 필요하다.(環境經濟·政策學會, 2006)

한편 재생가능에너지와 자연에너지를 구별할 필요가 있다. 자연에너지에는 화석연료나 핵연료도 자연의 산물이라고 할 수는 있지만 일반적으로 이들은 제외된다. 재생가능에너지는 자연에너지의 틀을 넘어서는 내용을 갖고 있다. 재생가능에너지에는 현존하는 생태계에 확산이 문제가 되는 유전자조작에너지식물이나 지진이나 화산폭발 분출증기와 같이 환경평가가 우려되는 고온암체발전 등의 기술을 배제할 수 없는 문제가 있다는 것이다.

NPO법인 환경에너지정책연구소(ISEP)이다. 테츠나리(飯田哲也) 소장는 『원전의 종말, 앞으로의 사회-에너지정책의 이노베이션(原発の終わり: これからの社会エネルギー政策のイノベーション)』(2011)에서 지금 세계는 지역분산형 자연에너지가 '제4의 혁명'이라 불릴 정도로 경이적인 성장을 하고 있다고 밝히고 있다. 그는 2004년 이래 풍력발전은 매년 30%씩 시장확대가 이뤄지고 있으며 2010년에는 세계 전체로 3,500만kW나 늘어 누적으로는 1억 9000만kW를 넘었으며, 이런 추세로 간다면 5년 내에 풍력발전이 세계 원자력발전의 3억 7000만kW를 역전할 것이라고 예측한다. 또한 태양광발전은 매년 60%씩 늘어나고 있는데 2010년에는 1,600만kW나 늘어 누적으로 4,000만kW를 넘었다고 한다. 여기에 바이오매스발전 1억 4000만kW를 더하면 합계 3억 7000kW를 넘어서 2010년 말 현재 풍력·태양광·바이오매스라는 3대 자연에너지만으로 세계 원자력발전을 추월해 에너지의 주류에 진입했다고 밝히고 있다.

이런 면에서 자연에너지란 자연과 하나된 에너지로 정의된다. 이 정의가 되는 자연은 태양, 물, 흙, 공기 그리고 생명체 5가지를 필수 구성요소로 한다. 첫째로 중요한 것은 태양의 존재이다. 그 태양 아래 물 흙 공기가 존재하며 그들과 밀접하고 불가분의 관계인 생명체가 존재한다. 이들 가운데 어느 하나만 없어도 자연은 성립하지 않는다. 이러한 자연의 구성요소 각각에 에너지가 있다. 태양은 빛과 열로 에너지를 내고, 물은 하천이나 해양을 형성해 수력이나 파력 조력으로 수력에너지나 해양에너지뿐만 아니라 냉수나 설빙으로 냉열에너지의 매체도 된다. 흙은 지열이나 온천으로 에너지를 내고, 공기는 풍력에너지를 낸다. 그리고 생명체는 모두 바이오매스에너지가 된다. 가령 산림은 짚과 목탄, 펠릿과 칩 등의 연료가 되고 가축의 분뇨는 바이오가스화해 에너지가 된다. 사람이 살기 위해 구성하는 사회도 넓은 의미에서 자연에 들어가며, 거기서 배출되는 리사이클도 있다.

오토모 노리오(2012)는 자연에너지의 효용에 대해 ① 자연과 하나되는 에너지, ② 식량생산과 조화하는 에너지, ③ 지역산업과 조화하는 에너지, ④ 지역주민이 담당자가 돼야 할 에너지로서 자연에너지를 들고 있다. 생물이란 모두 자연 가운데서 자연과 하나가 돼 서로 '먹고 먹히는' 관계, 즉 먹이사슬로 그 정점이 인간이다. 이런 면에서 자연은 단순한 자연이 아니라 우리들의 먹을거리를 얻기 위한 장(場), 즉 식량생산의 장인 것이다. 그러나 농약, 화학비료의 남용, 다이옥신, 환경호르몬의 범람, 방사능오염 등 생물다양성을 잃어버리고 있는 전원 환경의 파괴, 게다가 휴경지로 인한 식량생산의 장의 황폐, 지나친 호안공사, 댐 공사로 인한 자연조건의 인위적 변경에 의한 생태계교란 등이 이미 도를 넘었다. 이러한 가운데 가장 기본이 돼야 할 인간의 안전한 먹을거리 확보조차 어려워지고 있다는 사실이다.

오토모는 자연에너지는 지역고유의 자연현상과 밀접한 관계가 있기에 그것을 전제로 자연에너지기술도 지역 고유화해야 한다고 주장한다. 이것이 자연에너지생산이 지역산업이 돼야 하는 이유이다. 따라서 지역 특성에 맞게 소규모 분권형으로 설치운영돼야 하고 또한 주민에 의한 에너지 생산수단의 공평한 소유가 되도록 지혜를 모아야 한다. 지금까지 에너지생산은 공업, 식량생산은 농업으로 2가지가 다른 차원에서 이뤄졌지만 지금은 이 2가지가 조화를 이뤄야 하는 시대가 됐다. 공업기술력의 투입으로 자연과 조화하는 자연에너지를 식량생산에 도움이 되는 에너지로 만드는 것이 가능하게 됐다. 가령 바이오가스 플랜트는 가축분뇨를 바이오가스로 전환시켜, 소화액을 액비로 만들어 식량생산에 도움이 될 수 있다. 또 풍력발전은 지표에서 상공이나 고도 상공을 에너지 생산 장소로 함으로써 에너지 생산을 하면서 식량생산이나 인간활동의 장으로 삼을 수 있다. 덴마크나 독일의 경우 농경지에 풍차를 세우거나 홋카이도의 경우 해양에 풍차의 기초부를 세워놓고 이를 어초로 사용함과 동시에 다시마양식용 지주로 주변해역을 인공해중림화(人工海中林化)하는 시도 등도 있다는 것이다.

이러한 자연에너지는 지역주민이 맡는 것이 중요하다. 덴마크의 풍력에너지 개발 이용이나 독일의 예에서는 지역에 거주하는 주민에게만 풍차를 건설할 권리를 인정하고 있는데 반해 전 세계 대부분의 경우 풍차의 소유자는 거의 대부분이 대기업으로 지자체 혹은 민간기업, 지역주민 소유 비율은 매우 낮은 것이 문제라고 할 수 있다.

이러한 에너지와 식량의 자급을 위해서는 지역자원인 자연에너지의 활용이 매우 중요하다. 에너지나 식량 사료를 외국에 의존하는 경제 사회의 구조는 지속가능하지 않다. 자연에너지의 활용과 그에 기초한 먹을거리의 자급체제 확립이 매우 중요한 과제라 할 수 있다.

화석연료는 지역적으로 편재하는 자원이기에 세계의 거의 대부분의 지역이 산유국으로부터 나오는 석유에 의존하고 있다. 이 산유국 의존 구조에서는 에너지자원에 지불하는 금액은 거의 대부분 지역외로 유출된다. 더욱이 최근 석유가격은 계속 올라 이제는 확실히 고유가시대로 접어들었고, 이대로 석유의존도가 높아지면 지역외 유출금액은 훨씬 증가할 것이다. 그만큼 지역경제도 어려워지게 돼 있다. 이런 면에서 지역의 자연에너지를 효과적으로 활용하는 것이야말로 지역의 부의 순환을 이뤄내는 지름길이라 할 수 있다.

4.2 | 자연에너지와 고용창출

자연에너지와 고용창출

자연에너지는 지역생태계의 적절한 관리를 통해 지속적인 이용이 가능한 에너지이다. 이러한 자연에너지를 잘 관리하면 최소한의 자립과 생산의 다양성, 지역사회의 지속가능성을 얻을 수 있다. 독일의 재생가능에너지 특히 자연에너지의 발전에 따라 고용창출면에서도 큰 진전이 있는 것으로 알려져 있다. 〈표 4-1〉는 2009년 현재 독일의 재생가능에너지분야에서의 신규고용창출수를 나타낸다.

표 4.1 독일의 재생가능에너지분야에서의 신규고용 창출수(단위:명)(2009년 현재: 독일 환경부)

	투자	운전·유지	공급	합계	비율(%)
풍력	70,000	17,100		87,100	29
태양광	61,800	2,800		64,600	21
태양열	12,900	2,100		15,000	5
수력	4,700	4,300		9,000	3
지열	8,500	800		9,300	3
바이오매스	25,900	26,100	57,000	10,900	36
공무원				6,500	2
총계				300,500	100

출처: 'Gross employment from renewable energy in Germany in 2009—a first estimate', March, 2010.을 인용한 大友詔雄, 『自然エネルギーが生み出す地域の雇用』, 自治体研究社, 2012. p.77에서 재인용.

〈표 4-1〉에 따르면 창출된 고용총수는 2009년 현재 30만 명, 그 다음 해인 2010년에는 37만 명이다. 당시 독일의 인구가 8,175만 명인데 이 숫자는 일본의 경우 전력회사 10개사에서 직접고용돼 있는 종업원 총수 13만 명보다 3~4배에 이르는 수치이라는 것이다. 그중에서도 바이오매스분야에서의 고용창출효과가 큰 것이 특징이다. 이에 비해 풍력발전이나 태양광발전의 고용창출효과는 투자액에 비해 작은 것을 알 수 있다.

마찬가지로 〈표 4-2〉는 EU에 있어 재생가능에너지분야에서의 신규고용창출수를 나타낸다.

여기에서도 바이오매스의 고용창출효과가 큰 것을 알 수 있다. 환경과 자연에너지에 의한 일에는 지역의 모든 산업분야의 연계가 필요한데 특히 건설업이 그 담당자로서 자리매김할 필요가 있다. 이러한 여러 가지 자연에너지산업 가운데 고용창출효과가 가장 큰 것은 노동집약형 관련 분야가 넓은 목질바이오매스분야로 이것의 활용이 크게 기대되고 있다. 목질바이오매스는 지역산업사회의 재구축이라는 관점에서 지역의 고용 가능성과 지역의 부의 순환에 매우 중요한 에너지라 할 수 있다. 임업지역의 짜투리 목재나 간벌재 등을 이용하는 목질바이오매스 에너지 이용

표 4.2 EU의 재생가능에너지분야에서의 신규고용창출수(단위: Mtoe원유환산100만t)

	1995년 소비	2010년 소비목표	고용창출(만 명)
풍력	0.9	17.6	19~32
수력	67.5	78.1	
대규모	59.4	66	
소규모	8.1	12.1	
태양광	0.006	0.7	10
바이오매스	44.8	135	100
지열	1.2	2.5	
전기	0.8	1.5	
열(히트펌프 포함)	0.4	1.0	
태양열(솔라콜렉터)	0.26	4	25
총계	114.7(8.1%)	238(14.6%)	167
EU내총소비량	1,409	1,633	

출처: 大友詔雄, 『自然エネルギーが生み出す地域の雇用』, 自治体研究社, 2012. p.77.

은 산림 조성, 임업의 진흥을 촉진하고, 고용의 창출을 가져옴으로써 농산촌의 활성화에 힘이 될 수 있다는 것이다.

오스트리아의 귀싱(Güssing)시도 자연에너지 자립의 좋은 사례로 알려져 있다. 헝가리 국경과 접한 인구 약 4,000명의 귀싱시는 20여 년 전에는 상공업이 없고 지역고용도 적었고 주민의 70%가 주말체재자인 가난한 마을이었는데 광열비가 높았다. 1992년에 시장이 된 P. 파디쉬 씨가 지역자원인 자연에너지자원을 총동원해 지역에 분산형에너지 공급체제를 구축해 에너지자립을 제창했다고 한다. 시역외 유출액을 억제하는 시스템을 만들어 2005년에는 그것을 제로로 만드는 데 성공해 그 결과 지역 내 순환액은 비약적으로 증대했다. 열에너지를 플로링공장의 건조용으로 반액에 공급한 결과 기업진출이 진전되고 2005년 현재 50개 기업, 1,100명의 고용증가를 이뤄냈다는 것이다(大友詔雄, 2012). 〈표 4-3〉은 귀싱시의 도달점(2005년 단계)을 정리한 것이다.

활용된 지역자원은 태양에너지, 목질계 바이오매스, 농업계 바이오매스이다. 전기는 태양광발전(연평균출력 약 17MWh)에다 바이오매스발전소를 설치했다. 열은 지역난방(계약자수 400명, 열공급배관 길이 35km)으로 특히 바이오가스시설의 열병합에 의한 전기와 열의 공급을 실현했다. 목질바이오매스 이용에 관해서는 합성천연가스의 제조(연간 85만㎥, 열량환산 8.5GWh)를 포함해 장래 가능성을 추구하고 있다.

표 4.3 귀싱시의 도달점(2005년 단계)

	1991년 단계	2005년 단계	장래(지역 내)
시역 외 유출	620만 유로		
시역 내 유출	65만 유로	1,360만 유로	3,700만 유로
시 세수입	40만 유로	120만 유로	
유치기업수	0	50개사	
신규고용	0	1,100명	
목질바이오매스 소비량	0	44,000t/년	

출처: 大友詔雄, 『自然エネルギーが生み出す地域の雇用』, 自治体研究社, 2012. p.62.

일본의 경우도 홋카이도 아쇼로(足寄)정이 자연에너지를 통한 지역고용을 창출하는 좋은 사례이다. 아쇼로정은 10여 년 전에 '농축림 연대구상'을 수립해 짜투리목재, 축산농가의 분뇨, 농지의 농산물잔재, 음식물쓰레기, 하수오니 등 정내에서 배출되는 모든 바이오매스에 관해 고함수율 바이오매스는 혐기발효의 바이오가스화, 저함수율 바이오매스는 열분해가스화시켜 가스로 이용하는 것을 생각했다고 한다. 이 가스화기술은 현재는 중심적 실용기술이 되고 있지만 당시에는 기스화기술은 어렵다고 해 우선 목질펠릿생산에서 시작한 것이다. 목질펠릿생산지 아쇼로정에 있어 이러한 검토는 전 산업분야에 미치는 고용창출효과가 발생할 가능성을 명확히 보여주었다. 임산업은 물론 농업, 제조업, 유통업, 건설업, 서비스업, 관광, 교육 등 전면적으로 가능성이 열렸던 것이다. 아쇼로정에서는 고용창출이 그간 139명, 펠릿관련해서는 15명이 가능했다고 한다.(大友詔雄, 2012)

완전고용에 대한 도전　　　　독일의 환경학자인 프란츠 알트(Franz Alt)는 『생태적 경제기적』(2003)이란 책에서 농업혁명이 보다 많은 고용을 창출하며 자연에너지를 활용하면 완전고용도 가능하다고 주장해왔다. 특히 농가가 에너지사업자로 바뀔 수 있다는 것이다. 에코농가의 재배법의 근본적인 기준으로는 ① 화학비료, 농약 사용금지, ② 토지에 적합한 수확을 방해하지 않는 전작 중시, ③ 흙속의 생태계의 중시, ④ 전문가에 의한 품질관리 실시, ⑤ 각각의 종의 생리를 존중해 가축 사육 및 사료의 자가농장 수확 등을 든다. 녹색혁명은 농가가 장래 에너지생산자가 될 때 비로소 완성된다는 것이다. EU위원회는 40년 후 농가는 산림이나 농지에서 얻어지는 바이오매스로 전 소비에너지의 3분의 1을 사회에 공급하게 될 것이라고 예측하고 있다. 농업종사자는 미래의 에너지와 원료, 그리고 자원의 생산자이기도 하다. 프란츠 알

트에 따르면 브뤼셀의 EU위원회의 시산은 EU의 농산업으로 200만 명의 고용이 새롭게 창출될 것으로 예상하고 있다는 것이다.

이 새로운 장래성 있는 농림업이야말로 다음세대를 생각해 이익의 최대화에서 수입의 최적화로 향하는 순환형경제의 모습이며, 이러한 순환형경제를 달성하기 위해서는 소비자의 에콜로지에 대한 인식이 매우 중요하다고 볼 수 있다. 프란츠 알트는 앞으로의 농업은 이코노미(Economy)에서 에콜로지(Ecology), 사회적에서 문화적으로 가야하며, 윤리적인 원리에 입각했을 때 장래성을 확실하게 갖게 될 것이라고 말했다.

프란츠 알트는 도미니크수도회의 신부이자 신학자이며 생태학자이기도 한 미국의 마태오 포크스의 책『노동혁명, 모든 사람이 의미있는 생활과 직장을 얻기 위하여』를 인용해 '대량실업을 용인해서는 안 된다'고 강조했다. '자연에는 본래 실업같은 것은 없다. 동물이나 식물, 또는 은하나 행성 가운데 대량실업문제를 갖고 있는 예를 하나라도 내게 제시해달라! 수백만 실업자라고 하는 현상은 현재의 경제가 창조에 반하고 있고 에콜로지컬하지 않다는 증거다'라고 마태오 포크스는 말했다는 것이다.

프란츠 알트는 완전고용의 길로 가기 위해서 다음 4가지를 제안했다(フランツ・アルト, 2003). ① 일의 에콜로지화, ② 환경세의 도입, ③ 고용형태의 여성화, ④ 일세계의 정신화가 그것이다.

첫째, 일의 에콜로지화이다. 일본 기업이 과거 수년에 걸쳐 독일의 태양광 관련 특허를 사간 덕분에 지금은 아주 저렴한 솔라셀(Solar Cell)의 대량생산 도입이 가능해졌고, 이러한 것이 앞으로 수년 뒤에는 환경친화적 에너지로 화석연료 및 원자력에너지에 경쟁력을 가질 정도의 저렴한 가격으로 생산돼 세계시장을 지배할 가능성이 있다는 것이다.

둘째, 환경세의 도입이다. '생태적 경제기적'을 시작하기 위한 근본적인 전제조건이 바로 환경세의 도입이라는 것이다. 에너지가격이 상승하면 육류소비량이 자동적으로 내려가기에 장래 항공기나 선박의 연료를 포함해 보다 높은 율의 대규모 환경세제의 개혁이 필요하다는 것이다. 독일경제연구소(DIW)에 따르면 환경세 도입 후 10년이 경과한 시점에 연간 650억 유로의 인건비가 절약되며, 65만 명분의 새로운 고용이 생길 것으로 전망하고 있다는 것이다. 또한 환경에 대한 부하가 대폭 저감되는데 온실가스인 이산화탄소 배출량이 30% 정도 억제될 것으로 보고 있다. 또한 월수 2,300유로 미만의 세대는 세금이 경감될 것이라는 것이다. '대대적 세제개혁'이라고 불렸지만 생태적인 관점에서는 전혀 효과가 없고 새로운 고용도 창출되지 않았던 1997년 1월 독일 연방정부의 세제개혁과는 반대로 독일경제연구소가 제안하고 있는 것과 같은 환경세는 명실상부한 성과를 내놓을 것으로 본다는 것이다.

셋째, 고용형태의 여성화이다. 미래의 고용형태란 보다 유연하고 전직이 가능하며 특히 새로운 평생교육이 가능할 뿐만 아니라 남성의 가사 참여를 가능하게 하고 모든 남성과 여성이 아이나 파트너와의 관계를 보다 깊이 하는 것을 가능하게 할 것으로 예상하고 있다. 장래의 노동시간은 단축되고 고용형태는 여성화하는데 고용의 여성화는 대부분 새로운 고용을 창출하게 된다는 것이다. 통상의 직장이란 10년 뒤에는 거의 반나절 고용(노동시간 30%의 고용)을 의미하게 되며 이 경우 집안에서의 반나절 일은 삶의 질의 향상을 가져온다는 것이다. 그리고 남성은 종래 '회사인간'에서 완전한 인간으로 바뀌는 것을 배우게 될 것이라고 한다. 수입이 있는 일과 사회복지와 결합시켜, 가정적인 그리고 생태적인 정신적인 분야에서의 일과의 균형 감각이 남성과 여성에게 주어지고 이것은 남녀관계에 있어서도 결정적인 혁명이 될 수 있다는 것이다.

넷째, 일세계의 정신화이다. 신학자 마태오 포크스는 '일의 비정신화(非精神化)는 환경파괴와 대량실업을 불러일으키는데 반해 직장의 재정신화(再精神化)는 창조물을 보호하고, 자연스럽게 완전고용의 길로 인도한다'

고 말했다고 한다. 의미있는 일이란 지속가능하고 행복을 주는 일이며, 행복을 주는 일이란 위엄에 충만한 일로 신앙의 실천을 의미한다고 덧붙였다. 기업은 장래 당연한 일로 회사의 이익을 종업원들에게 나눠주고, 종업원들에게 시간의 구속에서 해방될 권리를 가능한 한 많이 줌으로써 회사도 지속가능하게 된다는 것이다. 정신적 의식의 재발견이야말로 '매우 중요한 일'로 무기공장, 원자력발전소 또는 제초제, 살충제 공장이란 오늘날 '살육공장'을 폐지시킬 것을 촉구하고 있다. 프란츠 알트는 일세계의 정신화에 의해 100만 명 규모의 일자리를 창출할 수 있다고 한다. 일세계의 정신화란 지금과 같은 성장중심, 경쟁중심의 일에서 보람과 행복을 찾는 방향으로의 인식 전환을 통해 단순 직장의 일이 아닌 가치 있는 일로 만드는 것이라고 한다.

저탄소도시 사례3

'그린에너지시티'
독일 뮌헨

바이에른주의 주도이자 독일 제3의 도시인 뮌헨은 1972년 뮌헨올림픽으로 잘 알려진 '국제스포츠도시'이다. 2차 대전 때 도시의 3분의 1이 파괴됐던 뮌헨은 1974년 서독월드컵에 이어 2006년 독일월드컵도 개최했다. 2006년 독일월드컵 결승전이 열린 곳이 올림피아파크의 메인스타디움이다. 뮌헨시로 접어드는 진입로에서 보이는 해발 280m의 올림픽타워가 있는 올림피아파크는 시내 중심가에서 지하철로 10여분 거리이다. 올림피아파크에 들어서면 우선 8.5㏊ 규모의 메인스타디움이 눈에 들어온다. 하늘의 절반 정도를 가리는 텐트식 지붕은 인근 BMW자동차 본사의 독특한 실린다형 건물과 함께 당시 첨단기술의 표상이다. 올림픽타워 전망대(해발 182m)에선 멀리 100만평 엥리셔 가르텐을 포함해 뮌헨 시가지를 한 눈에 조망할 수 있다.

메인스타디움의 7~8배 넓이가 되는 올림피아파크는 뮌헨시민에겐 가장 매력적인 레포츠공원으로 인기가 높다. 올림피아호수를 가운데 두고 조성된 구릉녹지는 조깅이나 산책, 자전거와 롤러스케이트를 즐기기에 안성맞춤이다. 그러나 이러한 올림피아파크는 2차 대전 폐허더미를 녹화하는 데 성공한 대표적인 사례로 알려져 있다. 공원 한쪽에는 수천 평에 이르는 주말농장이 있어 자연학습장 역할도 톡톡히 하고 있다.

뮌헨공항을 지나 뮌헨 시내로 접어드는 인터체인지에서 그리 멀지 않는 곳에 우리나라로 치면 동산 같은 산 하나가 눈에 들어온다. 그곳 꼭대기엔 풍력발전기까지 설치돼 있어 특이한 모습으로 다가온다. 이곳 또한 2차 대전 당시 폭격으로 파괴된 뮌헨의 폐물(廢物)을 모아놓았던 쓰레기매립장으로 흔히 '슈트베르크(쓰레기산)'라고 불리던 곳이다. 산 높이가 60m인 이곳은 1972년 뮌헨올림픽을 준비하면서 뮌헨시가 녹지공원으로 조성해 이름도 '올림피아산'으로 바꾸었다. 혐오시설로 인식되는 쓰레기매립장을 공원으로 만든 것이다. 뮌헨시는 1990년대 중반 이곳에 직경 3m 높이 65m의 660㎾급 풍력발전기 1대를 설치해 이곳 공원의 조명 등 전력을 자체 해결하면서 대체에너지 교육장으로도 활용하고 있다. 이러한 뮌헨의 올림피아파크와 슈트베르크는 우리나라의 서울 난지도 하늘공원과 쓰레기매립장을 재생한 대구시 달서구의 대구수목원 등 세계적으로 쓰레기장을 공원화하는 모델 사례로 알려져 있다.

뮌헨을 그린시티라고 할 수 있는 것은 도심에 100만 평이 넘는 도심공원인 '엥리셔 가르텐(English Garden)'이 있기 때문이다. 뮌헨의 대표적인 중심가인 루드비히 거리에는 100년이 넘은 버드나무가 가로수로 가지런히 서 있다. 이러한 뮌헨의 한 가운데에 미국 뉴욕의 센트럴 파크, 영국 런던의 하이드파크와 어깨를 나란히 하는 100만 평 공원이 들어서 있다. 엥리셔 가르텐은 지하철역에서 5분 내에 갈 수 있

쓰레기매립산을 에너지공원으로 만든 뮌헨 쓰레기산공원(좌)
100만평공원인 뮌헨 엥리셔 가르텐의 외곽순환도로에 버스가 달
리고 있다(우)

© 김해창(좌)
© 곽재훈(국제신문 기자)(우)

고 도심에서 걸어서 20~30분 안이면 닿을 수 있는 '뮌헨의 오아시스'로 공원 입구만 사방팔방에 약 30개나 된다. 이곳은 '자유'라는 공기가 흐르는 공원이다. 무료입장에 24시간 개방돼 있으며 축구경기장 400개가 들어설 수 있는 373ha의 공원 곳곳엔 축구 자전거 롤러블레이드 뱃놀이 등을 자유롭게 즐길 수 있다. 공원 한쪽엔 실오라기 하나 걸치지 않고 일광욕을 즐기는 '누드 지역'도 있다. 공원 어디를 둘러보아도 '들어가지 마시오', '쓰레기를 함부로 버리지 마시오'라는 등의 경고문이나 플래카드가 없다.

엥리셔 가르텐은 200년이 훨씬 넘은 독일 최초의 국민공원으로. 1989년 당시 이자르 강변 북쪽 습지의 일부(125ha)를 군대정원으로 개조한 것이 시초이며 1808년 조경이 대부분 완성돼 일반에게 공개됐다고 한다. 당시 인구 약 4만이던 뮌헨 외곽의 습지가 200년이 지난 지금 인구 130만 뮌헨의 중심부에 자리 잡게 된 것이다. 공원 내 야외 레스토랑을 비롯한 모든 음식점은 일회용품을 일절 사용하지 않는다. 2유로(약 3,000원)하는 생맥주 한 잔에 1유로의 보증금을 포함해 모두 3유로를 내야 한다. 공원 외곽에는 특이하게 순환버스가 다닌다. 대신 승용차는 진입할 수 없다. 주차문제를 일거에 해결한 것이다.

뮌헨은 'B+R', 즉 바이크 앤드 라이드(Bike & Ride)를 중시하고 있다. 자전거와 대중교통의 연계를 의미하는 것으로 뮌헨 시내에는 자전

거 주차장만 2만 여 곳이나 된다. 또한 출퇴근시간만 제외하고는 자전거를 전차에 실을 수 있다.

이러한 뮌헨의 오늘날이 있기에는 미래를 보는 눈을 가진 도시경영자가 있었다. 그리고 뮌헨은 이제 지속가능한 도시로 나아가고 있다. 지난 2003년 뮌헨 시의회는 '뮌헨 지속성 목표'를 공표했다. 목표는 모두 9개이다. '지구를 생각하고 지역에서 행동한다', '자연자원에 대한 책임', '생활의 질', '미래에 맞는 경제', '기회균등', '안전한 생활', '문화적 보증', '활발한 시민사회 만들기' 등이 그것이다. 지난 1989년부터 뮌헨은 기후변화에 대응해 '3빈(Bin)시스템'을 가동해왔다. 빈(Bin)은 독일어로 쓰레기통을 말한다. 첫째는 '블루 빈(Blue Bin)'으로 쓰레기 리사이클을 철저히 하는 것이다. 둘째, '브라우닝 빈(Browning Bin)'은 쓰레기 퇴비화를 추진하는 것이다. 셋째, '그레이 빈(Grey Bin)'은 나머지 쓰레기를 소각해 열, 전기에너지로 전환해 재활용하는 것이다. 이러한 쓰레기 재자원화에는 독일인 특유의 실천이 생활화돼 있는 것이 힘이다.

뮌헨시는 2006년부터 '바이오시티 뮌헨'을 추진하고 있다. 시는 공공시설의 10%에서 유기농 식단을 짜게 하고, 공공행사시에는 50%를 유기농으로 충족시키도록 노력하고 있다. 또한 2020년에는 환경기술분야가 기계나 자동차기술보다 더 많은 일자리를 창출할 것이고, 업계의 수입도 2030년에는 1조 유로에 이를 것으로 보고 있다. 뮌헨시에는 현재 모두 780여 개의 태양광발전시설이 설치돼 있다. 뉴뮌헨전시센터(New Munich Exhibition Center)는 연 2.7MW를 생산하는 세계 최대의 태양광발전시설을 갖추고 있다.

뮌헨은 선각자들의 도시계획에 따라 미래를 보면서 현재를 살아가는 적극적인 참여 시민을 키우고, 이들을 통해 도시의 지속가능성을 보여주고 있다. 그리고 무엇보다 도심에 100만 평의 공원 조성으로 대표되는 녹색에너지도시로서 21세기 저탄소시대를 이끌어가고 있다.

5

기업의 사회적 책임과 사회책임투자

5.1 | 기업의 사회적 책임과 환경경영

기업의 사회적 책임(CSR)　　　　'기업의 사회적 책임(CSR: Corporate Social Responsibility)'이란 법률에 의해 정해진 기준에 머물지 않고 기업이 사회의 일원으로서 환경문제나 인권 노동 등 사회문제에 대해 자율적으로 노력할 책임이 있다고 하는 사고방식이다. 기업의 사회적 책임이 요구되면서 기업은 환경문제나 인권문제 등 사회적 과제를 무시할 수 없게 됐다.

구미의 CSR의 기원으로 등장하는 것이 기독교의 박애, 자선의 정신, 또는 부자의 의무로 알려진 '노블리스 오블리제(Nobleesse Oblige)'와 연결되는 '경제기사도(Economic Chivalry)정신'으로 보고 있다. 오늘날 세계적인 CSR의 붐의 배경에는 NGO, NPO의 기업에 대한 엄한 감시기능이 있다는 것도 피할 수 없지만 그러한 행동의 근저에 흐르는 종교에서 나온 봉사, 자기희생사상이 자리잡고 있다고 한다. 영어 '필앤드로피(Philanthropy)'의 어원은 그리스어의 '필앤드로피아(Philanthropia: Philos(사랑하다)+Anthropos(인류))에서 유래하는데 이것이 라틴어를 거쳐 영어가 돼 박애, 자선, 인류애로 변역되고 있다는 것이다. 필앤드로피는 미국에서는 민간이 자발적으로 행하는 공익활동을 말하는데 일본 게이단렌(経団連)이 이 '필앤드로피'를 '사회공헌'으로 번역했다고 한다.(古賀純一郎, 2005)

‘노블리스 오블리제’의 원류에 있는 ‘채리티^(자선)’는 16세기 헨리8세 시대에 로마가톨릭교회로부터 독립한 영국교회와 깊은 관계가 있다고 한다. 17세기 초두에 로마가톨릭교회의 수장이던 엘리자베드 여왕이 빈곤구제 등을 위해 만든 모금활동 및 그 조직에 관한 법령에 뿌리를 두고 있다는 것이다. 그 내용을 구체적으로 정한 것이 19세기 후반이며 민간공익단체가 세법상 특전을 받을 수 있는 ‘채리티등록제도’가 생겨난 것이 1960년이라고 한다. 이러한 윤리관은 산업혁명의 결과, 필요한 환경하에서의 장시간 노동을 강요당한 노동자를 구하기 위한 각종운동이나 자선을 목적으로 하는 비정부조직의 성장과 관계가 있는데 열악한 환경에 놓여 있는 노동자를 구하기 위한 자선사업이 활발해져 19세기 중에는 구세군이 창설되고 고아원 등도 설립됐다. 프랑스에서는 생시몽, 푸리에 등이 노동자계급을 보호하는 새로운 사회질서의 수립을 시도했고 이들의 운동이 사회주의운동으로 나아가는데 이 시기부터 기업의 사회적 책임을 강조하는 움직임이 보이기 시작했다고 보고 있다.

CSR은 대기업이 NGO 또는 NPO로부터 줄기차게 공격을 당해온 것과 무관하지 않다는 시각도 있다. 고가 준이치로^(古賀純一郎)는 『CSR의 최전선^(CSRの最前線)』(2005)이란 책에서 CSR의 역사를 다음과 같이 정리하고 있다. ‘세이브더칠드런^(Save the Children)’은 1919년에 제1차 세계대전 하의 유럽에서 집이나 가족을 잃어 식사를 거르는 아이들을 돕기 위해 영국 교사가 영국에서 설립했고, ‘플랜인터내셔널^(Plan International)’은 스페인내전에 처한 아이들을 지원하고자 하는 영국 저널리스트의 제창으로 1937년에 활동을 개시했고, 국제NGO의 대표격인 ‘옥스펌^(Oxfam)’은 나치 독일의 포위로 식량부족에 직면한 그리스시민에게 인도적 지원을 하기 위해 1942년에 영국에서 설립됐다는 것이다. 1945년에는 제2차 세계대전 후 유럽의 시민 구제를 위해 미국의 시민단체에 의해 ‘케어^(CARE)’가 시작됐다. 또한 1999년 노벨평화상을 받은 ‘국경없는 의사회’는 1971년에 프랑스에

서 설립돼 세계 약 70개국에서 활동하고 있는데 주로 유럽, 특히 영국이 활동의 중심지라는 것이다. 일반적으로는 공익단체의 설립이 용이한 영국, 독일에 대해 프랑스, 네덜란드, 이탈리아 등에서는 운용이 엄격한데 여기에는 법제도가 영국이 빠르기 때문이라고 한다.

유럽기업의 CSR에 관해서 알아보자. 『뉴스위크 일본판』(2004.6.2)이 CSR과 재무업적의 양면에서 들어맞는 세계기업 순위 500개사를 게재했다. CSR에만 한정한 순위는 30위 안에 영국이 반수 가까운 14개사가 들어갔고, 이어서 일본이 4개사, 독일 프랑스 각 3개사, 네덜란드 노르웨이 각 2개사, 핀랜드 스위스가 각 1개사였다. 미국은 1개사도 들어가 있지 않다. 일본을 제외하면 모두 유럽기업이다. 왜 기업순위에 영국이 많을까. 고가 준이치로는 영국의 경우 2000년의 연금법 개정으로 연금기금의 운용에서 투자처기업의 정보개시를 의무화했기에 영국 기업이 CSR에 관심을 갖지 않을 수 없게 됐다고 말한다. 영국 프랑스 정부는 모두 CSR담당 각료를 두고 있을 정도이며, 유럽연합이 성장전략의 핵심으로 CSR을 두고 있는 것도 이러한 경향에 영향을 미치고 있다고 덧붙였다.

이에 비해 미국의 CSR에 대한 노력은 어디까지나 기업이 주체이며 정부의 영향은 그리 크지 않다고 한다. 미국의 CSR의 기원에는 사회책임투자(SRI)와 더불어 기업이 지역사회의 일원으로서 일반시민과 마찬가지로 지역의 발전에 노력할 의무가 있다고 하는 사고방식이 뿌리내리고 있다는 것이다. 이것이 '좋은 기업시민(Good Corporate Citizen)'으로 '필앤드로피' 등의 각종활동에 발휘되고 있는데 미국의 경우 CSR에 적극적이지 않는 기업은 일류기업으로 인정받지 못하는 경향이 있다고 한다. 이 같은 좋은 기업시민의 대표적인 사례로 철강왕 앤드류 카네기(Andrew Carnegie)를 들 수 있다. 3억 5000만 달러의 사재를 털어 대학, 도서관, 음악홀 등을 남겼고 1911년에는 '지식의 발전보급'이 목적인 카네기재단을 설립했다. 당시 철강업은 매연 등의 산업공해로 인해 주변 주민을 열악한 환경에 처하게 했는데 이에 대한 대응 면도 있었겠지만 카네기는 기업의 유지·존재를 위해서 지역을 비롯한 사회에 대한 협력에 적극 나섰던 것이다. 더욱이 최근 미국에서 CSR이 각광을 받게 된 계기로 천문학적인 규모의 부채를 안고 도산한 엔론(Enron), 월드컴(World Com) 등의 기업 비리 문제를 빼놓을 수 없다. 기업과 감사법인이 결탁해 허위정보를 투자가에 제공해 최고경영자가 내부거래한 의혹이 발각된 것이다. 지금까지 세계기준을 강조해온 '어메리칸 스텐더드'의 신뢰성이 한꺼번에 무너진 사례로 미 의회는 기업회계개혁법의 제정을 서둘러 감시태세를 강화했다.

　이처럼 CSR은 다양한 견해가 있지만 공통된 것은 '회사 이해당사자와의 신뢰관계의 구축을 넘어서 기업이 지향하는 이익만이 아니라 지속가능한 사회를 구축하기 위해 부여된 책임'으로 해석해야 된다는 것이다. 일반적인 사기업은 당연히 영리를 목적으로 하고 있으며, 이익을 얻지 못하면 회사로서 존속할 수 없다. 그러나 주식회사란 회사에 법인격이 있는 것으로 회사라고 하는 법인이 만약 문제가 생겼을 때 배상의 책임을 져야 한다는 것이다. 실제 일본의 경우 세토나이카이에 있는 데시마(豊島)의 산업폐기물 불법투기사건이 발생했는데 원상회복을 해야 할 회사가 도산해 불법투기된 산업폐기물을 처분하지 못해 주민에게 엄청난 고통과 피해를 준 사례가 있다. 기업활동이 사회에 대해 심각한 피해를 줄 가능성이 있는 이상, 그것을 회피하기 위한 노력이 필요하다. 이는 특히 환경문제뿐만 아니라 고용문제로 대표되는 사회적 문제도 기업활동에 큰 영향을 미치고 있다. 이러한 면에서 기업활동에는 반드시 지속가능한 사회를 구축하기 위한 책임이 뒤따라야 한다는 것이다.(今中忠行 外, 2010)

　우리나라의 CSR은 자선활동으로부터 시작해서 지금은 기업의 혁신적인 사회공헌 활동으로 전환중이라고 볼 수 있다. 초기엔 기업의 사회공헌은 주로 수해성금, 연말 불우이웃돕기 성금기탁 등 주로 자선활동

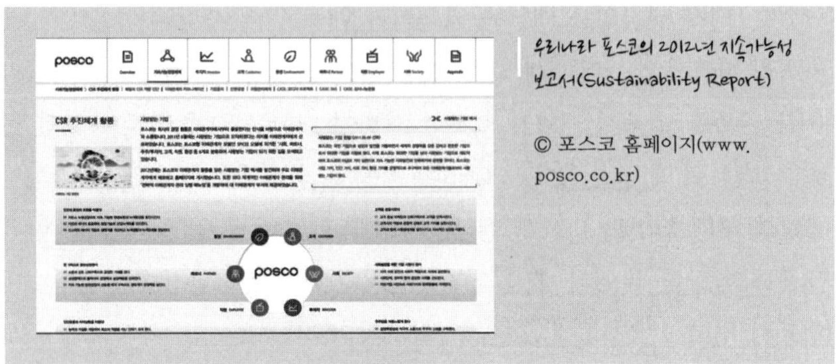

및 기부행위에서 시작됐고, 1980년대 들어서는 사회복지에 대한 관심도 증대됐고, 1990년대에는 지역사회 문제에 많은 관심을 보이며 대기업을 중심으로 자원봉사단이 조직돼 체계적인 활동을 시작했다는 것이다. 그러나 기업의 본격적인 사회공헌 활동이 체계적으로 시작된 것은 1997년 경제위기를 겪으면서라고 보고 있다. 2000년대 들어서는 공익연계 마케팅(Cause-Related Marketing)을 통해 기업의 이미지를 높이고 사회공헌활동도 도모하는 전략적인 방법이 동원되고 있다고 한다.(이윤재, 2010)

전국경제인연합회의 보고서 「국내외 CSR 추진 조직 운영현황과 시사점」(2008.7)에 따르면 CSR추진 조직에 대한 조사결과 응답기업 85개 중 60개사(70.6%)가 CSR을 추진하는 실무조직을 두고 있으며, 이 중 40개사(47.1%)가 'CSR 관련 위원회'를 설치 운영중이라는 것이다. 윤리위원회를 운영하는 기업이 24개사로 가장 많으며, CSR 전 분야를 포괄하는 'CSR위원회'를 운영하는 기업은 11개사인 것으로 나타났다. 이제 사회적 공헌 활동은 기업이 일방적으로 베푸는 시혜가 아니고 투자로 볼 수 있다는 것이다.

또한 김재현·김해창 외(2010)는 「국내 500대 기업의 산림분야 사회공헌활동 프로그램의 유형과 추진방식」이란 논문을 통해 국내 500대 기업중 75개 기업(15.0%)이 산림분야 사회공헌활동을 추진하고 있다는 사실을 밝혔다. 이 75개 기업이 시행하고 있는 108개의 산림분야 사회공헌 활동 프로그램을 유형별로 분석한 결과, 자원봉사형(55.6%)과 숲조성·관리형(29.6%)이 가장 많은 비중을 차지했다. 프로그램 추진방식은 각 유형별로 차이를 나타내고 있는데 '자원봉사형'과 '1회성 나무심기'의 경우, 기업 내 자원봉사조직을 중심으로 한 직접사업방식이 많은 반면, '숲조성 및 관리활동'과 '교육활동' 분야에서는 지자체, 정부기관, 비영리단체 등의 파트너십을 통한 공동사업방식을 주로 취하고 있는 것으로 나타났다. 또한 현금기부에 의한 1회성 나무심기·헌수활동보다 임직원들의 직접적인 참여를 통한 정기적인 자원봉사형이 많이 나타나고 있고, 기업의 사회공헌팀과 정부, 지자체, 시민단체 등 다양한 주체들간의 파트너십을 통한 도시림 및 생활림 조성이 증가하고 있는 것으로 나타났다. 이를 종합해 볼 때, 국내 기업의 산림분야 사회공헌활동은 전략적 사회공헌활동 단계에 있으며, 이는 향후 교육활동형, 인재양성 및 일자리 창출형과 함께 지역사회투자활동(Corporate Community Investment)으로 발전할 수 있는 가능성을 보여주고 있다.

환경경영과 환경회계   '탄소제약사회(Carbon Constraint Economy)'란 말은 1991년 하버드대 마이클 포터(M.E. Porter) 교수가 한 말이다. 온실가스 총량규제의 영향으로 기업행동에 명확히 제약이 가해지는 그러한 시대를 지칭하는 말이다. 당시에만 해도 일반적으로 환경에 대한 대응은 경제성장에 제약이 된다고 생각됐지만 마이클 포터 교수의 '포터 가설' 이후 대논쟁이 전개됐다. 포터 가설은 '적절히 설계된 환경규제는 비용저감, 품질향상으로 연결되는 기술혁신을 자극해 그 결과 국내 기업은 국제시장에 있어서 경쟁상 우위를 획득하고 다른 한편 산업의 생산성도 향상할 가능성이 있다'는 주장이다.(日本總合研究所, 2008)

유엔 글로벌콤팩트에 참가한 기업 CEO를 대상으로 한 세계 CSR 선진기업 230개 기업인 391명이 참여한 조사결과 '기업에 대한 사회의 기대에 가장 강하게 영향을 주고 있다고 생각하는 것은 무엇인가'라는 질문에 '환경문제에 대한 우려의 증대'(61명)가 압도적이었다고 한다. 일본종합연구소가 제시한 기업의 지구온난화대응 전략의 단계는 다음과 같다. ① 지구온난화가 실적에 영향을 주는 경로를 파악한다, ② 규제가 재무상황 및 경영전략에 주는 영향을 파악한다, ③ 지구온난화의 물리적 리스크가 조업에 주는 영향을 파악한다, ④ 대응책이 가져올 효과를 예측한다 ⑤사내에서 대응책임의 소재를 명확히 한다, ⑥ 배출량 그 자체를 파악한다, ⑦ 공급망에 관한 배출량을 파악한다, ⑧ 배출감축을 위한 시스템 패키지와 감축목표를 설정한다, ⑨ 배출크레디트를 둘러싼 방침을 결정한다(古賀純一郎, 2005). 이처럼 이제는 지구온난화에 대한 대응에 앞선 기업이 경쟁력을 갖는 시대가 왔다.

이러한데서 환경에 대한 배려와 기업경영을 통합한 것이 '환경경영'이란 개념이다. 그리고 환경경영이란 이념을 기업활동에 반영시키기 위한 방법으로 '환경매니지먼트시스템(EMS: Environmental management System)'이 있다. 국제규격기구(ISO)는 1996년에 환경매니지먼트시스템에 관한 국제규격(ISO14001)을 발표했는데 여기서 환경매니지먼트란 '조직의 매니지먼트시스템'의 일부로 환경방침을 수립, 실시해 환경측면을 관리하기 위해 사용되는 것'으로 정의되고 있다. ISO14001의 환경매니지먼트시스템의 틀은 'Plan(계획)→Do(실행)→Check(점검·평가)→Action(개선)'이라고 하는 PDCA사이클을 통해 환경대책을 실행하는 것이다. 1단계인 'Plan(계획)'에서는 우선 환경대책의 방침을 수립해 이것을 바탕으로 실시계획을 작성한다. 여기에는 기업의 최고경영자가 환경방침을 수립할 것이 요구된다. 2단계 'Do(실행)'에서는 이 실시계획을 바탕으로 계획을 실행하는 것이다. 여기서는 관리책임체제나 관리절차를 문서화해 명확히 하고, 계획이 적절하게 실행하는 것이 중요하다. 3단계 'Check(점검·평가)'에서는 계획이 적절히 실행되고 있는 지를 점검해 부적절한 경우는 그 문제점을 기록하는 것이다. 그리고 4단계 'Action(개선)'에서는 문제점을 파악해 기업의 최고경영자가 매니지먼트시스템이 적절한지 여부를 판단하고 문제점이 있는 경우는 계획을 수정하는 것이다. 이러한 PDCA사이클을 반복함으로써 기업의 환경대책을 실행한다. 또한 이러한 환경매니지먼트체제를 구축해 외부의 인증기관을 통해 심사를 받음으로써 기업은 ISO14001의 인증을 취득할 수가 있고 이를 통해 환경대책에 적극 노력하고 있다는 사실을 사회에 알릴 수가 있다. 이런 까닭에 ISO14001을 취득하는 기업이 전 세계적으로 급증하고 있다. 한편 ISO14001의 경우 외부 인증을 받을 필요가 있기에 취득절차가 복잡하고 취득비용도 높아 중소기업에는 보급이 잘 되지 않는 문제점도 있다.(栗山浩一, 2008)

이러한 환경경영은 기업의 환경보고서에서 잘 나타난다. 환경보고서는 기업의 환경대책에 대한 노력이나 환경부하의 상황을 보고서로 정리해 사회에 공표하는 것이다. 기업의 환경대책에 대한 사회적 관심이 높아지고, ISO14001을 취득하는 기업이 늘어남에 따라 환경보고서를 발행하는 기업이 늘어나고 있다.

환경경영의 최근 동향은 환경문제에 대한 배려만이 아니라 사회문제 전반을 배려한 CSR경영 또는 지속가능경영을 지향하는 움직임이 강하다고 한다. 결국 환경경영이나 CSR경영의 근본적인 문제는 기업의 목표가 무엇인가 하는 데 귀착된다. 이 문제에 대해 쉬운 해답은 없지만 중요한 것은 기업목표는 최고경영진만이 결정하는 것이 아니라 이해관계자의 적극적인 참여 하에 결정돼야 한다는 점이며, 환경경영과 CSR경영의 메커니즘은 궁극적으로 그러한 과정을 지원하는 것이어야 한다는 것이다.(環境経済·政策学会, 2006)

이처럼 기업이 환경대책을 실시하기 위해서는 거액의 비용이 필요한데 가능한 한 적은 비용으로 효과 높은 환경대책을 실행하기 위해서는 환경대책 비용과 효과를 올바르게 파악할 필요가 있다. 기업이나 지자체 등이 환경대책에 든 비용과 효과를 비교하는 것이 환경회계이다. 환경회계에는 기업의 경영자가 자사의 환경대책활동에 문제가 없는지를 점검하기 위해 기업내부에서 환경회계를 사용하는 것을 목적으로 하는 '내부환경회계'와 기업외부에 대해 정보를 공개하는 것을 목적으로 하는 '외부환경회계'가 있다.

일본의 경우 1999년 당시 환경청이 '환경보전 비용의 파악 및 공표에 관한 가이드라인'을 발표한 것이 계기가 돼 환경회계에 대한 노력이 시작됐다. 이 최초의 가이드라인에는 환경대책의 비용을 파악하는 것만 대상이 돼 있었지만 2000년에 공표된 가이드라인에는 환경대책의 비용과 효과 모두 평가대상이 됐다. 그 뒤 개정이 계속돼 현재 환경성의 '환경회계 가이드라인(2005년)'이 됐다. 환경의 가이드라인은 외부환경회계의 성격을 갖고 있는데 대부분의 기업이 환경보고서를 공표하게 됐기에 환경성의 환경회계 가이드라인을 이용해 환경회계를 공표하는 기업도 늘어나고 있다. 2008년 현재 800개사가 넘는 기업이 환경회계를 도입하고 있다고 한다.(栗山浩一, 2008)

환경회계의 좋은 사례가 일본 히타치(日立)그룹의 환경회계를 들 수 있다. 히타치그룹은 환경성의 환경회계 가이드라인에 따라 「히타치그룹 서스테이너빌리티 보고서(Sustainability Report) 2012」에 환경회계 정보를 공개하고, 또 그 결과에 바탕을 두고 경영자원을 환경활동에 적절히 배분하면서 환경투자나 환경활동의 효율화를 도모하고 있다. 히타치그룹의 환경회계 정보는 〈표 5-1〉과 같다.

환경회계는 환경대책의 비용과 효과에 의해 구성된다. 환경회계 가이드라인에서는 환경대책의 비용은 '사업소 권역내 비용', '상·하류비용', '관리활동비용', '연구개발비용', '사회활동비용', '환경손상대응비용', '기

표 5.1 히타치그룹의 환경회계

[환경보전비용]

항목		비용(단위: 억 엔)					주 내용
		2007년도	2008년도	2009년도	2010년도	2011년도	
비용	사업소 권역 내 비용	397.2	333.1	282.0	279.8	277.8	환경부하 저감설비의 유지관리,감가상각비 등
	상·하류 비용	27.9	19.7	17.0	16.0	14.3	녹색조달비용, 제품·포장의 회수·재상품화, 리사이클 비용
	관리활동 비용	113.0	112.0	89.2	86.1	82.5	환경관리인건비, 환경매니지먼트시스템 운용·유지비용
	연구개발 비용	466.3	502.5	520.1	575.6	798.1	제품·제조공정의 환경부담저감 연구개발 및 제품설계 관련비용
	사회활동 비용	4.8	3.5	2.5	3.1	4.5	녹화·미화 등 환경개선비용
	환경손상 비용	8.0	9.9	6.8	3.7	19.4	환경관련 대책비, 각출금, 과징금
	합계	1,017.2	980.6	925.6	964.4	1,196.6	
투자합계		153.8	101.7	79.5	76.0	96.1	에너지절약설비 등 직접적 환경부하저감설비 투자비

[환경보전효과]

경제효과

항목	비용(단위: 억 엔)					2011년도 주 내용
	2007년도	2008년도	2009년도	2010년도	2011년도	
실수입효과	145.0	109.0	83.0	96.2	137.2	환경부하 저감설비의 유지관리, 감가상각비 등
비용감축효과	220.2	182.4	150.0	184.5	152.7	환경관련 대책비, 각출금, 과징금
합계	365.2	291.4	233.0	280.7	289.8	

물량효과

항목	비용(단위: 억 엔)					2011년도 주 내용
	2007년도	2008년도	2009년도	2010년도	2011년도	
생산시 에너지 사용량의 감축	161백만 kWh (34가구)	158백만 kWh (33가구)	191백만 kWh (40가구)	129백만 kWh (27가구)	93백만 kWh (20가구)	LED조명화, 공조설정온도관리 강화, 설비가동률 최적화, 콤프레셔 가동제어/갱신, 공기배관계통 정비 등
	7,361t (53가구)	6,752t (48가구)	5,955t (43가구)	3,623t (26가구)	4,754t (34가구)	

[환경부하 감축효과]

	2007년도	2008년도	2009년도	2010년도	2011년도
생산시 에너지 사용량의 감축(백만/억 엔)	2.8	3.3	4.2	3.2	2.0
생산시 폐기물 최종처리량 감축(t/억 엔)	200	194	229	147	183

출처: 「日立グル—プサステナビリティレポート2012」(www.hitachi.co.jp/csr)

타비용'의 7종류로 분류하도록 돼 있다.

한편 환경대책의 효과에 관해서는 환경부하의 감축량을 물량단위로 기재하는 '환경보전효과'과 금전단위로 기재하는 '경제효과'의 양쪽이 있다. 경제효과는 '실질적 효과'와 '추정적 효과'로 분류된다. 실질적 효과는 리사이클의 매각수입이나 에너지절약을 통한 연료비 감축 등 확실한 근거를 갖고 금액으로 나타나는 효과가 포함돼 있다. '추정적 효과'는 가정 하에 계산된 효과이다. 추정적 효과는 전제조건에 의해 금액이 크게 영향을 받기에 환경회계가이드라인에서는 신중하게 다룰 필요가 있다고 지적되고 있다.

히타치그룹의 경우는 실수입효과와 비용감축효과라는 실질적 효과만 계상해 추정적 효과는 계상돼 있지 않다. 그 결과 2012년 총 환경보전비용이 961억 엔임에 비해 효과는 289억 8000만 엔에 불과해 실제로 환경대책은 적자라는 결과로 나타나 있음을 알 수 있다. 기업의 환경대책은 자사에게 있어 직접적인 이익보다는 오히려 기업의 사회적 책임의 하나로 행해지고 있다. 따라서 환경대책의 효과는 기업내부에서 발생하는 것만이 아니라 지역사회나 지구 전체 등 기업의 외부에서 발생하는 것이 커지고 있다. 현재의 가이드라인에는 그러한 환경대책의 사회적 비용이 정확히 반영되고 있지 않는 문제점이 있다고 볼 수 있다.

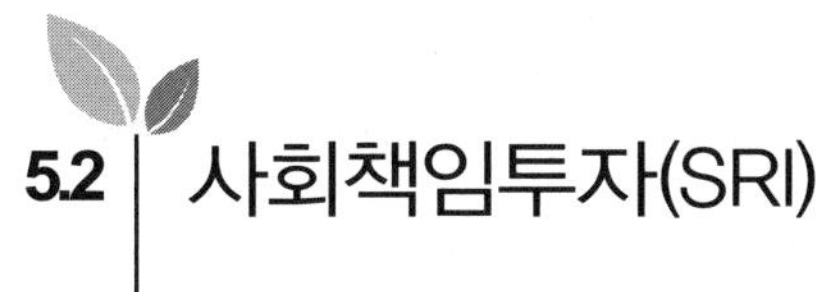

5.2 | 사회책임투자(SRI)

사회책임투자란

일반적으로 사회책임투자(Socially Responsible Investment)를 SRI이라고 약칭한다. SRI는 지속가능책임투자(Sustainable & Responsible Investment)로 불리기도 하는데 이 모두가 자본시장에서 투자자들의 투자원칙에 가치와 윤리 신념을 도입해 실행하는 방식으로 도덕적이고 투명한 기업, 환경친화적인 기업에 투자를 함으로써 기업의 변화와 노력을 이끌어내고자 하는 것이 취지이다. SRI는 투자가가 기업의 재무상태를 바탕으로 투자처를 결정하지만 기업의 환경대책이나 사회활동을 평가해 투자의 의사결정에 반영시키는 투자행동을 말한다. 통상의 투자신탁에서는 기업의 이익률 등의 재무상황을 바탕으로 투자처 기업을 선별해 개인투자가로부터 모은 자금을 투자한다. 반면에 SRI형 투자신탁에는 재무상황 이외에도 환경문제나 사회문제의 관점에서 투자처 기업의 선별을 행한다. 환경이나 사회문제를 바탕으로 선별하는 것을 '사회 스크린'이라 부른다. 미국에서는 SRI이라고 하면 크게 다음 3가지를 의미한다고 한다.(環境經濟·政策學會, 2006)

첫째, 사회 스크린이다. 사회면·환경면의 평가에 바탕을 둔 투융자대상 고르기를 말한다. 원자력이나 무기 등 특정 업종을 배제하는 네거티브 스크린과 환경문제나 인권문제 등에 노력해온 기업을 선택하는 포지티브 스크린이 있다.

둘째, 주주행동이다. 주주의 입장에서 경영진과의 대화, 주주제안, 의결권 행사 등에 의해 사회면·환경면에 대한 배려를 구하는 행동이다.

셋째, 커뮤니티 투자이다. 커뮤니티의 재생을 지향해 지역의 빈곤층 등에 대해 저리의 투융자를 하는 것을 말한다.

이처럼 SRI형 투자신탁에는 기업의 재무상황만이 아니라 환경문제나 사회문제의 노력을 고려해 투자처가 결정된다. 기업측에서 보면 SRI이 도입되면 환경문제나 사회문제에 대한 자사의 노력이 평가돼 유리한 조건에서 투자를 조달할 수가 있다고 하는 장점이 발생하기 때문에 SRI는 기업의 환경대책이나 사회활동을 촉진하는 효과가 있다. 한편 개인투자가 입장에서는 환경문제나 사회문제에 노력하고 있는 기업에 자신의 돈을 투자하고자 하는 요망에 응할 수가 있다. 또 환경문제나 사회문제에 노력하고 있는 기업은 선견성이 있어 장기적으로 성장할 것으로 기대되고 있다는 점에서 SRI형 투자신탁에 투자를 행하는 개인투자가도 늘어나고 있다.

SRI의 원류는 기독교에 있는데 1900년대 초반, 특히 1920년대부터 미국에서 교회가 자금을 운용할 때 술, 담배, 도박 등에 관련된 기업을 투자처에서 배제한 것이 실질적인 출발점으로 알려져 있다. 그 뒤 베트남전쟁이 사회문제화된 1960년대 미국에서 반전운동가들이 군수기업에 대한 투자를 하지 않는 움직임이 많았고 상당부분 지지를 얻었다고 한다. 1970년대 들어서는 백인이 흑인을 철저하게 차별하는 남아메리카의 '아파르트헤이트(인종격리정책)'가 국제적인 비난을 받은 시대이고, 같은 곳에 진출한 기업의 자회사가 지켜야 할 윤리강령(인종에 관계없이 공평하게 대할 것 등)을 정한 '설리번원칙'도 제정됐다. 유엔이 '인류에 대한 범죄'라고까지 한 인종격리정책에 반대하는 세력은 그 운동의 일환으로 이러한 정책을 용인하는 기업에 대한 투자를 기피했다. 이런 과정에서 1970년대에 미국 최초의 SRI투자신탁이 창설됐고 그 뒤 이 같은 SRI펀드가 계속 탄생했다. 1990년대 이후는 이 시장이 급속히 확대돼, 현재는 2조 달러 규모까지 성장하고 있다. 인종격리정책은 1990년대 초반에 폐지됐는데 그 후 SRI의 대상은 '담배'로 옮겨지고 있는 경향이 있다고 한다.(古賀純一郎, 2005)

이렇게 보면 SRI이란 투자 때 업적이외의 '기업의 사회적 책임(CSR)'을 다하고 있는가를 평가해 행동하는 증권시장에서의 투자의 총칭이라 할 수 있다. 따라서 그 범위는 매우 넓다. 지구환경보전대책, 기업윤리, 컴플라이언스(Compliance)*, 인권, 고용, 사회공헌, 정보공개, 설명책임(Accountability) 등 이해관계자에 대한 대응 등도 포함하고 있다. 투자가측에서 본다면 이러한 면을 충분히 배려한 기업이라면 기업스캔들과는 무관하며 가령 그러한 징후가 있어도 미연에 방지할 수 있으며, 기업스캔들에 의한 주가하락의 가능성도 매우 낮아 그만큼 투자도 안전하다고 믿을 수 있을 것이다.

SRI이 그다지 관련이 없던 일본에도 1999년에 SRI펀드 1호가 탄생했다. 환경관련 에코펀드이다. 2000년에는 고용이나 사회공헌 등을 평가기준으로 한 SRI펀드가 등장했다. 일본 SRI펀드의 잔고는 2008년 현재 1300억 엔 정도라고 한다. 사회적으로 뜻있는 기업을 자본시장을 통해 지지하고자 하는 개인투자자가 확실히 늘어나고 있다는 증거로 볼 수 있다.

우리나라는 환경친화적 기업을 투자대상으로 2001년 삼성투신운용이 출시한 우리나라 최초의 SRI펀드 '에코펀드'와 2003년 12월 CJ투자증권이 '기업책임을 위한 시민 연대(CCSR)'와 공동으로 발매한 'SRI-

---

* 기업의 법령준수를 의미한다.

MMF'가 있었지만 시장의 관심을 끌지 못했다. 그 후 2005년까지는 SH자산운용의 'Tops 아름다운SRI주식'이 유일한 SRI펀드였다. 그러다 2006년 하반기 들어 SRI펀드의 인기가 치솟으며 운용사들이 경쟁적으로 상품을 출시했다. 한국기업지배구조개선펀드(KCGF)의 등장에 이어 하반기에는 농협CA투신운용의 '뉴아너스 SRI펀드', 알리안츠 자산운용의 '기업가치향상 장기주식', 대신투신운용의 '행복나눔 SRI주식', 산은자산운용의 '산은SRI 좋은세상만들기주식', 기은SG운용의 '기은SG 좋은기업바른기업주식', 우리CS운용의 '프론티어 지속가능기업SRI주식', 대우증권의 '마스터랩SRI좋은세상만들기' 등이 잇달아 출시됐다. 그러나 우리나라에서는 SRI관련 공모펀드가 전체 주식형 펀드에서 차지하는 비중이 0.5%도 안 되어 아직 미미한 수준이나 연기금을 비롯해 학계나 종교계 자금들을 중심으로 SRI펀드에 많은 자금이 유입될 것으로 예상된다는 것이다.(머니투데이, 2007.4.1)

일반적으로 SRI펀드의 종목선택 기준은 환경(E)과 사회(S), 지배구조(G) 등 ESG로 요약된다. 환경친화적이고, 사회공헌에 적극적이고, 지배구조가 투명한 기업이 이상적인 투자모델인 셈이다.

그런데 왜 SRI에 의해 기업의 CSR에 대한 노력이 가속을 받을까. 그 논리는 이러하다. SRI펀드에는 소위 CSR을 확실히 하고 있는 기업의 주식만 사기 때문이다. 결국 법규 준수는 물론 그것을 넘어선 기업윤리를 가진 기업의 주식만이 팔리고, 투자가의 투자대상이 되기 때문이다. 기업에 있어서 투자대상으로부터 제외되면 결과적으로 기업가치의 저하로 이어진다. 펀드에 대한 판매 여부가 기업의 CSR 추진의 결단을 압박하기 때문이다. 이러한 데서 CSR경영에 열심인 기업은 일단 번영하고 그렇지 않은 기업은 탈락하게 된다는 것이 엄연한 현실이다.

미국 최대의 SRI회사인 캘버트그룹의 창립자이자 대표인 웨인 실비는 이러한 가치 투자가 사업을 어떻게 발전시키는 지에 대해 다음과 같이 묘사했다. '캘버트사회책임투자'는 1982년에 수백만 달러로 출발했으나 지금은 100억 달러로 성장했다. "돈을 투자하는 것은 우리가 창조하기를 원하는 세상에 투표하는 것과 같습니다. 투자는 우리의 가치를 표현하고 있습니다. 우리 사회는 다양한 차원의 가치를 믿고 있는 기업을 원하고 있습니까? 아니면 나라를 발전시키기 위해서라면 어떤 윤리적 책임의식에도 관심이 없는 기업을 원합니까? 책임은 누구에게 있습니까? 투자자로서 여러분들이 말할 권리가 있다면 그 말을 실천할 책임 또한 있는 것입니다. 이 운동은 우리가 우리 가치를 표현하기 위해 함께 참가한다는 것 자체에 의의가 있습니다. 그리고 돈이 바로 우리가 원하는 세상을 만든다는 것을 확신합니다. 이런 변화 안에 가치들을 포함하고 있습니다."(헤이즐 헨더슨, 2008)

**사회책임투자의
대표적 사례**   사회책임투자포럼(SIF)의 조사에 따르면 2007년 미국 SRI시장의 총액은 2조 7110달러이다. 이는 미국 주식의 시가총액(약 24조6000달러)의 11%에 상당하는 만큼 미국에서는 SRI가 무시할 수 없는 영향력을 갖고 있음을 알 수 있다. 이제 기업 입장에서는 이 보이지 않는 감시의 눈을 외면할 수 없게 됐다. 그리고 SRI의 내역을 보면 담배, 알코올 관계를 투자대상에서 제외하는 것이 쌍벽을 이루고 있으며, 이와 함께 환경, 도박, 무기, 인권에 관한 것도 중요도가 증가되고 있다. 이러한 SRI가 개개 기업에 직접 영향을 미쳐 사회를 바람직한 방향으로 바꿔가고 있는 것이다.

영국 『이코노미스트』(2008.1.19)에 따르면 현재 미국의 자산운용업계에서 운영하고 있는 투자자산의 9달러 중 1달러는 사회책임투자 방식으로 운용되고 있다고 한다. 한국의 펀드 시장은 2005년 적립식 펀드시장의 활성화 이후 급격한 성장을 보이면서 2007년에는 펀드 300조 시대를 열었다. 2007년 현재 전 세계 사회책임투자 시장규모는 8,980조 원으로 추정되며, 한국의 사회책임투자 시장규모는 2조 9000억 원 수준 이라고 한다.

이웃 일본을 살펴보면 일본 최초의 SRI형 투자신탁은 1999년 8월에 닛코아셋매니지먼트가 발행한 '닛코에코펀드'로 알려져 있다. 이것은 환 경문제에 대한 노력을 평가대상으로 한 투자신탁으로 대다수의 개인투 자가에 관심을 모아 피크를 이룰 때에는 한때 순자산이 1,000억 엔을 넘기까지 성장했다. 에코펀드가 히트를 치자 각사는 잇달아 에코펀드를 내놓았다. 특히 2000년 9월에는 환경만이 아니라 고용문제나 소비자문 제 등도 평가기준에 넣은 SRI형 투자신탁 '내일의 날개'(아사히 라이프 아셋 매니지먼트사)가 등장했다. SIF-Japan의 조사에 따르면 2008년 6월말 현 재 일본 국내 SRI형 투자신탁은 62건, 잔고는 6,707억 엔이라고 한다. 이처럼 일본에서도 SRI가 점차 증가하고 있지만 일본의 개인금융자산 1,500조 엔과 비하면 아직도 SRI가 차지하는 비율은 겨우 0.04%에 불 과하다. 이것은 미국의 11%에 비해 상대적으로 보급이 늦다는 것을 의 미하고 있다.(栗山浩一, 2008)

우리나라의 SRI는 어떨까. (사)한국사회책임투자포럼(KoSIF)이 2008년 4 월 발족 1년을 맞아 국내 최초로 「2007 한국사회책임투자백서-사회책 임투자 지속가능한 미래를 열다」를 발간했다. 2009년 9월 우리나라에 서 사회적 책임을 다하는 우수 기업을 대상으로 산출한 사회책임투자 (SRI) 지수가 첫 선을 보였다.

한국거래소(KRX)는 환경·사회·지배구조 등 기업의 지속가능성에 영향 을 미치는 요소들을 비재무적 관점에서 평가한 후 SRI평가 우수기업 70 개 종목을 2009년 9월 선정해 발표했다. 이들 70개 종목은 SRI평가등 급과 유동성 기준을 모두 충족한 기업 중 평가등급 순이며 동일 등급의 경우 시가총액 순으로 그 순위가 결정됐는데 10개 종목이 선정된 금융 업종을 비롯한 70개 종목 중 69개 종목은 유가증권시장 기업들이 차지했다. 70개 종목 중 삼성전자와 포스코, 한국전력, LG전자, 현대차 등 65개사는 코스피200 지수 편입 종목이기도 하다. 여기에 동부화재 아시아나항공 풀무원홀딩스 웅진씽크빅 등이 추가됐고, 코스닥 상장기업으로는 다음커뮤니케이션이 유일하게 포함됐다. 동부화재 아시아나항공 웅진씽크빅은 지속가능성 보고서를 발간하고 있고, 풀무원홀딩스는 계열사에서 보고서를 발간하고 있으며 풀무원홀딩스의 자회사인 풀무원샘물은 생수업계 처음으로 ISO(국제표준기구) 9002 인증을 받은 것이 인정됐다고 볼 수 있다.(뉴시스, 2009.9.9)

국내 SRI펀드의 수익률은 대체로 낮은 편이지만 상대적으로 해외펀드가 국내펀드에 비해서는 나은 편이라고 볼 수 있다. 이데일리(2013.4.30)에 따르면 펀드평가사인 KG제로인에 확인한 국내 출시된 SRI펀드는 24개라고 한다. SRI펀드의 최근 6개월간 평균 수익률은 4.81%로 같은 기간 주식형펀드의 2.51%를 두 배 이상 웃돌았다. 0.25% 상승에 그친 코스피지수와 비교할 때도 성과가 좋았다는 것이다. 개별 펀드의 수익률을 살펴보면 '산은S&P글로벌클린에너지자[주식]C 1'이 22.72%로 가장 높은 수익을 내고 있다. '삼성글로벌대체에너지자1[주식](A)'와 'KB지구온난화테마 자(주식)A' 펀드도 각각 20.92%, 12.34% 성과를 기록하고 있다. SRI펀드 중 규모가 가장 큰 '알리안츠기업가치향상장기자[주식](C/A)'와 '미래에셋3억만들기좋은기업K-1(주식)C5' 펀드는 각각 −5.67%와 1.22%로 부진했다. 다만 두 펀드의 단기 성적은 부진하지만 설정 후 수익률은 각각 105.71%와 104.33%에 달한다. 특히 최근엔 해외기업에 투자하는 SRI펀드의 수익률이 두드러진다. 최근 6개월 수익률 상위펀드 5개가 모두 해외주식형이다. 해외 SRI펀드는 미국이나 중국 에너지 기업에 주로 투자하는데 투자기업들의 주가는 연초 이후 크게 올랐기 때문이다. 반면 국내 SRI펀드는 삼성전자, 현대차 등 수출 대기업에 주도 투자하다 보니 최근 주가부진에 따라 수익률이 상대적으로 저조하다는 것이다. 국내에서 SRI펀드 시장은 아직 걸음마 단계지만 그 규모는 점차 확대되고 있는 추세라고 볼 수 있다.

한국경제매거진(2012.6.29)의 펀드 평가사 자료에 따르면 6월 18일 기준 국내 SRI 펀드의 설정액은 약 6조 3454억 원으로 전년 대비 약 1.33배 증가한 것으로 나타났다. 또한 한국경제TV(2012.6.21)에 따르면 현재 국내에서 운용되는 SRI펀드의 최근 3년간 평균 수익률은 36.74%로 국내주식형펀드 수익률(34.78%)을 웃도는 수준이며, 일부 펀드는 50%가 넘는 수익률을 기록하기도 했다는 것이다.

아시아가톨릭뉴스(www.ucanews.com, 2012.10.10)에 따르면 그리스도교 윤리와 가치관을 반영한 SRI상품이 출시됐다고 한다. 기업책임시민센터가 하나UBS자산운용과 손잡고 사모펀드 형식으로 SRI상품인, '하나UBS 아름다운코리아사모증권투자신탁'을 10월 4일부터 팔기 시작했다는 것이다. 이 펀드는 국내에서 판매되는 다른 사회책임펀드(SRI-Fund)와 달리, 그리스도교 윤리관을 적극 반영해 생명을 해치는 상품의 생산 및 판매에 연루된 기업의 주식과 반도덕적 사업수행을 목적으로 한 국가나 공공기관의 채권에는 투자하지 못하게 돼 있다는 것이다. SRI의 원류라고 할 미국 기독교회의 초기 투자방침이 우리나라에서도 실현되고 있다고 볼 수 있다.

6

사회적 경제

<h2>6.1 사회적 기업
(Social Enterprise)</h2>

사회적 기업이란

사회적 경제(Social Economy)란 공동체의 이익이라는 사회적 가치를 실현하기 위해 화폐적, 비화폐적 자원을 생산, 교환, 분배하거나 소비하는 조직들로 구성된 하나의 부문 즉, 사회적 목적과 민주적 운영원리를 가진 호혜적 경제활동조직의 집합을 의미한다. 사회적 경제란 용어는 1830년 프랑스의 뒤누와 이에(C.Dunoyer)에 의해 처음 사용됐으며 이후 지드(C.Gide)와 왈라스(L.Walras) 등에 의해 그 개념이 풍부하게 발전됐다고 한다. 이 개념은 산업혁명 이후 초기자본주의의 야만성이 극에 달했던 시기에 노동자들의 사회적 위험에 대해 집단적 대응이 필요하다고 믿고 기존의 자본주의적 시장경제를 더욱 사회적이고 공평한 사회체제로 전환하기 위한 대안적 체제로서 사회적 경제를 상정했다고 한다. 그리하여 노동조건의 개선, 주류경제와 사회시스템의 전반적인 개선, 온갖 위기에 대한 안전보장, 경제적 자립의 보장 등을 사회적 경제의 목적으로 설정하였다는 것이다(신명호, 2009). 실제로 사회적 경제에 관한 모든 연구는 법 제도상의 특징을 기초로 협동조합 방식의 기업, 상호공제조합 유형의 조직, 민간단체라는 점이 강조된다. 또한 그 윤리적 구조는 ① 이윤창출보다 회원이나 지역사회에 대한 공헌 목적, ② 관리의 독립성, ③ 의사결정 과정의 민주성, ④ 소득분배에 있어서 자본보다 인간과 노동의 우월성과 같은 원칙으로 표현된다는 것이다(Carlo Borzaga·Jacques Defourny, 2009). 이러한 사회적 경제에는 사회적 기업, 커뮤니티 비즈니스, 협동조합, 사회적 협동조합 등이 포함된다. 그 가운데 가장 잘 알려진 것이 사회적 기업이라 할 수 있다.

사회적 기업이란 일반적으로 비영리조직과 영리기업의 중간 형태로, 사회적 목적을 추구하면서 영업활동을 수행하는 기업을 말한다. 사회적 기업육성법에 따르면 사회적 기업이란 취약계층에게 사회서비스 또는 일자리를 제공하여 지역주민의 삶의 질을 높이는 등의 사회적 목적을 추구하면서 재화 및 서비스의 생산·판매 등 영업활동을 수행하는 기업을 말한다. 일반적으로 영리기업이 이윤 추구를 목적으로 하는데 반해, 사회적 기업은 사회서비스의 제공 및 취약계층의 일자리 창출을 목적으로 하는 점에서 영리기업과 큰 차이가 있다. 주요 특징으로는 취약계층에 일자리 및 사회서비스 제공 등의 사회적 목적 추구, 영업활동 수행 및 수익의 사회적 목적 재투자, 민주적인 의사결정구조 구비 등을 들 수 있다. 그런데 우리나라의 사회적 기업의 개념은 협의의 개념이라고 볼 수 있다.

전 세계적으로 볼 때 사회적 기업이란 아직 생소한 개념으로 통일된 정의는 없지만, 대체로 사회적 목적인 공익과 경제적 이익을 동시에 추구하는 조직으로 이해되고 있다.* 그래서 흔히 사회적 기업은 '공익을 위한 민간기업', '영리목적의 사회사업', '사회적 목적을 가진 기업' 등으로 불리고 있다고 한다. 유럽 15개국 사회적 기업 연구자네트워크인 EMES

---

* 사회적 기업이란 용어도 최근 들어 미국의 'Social Enterprise'로 점차 통일돼가는 추세이긴 하지만 국가마다 다르다. 유럽에서는 '사회적 협동조합(Social Cooperative)', '사회적 목적회사(Social Purpose Company)', '지역공동체이익회사(Community Interest Company)' 등 다양하다.(이윤재, 2010)

는 사회적 기업을 '사회적 목적을 갖는 영리적 비즈니스 단위'라고 정의하고 있는데 여기서 '사회적 목적'이란 공익지향을 뜻하며 그 내용으로 ①취약계층 고용창출, ② 사회복지 서비스 지원, ③ 지역사회 이익 추구, ④ 이익의 사회적 환원 등의 원칙을 들고 있다. 또 '영리적 비즈니스'란 기업으로서 수익성을 추구한다는 의미로 ① 지속적인 재화·서비스의 생산·판매, ② 경영상 리스크 동반, ③ 경영의 자율성, ④ 최소한의 유급노동이라는 기준을 갖춰야 한다는 것이다.(이윤재, 2010)

사회적 기업의 역사를 보면 유럽, 미국 등 선진국에서는 1970년대부터 활동하기 시작했다는 것이다. 1970년대 후반 유럽 아시아를 중심으로 장애인 노동조합, 사회서비스 제공, 지역에 대한 사회적 기업의 공헌 중시로 나타났는데 대표적인 사회적 기업으로는 1977년 벵글라데시의 그라민은행과 1981년 영국 스코틀랜드의 '커뮤니티 비즈니스 스코틀랜드(Community Business Scotland)'를 들 수 있다. 영국에는 현재 5만 5000여 개의 사회적 기업이 다양한 분야에서 활동 중이라고 한다. 2006년 현재 영국 전체 고용의 5%, GDP의 1%를 차지하고 있으며, 총 매출액이 약 50조 원에 이른다고 한다. 요쿠르트 회사인 방글라데시의 '그라민-다농 컴퍼니', 영국의 레스토랑 '피프틴', 잡지출판 및 판매를 통해 노숙자의 재활을 지원하는 미국의 '빅이슈' 등이 세계적으로 유명한 사회적 기업이다.

우리나라의 사회적 기업의 역사를 살펴보면 1990년대 초반에 빈민지역을 중심으로 한 생산공동체운동이 일어났고, 장애인 재활 및 자립사업이 시작됐다. 1996년에는 보건복지부의 자활사업이 시작됐으며, 1997년 외환위기 이후에는 공공근로사업이 시작됐다. 2000년에는 수급자와 차상위자를 대상으로 한 국민기초생활보장법이 실시돼 자활지원사업이 제도화됐다. 2003년에는 사회적 일자리사업이 시작돼 저소득 소외계층에 대한 사회 서비스가 시작됐다. 그리고 2007년 사회적기업육성법이 시행돼 1차로 36개 사업체가 사회적 기업으로 인증을 받았다.(www.rise.or.kr)

현재 우리나라의 사회적기업육성법에 따르면 사회적 기업이 되기 위해서는 조직형태, 조직의 목적, 의사결정구조 등이 사회적기업육성법이 정한 인증요건에 부합해야하며, 사회적기업육성위원회의 심의를 거쳐야 한다. 인증된 사회적 기업에 대해서는 인건비 및 사업주부담 4대 사회보험료 지원, 법인세·소득세 50% 감면 등 세제지원, 시설비 등 융자지원, 전문 컨설팅 기관을 통한 경영, 세무, 노무 등 경영지원의 혜택이 제공된다. 현행법에 따르면 사회적 기업은 유급 근로자를 고용하여 영업활동을 하여야 하며, 취약계층이 50% 이상(2013년까지는 30%) 고용되어야 하고, 사회 서비스의 50% 이상(2013년까지는 30%)을 취약계층에게 제공해야 하는 등의 조건이 만족되어야 하며 인증 전 6개월간 총 수익이 총 노무비의 30% 이상 되어야 한다.

사회적 기업에 대한 지원제도는 크게 ① 시설비 등의 지원 및 공공기관의 우선구매, ② 전문컨설팅 비용의 제공, ③ 한시적 인건비 등 재정지원, ④ 조세감면 및 사회보험료 지원을 들 수 있다.

한편 사회적 기업은 제3섹터, 사회적 경제 및 비영리단체(NPO)와도 깊은 관련이 있다. 먼저 제3섹터란 전통적인 민간영리 섹터에 속하지 않으면서 공적부분에도 속하지 않는 것인데 거기에는 나라마다 역사적, 법률적, 제도적 배경이나 사회적인 성향에 따라 다양한 유형이 있다. 가령 협동조합, 상호부조단체, 공제회, 재단, 자선단체, 자발적 결사조직 등이 그것이다. 대체로 제3섹터를 유럽지역에선 '사회적 경제'로 이해하는 반면 미국에서 'NPO'로 여기는 경우가 많다고 한다. 김정원(2009)은 제3섹터의 공통점을 ① 기업이나 정부의 고유한 영역에 속하지 않고, ② 나라마다 다양한 모양을 나타내며, ③ 자발적인 참여를 강조하며, ④ 경제적 효율성이 아닌 사회적 가치 창출을 목표로 하고 있다는 점을 들고 있다.

NPO는 시민의식을 기반으로 하는 자율적인 비영리조직을 말한다. 미국 NPO의 특징은 공식성, 독립성, 자율성, 자발성을 들고 있다. 미국의 비영리부문의 가장 큰 특징은 면세혜택*으로 비영리부문이 사회서비스 공급의 중요한 공급원이 되고 있는 것이다. 미국은 비영리부문의 활발한 활동으로 고용에서 비영리부문이 차지하는 비중이 높은 편이다. 1998년 기준으로 미국 전체 고용의 약 7%를 비영리부문이 차지하고 있는 것으로 추정되고 있다.(김정원, 2009)

유럽에서는 제3섹터의 중요한 형태로 '사회적 경제'를 들고 있는데 대표적인 나라가 프랑스이다. 사회적 경제란 빈민층의 고용과 사회서비스를 공급하기 위해 형성되는 경제영역을 말한다. 시장경제에서 밀려난 퇴출자들을 보살피고 배려하는 경제의 총칭을 사회적 경제라고 할 수 있는데 이런 경제적 약자들에게 사회 서비스와 일자리를 제공하는 기능을 사회적 기업이 담당하고 있다는 것이다. 사회적 경제는 민간경제의 경쟁이나 이익극대화 목표대신에 호혜성이나 사회적 가치 창출(비이윤 추구)을 목표로 하고 있다. 스페인의 몬드라곤, 이스라엘의 키브츠, 우리나라의 두레, 품앗이 등도 일종의 사회적 경제활동으로 볼 수 있다고 한다.(이윤재, 2010)

이처럼 사회적 기업으로 간주되는 조직의 종류와 사회적 기업이 운영되고 있는 사회적, 정치적 지배구조 모두에 있어 국가 간에 차이가 있음을 알 수 있다. 이 가운데 가장 극명하게 대조되는 점은 미국에서는 사회적 경제의 본질이 많은 유럽국가에서 우세한 경제적 포용과 개혁이라는 동기보다는 상대적으로 좁은 의미의 시민사회의 동기를 가지며 사회적 선을 위해 존재하는 비영리조직과 밀접하게 연결돼 있음을 알 수 있다. 커린(Kerlin)이 작성한 미국과 EU의 사회적 기업의 개요 비교는 〈표

---

* 미국은 개인의 기부에 대한 면세가 1917년에 도입됐고, 법인기부의 경우 1936년 세금법 개정으로 기업의 기부가 활발해진 것으로 알려져 있다.(이윤재, 2010)

표 6.1 미국과 유럽의 사회적 기업 개요 비교

구 분	미 국	유 럽
강조점	수익 창출	사회적 이익
공통적 조직 형태	비영리단체	협회/협동조합
주력 사업	모든 비영리활동	대인 서비스
사회적 기업 형태	다수	소수
수혜자 개입	제한적	흔함
전략개발	재단	정부/EU
대학연구	상경 및 사회과학	사회과학
배 경	시장경제	사회경제
법제도	부족	저개발 상태이나 개선 중

출처: Kerlin, J.(2006) Social Enterprise in the United States and Europe: Understanding and Learning from the Differences, Voluntas(17), 247-263. 『사회적 기업-다양성과 역동성, 배경과 공헌』(Ken Peattie·Adrian Morley, 2010) p.82.에서 재인용.

6-1〉과 같다.

김정원(2009)은 사회적 기업의 한계와 과제를 다음과 같이 들고 있다. 사회적 기업은 복지 및 고용의 측면에서 정부나 기업이 져야 할 책임을 회피하게 할 수 있으며, 사회적 가치와 경제적 가치 간의 딜레마로 생존이 불확실하거나 이윤을 우선으로 추구하는 문제를 낳을 수 있고, 또한 사회적 기업의 피고용자들의 상당수가 취약계층인 관계로 사회적 기업은 또 하나의 분절 노동시장이 될 가능성이 크다는 지적이다. 그래서 사회적 기업의 활성화를 위해서는 정부 차원에서는 법적 인정 외에도 정책적 비중의 확대, 그리고 관련 펀드의 조성이나 정부 사업 위탁제도화, 예비사회적기업제도 등을 고려해 볼 수 있다고 한다. 또한 사회적 지원체계로는 사회연대금고의 활성화와 사회적 기업가 양성조직 및 사회적 기업컨설팅조직의 활성화, 그리고 연계를 통한 일반 기업의 지원 등이 필요하다는 것이다.

사회적 기업의 대표적 사례   세계적으로 사회적 기업의 대표적인 사례로는 방글라데시의 '그라민은행(Grameen Bank)'을 들 수 있다. 그라민이란 방글라데시어로 '시골', '마을'이라는 뜻이다. 그라민은행은 1976년 고리대금업자의 횡포 때문에 빚의 악순환에서 벗어나지 못하는 마을 여성 수피야 카툰의 사정을 알게 된 무하마드 유누스가, 비슷한 처지에 놓인 마을 사람들 42명에게 사재로 27달러를 빌려준 것이 시발점이 됐다. 유누스는 빌린 돈은 제 날짜에 꼭 갚게 하고, 땅이 없는 사람들에게만 돈을 빌려주며, 될 수 있으면 여성들과 함께 일한다는 3가지 원칙 아래 그라민은행을 발전시켜 나갔다. 이후로 빈곤층과 여성 등 사회적 약자의 경제적·사회적 발전을 이끌어낸 그라민은행은 조직에 물들어 부패하지 않은 젊은 남녀들 중에 '가난'을 감성적으로 바라보지 않는 가난한 집안 출신의 지원자들을 직원으로 뽑았다. 그렇게 그라민은행의 도약은 주변으로 빙빙 돌고 사람들을 피해 다니는 방글라데시 여성들이 먼저 인사하며 동네 한가운데를 걸어 다닐 수 있도록 만들었다. 현재까지 그라민은행에서 대출받은 780만 명의 빈민들 가운데 60%를 상회하는 사람들이 빈곤에서 벗어났다고 한다. 또한 대출금은 외부의 지원이나 기부금에 일절 의존하지 않고 100% 은행 회원들의 예금으로 충당하는데, 상환율이 98%에 이른다고 한다. 그라민은행은 방글라데시 다카(Dhaka)에 본사를 두고 1983년에 독립 은행이 되었으며, 나라 전역에 걸쳐 2,200개 이상의 지점을 가지고 있다. 그라민은행 모델은 영세민들에게 스스로 자기 자신들을 도울 수 있는 기회를 제공함으로써 영세민들을 돕는 효율적인 기관의 상징이 됐다. 그라민 은행의 대출 수혜자들의 97% 이상이 여성이었다. 그라민 은행과 유누스는 함께 2006년 노벨 평화상을 공동 수상했다.(데이비드 본스타인, 2009)

또 하나의 대표적인 사회적 기업으로 영국의 유명한 요리사 제이미 올리버가 세운 런던의 '레스토랑 피프틴(Fifteen)'을 들 수 있다. 런던 금융가 시티 북쪽에 위치한 피프틴은 올리버가 불량 청소년들을 돕기 위해 2002년에 설립한 레스토랑이다. 올리버는 15명의 문제청년을 데려다가

© 레스토랑 피프틴 런던 홈페이
지(www.fifteen.net)

이 레스토랑에서 혹독한 훈련 과정을 거쳐 요리사로 만들어 사회로 배출했다. 그래서 레스토랑의 이름이 피프틴이 됐다. 15명의 문제청년이 번듯한 요리사로 자립하기까지 과정은 '제이미의 키친(Jamie's Kitchen)'이라는 TV 프로그램으로 방영됐다. 올리버의 유명세에 언론의 관심이 더하면서 피프틴은 영국에서 가장 성공적인, 그리고 가장 유명한 사회적 기업이 됐다. 이 레스토랑은 매년 불우 청년들을 받아 요리사로 훈련시켜 사회에 내보내고 있다. 세계에서 레스토랑 식비가 가장 비싸다는 런던에서도 좀 값이 비싼 식당에 속하지만, 주말에는 3개월치 예약이 밀려 있다고 한다. 패스트푸드 반대 운동가 올리버가 세운 레스토랑인 만큼 계절별로 신선한 채소들로 이뤄진 메뉴가 특징이다. 레스토랑 피프틴은 자선단체가 아닌 진짜 레스토랑이자 기업으로서 맛있는 음식과 훌륭한 서비스로 돈을 벌고, 그 돈으로 불우한 젊은이들의 자립을 도와주는 것을 지향하고 있다고 밝히고 있다. 알코올과 마약 중독, 가출, 실직, 범죄 경험 등 여러 문제점을 갖고 있는 16~24세의 청소년들이 음식과 요리 전반을 배우는 과정과 함께 '나도 올리버 같은 요리사가 될 수 있다'는 자신감을 가질 수 있도록 감정적인 지원 프로그램도 병행하고 있다고 한다. 이렇게 1년 간의 훈련과정을 무사히 마친 젊은이들은 영국은 물론 미국, 유럽 여러 나라에서 레스토랑에 취업을 하거나 자기 레스토랑을 운영한다. 훈련생의 65%가 이렇게 요리사로 사회에 진출하고 있다는 것이다.(연합뉴스, 2007.10.12).

일본의 대표적인 사례로는 1차 산업을 통한 지속가능한 사회를 꿈꾸는 일본의 사회적 기업 '㈜대지를 지키는 모임'을 들 수 있다. 1975년 발족해 안전한 먹을거리를 생산, 유통하는 회사로 안전한 식생활운동과 사업을 병행해왔다. 본사는 지바현 지바시에 있는데 사원은 207명이며 매출액 연 142억 엔(약 1,611억 원), 택배서비스 이용자수 9만 5000명, 생산자 회원수가 2,500명에 이른다고 한다. 2010년에는 '사회적 기업'임을 선언해 '일본의 1차 산업을 지키고 키운다', '사람들의 건강과 생명을 지킨다', '지속가능한 사회를 창조한다'는 것을 목표로 삼고 있다고 한다. 주 사업은 택배사업, 일본 최초 유기농산물택배서비스 실시, 인테넷으로 유기농산물 판매, 슈퍼, 전문점 등에 유기농산물 도매업 전개, 자연주택건설사업, 유기농식당 운영 등 다양하다.(www.daichi.or.jp)

우리나라 사회적 기업은 2007년부터 2010년까지 고용노동부로부터 인증받은 사회적 기업은 514개로 집계됐다. 하지만 인증 이후 폐업, 인증 취소, 인증반납 기업이 13개소로 2010년 말 현재 우리나라에서 활동 중인 사회적 기업은 501개로 볼 수 있다. 고용노동부·사회적 기업연구원은 2008년 『사회적 기업 개요집 501』를 펴냈는데 경인권, 강원권, 충청권, 경상권, 전라권, 제주권 등으로 권역별로 나눠 이들 501곳의 사회적 기업 사례를 소개하고 있다. 2010년 말에는 고용노동부 사회적 기업과가 『사회적 기업 51』이라는 소책자를 펴내 국내외 사회적 기업 사례 51곳을 소개하고 있다.

고용노동부·사회적 기업연구원(2010)에 따르면 우리나라 501개 사회적

---

* 1.교육, 2.보건, 3.사회복지 4.환경, 5.문화·예술·관광·운동, 6.보육, 7.산림보전·관리, 8.간병·가사지원, 9.기타이다.

기업은 서울 및 경인지역에 편중 분포된 것으로 나타났다. 인천에 소재한 사회적 기업의 수는 총 235곳으로 이는 전체 사회적 기업의 47%를 차지하고 있다. 고용노동부가 구분한 9개 업종 유형*에 따라 분류한 결과 501개 사회적 기업 중 기타분야의 사업을 수행하는 곳이 179개로 전체의 35.7%이며, 환경(85개), 문화·예술·관광·운동(67개), 간병·가사지원(59개), 사회복지(48개) 순이었다. 산림보전·관리분야의 사회적 기업은 없는 것으로 나타났다. 기타분야를 세부적으로 살펴보면 장갑, 휴지 및 카트리지, 천연비누 등 각종 제조업이 50개, 도시락 및 햄, 쿠키, 반찬 등의 식품 제조업이 54개로 제조업종이 절반 이상을 차지했다. 또한 이들 사회적 기업을 조직형태별로 구분해보면 주식회사 및 유한회사, 합자회사 등 상법상 회사의 수가 209개(41.7%)로 가장 많았고, 민법상 법인(125개, 25%), 비영리민간단체(89개, 17.8%), 사회복지법인(59개, 11.8%), 생활협동조합(13개, 2.6%), 영농조합(5개, 1%) 순이었다. 또한 501개 사회적 기업의 유급근로자 수는 총 1만2146명으로 기관당 평균 24.2명을 고용하고 있는 것으로 나타났다. 이는 인증 초기에 규모가 큰 조직들이 다수 사회적 기업으로 인증받았기 때문인 것으로 분석된다. 사회적 목적 실현 유형으로 보면 501개 사회적 기업 중 일자리제공형이 285개로 가장 많고, 혼합형 93개, 기타형 79개, 사회서비스 제공형 44개 순으로 나타났다.

여기서는 우리나라 사회적 기업의 대표적인 사례로 우선 '재단법인 아름다운가게'를 소개한다. 재단법인 아름다운가게는 2002년 10월 종로구 안국동에 1호 매장인 안국점 개점을 시작으로 현재 전국 각 지역에 94개의 가게를 운영하고 있다. 주요사업으로 전국에 94개의 아름다운가게 운영, 매년 3월 말~10월 말 12시부터 4시까지 운영되는 시민참여 벼룩시장 '아름다운나눔시장' 개최, 차량을 매장으로 개조한 이동식 가게인 '움직이는 가게' 운영을 통해 시민, 기업의 기증물품을 판매하고 있다. 특히 아름다운가게의 '에코파티메아리'는 인간과 환경을 생각하는 속 깊은 디자인 브랜드로 아름다운가게로 기증된 헌옷, 길거리 현수막, 소파 천갈이에서 나오는 가죽, 과일이 담겨 있던 상자, 공사장 가림막 등의 폐기물로 분류되던 재료를 정성스런 손질과 디자인 과정을 거쳐 새로운 상품으로 재생산한 것이다. 이들 재료는 모두 100% 기증품으로 핸드메이드 제품이다. 판매수익금 전액은 어려운 이웃을 위해 사용한다. 또한 '아름다운무역'은 생산자와 구매자간의 신뢰와 존중을 바탕으로 생산자에게 정당한 몫을 찾아주고, 구매자들에겐 윤리적인 제품을 공급하는 직거래 방식의 무역인데 2002년 아시아지역 수공예품을 시작으로, 2006년 네팔 친환경 커피 '히말라야의 선물', 2008년 페루 커피 '안데스의 선물'을 출시하며 이 운동을 본격화했다. 2007년부터는 기금적립을 통한 '생산자 지원 프로그램'을 시작하며 국내 대안무역운동의 새로운 도약을 준비하고 있다.(www.beautifulfoundation.or.kr)

'콩세알나눔센터'는 인천시 강화군 강화읍 일벗교회 서정훈 담임목사가 대표로 있는데 3년간 도농직거래사업 참여 경험을 살린 사회적 기업이다. 2008년 노동부로부터 사회적 기업 인증을 받았다. 고령화된 농촌지역 내 취업 취약계층을 고용해 안심 먹을거리 생산, 가공 및 유통사업과 농업, 농촌체험 및 강화도 역사문화탐방, 자연생태체험 프로그램을 운영하고 있다. '콩세알 두부'는 국산콩과 천연 간수만 사용해 가마솥에 끓인 정통 손두부로 화학첨가물을 쓰지 않는다고 한다. '콩세알 장류'는 국산콩은 물론 3년 이상 간수를 뺀 천일염과 민통선 내 청정지하수를 사용해 가마솥에서 삶고, 황토방에서 띄우고, 항아리에서 2년간 숙성시킨 것이라고 한다. 직원 25명 중 15명이 고령자, 저소득자, 장기 실업자 등 지역 취약계층이며, 연 매출은 약 6억 원이라고 한다.(고용노동부, 2010)

또한 '대구여성노동자회 손길'은 중장년 여성들의 돌봄 노동의 경험을 전문화해 여성이 일과 가정을 양립할 수 있도록 지원하며 무료 및 할인서비스를 통해 저소득가정이나 한부모가정 자녀의 올바른 성장을 돕는 것을 목적으로 하고 있다. 일반형의 경우, 영아(생후1개월부터) 대상 우유먹이기, 기저귀 갈기, 목욕시키기, 이유식 만들기, 구연동화 등이 있고, 유아, 초등학생 대상으로 학원 데려다주기, 간식 만들기, 과제물 도움, 동화책 읽어주기 등(주5일 근무 1일 9시간, 휴식 1시간, 월 1회 휴무 80만 원, 단기 시간제 4시간 2만 5000원)이 있다. 그리고 저렴형으로는 저소득 맞벌이가정, 한부모가정을 대상으로 차등금액(주 5일 근무 15~40만 원)을 적용하고 있다고 한다.(고용노동부, 2010).

그런데 유정규(2012)는 현행 사회적 기업 육성정책이 안고 있는 제도적 한계를 다음과 같이 정리하고 있다. 첫째 인증을 받아야만 사회적 기업이 될 수 있기 때문에 지역주민의 활발한 참여와 다양한 영역의 사회적 기업 활성화를 제약한다. 둘째, 인건비 중심의 사회적 기업 지원은 사회적 기업의 지속가능한 경영을 방해하며, 사회적 기업의 자율적인 성장을 저해할 가능성이 크다. 셋째, 중간지원조직의 전문성 부족과 형식적 자문으로 인해 현장의 요구를 해결하지 못하고 있다. 넷째, 사회적 기업가 육성 등 운영주체의 역량 강화 노력이 미흡하다. 다섯째, 인건비만을 지원하는 현재의 지원방식은 농촌형 사회적 기업 활동의 기반이 부족한 농촌지역의 현실을 제대로 반영하지 못하고 있다. 여섯째, 정책의 수용능력과 공급의 부조화로 인해 여러 가지 문제점이 나타나고 있다는 것이다. 그는 특히 농어촌형 사회적 기업을 육성하기 위해서는 농어촌형 사회적 기업의 요건을 완화하고, 현행의 기관·조직 인증에서 사업인증으로 인증방식을 바꾸며, 기존의 획일적인 지원방식과 지원규모를 다양화할 필요가 있으며, 농어촌형 사회적 기업의 발전을 위한 중간지원조직의 적극적 육성과 (가칭)농어촌형 사회적 기업발전기금의 조성을 제안하고 있다.

한편 우리나라 사회적 기업의 대표 사례의 하나였던 유기농식당 '문턱없는밥집'은 사회적 기업으로 출발하였으나 문을 닫았다 다시 '사회적 협동조합'으로 새롭게 출발했다. 사회적 기업 '문턱없는밥집'은 2007년 철학자 윤구병 선생이 독일의 '경계없는밥집'을 벤치마킹해 개설한 것으로 서울 마포구 서교동에서 시작했다. 변산공동체, 홍성유기영농조합, 팔당생명살림 등에서 유기농 식재료를 공급받으면서, 취약계층에서 일부 직원을 고용했다. "가난한 이웃이라면 1천 원을 내도 고맙게 받겠습니다."라며 빈그릇운동도 실천하며 점심시간에는 한 달 평균 1,400명의 손님이 찾고, 저녁시간도 분주하였고, 주 40시간 근무시간을 준수하는 등 근로자 복지에 신경을 써왔던 이 식당이 결국 2012년 9월 문을 닫았다. 오마이뉴스(2013.5.22)에 따르면 수익사업을 재단의 목적사업으로 넣는 과정에서 실무자의 행정적인 실수가 뒤늦게 보건복지부 감사에서 지적되었고, 1억 6000만 원 이라는 추징금은 재단의 넉넉지 못한 형편에서는 큰 부담이 됐으며 이때부터 밥집에 대한 지원이 끊기고 지난해 9월에 재단 이사회는 수익이 나지 않는 밥집에 대한 폐점을 결정하게 된 것이다. 그 뒤 '문턱없는밥집'은 논의 끝에 사회적협동조합으로 전환하기로 결의를 하고 2013년 3월 8일 '사회적 협동조합 문턱없는세상'의 창립총회를 갖고 기획재정부에 설립인가 신청을 냈고 현재 심사중이며, 5월 11일에는 '문턱없는세상'의 사업단으로 '문턱없는밥집'이 재개점한 상태이나 재정적으로 어려움을 겪고 있다고 한다. 사회적 기업 진흥 차원에서 보면 이상과 현실의 괴리가 참 안타까울 따름이다.

6.2 마을기업

마을기업이란 　커뮤니티 비즈니스(Community Business) 개념을 처음 사용한 일본의 호소우치 노부타카(細內信孝, 2008)는 커뮤니티 비즈니스를 '자기 지역을 건강하게 하기 위해서, 혹은 지역의 문제를 해결하기 위해서 지역주민이 주체적으로 추진하는 지역사업'이라고 정의했다. 삼성경제연구소의 「CB와 지역경제 활성화」보고서에는 커뮤니티 비즈니스를 '커뮤니티와 비즈니스의 합성어로 커뮤니티에 기반을 두고 사회적 문제를 해결해 가기 위한 활동'으로 정의했다. 김창현(2008)은 '지역의, 지역에 의한, 지역을 위한, 여러 유형의 수익을 추구하는 경제활동'이라고 정의했다.

이를 종합하면 커뮤니티 비즈니스는 '지역주민(주체성)이 지역의 자원(지역성)을 이용하여 지역의 과제(사업내용)를 해결해 나가는 지속가능한 사업모델(수익성)'이라고 할 수 있다. 현재 우리나라에선 지자체 차원에서 커뮤니티 비즈니스를 '마을기업' 또는 '마을회사'로 번역해 사용하고 있다. 마을기업은 주로 고령화, 저출산, 실업자, 신빈곤층문제, 장애인 취업난, 낙후된 농촌경제, 사라지는 전통문화, 환경문제, 양극화문제 등 지역사회에 필요한 서비스를 제공한다.

영국의 경우 '무덤에서 요람으로'에서 '복지에서 노동으로'라고 할 정도로 실직수당 지급 대신 새로운 기술교육 제공을 중시하고 있다. 미국의 경우 커뮤니티 비즈니스(기업가정신+시민정신)로 나타나고, 일본의 경우 1994년 호소우치 노부타카가 "지역문제는 지역 스스로 비즈니스 개념을 도입해 해결해야 한다"고 주장하며 커뮤니티 비즈니스를 적극 확산시켰다. 일본의 경우 1998년 비영리활동촉진법의 시행이 활성화의 계기가 됐다. 커뮤니티 비즈니스는 영국 '농어촌 커뮤니티 협동조합(Communiy Cooperative)', 1981년 '커뮤니티 비즈니스 스코틀랜드(Community Business Scotland)'에서 출발했는데 이런 면에서 보면 커뮤니티 비즈니스와 사회적 기업은 뿌리가 같다고 하겠다.

영국의 경우 개인 기업의 약 60%가 커뮤니티 비즈니스 형태이며, 60조 원 규모로 성장했다고 한다(삼성경제연구소, 2009). 우리나라의 경우는 2000년에 들어 커뮤니티 비즈니스에 대한 관심이 높아졌고, 2006년 현대경제연구원이 보고서 「CB:지식경제 활성화의 새모형」을 발표했고, 2008년 (재)희망제작소가 커뮤니티비즈니스연구소를 설립했으며, 2009년 삼성경제연구소가 「CB와 지역경제 활성화」라는 책자를 펴냈다. 그리고 2007년 7월 사회적기업육성법이 제정·시행됨으로써 사회적 기업은 물론 커뮤니티 비즈니스 발전의 계기가 됐다. 실제로 노동부가 인증한 292개 사회적 기업 중 다수가 실제는 커뮤니티 비즈니스의 성격을 지니고 있다.

호소우치 노부타카(2008)는 커뮤니티 비즈니스의 특징으로 다음 6가지를 들고 있다. 첫째, 주민 주체의 지역 밀착형 비즈니스이다. 둘째, 반드시 이익 추구를 최우선으로 하지 않는 적정 규모, 적정이익의 비즈니스이다. 셋째, 영리를 최우선으로 하는 비즈니스와 볼런티어활동의 중간영역적인 비즈니스이다. 넷째, 글로벌한 관점 아래 지역에 밀착한 활동을 하는 비즈니스이다. 다섯째, 항상 지역사회에 문호가 개방된 개방형 비즈니스이다. 여섯째, 지역의 유휴자원을 활용한 비즈니스이다. 그

표 6.2 마을기업과 사회적 기업의 비교

구 분	마을기업	사회적 기업
조직형태	– 민법상 법인, 상법상 회사 등 법인체 – 마을공동체 등 지역단위의 소규모 공동체 * 2012년 법인 전환 완료 후 2차 등 사업비 지원	민법상 법인·조합, 상법상 회사, 비영리단체
사업목표	마을단위의 안정적 일자리 창출, 지역공동체 활성화 및 지역 발전	취약계층을 위한 사회 서비스 및 일자리 제공
사업주체	지역주민(지역공동체)	사회적 사업가 중심의 취약계층 고용
주요 사업수단	사업하가 가능한 지역특하지원 발굴·활용을 통한 창업	사휘 서비스 제공을 위한 취약계층 고용
지역성	지역공동체를 중심으로 한 지역단위 사업	지역적 개념 없음
지원내용	시설비, 경영컨설팅 등 사업비 2년간 최대 8,000만 원 지원	– 취약계층 인건비 최대 5년간 지원 * 예비 사회적 기업 2년, 사회적 기업 3년 – 기타(경영컨설팅, 사업개발비) 지원
요 건	– 법인 – 선정심사기준 ·공동체 구성(주민참여도 및 의사결정 구조) ·재정건전성(10% 자부담비율 등) ·지속적 수익창출 가능성 ·안정적 일자리 창출 가능성	– 법인, 조합·주식회사·비영리민간단체 등 – 유급근로자 채용 – 취약계층고용 등 – 민주적 의사결정 – 수입 〉노무비의 30% – 정관·규약 보유 – 이윤의 2/3 이상 사회환원

출처: (사)사회적 기업연구원 홈페이지(www.rise.or.kr)

는 또 커뮤니티 비즈니스의 효과로 다음 4가지를 들고 있다. 첫째, 인간성의 회복이다. 개인의 삶의 보람, 자기실현과 연결되고 지역공동체 속의 네트워크 형성과 공동체의식을 기른다. 둘째, 사회문제의 해결이다. 지역 욕구에 맞는 사회서비스를 제공하고, 비즈니스 관점에서 지역문제 해결에 도움이 된다. 셋째, 경제기반의 확립이다. 지역 자원의 활용을 통해 고용이 창출된다. 넷째, 문화의 계승·창조이다. 지역의 지혜와 노하우가 계승된다는 것이다.

마을기업과 사회적 기업은 어떻게 다를까. (사)사회적 기업연구원이 정리한 마을기업과 사회적 기업을 비교한 것이 〈표 6-2〉이다.

마을기업의 대표적 사례　　　영국의 대표적인 커뮤니티 비즈니스는 HCD
(Hackney Cooperative Development)라는 지역사회 경
제개발단체를 들 수 있다. 1979년 해크니(Hackney)지역에서 주거협동조합
으로 출발해 중앙정부와 함께 지역주민 개발지원, 사업상담 및 훈련 등
지역사회 재건프로그램을 20여 년간 수행해왔다. 1882년부터 영국 정부
는 물론 일반기업들과 연계해 지역경제 발전과 도시재생사업을 실시하고
있다. 유색인종, 여성, 빈곤 등을 주사업 대상으로 최근 3년간 27개의 시
작단계 사업에 대한 작업공간을 제공하였으며, 85개 사업을 지원하고 있
다.(모성은, 2010)

　일본의 경우 대표적인 것이 규슈 아라오(荒尾)시의 마을연구소 겸 상점
'아오켄(青研)'을 들 수 있다. 폐광이후 지역경제가 몰락하고, 인구 감소가
심했는데 커뮤니티 비즈니스로 지역재생에 나름 성공한 사례로 알려져
있다. 아오켄(青研)이라고 하는 연구소 겸 작은 상점으로 마을 살리기에
나서고 있으며 '커뮤니티레스토랑 배꽃'은 주부들이 합심해서 운영하고

유기농 가공제품 생산자 이름을 알
리는 일본 아라오시 마을기업 아오켄
상점 내부

ⓒ 김해창

있는데 지역에서 생산된 특산물을 활용해 좋은 반응을 얻고 있다. 또한 여기서 나오는 수익금의 일부는 지역에 환원하고 있다고 한다.

또한 가나가와현 즈시(逗子)시의 '커뮤니티 아트갤러리'와 같이 문화를 중시하는 경우도 있다. 즈시시는 문화플라자홀이 있지만 예술 전반에 대한 활동을 하고 있는 사람들이 작품을 편하게 표현할 수 있는 장소가 적었는데 여기서 카페에서 음식을 즐기면서 즈시시 근교에서 활동하고 있는 예술가, 아마추어의 작품 음악을 가볍게 즐기는 장소를 제공하는 사업이 마을기업으로 시작된 것이다. 대표자를 포함해 3명이 일을 하는 데 초기투자 550만 엔(약 6,243만 원)으로 연간매출 규모 960만 엔(1억 897만 원) 정도를 올리고 있다고 한다.

우리나라 마을기업의 대표적인 사례로는 서울 마포구의 '신수동 행복마을 주식회사'를 들 수 있다. 그런데 이 마을기업은 또한 실패사례로서 마을기업의 한계를 드러낸 사례이기도 하다. 신수동 행복마을 주식회사 는 커뮤니티 비즈니스에서 시작해 사회적 기업 형태로 발전한 경우로 '자원봉사 한계를 극복하자. 마을문제를 해결하면서 일자리를 창출한다'를 모토로 시작했다. 인구 2만 2000명의 신수동은 과거 농사를 경험한 주민과 노후주택이 많고 취약계층이나 고령자가 많아 복지·환경·주거정비·일자리 등에 걸쳐 마을문제가 산적해 있었으며 이러한 마을문제를 마을주민이 앞장서 해결하면서 마을 일자리도 창출하기 위해, 신수동 주민 30명이 2,000만 원을 모아 2010년 5월 '신수동 행복마을 주식회사' 를 설립했다. 친환경 도시농업 추진을 바탕으로 안전한 먹거리 생산에 중점을 두고 도시텃밭을 통해 유휴공간에 유기농 채소를 기르고, 희망 가구를 대상으로 친환경 국산콩나물을 재배해 공동 출하하고, 유기농 두부도 제조하며, 청소년들에게 도시농업체험 프로그램을 운영, 주1회 신수 5일장을 열어 지역에서 나는 유기농 채소나 각종 물건을 매매했다. 또한 취약계층을 대상으로 마포집수리봉사단을 만들어 인근 마을 청소, 소독, 방역, 집수리 등을 하고, 주민자치위, 적십자봉사단, 통장협의회 공동으로 마을 홀로어르신을 대상으로 도시락 배달 및 생활지원 활동을 해 서울지역의 최고의 '행복마을'로 자리잡기도 했다. 그런데 신수동 행복마을 주식회사는 2012년 8월 문을 닫았다. 오마이뉴스(2013.3.30)에 따르면 이 마을의 '두부공장'이 불법시설물로 판정됐던 것이다. 기본적인 설립절차나 위생허가받는 것을 생략한 잘못이 있는데다 두부공장 대신 음식점에서 두부를 판매했는데 법률상 일반음식점에서는 두부를 생산·판매하는 것이 금지돼 있었던 것이다. 결국 2011년에는 서울시 사회적 기업의 지원도 받지 못하게 돼 결국 청산절차를 밟게 됐다고 한다. 이는 마을기업의 경우도 기업가적 마인드가 얼마나 중요한가를 보여주는 뼈아픈 사례로 기록될 것 같다.

경남신문(2013.5.20)에 따르면 경남 통영시 동피랑 벽화마을 주민들의 마을기업인 '동피랑 사람들'이 통영 제1호 생활협동조합으로 탄생했다고 한다. 통영시는 2013년도 마을기업 육성사업으로 추진한 동피랑주민협의회의 '동피랑 사람들'이 지난 1일 안전행정부의 지정요건 및 조사분석을 거쳐 최종적으로 마을기업으로 지정됐다고 20일 밝혔다. 이에 따라 동피랑주민협의회의 마을기업은 올해 5,000만 원의 사업비를 우선 지원받고 내년에도 사업의 추진 성과에 따라 최고 3,000만 원을 추가로 지원받게 된다. 동피랑 마을기업은 동피랑 전주민 80가구가 조합원이며, 운영도 주민협의회에서 자체적으로 수행하게 된다. 마을기업에서 판매할 상품은 동피랑점방의 각종 기념품이며, 무엇보다 수익금을 주민들에게 전액 분배하는 것은 다른 여느 조합과 특별한 차이를 보이는 것으로 주목할 만한 사항이라고 한다.

지자체 단위에서 마을기업은 어떤 모습일까. 한승욱 외(2011)는 부산지역 커뮤니티 비즈니스의 실태를 조사한 결과 마을기업이 2010년 말 현재 전국에 총 350개가 있으며, 부산지역에는 총 44개가 있는 것으로 나타났다고 밝혔다. '부산시의 커뮤니티 비즈니스의 활성화를 위한 정책수립 및 제안'을 목적으로 설문조사를 한 결과 39개 마을기업이 2011년에 대다수 업체가 설립된 것으로 나타났다. 단체활동의 지역적 범위는 사회적 기업과 예비 사회적 기업 대다수가 시 단위의 활동범위를 가지고 있었는데 비해 마을기업은 구단위, 통단위의 비율이 높은 것으로 나타났다. 또한 단체의 조직적 형태로는 NGO법인이 전체의 42.9%로 가장 많았고, 나머지는 주식회사(13.3%), 임의단체(10.5%), 사단/재단법인(9.5%)의 순으로 나타났다. 연간 사업규모(연 매출액)의 경우 마을기업의 48.7%가 500만 원 미만의 매출을 보이고 있으며, '500만~1,000만 원 미만' 15.4%, '1,000만~2,000만 원 미만' 5.1%, '2,000만~5,000만 원 미만' 12.8%, '5,000만~1억 원 미만' 5.1%, '1억 원 이상' 12.8%의 순인 것으로 나타났다. 유급직원수를 보면 마을기업은 5명 미만이 전체의 69.2%를 차지하고 있고, '5~9명' 17.9%, '10~14명' 10.3%, '15~19명' 2.6%의 순으로 조사됐다.

유정규(2012)는 마을기업 활성화를 위해 다음과 같은 전략이 필요하다고 강조하고 있다.

첫째, 자립형 지역공동체사업, 즉 마을기업의 개념과 의미를 명확히 할 필요가 있다. 둘째, 유사사업의 통합적 추진체계 구축이 필요하다. 셋째, 사업의 지속성 확보를 위한 비즈니스모델 구축이 시급하다. 넷째, 마을·지역만들기사업과의 유기적인 연계가 필요하다. 다섯째, 지역단위 통합지원체계의 구축이 필요하다. 여섯째, 중간지원조직의 육성이 시급하다. 일곱째, 공익성과 수익성에 대한 균형감각을 갖춘 지역리더를 육성해야 한다. 여덟째, 기업과의 연대, 네트워크를 구축할 필요가 있다. 아홉째, 사회적 경제, 공동체 가치를 중시하는 문화적 환경 조성이 필요하다는 것이다.

6.3 | 협동조합

협동조합이란 사전적 의미에서 협동조합(Cooperative)은 조직활동에 의해 혜택을 받는 사람들이 자신의 이득을 목적으로 소유·운영하는 조직을 말한다. 협동조합은 농산품의 가공·판매, 다양한 장비와 원자재의 구매, 도·소매업, 발전소, 은행업, 주택건설업 등의 다양한 분야에서 성공적으로 운영돼왔다. 소매 협동조합의 수익은 대개 일정기간의 구매량을 기준으로 책정된 배당금 형태로 소비자에게 주어진다.

미국에서 쿱스(Coops)로 약칭되는 현대적인 소비자 협동조합은 1844년 영국의 로치데일 평등주의자협회에 의해 시작된 것으로 알려져 있다. 협회는 일련의 조직규범 및 업무원칙을 세우고, 이를 광범위한 분야에 적용했다. 주요원칙으로는 개방적인 회원제도, 민주적 관리, 종교적·정치적 불평등의 제거, 공정한 시장가격의 유지, 교육을 위한 수익금의 적립 등이 있다. 협동조합운동은 19세기 후반에 특히 스코틀랜드와 잉글랜드 북부지방의 공업·광산 지역에서 급속히 성장했다. 그리고 영국·프랑스·독일·스웨덴 등의 도시 노동자계급과 노르웨이·네덜란드·덴마크·핀란드 등의 농촌주민 사이에 급속히 확산됐다. 미국에서는 19세기 초 소비자 농산물판매협동조합의 설립을 추진했다. 대부분의 미국 협동조합이 농촌지역에서 발전된 반면, 소비자주택 협동조합은 20세기 후반에 이르러 대도시지역에 보급됐다. 중앙·남아메리카의 경우 1910년대초 유럽 이주민에 의해 협동조합이 보급되었고, 후에 농업개혁정책과 함께 정부에 의해 육성됐다. 판매·신용 협동조합은 제2차 세계대전 후 대다수 아프리카 국가에서 중요한 역할을 수행했다. 소련과 동유럽에서 판매협동조합은 농산물에 대한 중앙통제적 구매구조의 한 부분으로 기능했나. 이들 나라의 협동농징은 리시이의 협동조합을 모델로 하여 모든 토지는 공동으로 경작되며, 소득은 경작성과에 따라 분배되었다.

우리나라의 협동조합은 1920년대에 일제에 대한 경제적 저항운동의 하나로 일어난 민간협동조합운동에서 비롯된다. 하지만 이들 협동조합은 1930년대 초반에 조선총독부가 벌인 농촌진흥운동에 의해 탄압되어 1930년대 중반에는 소멸되고 말았고 8·15광복까지 긴 동면에 들어갔다. 광복 후에는 정치적 혼미 속에서 협동조합운동이 노동조합운동 등과 혼동됐으며 또 지주와 자본가들의 반대로 별다른 진전을 보지 못했고, 6·25 전쟁 후에는 협동조합에 대한 국민들의 인식부족으로 별 성과를 거두지 못했다. 그러다 1957년 국회가 농업협동조합법과 농업은행법을 제정함으로써 이듬해 정부 및 농협중앙회의 주도로 농업협동조합과 농업은행을 전국에 걸쳐 설립하게 됐다. 하지만 정책자금을 농업은행이 맡고 구매·판매·이용·가공 등을 농업협동조합이 담당하는 이원적인 조직은 서로 불협화음과 비능률을 드러냈고, 이로써 대다수의 협동조합이 본연의 기능을 수행하지 못했다. 그러나 1961년 농업협동조합이 종합협동조합으로 재편되면서 우리나라의 협동조합운동은 본 궤도에 들어섰으며, 이어 1962년에는 수산업협동조합이 농업협동조합으로부터 분리되고, 소비협동조합운동이 시작됐다. 1988년 말에 국회에서 농업협동조합법·수산업협동조합법·축산업협동조합법 개정안이 통과되어 각 조합의 중앙회장을 회원조합장들이 직접 선출하며, 중앙회장이 임명해왔던 회원조합장은 조합원이 직접 선출하도록 함으로써 협동조합사에 획기적인 전환점이 마련됐다. 1991년 현재 농업협동조합은 약 1,500개, 신용협동조합은 약 1,300개, 수산업협동조합·축산업협동조합·소비협동조합 등은 200여 개 등이 있다고 한다.(브리태니커)

그런데 협동조합에 대해 큰 변화의 물줄기가 생겼다. 2011년 12월 협동조합기본법이 국회에서 통과됨으로써 2012년 12월 1일부터는 이 법에 따라 누구나 언제든지 자유롭게 협동조합 설립이 가능하게 된 것이다. 종래에는 농협, 수협, 엽연초조합, 산림조합, 중소기협, 신협, 새마을금고, 소비자생협 등 8개 형태의 협동조합 개별법으로만 가능했지만 이제는 5명 이상이면 정부인가 없이 신고만으로도 협동조합 설립이 가능하게 된 것이다. 그동안 지역농협의 경우 1,000명, 생협의 경우 300명, 출자금 3,000만 원이 모여야 설립이 가능했는데 이러한 설립기준은 소규모 협동조합의 설립을 막는 근본적인 걸림돌이었던 것이 이번 기본법에서는 상당부분 제거된 것이다. 따라서 뜻맞는 지인들끼리 협동조합으로 사회적 기업이나 마을기업을 시작할 수도 있으며, 금융 신용을 제외한 모든 산업부문에서 협동조합 설립이 가능해 시대적 요구가 상당부분 반영됐다고 할 수 있다. 지금까지는 1차 산업 및 금융·소비 부문의 협동조합만 설립이 가능했으나 이미 2·3차산업 비중이 절대적으로 커졌고 시대가 다양화 고도화됨에 따라 새로운 분야에서의 협동조합 설립이 요구되고 있다. 협동조합기본법은 협동조합과 사회적 협동조합을 동시에 규정하고 있다. 협동조합이 재화 또는 용역의 구매·생산·판매·제공 등을 협동으로 영위함으로써 조합원의 권익을 향상하고 지역사회에 공헌하고자 하는 사업조직을 말한다면, 사회적 협동조합이란 이상의 협동조합 중 지역주민들의 권익·복리 증진과 관련된 사업을 수행하거나 취약계층에게 사회서비스 또는 일자리를 제공하는 등 영리를 목적으로 하지 아니하는 협동조합을 말한다는 것이다.

사회적 협동조합은 1991년 이탈리아에서 최초로 법적 인정을 받았는데 사회적 협동조합은 포르투갈에서는 '사회연대협동조합', 프랑스에서는 '공익협동조합', 캐나다에서는 '연대협동조합' 등의 이름으로 다양하게 존재한다. 사회적 협동조합은 협동조합기본법에 '협동조합 중 지역주민들의 권익 복지 증진과 관련된 사업을 수행하거나 취약계층에게 사회적 서비스 또는 일자리를 제공하는 등 영리를 목적으로 하지 아니하는 협동조합'을 말한다.

일반적으로 협동조합의 7개 원칙은 ① 자발적이고 개방된 조합원제도(차별 없는 조합원중심주의), ② 조합원에 의한 민주적 관리(1인1표 동등주의) ③ 조합원의 경제적 참여(공평 기여 및 자본의 민주적 관리), ④ 자율과 독립(종래 국가지도형 협동조합에서 탈피 필요), ⑤ 교육, 훈련 및 정보 제공(협동조합의 핵심), ⑥ 협동조합간 협동(지역 및 전국, 인접국간 및 국제적으로), ⑦ 지역사회에 대한 기여(생활의 장으로서 커뮤니티 중시)가 그것이다.

협동조합의 설립절차는 ① 발기인 5인 모집, ② 정관 작성, ③ 설립동의자 모집, ④ 창립총회 의결, ⑤ 기획재정부장관에 설립인가, ⑥ 신청일로부터 60일 이내 인가, ⑦ 이사장에게 사무 인계, ⑧ 출자금 납입(현물출자 가능), ⑨ 설립 등기 순이다.

박범용 한국협동조합연구소 협동조합형기업지원팀장은 2012년 2월 지역재단 지역리더포럼에서 '협동조합기본법의 의의와 향후 과제'로 다음 몇 가지가 고려돼야 한다고 지적했다. 첫째, 이번 협동조합기본법은 협동조합의 원칙과 가치에 보다 충실할 수 있어야 한다는 것이다. 협동조합 설립인원을 3명으로 더욱 낮추고, 제한적으로라도 공제사업을 할 수 있도록 하며, 공직선거관여 금지·선거운동 제한 등 불필요한 조항을 없애는 것이 중요하다는 것이다. 둘째, 기존의 8개 개별법에 바탕을 둔 기존 협동조합의 개혁을 추진해야 한다. 협동조합간의 협동을 이끌어내기 위해서는 농협 등 기존 협동조합이 협동조합간 협동에 적극 나서도록 해야 한다는 것이다. 셋째, 정부가 부양해야할 취약계층을 협동조합에 떠넘기는 것을 경계하고 협동조합이 성공하려면 협동조합운동을 할 수 있는 역량 있는 사람을 길러야 한다. 따라서 협동조합 단체들이 협력해 체계적인 교육활동시스템을 마련하는 것이 중요하다는 것이다. 넷째, 기본법 13조 2항 '기존의 개별법을 개정하거나 새로운 법률을 제정할 때는 기본법의 목적과 원칙에 맞아야 한다.'에서 나타난 바와 같이 기존 협동조합들의 독점적 폐쇄성이 깨져야 한다는 것이다. 다섯째, 기존의 대기업의 중소기업 등 경제적 약자에 대한 침해를 법적으로 막는 조치를 취해야 한다. 이를 계기로 대기업의 독점 폐해를 막는 입법조치가 필요하다는 것이다. 여섯째, 소비자의 의식이 바뀌어야 한다. 농산물직거래, 공정무역 등 보다 적극적으로 생산소비자 연대운동에 참여하고, 기업의 사회적 책임에 민감한 소비자주권을 갖도록 노력해야 한다는 것이다. 일곱째, 협동조합은 통일로 가는 데 있어서도 중요한 경제운영방식의 하나로 활용될 수 있다. 남한의 자본주의체제와 북한의 사회주의체제의 상충을 완화하는 것으로 지역의 경제실정에 맞게 적용한다면 향후 통일이후 경제 활성화에 상당한 역할을 할 수 있다는 것이다.

한편 협동조합 가운데 소비자협동조합과 유사한 것으로 요즘과 같은 SNS(소셜네트워크서비스)시대에 빌려 쓰고 나눠 쓰는 '협력적 소비'를 중시하는 '공유경제'에 대한 관심 또한 늘어나고 있다. 공유경제(Sharing Economy)란 물품을 소유의 개념이 아닌 서로 대여해 주고 차용해 쓰는 개념으로 인식하여 경제활동을 하는 것을 말한다. 2008년 미국 하버드대 법대 로런스 레식(Lawrence Lessig) 교수에 의해 처음 사용된 말로, 한 번 생산된 제품을 여럿이 공유해 쓰는 협업소비를 기본으로 한 경제 방식을 말한다. 대량생산과 대량소비가 특징인 20세기 자본주의 경제에 대비해 생겨났는데 물품은 물론, 생산설비나 서비스 등을 개인이 소유할 필요 없이 필요한 만큼 빌려 쓰고, 자신이 필요 없는 경우 다른 사람에게 빌려 주는 공유소비의 의미를 담고 있다. 최근에는 경기침체와 환경오염에 대한 대안을 모색하는 사회운동으로 확대돼 쓰이고 있다고 한다. (시사상식사전, 2013)

이러한 공유경제는 2008년 금융위기 이후 구미의 소비자들이 생활비용을 줄이기 위해 시작했는데 이후 인터넷과 SNS, 스마트폰 등을 통해 급속히 확산되고 있다. 공유하는 자원도 자동차나 자전거나 공구나 옷과 같은 물건의 공유에서부터 지식과 경험 등 무형자원에 이르기까지 다양하다. 대표적인 사례로 2008년 샌프란시스코에서 시작한 세계 최대의 숙박 공유 서비스인 '에어비앤비(Airbnb)'를 들 수 있다. 자신의 방이나 집, 별장 등 사람이 지닐 수 있는 모든 공간을 임대할 수 있다. 2013년 기준, 192개국 3만 4800여 개 장소에 대한 숙박을 중개하고 있으며, 2초당 한 건 씩 예약이 이뤄지고 있으며 2013년 1월 한국 진출을 발표했다(위키백과). 에어비앤비는 2012년 팔린 숙박 일수만 1,200만~1,500만 박으로 전년 대비 6, 7배 증가했다고 한다. 또한 2000년 보스턴의 유치원 학부모들이 환경보호와 비용절감을 위해 만든 자동차 공유 서비스인 집카(Zipcar)도 빼놓을 수 없다. 집카는 12대로 시작했지만 지금은 미국, 유럽 등에서 약 1만 대가 운용되며 2012년 매출도 2억 7900만 달러(약 3,0940억 원) 규모로 성장했다. 세계 2위 렌터카 업체 에이비스는 그런 집카를 올해 초 5억 달러(약 5,546억 원)에 인수했다고 한다.(한국일보, 2013.6.9)

우리나라에서도 공유경제가 확산되고 있다. 서울시는 2012년 9월 '공유도시'를 선언한 후 공유촉진조례를 제정하고 2013년 4월 공유단체·기업 27곳을 지정해 사업비를 지원하는 등 공유경제 확산에 적극 나서고 있다. 서울시는 2013년 5월 '서울시 나눔카 차 셰어링 서비스'를 운영하고 있다. 그런데 이러한 공유경제는 아직은 기존 법규정과 충돌하는 면이 많다고 한다. 연합뉴스(2013.7.1)에 따르면 미국 샌프란시스코 국제공항에서 주차 차량을 이용해 렌탈사업을 하는 '플라이트카(Flight Car)'를 상대로 시 당국이 최근 소송을 제기했다는 것이다. 시 당국은 '플라이트카'가 차량 제공 또는 수거를 위해 지정해 놓은 장소를 이용하지 않는데다 공항 당국에 수익 10%를 제공하고 차량을 빌릴 때마다 20달러를 지불해야 하는 공항규정을 지키지 않았다고 주장했다는 것이다. 뉴욕시도 최근 '에어비엔비'에 대해 호텔법을 근거로 불법이라고 결론을 내리고 이를 통해 자신의 콘도를 임대한 뉴욕거주자에게 벌금을 부과했으며, 법원도 이 같은 결정을 지지하는 판결을 내렸다고 한다. 이에 대해 에어비엔비측은 호텔법은 주거용 건물을 인수한 후 호텔을 운영하는 것을 막으려고 마련된 것으로 일반 집주인을 대상으로 하는 것은 아니라고 주장하고 있다고 한다.

한편 부산발전연구원(BDI, 이후 부발연)이 최근 부산형 공유경제 아이디어 7개를 선정해 관심을 끌었다. 연합뉴스(2013.5.2)에 따르면 부발연이 부산 시민을 대상으로 공모전을 연 결과 ① 영화명소, 맛집, 쇼핑 등 생활 전반의 관광자원, ② 산복도로 빈 방 게스트하우스 활용, ③ 마을 만들기 거점시설 52개소, ④ 집에 방치된 악기, ⑤ 부엌·식탁을 공유할 수 있는 못골시장 내 '공간못골'(가칭), ⑥ 아웃도어 제품, ⑦ 그림·조각 등 미술·문화작품 등을 공유하자는 7개 아이디어가 뽑혔다는 것이다.

이처럼 공유경제도 결국 초기 협동조합의 정신과 일맥상통하는 것이라 할 수 있다. 공유경제는 YWCA가 1990년대부터 시작했던 '아나바다 운동(아껴 쓰고, 나눠 쓰고, 바꿔 쓰고, 다시 쓰기)'의 마인드를 SNS시대에 잘 활용한 새로운 '생활협동조합'운동의 하나의 흐름이라 볼 수 있겠다.

협동조합의 대표적 사례 전 세계적으로 협동조합의 대표적인 사례로는 스페인 바스크지방의 몬드라곤협동조합(Corporación Mondragón)을 들 수 있다.

몬드라곤협동조합은 1956년 몬드라곤지역에서 설립됐지만 그 기원은 호세 마리아 아리스멘디아리에타 신부가 1943년에 개설한 작은 기술학교로 거슬러 올라간다. 이 신부가 1941년 몬드라곤에 부임했을 때 이 지역은 인구 약 7,000명의 마을로 빈곤, 기아, 망명, 스페인내전 후유증을 앓고 있었다고 한다. 그는 이 기술학교의 문호를 모두에게 열었고, 이것이 향후 지역기업의 숙련노동자, 기사, 관리자 양성소가 됐다. 1955년 유니온 세라헤라사(Unión Cerrajera)에서 일하던 청년 5명을 아리스멘디아리에타 신부가 뽑아 파고르 엘렉드로도메스티코스(Fagor Electrodomésticos)의 전신인 난로를 제조하는 작은 작업소 울고르(Ulgor: 참여자 5명의 성의 두 문자를 늘어뜨린 것)를 개설했다. 1959년 조합의 사업의 일환으로 카하라보라르 신용협동조합을 설립했고, 1966년에는 사회복지조합인 라군아로(Lagun Aro·보험업)를 설립해 연금 등 사회보장업무를 개시했다. 1969년에는 지역의 9개 소비자생활협동조합을 통합해 에로스키(슈퍼마켓체인점)가 설립됐고, 1997년에는 교육기관으로 몬드라곤대학이 개교했다. 지금은 스페인에서 총자본회전율 면에서 7위 규모의 기업이며 바스크자치주를 리더하는 기업집단이다. 2009년 말 현재 금융 공업 소매업 지식산업 등 4개의 분문 256개 회사에 8만 5066명이 일하고 있다고 한다. 몬드라곤협동조합기업은 사람과 노동자주권을 바탕으로 한 비즈니스모델에 따라 운영되며 연대에 뿌리를 두고 있다. 협동조합들은 그 노동자조합원이 소유하며 권력은 1인 1표의 원리에 입각해있다고 한다. 이 조합의 특징은 노동경영자, 즉 경영을 맡은 조합원과 기타 공장 거래처 등 현장에서 일하는 조합원간에 임금비율은 조합원의 동의를 거쳐 3:1 또는 9:1까지 다양하지만 평균은 5:1로 일반적인 기업에 비해 훨씬 격차가 작다고 한다. 몬드라곤협동조합은 특히 지식산업을 중시하고 있는데 2010년 총수입에서 148억 유로(약 22조 원)를 달성해 10만 명의 노동자를 고용하고 있으며 스페인에서는 공업에선 4위, 금융에선 7위 규모의 집단이라고 한다.(ja.wikipedia.org)

우리에게 친숙한 스페인 바르셀로나의 축구클럽 'FC바르셀로나'도 협동조합이다. 1899년 출범한 FC바르셀로나는 1936년 쿠데타로 정권을 잡은 프랑코정권의 탄압을 받은 바르셀로나지역을 기반으로 했고, 내전중 FC바르셀로나의 회장이 프랑코군의 공격으로 숨지는 아픔을 겪기도 했다고 한다. 1974년 FC바르셀로나의 위대한 축구선수인 요한 크라위프(Johan Cruyff)는 입단 당시 언론 인터뷰에서 자신은 프랑코가 지원하는 클럽에서는 뛰고 싶지 않기 때문에 레알 마드리드를 거절하고 FC바르셀로나로 왔다고 말했다고 한다. FC바르셀로나는 17만 3000여 명의 출자자가 주인인 협동조합으로 클럽 회원이 투표로 구단주 격인 회장을 뽑는다. 회원 가입 경력 1년 이상, 18세 이상이면 누구나 6년마다 한 번씩 치러지는 회장선거에서 회장을 선출하거나 이사회의 구성원이 될 수도 있다. FC바르셀로나는 '축구클럽, 그 이상을' 지향하는 것으로 유명하다. 2006년 9월 FC바르셀로나는 유니폼 서폰서십을 유니세프와 체결해 에이즈에 노출된 전세계 어린이를 위해 5년간 구단 수입의 0.7%를 내놓기도 했다.(스테파노 자마니·베라 자마니, 2012)

미국 캘리포니아지역에서 생산되는 감귤의 대표 브랜드인 '썬키스트(Sunkist)'도 협동조합이다. 1870년대 이 지역의 감귤산업은 크게 성장했지만 정작 감귤 재배농가들은 판매된 감귤에 대해서만 도매상들로부터 대금을 받고 나머지 리스크는 모두 감귤 재배농가가 지고, 이익의 대부분은 도매상들이 가로채는 등 도매상들의 횡포에 고통을 당해야 했다. 이에 1893년 몇몇 감귤 재배농가가 '남부캘리포니아 과일거래소'를 만들어 판매와 유통을 직접하기로 했다. 1905년에는 조합원이 5,000농가로 늘었는데 이는 이 지역 감귤산업의 45%를 차지하는 비중이었다. 이 거래소가 오늘날 썬키스트협동조합으로 발전된 것이다. 썬키스트란 1908년부터 이 거래소에서 판매되는 고품질의 오렌지에만 붙인 이름이었다. 오늘날 썬키스트협동조합은 미국 캘리포니아와 애리조나주의 6,000여

감귤 재배농가를 조합원으로 하고 있다고 한다.(스테파노 자마니 베라 자마니, 2012)

이탈리아 중부 볼로냐는 유럽연합에서도 소득이 가장 높은 5개 지역에 속하는데 이러한 볼로냐의 경제력을 뒷받침하는 게 바로 협동조합이라고 한다. 볼로냐의 중요한 기업 50개 중 15개가 협동조합일 만큼 협동조합은 볼로냐 경제의 중심에 자리 잡고 있다는 것이다. 게다가 볼로냐에는 사회적 협동조합만 400개 이상 된다고 하는데 그 중 대표적 사례가 어린이연극협동조합인 '라바라카(La Baracca)'라고 한다. 라바라카는 1955년부터 볼로냐시에 있는 '어린이극장'의 관리권한을 위임받아 운영하고 있는데 조합원은 19명이라고 한다. 바라카의 예술감독 프라베티 씨는 아동심장외과 전문의였는데 어린이를 위한 예술가로 변신했다. 0~3세를 위한 연극 '물의 색깔' 등 공연을 펼치고 있다고 한다. 바라카는 '암바시아토리'라고 하는 서점, 카페, 식당, 생협의 복합문화공간도 운영하고 있다는 것이다.(전홍규 외, 2010)

우리나라 협동조합 가운데는 협동조합의 원칙에 가장 충실하게 운동으로 추진해온 경우가 생활협동조합운동이라 볼 수 있다. 생협운동은 생협 전국연합회(http://co-op.or.kr), 한살림(http://www.hansalim.co.kr), '아이쿱(iCOOP)생협연합회(http://www.icoop.or.kr)로 크게 나뉜다. 우리나라 최초의 소비자생협은 1979년 3월 강원도 평창에서 창립된 신리소비자협동조합으로 알려져 있다. 그 뒤 1983년 10월 전국 52개 소비자협동조합의 지도자가 모여 전국연합단체인 소비자협동연합중앙회(현 생활협동조합 전국연합회)를 설립했다. 생협 전국연합회의 정책토론회 자료에 따르면 2007년 5월 현재 단위생협은 221개 생협, 조합원 수는 40만여 명이며, 총 공급액은 3,330억 원에 이른다고 한다. 또한 1986년 생명살림운동으로 '밥 한 알부터 시작해 온 생명을 살리자'는 취지에서 창립된 한살림은 2008년 말 현재 19개 단위 생협에 모두 17만여 명의 도시회원과 1,500세대의 농촌

회원 공동체를 갖고 있다. 직거래를 통해 이뤄지는 생명물품의 연간 총 공급액이 1,300억 원에 이르고 있다고 한다.

1997년 경인지역생협연대로 공동물류를 시작하여 '21세기생협연대'와 '한국생협연대'를 거쳐 2008년 이름을 바꾼 '아이쿱(iCOOP)생협연합회'는 생협 전국연합회와 별도 조직으로 2008년 말 현재 총 공급액이 1,301억 원, 회원수 5만 4000명에 이른다. 이러한 전체 생협 인구는 2000년 말 현재 전체 생협 조합원 수가 15만 명, 연간 총 공급액이 400억 원 수준이던 것에 비하면 비약적인 발전을 했다고 볼 수 있다.

우리나라 의료생협운동의 시초는 1994년 생긴 안성의료생협이다. 안성의료생협은 1998년 소비자생협법이 제정된 이후 법인으로 전환하고 2008년 사회적 기업으로 인증도 받았다. 안성의료생협이 모델이 되어 현재 전국적으로 80여 개의 의료생협이 있으며 그 중 8개의 의료생협이 사회적 기업으로 인증을 받았다고 한다. 안성의료생협은 1980년대 의료 시설이 미비한 안성에 대학생들의 '농활'에서 비롯됐다. 1994년 안성농민회와 연세대학교기독교학생회가 주축이 되어 만들어진 안성의료생협은 그 뒤 지역사회의 신뢰받는 의료기관으로 자리 잡았고 한의원에 이어 최근에는 치과의원까지 생겼다고 한다. 현재 안성의료생협의 조합원 수는 약 2,400명이다. 이중 대의원은 100명 정도인데 예산을 편성할 때 연말 대의원총회를 열어 결정한다고 한다. 안성의료조합은 환자권리장전을 실천하는 의료기관으로 안성농민의원, 안성농민한의원, 생협치과의원을 운영하고 있다.(다나카 유 외·김해창, 2010)

우리나라에서 협동조합 브랜드로 성공한 사례로 '햇사레'를 들 수 있다. 햇사레는 '풍부한 햇살을 받고 탐스럽게 영글었다'는 의미로 미국의 '썬키스트'를 연상시킨다. 햇사레는 경기도 이천의 장호원과 충북 음성의 감곡에서 생산되는 고품질 복숭아 브랜드이다. 우리나라에서 지역명에 기대지 않은 '독자적 농산물 브랜드'의 효시로 알려져 있다. 햇사레

부산YWCA생협 매장에 진열된 유
기농쌀 등의 먹을거리

© 김해창

는 장호원과 감곡의 복숭아 재배농가들이 모여 '연합사업단'을 만든 것
에서 시작됐다. 헷사레의 성공은 기존 대기업의 전유물로 여겨졌던 브
랜드 효과를 협동조합도 잘 활용할 수 있음을 보여주고 있다.(스테파노 자
마니·베라 자마니, 2012)

한편 최근에는 태양에너지발전과 관련한 발전협동조합이 잇달아 생
기고 있다. 2005년 발족된 시민햇빛발전소는 2012년 12월 서울시민햇빛
발전협동조합으로 바뀌었고, 이후 우리동네햇빛발전협동조합, 한살림햇
빛발전협동조합 등 햇빛발전을 직접 해보자는 협동조합 운동으로 확대
되고 있다. 2013년 5월 서울시는 햇빛발전 설치에 걸림돌이 되는 제도나
조례 등을 손질했고, 햇빛발전을 설치하려는 일반 시민을 지원해준다고
발표했다. 2012년 6월 박원순 시장은 시민햇빛발전소와 MOU를 맺고 서
울시내 1,000여 개 학교와 서울시가 소유하고 있는 공공기관 옥상에 햇
빛발전소를 설치한다고 발표했다(주간경향, 2013.6.18). 이처럼 최근 2~3년 사
이 지어졌거나 앞으로 지으려는 시민햇빛발전소는 10곳이 넘는 것으로
추산된다. 형태도 우리동네햇빛발전협동조합처럼 일반인과 마을 조직이
중심이 돼 만드는 발전소가 있는가 하면 민·관이 협력해 만드는 발전소
도 있다. 후자에 속하는 서울시민햇빛발전협동조합의 경우 서울시와 업
무협약을 체결해 세종문화회관 등 공공시설에 햇빛발전소를 지어나갈

계획이다. 기존 생협 조합원이 중심이 돼 햇빛발전소를 만드려는 한살림의 사례도 있다.(시사인, 2013.3.20)

한편 희망제작소의 희망보고서(The Hope Report) 12회 「2013 서울시 일반 협동조합 실태조사보고서」(2013.6)에 따르면 협동조합기본법 시행 이후 2013년 3월말 현재 기획재정부에 인가 또는 신고 수리된 협동조합은 일반 협동조합 679건(서울시 185건), 사회적 협동조합 14건, 일반 협동조합 연합회 2건 등 모두 695건으로 창업기업 개수를 기준으로 일반 협동조합은 벤처 붐이 가장 활발했던 2000년 벤처기업의 연간 성장률 78.3% 보다 앞선 82.3%의 성장률을 보이고 있다고 한다. 희망제작소와 한국협동조합연구소가 2013년 2월 서울시에 신고 수리된 일반 협동조합 70개를 대상으로 실태조사를 한 결과 53개 조합이 응답했는데 조합의 성격으로는 사업자협동조합이 22개(42%)로 가장 많았고, 이어 다중이해관계자 협동조합 17개(32.7%), 직원협동조합 9개(17%), 소비자협동조합 5개(9.6%) 순으로 나타났다. 이들 53개 협동조합의 조합원수는 2,723명이며 출자금 총액은 10억 8000여만 원이었으며, 사업분야는 제조업(8개), 도소매업(7개), 교육업(6개), 전문기술서비스(5개) 순으로, 일반적인 소상공인의 주요 사업분야가 도소매업, 숙박·음식업인 것과 차이가 있는 것으로 나타났다. 이 보고서는 협동조합법기본법 이후 설립된 협동조합은 기업규모가 영세해 외부환경 변화에 매우 취약하기에 협동조합의 지속가능성을 높이기 위해 협동조합의 전문성을 극대화할 수 있는 업종별 특화지원이 필요하다고 제안하고 있다.

6.4 | 3만 엔 비즈니스

3만 엔 비즈니스란 뼈 빠지게 일해도 결국 거대자본의 노예가 되고 마는 현실에서 벗어나, 조금만 일하고 더 행복해질 수는 없을까. '3만 엔 비즈니스'는 이러한 고민에 대답을 찾고자 하는 신개념 비즈니스 모델을 제시하고 있다. 3만 엔 비즈니스는 후지무라 야스유키(藤村靖之) 박사가 내놓은 책『3만 엔 비즈니스—적게 일하고 더 행복하기』에 소개된 개념이다. 2011년 7월 일본에서 출간되어 반 년 만에 6쇄를 찍었고, 일본 전역에서 책을 읽은 젊은이들이 자발적으로 모임을 결성해 '3만 엔 비즈니스' 모델을 창안하거나 실행에 옮기고 있다고 하며, 국내에선 2012년 9월에 번역서가 나왔다.

후지무라 박사는 1944년 오사카대학 대학원 기초공학연구과에서 물리학을 전공한 공학박사이다. 고마츠 열공학연구실장과 간쿄샤의 CEO를 역임한 그는 지금은 '비전력화공방(非電力化工房)', '발명공방', '발명창업학원'을 운영하고 있다고 한다. 일본 대기업 연구소에서 개발자로 잘나가던 그가 천식을 앓던 어린 아들을 위해 친환경 공기청정기를 만들고자 회사를 그만두고 그때부터 환경과 아이들의 건강을 위한 제품을 개발해왔다는 것이다.

3만 엔 비즈니스는 새로운 삶의 방식을 제시한다. 우선 '한 달에 3만 엔만 벌기부터 시작하자'고 제안한다. 3만 엔 비즈니스는 한 달에 3만 엔만 버는 비즈니스라고 한다. 여기서 말하는 3만 엔은 상품의 매출에서 제조원가와 기타비용을 제한 금액으로 '영업이익'을 말하며, 생계에 바로 보탬이 되는 돈이라는 것이다. 3만 엔 비즈니스는 '착한 비즈니스'인데 그 테마가 '착한 일'이라는 것이다. '착한 일'은 우리 이웃과 사회를 행복하게 만들어주는 것, 다시 말하면 우리 이웃과 사회가 불행하게 느끼는 점들을 찾아서 개선하는 게 '3만 엔 비즈니스'의 테마라고 한다.

한 달에 3만 엔이라는 액수는 적은 돈이지만 후지무라 박사는 '지출이 필요 이상으로 많으면 돈이 모자랄 수도 있다'며 '3만 엔 비즈니스를 열 가지 해서 월 30만 엔을 벌어보라'고 말한다. 대도시라면 좀 빠듯할지 몰라도 시골에서는 먹고 살만 할 것이라는 것이다. 식량과 에너지는 가능하면 자급자족하고 집도 스스로 지어보고, 주변에 정다운 사람들이 늘 함께하는 삶, 소비가 적으니 수입이 많을 필요가 없는 삶, 그렇게 산다면 월 20만 엔으로도 충분할 것이라고 말한다.

3만 엔 비즈니스는 몇 가지 원칙이 있다. 첫째, 온라인 판매를 하지 않는다는 것이다. 인터넷에서 물건을 팔 경우 경쟁상대가 등장하면서 전체 시장을 대상으로 경쟁을 해야 하기에 저가 출혈 경쟁이 벌어질 가능성이 높아 3만 엔 비즈니스에는 적합하지 않다는 것이다. 3만 엔 비즈니스는 도매상 등 복잡한 유통단계를 거치지 않기 때문에 가격을 보다 합리적으로 책정할 수 있으며 고객과의 연계도 수월해진다는 것이다. 둘째, 은행대출을 하지 말라는 것이다. 3만엔 비즈니스는 대출을 받지 않고도 운영이 가능한 아이템을 선택하라고 제언한다. 이를 위해 ① 지출이 적은 라이프스타일을 유지하고, ② 고정비용을 제로에 가깝게 하고, ③ 겸업을 할 필요가 있다는 것이다.

3만 엔 비즈니스는 한달에 '3만 엔 × 비즈니스 아이템 개수'만큼의 수입을 벌어들이면 된다는 '스몰 비즈니스'와는 다르다고 한다. 3만 엔 비즈니스는 한 아이템에 들이는 시간이 한달에 이틀을 넘기지 않는 게 원칙이다. 3만 엔 비즈니스의 밑바탕엔 '에너지와 돈에 의존하지 않는 풍요로움' 즉 자급자족 생활이 전제돼 있다고 할 수 있다. 이는 돈을 벌어들이는 데 사용하는 시간을 줄여서 남는 시간에 자급률을 높임으로써 지출을 줄이고 궁핍하다고 느낄 이유가 없으며, 남는 시간을 문화활동에 사용하거나 지성을 갈고 닦는데 사용하여 정신적으로 윤택하고 나아가 물질적으로도 윤택한 생활을 누리는 '자발적 가난'에 바탕을 둔 것이라고 할 수 있다. '작은 것이 아름답다'의 저자인 슈마허(E.F.Schumacher)와 통하는 면이 있다고나 할까.

왜 '월 3만 엔'일까. 이에 대해 후지무라 박사는 일본 가구형태별 거주지별 월 소득 수준을 분석한 뒤 자급률 75% 달성 수준에서 '자급자족을 실현한 독립형 라이프스타일'을 제시하고 있다. 여기서 3만 엔 비즈니스를 3~5개 한다는 건 한 달에 6~10일만 일한다는 뜻이며, 결국 한달에 20~24일은 노는 날이라는 이야기로 노는 날에는 '자급자족' 활동을 한다는 것이다. 후지무라 박사는 그 간의 경험을 정리해 이를 '지불의 법칙'이라고 이름을 붙였다. 법칙 1은 '의존형 라이프스타일은 지출이 많다'는 것이다. 법칙 2는 '자급률과 지출은 반비례한다'는 것이다. 이는 자급률을 높이기 위해 노력하고 자급률의 목표는 자급하지 않을 경우의 지출을 기준으로 75%로 맞춘다. 즉 소비형 지출은 25%로 줄어든다. 자급률 75%라는 말은 의존형 라이프스타일의 지출금액 기준으로 의존형 라이프스타일을 유지하면서 한달에 20만 엔을 쓰던 사람이라면 자급을 통해 15만 엔을 아낄 수 있고 소비형 지출은 5만 엔밖에 하지 않는다는 뜻이라고 한다. 법칙 3은 '자급자족 활동의 비용이 높으면 지출은 줄어들지 않는다'는 것이다. 자급자족 활동의 비용을 낮추기 위해 노력하되, 목표는 같은 제품이나 서비스를 시장에서 구입하는 가격의 30% 수준으로 맞추는 게 중요하다고 한다. 법칙 4는 '휴일과 지출은 반비례한다'는 것이다. 의존형 라이프스타일은 휴일이 많으면 많을수록 지출이 늘어나는데 반해 자급자족형 라이프스타일은 휴일이 많을수록 지출이 줄어든다. 목표는 주 2일제, 즉 일주일에 최소 5일은 휴식 및 자급활동을 한다는 것이다.

후지무라 박사는 이 네 가지 법칙을 바탕으로 자급률에 따른 지출분석을 정리했는데 그것이 〈그림 6-1〉이다.

주 5일을 자급활동에 할애하여 자급률 75%와 자급비용 30%를 달성하면, 소비성 지출은 25%로 줄일 수 있으며, 자급비용은 원래 비용 75%의 30%인 22.5%가 돼 총지출은 '의존형 라이프스타일' 지출의 47.5%가 된다는 것이다.

소비성 지출(25%) + 자급비용 지출(75%X30%) = 의존형 라이프스타일 지출의 47.5%

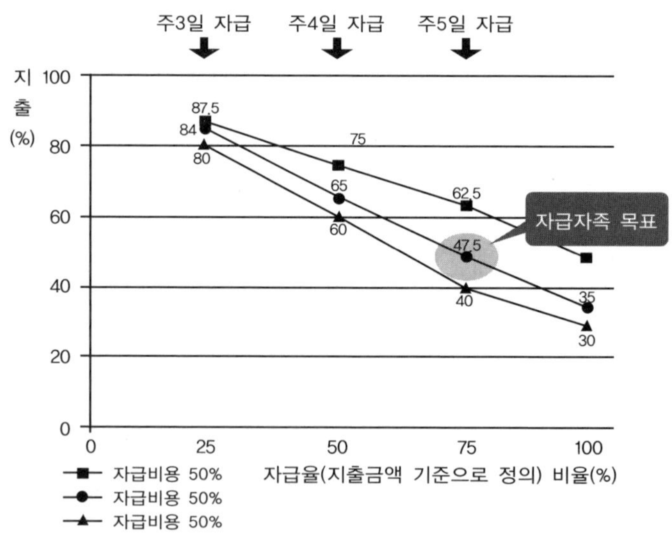

그림 6.1 자급률에 따른 지출분석
출처: 후지무라 야스유키, 『3만 엔 비즈니스―적게 일하고 더 행복하기』, 북센스, 2012. p.67.

　　지출이 이렇게 줄어든 걸 감안해 소득을 역산하면 자급자족형 라이프스타일의 소득은 명목상의 소득보다 훨씬 많은 금액의 가치가 되는데 가령 3개의 3만 엔 비즈니스 아이템으로 월 9만 엔을 버는 사람은 9만 엔을 47.5%로 나눈 값인 19만 엔을 벌어들이는 셈이 된다는 것이다. 이는 한달에 9만 엔을 벌어서 9만 엔 전부를 지출하던 의존형 라이프스타일의 사람이 9만 엔의 47.5%만 지출한다면 나머지 금액인 4만 엔 이상은 매달 저축할 수 있다는 뜻이라는 것이다.

　　후지무라 박사는 기존의 경쟁에서 승리한 자만이 살아남는 삶의 방식 대신 진정한 행복을 찾을 수 있는 삶을 택하라고 조언한다. "사람들은 계속해서 많은 돈을 벌기 위해 많은 시간 일을 합니다. 수입이 늘어날수록 여유 시간은 줄어들고, 그만큼 지출은 늘어나죠. 지출이 늘면 다시 더 많은 돈이 필요하게 되고요. 결국 수입이 늘수록 행복해지는 것이 아니라 불행해지는 악순환이 계속됩니다. 이제 적게 벌지만 자신도, 이웃도 모두 행복해지는 착한 일을 시작하면 어떨까요?"라고 말이다.

**3만 엔 비즈니스의
대표적 사례**　　　3만 엔 비즈니스의 개념은 좋은데 이것을 실생활에서 적용하기는 쉽지 않아 보인다. 3만 엔 비즈니스를 실제로 적용한 사례로 어떤 것들이 있을까. 후지무라 박사는 2000년 봄, 전기 사용은 줄이고 행복지수는 높이는 '비전력화공방'을 설립해 제품 개발과 제자 육성에 힘쓰고 있다. 2006년에는 그동안 추진해 온 '비전력화 프로젝트'의 철학과 성과를 집대성한 『플러그를 뽑으면 지구가 아름답다』(2011년 한국어 번역판 출간)'가 나왔다. 특히 이 책은 오랜 불황과 후쿠시마원전 참사 등으로 인해 미래에 대한 기대를 상실하고 불안과 절망에 빠져 있는 일본 젊은이들에게 뜨거운 호응을 얻고 있다고 한다. 후지무라 박사는 2000년을 기점으로 일본에서는 좋은 학교를 나와 도시에서 좋은 직장을 얻고 많은 돈을 벌면서 소비생활을 즐기는 '출세경쟁지향' 젊은이와, 자연과 가까운 시골에서 좋아하는 친구들과 서로 도우면서 돈은 적지만 행복하게 사는 걸 희망하는 '평화공생형' 젊은이의 비율이 역전되었다고 한다. 일본 전역에는 젊은이들이 자발적으로 만든 '3만엔 비즈니스' 연구모임이 4만 3000개나 생겼다는 것이다.

우선 3만 엔 비즈니스의 대표적인 사례로는 후지무라 박사가 문을 연 '비전력화공방'을 들 수 있다. 2007년 여름에 일본 도치키현 나스(那須)정으로 이사한 후지무라 박사가 만든 '비전력화공방'은 일반인들의 견학을 허용하는 작은 테마파크라고 한다. 여기서 느낄 수 있는 것은 2가지로 하나는 '에너지와 돈을 쓰지 않고도 실현가능한 풍요로운 삶이 있다'는 것과 또 하나는 '스스로 할 수 있는 일이 매우 많다'는 것이다.

비전력화공방에서 만드는 것은 '비전력 왕겨 단열주택'이다. 단열재로는 농가에서 공짜로 얻을 수 있는 왕겨를 사용했고, 비전력화공방 부지의 흙으로 내부와 외부를 미장했으며, 화학제품은 전혀 사용하지 않았고, 삼각형 패널을 조립한 '돔하우스' 구조이기 때문에 지진에도 끄떡없을 정도로 견고하다는 것이다. 또한 냉난방과 환기와 습도 조절에 에너지를 사용하지 않아도 쾌적한 실내 환경을 유지하기 때문에 '제로에너지 하우스'이기도 하다고 한다. 비전력 왕겨 단열주택은 비전력화공방 사람 4명이 4주 걸려 지었는데 재료비는 20만 엔 들었고, 워크숍 형태로 연인원 70명 정도가 파트타임으로 참가해주었기에 4명이 5주간 일한 셈이 된다고 한다. 또한 비전력화공방에서는 태양열 온수기를 이용한 '비전력 목욕탕'을 만들었는데 비용이 15만 엔 정도 들었다고 한다. 이를 전문업자에게 맡기면 보통 50만~70만 엔 정도의 비용이 들고, 새 가마솥 욕조는 20만 엔, 가마를 설치하는 공사비 50만 엔, 수도공사비 30만 엔, 이런 식으로 해서 총 380만 엔이나 드는 목욕탕을 단돈 15만 엔에 만들었다는 것이 놀랍다. 전체 공정은 3주가 걸렸는데 태양열 온수기는 재료를 공구상에서 구입해 제작했다고 한다.

또한 '10만 엔으로 만든 비전력 바이오 화장실'도 있다. 바이오 화장실은 물을 사용하지 않고 미생물로 대소변을 분해해서 유기비료로 만드는 화장실이라고 한다. 겨울에 날씨가 추워지면 미생물의 활동력이 약해지므로 미생물을 돕기 위해 화장실 난방이 필요하다는 점과, 미생물의 활동을 활성화하기 위해 변을 잘 섞어줘야 한다는 것이 가장 큰 문제라고 한다. 이 문제를 기술적으로 해결하기 위해 만든 것이 바로 비전력 바이오 화장실인데 우선 겨울철 난방은 태양열을 사용하는데 겨울에 영하 40℃까지 내려가는 몽골에서도 사용했기에 다른 곳에서도 문제가 없다는 것이다. 대소변을 따로 받기 위해 좌변기를 인간의 신체에 맞게 살짝 비틀어서 설계했고, 분해통도 운반하기 쉽게 만들어서 흙과 섞어 퇴비간으로 나르기만 하면 된다고 한다. 또한 비전력 냉장고도 만든다는 것이다. 예를 들면 전기가 없어 냉장고를 사용할 수 없는 몽골의 유목민에게 맑은 달빛과 별빛만으로 작동하는 냉장고를 개발해, 그 지역 주민들에게 합당한 비용에 맞춰서 만들기도 했다는 것이다. 비전력화공방은 이 경우 '냉장고 만들기 워크숍'을 열어 하루 종일 참가자들이 직접 만들어 집으로 가지고 갈 수 있게 했는데 재료비, 식대 등의 비용을 고려해 참가비를 3만 엔 정도 받는다고 한다.

후지무라 박사가 제시하는 3만 엔 비즈니스의 구체적 사례들은 아주 많다. 유기농 달걀 배달, 자동차 배터리 재활용 비즈니스, 왕겨 단열재 비즈니스, 불춤 출장 퍼포먼스, 오가닉 마르쉐, 유기농 채소시장, 친환경 임산부 옷 돌려 입기, 벽돌 오븐 만들기, 스트로베일 하우스 B&B, 트리하우스 주말 카페, 빗물 비즈니스, 장작 비즈니스, 무농약 녹차 재배 비즈니스, 태양열 온수기 비즈니스, 주말농장 비즈니스, 잉여채소 배달 서비스, 건강 도시락 배달 서비스, 장보기 대행 서비스, 솔라 시스터즈, 에코하우스 투어, 효모 비즈니스, 태양열 오븐 만들기, 커피 생두 비즈니스 등 다양하다.

그 중 '친환경 임산부 옷 돌려 입기'는 예쁘고 편하며 건강에 좋은 임산부 옷을 4명의 임산부가 돌려가며 사용하는 것이 콘셉트이다. 핵심은 예쁘고 안심할 수 있는 임산부 옷을 적절한 가격에 제공하는 것이라고 한다. 우선 시중 가격의 10% 수준에 임산부 옷을 구입해 순서를 정해 돌려 사용하지만 매번 새것을 받는 느낌이 들도록 리폼한다. 영업지역과 회원 고객수를 제한하되 좋은 물건은 공유하고 재사용하는 문화를 만들어 나가는 것이 중요하다는 것이다. 선배 임산부와 후배 임산부가 교류하며 좋은 이웃이 될 수 있도록 배려하는 것이 바람직한데 이 경우 한 벌당 수입은 5,000엔 × 4명 = 2만 엔, 한 벌당 제조비용+3회 리폼 비용 =1만 2000원, 스태프 1인당 월수입=3만 엔이라는 것이다.

'장보기 대행 서비스'는 고령자나 장애인과 같이 혼자서 장을 보는 게 불편한 사람들을 고객으로 주 1회 장을 봐주는 것이다. 소형 트럭으로 배달이 가능한 거리에 사는 10명의 고객을 확보해 주 1회 방문해서 쇼핑아이템을 확인하고 장을 봐서 배달하는 일이다. 쇼핑 대상은 슈퍼마켓을 포함해서 여섯 점포 이내로 제한하는데 이 경우 소요시간은 5시간 정도라고 한다. 1인당 서비스 요금은 800엔을 받는데 월 4회로 3,200엔, 10명이면 3만 2000엔, 주유비 2,000엔을 빼면 월 3만 엔의 수입을 얻을 수 있으며 소요시간은 한 달에 20시간 정도라고 한다. 일본의 경우 일반적인 장바구니 대행서비스는 회당 약 3,000엔이라고 한다.(후지무라 야스유키, 2012)

7

도농상생

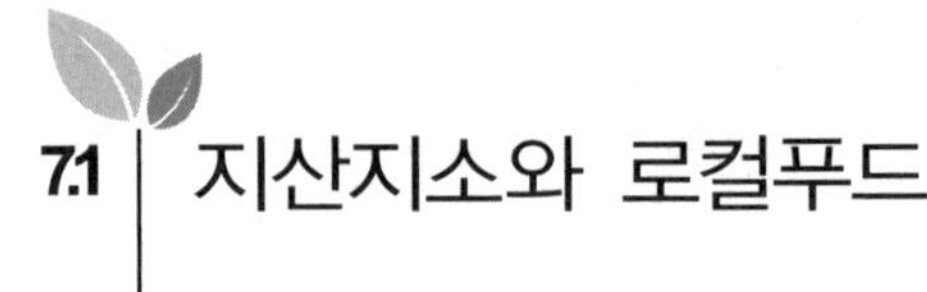

7.1 | 지산지소와 로컬푸드

지산지소 지산지소(地産地消)란 '지역생산(地域生産)·지역소비(地域消費)'의 약어로 지역에서 생산된 다양한 생산물이나 자원(주로 농산물이나 수산물)을 그 지역에서 소비하는 것을 말한다. 지산지소라는 말은 1981년 당시 일본 농림수산성 생활개선과가 4개년 계획으로 실시한 '지역내 식생활 향상 대책사업'에서 나왔다. 잡지 『식(食)의 과학』 1984년 2월호에 당시 아키타현 가와베(川辺)정이 이 사업에 노력해 녹황색 야채나 서양야채의 생산량을 증가시키는 운동을 실시해 '지산지소에 의한 식생활 향상'을 표방했던 것이 잘 나와 있고, 같은 시기에 일본 전국 각지의 농업관계자 사이에서 널리 사용된 말이라고 한다.(ja. wikipedia.org)

김영섭·손황제는 『CEO FOCUS』 제220호(2009.1.12)의 '일본의 지산지소 현황과 시사점'이란 글에서 지산지소라는 용어의 기원은 1981년 일본 농림수산성이 과다 염분 섭취 방지, 균형적인 식생활 유지를 위한 채소 증산을 위해 '지산지소'를 표방했고, 1987년 다카시 농림수산정책연구소장이 유기농산물 생산자 간에 사용되던 '지역생산 지역소비'에서 힌트를 얻어 사용했다고 한다. 또한 2000년 제20회 및 2003년 제23회 JA(일본 농협 약칭) 전국대회에서 '지산지소'가 강조되면서 전국적으로 확산됐다는 것이다. 지산지소의 본래 의미는 지역에서 생산된 것을 해당지역에서 소비·판매하는 것을 말하는데 최근에는 지역 농산물의 생산과 소비행위뿐만 아니라 생산자와 소비자를 연계하는 활동과 지역 농산물을 매개로 한 다양한 활동으로 확대하고 있고, 또한 '지역'의 범위도 가능한 한 가까운 곳으로 하되, 연중 판매나 품목·품질, 물량확보 가능성을 고려해 유연하게 설정하고 있다는 것이다. 이러한 일본의 지산지소운동은 우리나라의 신토불이(身土不二)나 이탈리아의 슬로푸드(Slow Food), 미국의 공동체지원농업(CSA: Community Supported Agriculture)과 유사하다고 보고 있다.

이렇듯 당시의 지산지소는 일본의 전통적인 식생활에 의한 영양소 미네랄 불균형의 시정을 통해 건강한 생활을 보내는 한편 남아도는 쌀을 해소하는 감반(減反)정책의 일환으로 타품목 농산물의 생산을 촉진하고, 기후변화에 약한 쌀 단일재배에서 농산물의 다양화를 통한 위험 분산 등 다양한 경제적 인센티브에 의해 추진됐다고 한다. 또한 미일교섭에 의해 1990년 4월까지 농산물가공품 10개 품목, 1991년까지 쇠고기 오렌지 등 계 12개 품목이 수입자유화됨으로써 일본 국내 농산물보다 값싼 수입농산물이 시장에 넘치게 돼 밀가루, 메밀, 문어 등 일본요리에 필요한 식재 대부분을 수입에 의존하는 식량의 '원산원소(遠産遠消)'가 촉진됐던 것이다. 한편 1990년대 들어 중국산 농산물이 일본 국내 시장에 범람해 먹을거리의 안전문제가 크게 부각되자 이러한 가운데 비싸더라도 '안심하고 안전하게 먹을 수 있는 고품질 국내산 농산물'이 시장에서의 경쟁력을 확보하게 되면서 지산지소의 흐름이 서서히 정착되게 됐다고 한다.(ja.wikipedia.org)

김영섭·손황제(2009)는 일본의 최근 지산지소 관련 정책으로 2005년 3월 '식료·농업·농촌기본계획'과 2006년 3월의 '식육기본계획'을 소개했다. '식료·농업·농촌기본계획'은 '식육(食育)'과 '지산지소'를 전국적으로 전개해 식량자급률을 제고하겠다는 방침이다. 지역 소비자 욕구에 맞춘

농산물을 생산하고 지역에 기반을 둔 식재료나 식생활 문화를 널리 알려 국민에게 음식이나 농(農)에 대한 인식을 깊게 하는 기회를 제공하고 일본 국내 농업과 식품산업의 연계를 강화하며 지산지소나 소비자 직거래를 추진해 국내 농축산물의 생산증대를 도모한다는 것이다. 이를 위해 농업인은 다음 업종의 사례를 활용한 기술개발이나 신규 판로의 개척 등 수요에 맞게 생산하고, 지자체는 지역 식량자급률이나 지산지소 목표를 설정하는 등 식육활동을 추진한다는 것이다. 또한 '식육기본계획'은 학교급식에서 도도부현(都道府県)의 지역 농산물 사용 비율을 2004년 현재 21%이던 것을 2010년에는 30%로 확대하기 위해 지산지소를 통해 어린이가 올바른 식습관을 갖게 하고 농산물 생산에 대한 관심과 이해를 높이며 학교급식에 지역 농산물 사용을 확대하고 쌀밥 급식의 보급 확산을 도모한다는 것이다.

2007년에 후쿠야마현 히미(氷見)시 농업협동조합이 지역 내에서의 지산지소 추진을 위해 설립한 '신선한 히미 지산지소추진협의회'가 일본 국내에서 처음 국가의 '제안형 지산지소 모델타운사업'의 지정을 받았고, 2010년 12월에는 '지역자원을 활용한 농림어업 등에 의한 신사업의 창출 및 지역 농림수산물의 이용촉진에 관한 법률'이 공표돼 농산어촌에 있어 6차산업화*를 추진함과 동시에 일본 국내산의 농림수산물의 소비를 최대로 하는 지산지소 등의 촉진에 관한 시책을 종합적으로 추진하게 됐다.(ja.wikipedia.org)

이러한 지산지소의 확산을 보여주는 것이 산지 직판장 수이다. 2005

---

* 1990년 일본 국토청이 발간한 『신농촌디자인』에서 처음 사용됐다고 알려져 있다. 6차산업이란 1차산업(생산)X2차산업(가공)X3차산업(판매·유통)의 복합농산업화를 의미하며, 여기에는 농촌체험, 학습, 교류 등이 포함된다.

년 일본 농림업센서스에서 산지 직판장 수는 1만 3538개소로 추산되는데 무인판매장 또는 부정기 직판장이 40%, 상설매장이 32%, 아침 또는 저녁시장이 23%인 것으로 나타났다. 2007년 농림수산성의 산지 직판장 실태조사에 따르면 평균 매장면적은 119㎡, 종업원 수는 7.4명이며, 산지 직판장 운영주체는 생산자(그룹)가 64%, 농협이 18%인 것으로 나타났다. 연간 직판장당 판매액은 총 3,387만 엔 중 지역 농산물이 2,518만 엔으로 야 74%를 차지했으며, 판매액으로 볼 때 야채류 42.2%, 과실류 17.0%, 농산가공품 12.9%, 화훼류 8.9%, 쌀 6.5% 순으로 나타났다는 것이다.

그러면 '지산지소'의 범위는 어디까지인가. 일본의 경우 국내 농산물은 보통 같은 도도부현내에서 생산된 농산물에 대해 '지산지소'로 취급을 하고 있다. 또한 지역 농산물을 손쉽게 구입할 수 있는 농산물직매소가 전국으로 확산되고 있는데 특히 근년 주요 도로 주변에 지역 토산품 종합판매소인 '미치노에키(道の駅)'가 늘어나면서 그 주요시설로서 농산물직매소의 역할도 새로워지고 있다고 한다.

지산지소의 장점은 첫째, 제철음식을 수시로 신선하게 먹을 수 있다는 것이다. 둘째, 소비자와 생산자의 거리가 가깝기에 선도가 좋고 야채의 영양가가 높다는 것이다. 셋째, 지역경제의 활성화, 지역에 대한 애착과 연결된다는 것이다. 넷째, 지역의 전통적 식문화의 유지와 계승이 가능하는 것이다. 다섯째, 농수산물의 수송에 관련된 에너지를 줄일 수 있다는 것이다. 이는 푸드마일리지와 관련이 있다. 반면에 단점으로는 지산지소가 지역농산물만을 소비하는 것으로 오해함으로써 보호주의나 소지역 블록경제로 연결될 우려도 있다는 것이다.

일본의 경우 지산지소는 학교급식과 밀접한 관계를 맺고 있다. 2005년 11월 독립행정법인 농축산업진흥기구 설문조사 결과 학교급식에서 지역농산물을 이용하는 초중고는 94% 정도를 차지하고 있다는 것이다. 개별학교별 급식학교는 523개교(53.5%), 급식센터를 이용하는 학교는 432개교(44.2%)로 나타났다. 품목별로는 야채 사용비율이 97%로 가장 높았고, 쌀 88.7%, 과일 67.8%, 우유 64.8%, 가공식품 49.9% 순으로 나타났다.

김영섭·손황제(2009)는 일본의 지산지소의 효과와 시사점을 다음과 같이 들었다. 효과면에서 지산지소는 첫째, 산지 직판장에서의 농축산물 판매로 생산자에게는 소농의 판로 확보와 유통비용을 절감하게 하고, 소비자에게는 안전한 농축산물을 공급한다는 것이다. 둘째, 학교급식을 통해 국산 농축산물 소비 확대는 물론 어린이들에게 올바른 먹거리교육이 가능하다는 것이다. 일본의 경우 전국적으로 약 5,000억 엔의 식재료 수요가 있는 학교급식에 일본산 농축산물의 공급 확대가 가능하다는 것이다. 셋째, 그린투어리즘, 지역 소재 사원식당에서의 지역 농산물 이용 확대 등 지역경제 활성화에 기여한다는 점이다. 그리고 우리나라에 시사하는 점으로는 첫째, 일본의 지산지소는 우리나라의 '신토불이운동'과 비슷한 우리 농산물 애용운동으로 볼 수 있다는 것이다. 신토불이운동이 계몽적이고 캠페인적인 성격이 강해 시간이 지나면서 국민들의 인식이 약해지고 있는 반면, 일본의 지산지소는 지역생산 지역소비로 유통비용 절감, 식품안전 보장 등 실질적이고 경제적인 면을 강조해 일본 국민들에게 부각됐다는 점이다. 둘째, 지산지소는 농촌경제 활성화 측면에서 보면 우리나라 농협을 중심으로 한 '농촌사랑운동'과도 추구하는 목적이 같다는 것이다. 농촌사랑운동은 '1사1촌' 등 도농교류 위주로만 추진되면서 농민 실익으로 이어지지 못하는 한계를 보이는 반면, 지산지소는 농산물 판매를 기본으로 지역 소비자에게 지역 농산물 판매, 학교급식, 도농교류 등으로 농촌에 경제적 실익을 제공하고 있다는 점이다. 셋째, 신토불이, 농촌사랑운동을 농업, 농촌 실익운동으로 승화시키기 위해서는 농산물 판매를 기본으로 한 사업 개발이 필요하다는 것이다. WTO 등 국제규범에 합치되기 위해 '우리 농산물'보다는

'지역생산 지역소비'라는 지역 차원의 접근이 바람직하며, 직판장, 학교 급식, 지역 관광사업 등을 지역 농산물 판매와 연계하고 있는 대내외의 다양한 사례를 발굴해 사업화할 필요가 있고, 소비자의 수요에 맞는 생산, 중앙정부 차원의 적극적인 지원, 지방행정조직 및 농협의 창의적 사업개발 등 공동 노력이 중요하다는 것이다.

로컬푸드운동 세계화를 위한 전 지구적인 거래를 하게 되면 거대한 양을 이동시키기 위해 연료가 반드시 필요하고 또 보존하기 위한 노력을 해야 하므로 직접적으로는 기후변화에 영향을 주고 간접적으로는 식품안전의 문제에 직면할 수가 있는데 이러한 문제를 극복하고자 하는 운동이 로컬운동이며 소비생활을 통해 삶의 양식의 변화를 도모하고자 하는 운동이 로컬소비이다. 이러한 로컬소비는 자국의 상품을 보호하고 육성하기 위해 자국제품만 이용하고 외국 제품을 사용하지 못하도록 하는 국산품 애용과는 다르다. 국산품 애용은 제품에 대한 선택의 자유가 보장되지 못하여 소비자의 권리가 무시될 수 있고 국가나 정부의 과잉보호로 인해 기업의 경쟁력을 약화시킬 수 있기 때문이다. 반면에 로컬소비는 지역의 제품을 그 지역의 주민이 소비하게 함으로써 공동체 결합을 증진시키고 가난과 불평등을 감소시키며 생활과 사회적 생산, 그리고 환경을 개선시키고 안전성을 제공하는 등 바람직한 역할을 한다.(천경희 외, 2000)

로컬푸드운동의 대표적 사례는 이탈리아의 슬로푸드(slow Food)운동이라 할 수 있다. 슬로푸드운동은 맛의 표준화와 전 지구적인 미각의 동질화를 없애고 지역 특성에 맞는 다양한 식생활 문화를 추구하자는 국제운동이다. 1986년 이탈리아 로마에 패스트푸드의 대명사인 맥도널드 햄버거가 진출해 전통음식을 위협하자 이탈리아 북부 피에트몬트 지방의 브라라는 곳에서 슬로푸드운동이 시작됐다. 슬로푸드의 심벌은 느림을 상징하는 달팽이이다. 그 뒤 1989년 11월, 프랑스 파리에서 세계 각국 대표들이 모여 음식 관련 정보 교환, 즐거운 식생활의 권리 보호, 산업 문명에 따른 식생활 양식 파괴에 대한 대처방안 등을 주요 내용으로 하는 '슬로푸드 선언'을 채택함으로써 현재 50여 개국으로 운동이 확산되고 있다. 슬로푸드본부는 이탈리아의 브라에 있다. 2000년부터는 슬로푸드 시상대회를 개최하고 있는데 지난 2001년 포르투갈의 포르토에서 열린 제2회 슬로푸드 시상대회에서는 경남 남해 창선에서 죽방멸치를 생산하고 있는 유광춘 씨가 상을 받은 적이 있다.

슬로푸드 본부가 있는 브라는 인구 2만 8000명 규모로 16~17세기 바로크풍 성당과 팔라초(궁전)가 늘어선 마을은 고풍스럽지만 관광지로는 무명에 가까웠는데 바로 '잘 먹고 잘 살자'는 선언, 즉 슬로푸드운동으로 유명해졌다. 브라에서 열리는 치즈축제에는 600여 가지 치즈가 등장하고 12만 명의 인파가 몰린다. 슬로푸드 영화제도 있다.(천경희 외, 2000)

우리나라에도 최근 들어 로컬푸드운동이 지자체의 정책으로 확산되고 있다. 국내 최초로 로컬푸드운동을 정책으로 도입한 곳은 전북 완주군이다. 완주군은 2008년 농업농촌발전 '약속프로젝트'를 발표하고 매년 100억 원씩 5년간 500억 원을 농정혁신분야에 투자하기 시작했다. 이런 과정에서 나온 것이 로컬푸드 직매장 개설이다.

전북 완주 용진농협이 2012년 4월 전국에서 처음으로 280㎡ 규모의 로컬푸드 직매장을 개설했다. 완주지역 200여 농가가 생산한 각종 신선 채소류와 특산가공품 등 100여 품목이 이곳에서 판매되고 있으며, 직매장이 문을 연 지 5개월을 갓 넘겼지만 고객이 하루 평균 1,200명을 웃돌고, 매출액도 일평균 3,000만 원에 달하는 등 당초 예상보다 빠르게 정착하고 있다는 것이다. 전북지역의 경우 농협별로 다소 차이는 있지만 도시 농협에서 운영하는 990㎡ 이상 규모의 하나로마트 하루평균 매출액이 3,000만 원을 밑도는 것과 비교하면 280㎡의 로컬푸드 직매장 매

국내 최초로 개설한 전북 완주 용진농협의 로컬푸드 직매장

© 강평석(완주군청 농촌활력과 직원)

출액은 이보다 세 배가 넘는 셈이다. 로컬푸드 직매장이 이같이 소비자들로부터 큰 호응을 얻는 것은 무엇보다 농가가 소비자에게 직접 농산물을 판매하면서 물류비와 포장비를 줄여 판매가격을 시중보다 20~30% 낮췄기 때문이며, 당일 생산, 당일 판매 원칙을 고수하면서 농산물의 신선도를 높였고, 농협이 잔류농약검사를 실시, 안전성을 높인 것도 인기 비결로 꼽힌다는 것이다. 완주 용진농협에 이어 로컬푸드 직매장 2호점이 2012년 10월 전주시 효자동에 생겼다. 이는 전주시와 완주군의 상호 협력의 결과물로 전주시가 옛 효자4동 주민자치센터를 리모델링해 완주군에 제공했고, 완주군은 지역에서 생산된 안심 먹거리를 전주시민에게 공급하기로 한 것이다. 로컬푸드 직매장 2호점의 운영은 농업회사법인인 ㈜완주로컬푸드에서 책임지고, 완주지역의 소규모 농가들이 매일 아침 수확한 신선한 농산물을 소포장해 매장에 출하하면서 가격도 농가 스스로 결정하는 시스템으로 운영되며, 하루가 지나도록 팔리지 않는 품목은 출하농가에서 잔량을 회수해 폐기하는 1일 유통 원칙이 적용된다는 것이다.(농민신문, 2012.11.5) 완주군은 또한 2013년 7월 하순에 구이면이 위치한 모악산 자락에 로컬푸드 직매장 3호점인 '로컬푸드해피스테이션'을 개장했다. 로컬푸드직매장에는 완주지역 농업인 500여 명이 당일 수확한 신선한 채소와 제철과일, 된장, 장아찌 등 300여 가지의 농산물 및

농식품이 판매된다고 한다.(농업신문, 2013.7.31)

이러한 로컬푸드운동은 원주시와 대구시 등 전국 지자체로 확산되고 있다. 원주시는 로컬푸드 활성화를 위해 원주지역 각급 학교에 친환경농산물을 안정적으로 공급하는 '원주푸드종합센터'의 설계공모 당선작을 2012년 8월 발표하고 건립을 위한 실시설계에 들어갔다. 원주푸드종합센터는 60억 원의 사업비를 투입해, 흥업면 대안리 옛 대안초교(1만966㎡) 부지에 연면적 3,600㎡ 규모로 건립될 예정이며, 원주지역 로컬푸드와 학교급식, 소비자 교육, 원주푸드 인증업무 등도 담당한다는 것이다. 또한 원주푸드 인증을 받은 농산물의 보관·포장·가공 등 유통 업무를 담당하게 될 센터는 2013년 하반기 준공, 시험 가동 등을 거쳐 2014년 신학기부터 본격적인 운영에 나설 계획이라는 것이다.(강원도민일보, 2012.8.21)

대구시의회는 2012년 12월 13일 '대구광역시 로컬푸드 활성화에 관한 조례'를 통과시켰다. 제정된 조례는 ① 로컬푸드 정책과 지역농식품의 정의 및 기본 이념, ② 생산자와 소비자의 역할, ③ 5년 단위의 계획 수립, ④ 심의기구인 정책협의회와 전담조직인 지원센터 설치, ⑤ 생산가공 및 유통에 대한 지원 방안, ⑥ 시민과 종사자 교육, ⑦ 공공부문의 로컬푸드 우선 사용 등을 명시함으로써 제도적 틀을 종합적으로 갖추고 있다. 특히 순수한 생산자와 소비자 간 직거래 매장인 '농민장터'가 이 조례에 의해 지원받을 수 있게 되고 학교급식 등 공공부문의 지역 농식품 우선 사용 등으로 인해 외곽지 농민장터 활성화와 지역 농식품 유통체계의 변화 등이 예상된다는 것이다. 대구시도 2013년에 1억 원을 투입해 농민장터와 생산자단체의 대규모 소비처 직거래장 등 두 개의 시범사업을 계획 중이라고 한다.(매일신문, 2012.14)

이러한 로컬푸드운동은 '로컬푸드 조례'에 힘입은 바 크다. 제도화가 중요한 것이다. 이러한 사례를 잘 보여주는 경우가 20년 이상 로컬푸드 운동을 추진해온 일본 에히메현 이마바리(今治)시 사례이다. 이마바리시는 2006년 9월 '이마바리시 먹을거리·농업의 지역 만들기 조례'를 제정했다. 이마바리시는 원래 1983년에 학교 급식에 유기농산물을 도입하고 지역산 식재료를 먼저 사용하는 사업을 시작했고, 1988년 시의회가 '식량의 안전성과 안정 공급시스템을 확립하는 도시 선언'을 의결했는데 2005년 통합시가 되면서 2006년 '새롭게' 조례를 제정한 것이다. 이 조례는 로컬푸드 추진, 식생활 교육 추진, 유기농업 진흥의 세 가지를 축으로 지역 만들기를 추진하며, 부처 이기주의를 배제해 행정의 지속성을 확보하고 있다. 그리고 유기농산물의 생산과 소비 확대, 유전자조작식물(GMO)의 재배 규제, 지역농업의 육성을 통한 식량 자급률 제고, 안전한 먹을거리 생산 시민의 육성, '먹을거리·농업의 지역 만들기 위원회' 설치 등을 규정하고 있다. 이러한 노력을 통해 이마바리시는 학교급식에 있어 지역산 채소와 지역산 특별 재배 쌀, 100% 지역산 밀을 사용한 학교 급식용 빵을 공급하고 있다. 지역 조합법인 '마츠기(松木)'는 쌀, 보리, 밀은 물론 고구마도 생산해 지역 브랜드 고구마 소주를 판매하고 있다. (야마시타 소이치 외, 2012)

7.2 | 도시농업과 도농연대

도시농업이란

도시농업이란 도시민이 도시의 다양한 공간을 이용하여 식물을 재배하고 동물을 기르는 과정에서 생산물을 활용하는 농업활동이다. 이를 통해 도시민은 경제적·사회문화적 유익을 얻고, 도시 생활환경의 질적 향상을 도모할 수 있다. 또한 도시와 농촌의 교류를 통하여 농업인과 도시민의 삶의 질을 향상시키는 농업활동을 포함한다. 도시농업을 통해 도시민은 안전한 식품을 자급하는 것에서 즐거움과 보람을 느낄 수 있는 이로움을 얻게 된다. 즉, 식량을 생산하는 1차적 농업과 도시환경을 개선시키는 2차적 농업, 사회·심리적으로 풍요로움을 나누게 되는 3차적 농업의 의미를 모두 포함한다는 것이다. 도시농업에서의 도시는 행정적 기준을 기본으로, 인구 2만 명 이상인 '읍'과 '시'를 도시로 지칭하며, 여기에 거주하는 주민을 도시민으로 규정하고 있다.(오대민·최영애, 2011)

외국의 경우 도시농업이 오랜 역사를 가지고 그 과정에서 각 나라의 특성에 맞는 형태로 발전돼 고유의 용어로서 사용되고 있다. 19세기 중반 도시 빈곤층의 식량문제 해결이나 1·2차 세계대전과 같은 특수한 상황으로 인한 식량난을 해결하기 위한 수단으로 도시농업이 확산됐던 것에 비해 최근의 도시농업은 농업의 기본적인 목적인 식량생산 이외에

도 농업이 가지는 다원적 가치를 포함하는 활동으로서 그 의미를 확장하고 있다.(백혜숙, 2012)

나라별 도시농업의 역사는 백혜숙(2012)과 하치스카 히로코, 사쿠라이 이사무(2012)를 참고하면 크게 영국의 할당채원지, 독일의 분구원, 미국의 커뮤니티 가든, 일본의 시민농원, 쿠바의 오가노포니코, 러시아의 다차 등을 중심으로 전개돼 왔다고 볼 수 있다.

우선 영국의 할당채원지(Allotment Garden)이다. 할당채원지는 작물재배를 목적으로 개인에게 임대해주는 토지를 일컫는 데 19세기 말 사회문제로 대두된 빈곤층 식량생산의 일환으로 도시지역에서 시작돼 1·2차 세계대전을 계기로 크게 증가했다. 2차 세계대전 중인 1943년에는 약 140만 개에 달했으나 1970년대에는 약 50만 개로 감소했다가 1996년 광우병과 2001년 구제역 파동 이후 안전한 식품에 대한 국민들의 요구가 높아지면서 도시농업으로 부각되고 있다는 것이다.

독일의 경우 분구원(Kleingarten)*이다. 분구원은 19세기 중반 빈민원(Armenngarten)에서 시작해 전쟁과 세계공황중에는 도시인들의 식량공급원으로서 중요한 역할을 수행했고, 전후에는 여가 및 레크레이션 공간으로 변화했다. 독일은 1919년 도시계획에 필수적으로 분구원을 설치하도록 했고, 1980년대 이후 생산적 기능이나 여가 및 레크리에이션의 기능보다는 보전적인 측면을 고려한 생태공원의 성격으로 전환됐다. 분구원은 시 전체 면적의 1.4%에 이르는 대규모 녹지면적으로 자연과 인간을 연결시켜주는 도시 내 녹지축의 기본단위가 되고 있다는 것이다.(김옥진, 2009)

미국의 경우 커뮤니티 가든(Community Garden)이다. 커뮤니티 가든은 지역 거주민의 오픈 스페이스에 대한 요구를 충족시키고 일거리 창출 및 직업

---

* 클라인가르텐은 직역하면 '작은 정원'인데, 작은 구획으로 나눴다는 의미에서 분구원이라고 한다.

체험이나 원예치료, 스포츠 및 레크리에이션을 위한 활동에 가드닝을 도입하면서 시작됐다. 1979년 설립된 ACGA(미국커뮤니티가든협회)는 미국과 캐나다에 공동체정원을 확대하고 커뮤니티를 구축하고 있다고 한다.

일본의 경우 시민농원이다. 일본의 시민농원은 주말농장형태의 농원으로 1920년대 독일의 분구원제도를 받아들여 농작물을 재배하고 농사교육 등을 실시하는 것으로 시작됐다. 도시농업을 통해 장애자·고령자에 대한 대책을 마련하고 도농교류를 촉진시키는 것으로 목적으로 1975년에 이르러 일반화됐다*. 시민농원은 독일의 분구원을 모방했지만 분구원의 사상만 흡수하고 일본식으로 변형한 것으로 독일의 분구원과 달리 도농교류 촉진을 위해 농촌지역에 조성돼 있어 농촌관광사업의 일환으로 추진되고 있는 것이 특징이라는 것이다.

쿠바의 경우 오가노포니코(Organopónicos)이다. 오가노포니코는 쿠바의 주요텃밭으로 도시의 빈터나 주차장, 아파트의 베란다 등을 활용한 집약적 텃밭농장을 말한다. 미국의 해상봉쇄와 소련 붕괴로 원조가 끊기자 원유와 생필품 공급중단으로 발생한 심각한 식량난의 대안으로 이와 같은 도시농업과 유기농법을 도입했다는 것이다. 쿠바 정부는 기존 단작 중심의 대농장체계의 토지를 개인이나 협동조합에 아주 저렴한 비용으로 분배하는 토지개혁을 실시했으며 동시에 산업화로 훼손된 토양개선을 단행했고 지렁이농법, 순환농법, 지역토양연구소의 네트워크화 등을 주요사업으로 진행했다는 것이다.

러시아의 경우는 다차(Dacha)이다. 러시아어로 다차는 '전원의 저택'을 의미한다. 다차 소유자는 주택 인근에 개인소유 또는 국유의 텃밭을 일구면서 가축을 키운다. 다차는 피요트르대제시대부터 시작했다. 소련시

---

* 일본은 시민농원을 활성화하기 위해 그 뒤 1989년 '특정농지대부법', 1990년 '시민농원정비촉진법'을 제정해 시민농원의 법적 기반을 마련했다.

대에 다차는 노동자의 휴양시설로 도시근교에 다수 정비됐다. 다차의 토지는 국가 또는 기업조합으로부터 희망자에게 싼 값으로 지급돼 토지를 받은 시민은 스스로 텃밭이나 오두막 등을 정비했다. 러시아국민에게 다차는 '자활(자급자족)'이라는 최후수단으로 먹을거리를 얻는 최후의 보루였다고 한다.

신지 이소야(進土五十八) 전 도쿄농업대학장은 『그린·에코라이프―농(農)과 연결되는 녹지생활(グリーン·エコライフ ―「農」とつながる緑地生活―)』(2010)이란 책에서 현대인 모두가 어떠한 형태로든지 농업과 교감을 가지는 삶을 살아야 한다며 '전국민 제5종겸업농가화'를 주장했다. 그것은 일본 농림수산성 통계에 따르면 농가는 전업농가와 겸업농가로 나뉘어지며, 소득 중 농업수입이 많은 농가를 제1종 겸업농가, 농업수입이 적은 농가를 제2종 겸업농가라고 하는데 그가 '제5종 겸업농가'라 이름붙인 것은 '농(農)'과의 관계를 상징적으로 ① 유농(游農), ② 학농(学農), ③ 원농(援農), ④ 낙농(楽農), ⑤ 정농(精農)이라는 5가지 형태를 제시하면서 이 다섯 가지를 겸하는 삶이 돼야 한다는 것을 강조한 말이다. 그는 도시 사람이 '농업'과 교감하는 방법으로 가정채소밭과 시민농원을 빌려, 놀이(레크리에이션)로 야채와 꽃을 만드는 것이 '유농'이며, 아이들이 학교에서 음식이나 농업에 관해 배우면서 벼를 심거나 비오토프에서 환경학습을 하거나 농업체험을 하는 것은 '학농', 좀 더 본격적으로 계단식 밭의 모내기나 동산의 풀베기작업을 돕거나 하며 지역의 농업을 걱정하고, 농촌을 돕는 자원봉사활동을 하는 것을 '원농'이라 하고, 농업을 연구해 생산성 향상을 목표로 열심히 영농하는 것을 '정농'이라고 한다는 것이다.

일본에는 최근 '반농반(半農半)X'라는 트렌드도 있다. '반농반X'의 발상은 제창자인 시오미 나오키(塩見直紀) 반농반X연구소장에 따르면 '지속가능한 농업이 있는 작은 생활을 계속하며, 천부적인 재능을 사회를 위해 살려, 천직(X)를 행하는 생활방식 또는 삶'이라는 것이다. 이는 우리가 알고 있는 '귀농'이나 '농촌생활'과는 달리 도시에서도 가능하다는 것이다. 도시생활에서 어떤 형태든지 '농업'과 연계된 삶을 사는 것이 '반농반X'라는 것이다. 이것은 신지 학장의 '제5종 겸업농가화'와 상통하는 면이 있다. 이러한 것은 모두 비록 도시에 살더라도 자연과 생명의 관계를 느끼고 자신의 존재를 깨달으며 '대지' 또는 '농업'과 연관을 지속적으로 맺는 생활이 인간에게는 근원적으로 필요한 것이라는 생각에서 나온 것이라 볼 수 있다.

우리나라에서 도시농업이란 말이 쓰인 것은 그리 오래되지 않는다. 우리나라 도시농업의 기점은 1990년대 후반 서울시농업기술센터가 시작한 주말농장 사업으로 보고 있다. 공식적으로 도시농업이란 표현을 쓴 것은 2004년 (사)전국귀농운동본부였다. 전국귀농운동본부는 산하에 도시농업위원회를 두고 도시농부학교와 텃밭지도사 등 도시농업 보급을 위한 교육과 함께 시민텃밭 운동·도시농업 조례 만들기를 지원하고 있다.(국제신문, 2010.7.5)

국내에서 도시농업은 주로 지방자치단체의 조례 수준에서 다뤄지고 있다. 국가 차원에서는 '도시농업의 육성 및 지원에 관한 법률(법률 제11096호)'이 2011년 11월에 제정됐는데 '도시농업'을 '도시지역에 있는 토지, 건축물 또는 다양한 생활공간을 활용하여 농작물을 경작 또는 재배하는 행위'라고 정의하고 있다. 지방자치단체의 조례에는 '도시농업'과 더불어 관련된 개념으로 '시민농업', '상자텃밭', '도시텃밭', '친환경도시농업', '주말체험농장', '시민농장' 등 유사한 용어가 사용되고 있으나 대부분 도시농업을 소규모 공간에서 취미 또는 여가활동 등 비영리목적으로 이뤄지는 농작물의 재배활동으로 보고 있으며, 도시농업의 행위 공간 및 규모에 대해서도 '도시의 다양한 공간 및 토지' 정도로만 언급돼 있어 구체적인 명시가 이뤄지고 있지 않다고 볼 수 있다.(백혜숙, 2012)

도시농업의 효과는 어느 정도일까. 오대민·최영애(2011)는 지속가능한 사회로 만들어 가는 도시농업의 효과를 정리했는데 〈표 7-1〉과 같다.

도시농업의 대표적 사례   독일의 분구원(Kleingarten)은 약 300㎡ 이상의
땅에 24㎡ 이하의 라우베(오두막)라는 것을 세

표 7.1 지속가능한 사회로 만들어 가는 도시농업의 효과

지속가능성 측면	도시농업의 1차적 효과	2차적 효과
사회적 지속가능성	·개인 신체적 건강증진(운동, 영양, 공기정화 등) ·즐거움과 보람을 주는 활동 ·성취감과 자아만족감 부여 ·창조적 인간성 함양 ·생명에 대한 이해와 생명 존중 ·변화에 능동적인 삶의 자세 함양 ·인간과 식물, 환경의 조화로운 삶 지향 ·노인 인구 일자리 제공 및 사회참여 촉진 ·노령화사회에 새로운 가치 창출 ·아동의 창의성 및 이해력 증진 ·청소년의 자아발달에 긍정적 기여 ·세대간 유대감 증진 ·공동체 형성 자극 ·도시의 범죄 감소 ·주변 환경미화 및 낙서 감소 ·주5일 근무에 여가선용 및 운동기회 창출	공동체의 회복
경제적 지속가능성	·식량자급률 향상 ·안전한 농산물 지급 ·일자리 창출 및 인재양성 ·농업 인식 전환으로 농업 중요성 자각 ·농가 인력구조 개선 ·지역 간 경제 불균형 완화 ·도시 혼잡비용 절감(1,790억 원 추산)	도시와 농촌의 균형적 발전
생태적 지속가능성	·도시 건조화 완화 및 도시 홍수 방지, 지하수 보유 향상 ·도시 열섬현상 완화 ·도시 공기 정화로 대기환경 개선 ·자연적 기후조절로 냉·난방 자원 소비 감소 ·교토의정서를 위한 대기환경 문제 해결방안 ·실내환경 개선 ·도시경관 미화 ·생물종 다양성 회복 ·방음, 차폐효과 단절된 생태계 회복	단절된 생태계 순환의 회복

출처: 오대민·최영애, 『자연과의 만남으로 나와 세상을 치유하는 도시농업』, 학지사, 2011. pp.47-48.

운다. 라우베는 세련되게 만들진 기성 제품이 많은데 독일 도시주택의 약 8할이 정원이 없는 아파트에 살기에 전국에서 105만여 곳이 있다고 하는 '클라인가르텐'은 가족의 휴식정원이자 지역 주민과 교류하는 커뮤니티 형성의 장소로도 이용되고 있다. 독일의 뮌헨시는 인구 130여 만 명으로 시내에는 약 8,500곳의 클라인가르텐이 있고, 바이에른주 아우구스부르크(Augsburg)시의 경우 인구 약 27만 명에 4,000곳의 클라인가르텐이 있다고 한다. 여기서 중요한 것은 이 클라이가르텐은 도시 전체의 녹지나 녹화시스템의 일부로서 '녹지를 키우는 농지'이기도 하다는 사실이다. 뮌헨시의 한 클라인가르텐의 경우를 보면 뮌헨 중앙역에서 지하철로 약 15분 거리인 하라스(Harras)역에서 걸어서 30분 정도 되는 서쪽공원의 한구석에 자리잡고 있는데 주로 사과와 자두 등 과일나무나 장미원 그리고 야채밭으로 구성돼 있다고 한다. 이용자는 연간 150~250유로(우리돈 약 21만~35만 원)의 이용료를 이용자협회에 지불한다. 라우베는 개인 자산으로 여러 형태가 있어 고를 수 있으며, 가격은 대략 1만 유로 전후라고 한다. 클라인가르텐은 이용자가 모든 것을 관리하고 있는데, 이용자가 아니라도 누구나 이곳을 자유롭게 걸으며, 꽃이나 녹지를 즐길 수 있다는 것이다. 지자체 차원에서는 시설·유지비가 들지 않는 소공원인 셈이다.(進土五十八, 2010)

최근 세계적으로 도시농업의 대표적인 사례로 떠오른 나라가 쿠바, 그중에서도 수도 아바나의 도시농업이 유명하다. 수도 아바나에는 약 220만 명이 거주하고 있다. 1990년대 들어 사회주의권의 붕괴로 옛 소련에 의존했던 석유와 화학비료, 사료작물, 농약, 트랙터 등 당시 수입량의 80%가 끊어지게 되면서 1992년 카스트로 정부는 '평화시 비상사태'를 선포하고, 식량의 배급제를 강화하면서 유기농업을 중심으로 한 식량자급 계획을 추진하게 된다. 이 과정에서 정부 주도로 유기농업연구소, 식물방제연구소, 양돈연구소 등 각종 연구소와 도시의 공터에 유기농업을 집중 육성한 결과 3년 뒤 농업생산량은 이전의 80% 수준까지 회복하게 됐으며 1992년 당시 40%였던 식량 자급률이 10년 뒤엔 110%에 이른다고 한다. 쿠바는 2004년 현재 100만 ha 농지에 생물농약이 사용되고 있고, 연간 1,500만t에 이르는 지렁이 분변토를 중심으로 한 유기질 비료가 생산되고 있다. 쿠바의 14개 주의 164개 군에 모두 유기농기술지도소가 있고, 이 연구소가 주축이 된 '유기농 내셔널 그룹'이 전국을 순회하며 유기농 기술지도를 하고 있다. 또 주마다 농업기술학교가 있는데 평균 약 300만 평의 대단위 규모라는 것이다. 이러한 정책의 결과 쿠바는 육류에서 채식 위주로 식생활이 바뀌었고, 병원 출입 환자수가 30%나 줄어들었으며, 영아사망률은 미국보다도 낮아졌다고 한다. 쿠바 유기농업은 흙 살리기에서 시작해 음식물찌꺼기, 농가부산물, 가축분뇨를 이용한 농가당 지렁이퇴비 생산 등 지역순환 농업을 장려했다(국제신문, 2006.11.26). 쿠바의 도시 유기농업의 성공사례는 인류의 희망임에 틀림없다. 유기농업이 정착되기 위해서는 정부 차원에서 유기농업을 정책의 근본으로 삼아 국민들에게 동의를 구하고, 도시 소비자와 농촌 생산자간의 직거래를 통한 도농연대를 이끌어 내고, 학교 교육에 있어서도 '한 손에는 책, 한 손에는 호미를'이라고 한 쿠바의 교육 정신처럼 농촌을 이해하는 교육이 필요하다고 할 것이다.

일본의 시민농원은 '시민농원정비법'이 제정된 1990년부터 10년이 지난 2000년 전국 시민농원 일제 조사 결과 총 6,138농원, 28만 3000구획인 것으로 나타났다. 일본의 시민농원은 ① 당일형, ② 주말이용형, ③ 체재형, ④ 농업체험형의 4가지 형태로 소개되고 있다.(進土五十八, 2010)

첫째, 당일형 시민농원이다. 지바시 하기다이(萩台) 시민농원의 경우 지바역에서 모노레일을 10분 정도 타고 스포츠센터역에서 내려 주택가 15분 거리에 있다. 택지는 한 구역당 6,000㎡, 모두 117구획이다. 이용자들이 치쿠사다이(千草台) 원예서클이라는 조직을 만들어 땅주인인 농원주로부터 농원 관리위탁을 받고 있다. 서클은 10여 명의 직원을 두고 연간 행사도 많이 개최한다고 한다.

둘째, 주말이용형 시민농원이다. 군마현 칸라(甘楽)정의 칸라(甘楽) 고향 마을은 약 3만㎡ 규모인데 각각 80㎡ 이상의 크기의 총 131구획에 회원 들이 유기농 야채를 재배하고 있다. 36㎡의 휴식동이 붙어있는 구획이 10구획 있지만 숙박은 할 수 없다. 유기농 재배와 관련해 지역 농가에 서 3명의 관리인이 교대로 매일 지도해 주고 있다. 칸라마을은 도쿄 기 타(北)구와 우호도시교류협정을 맺고 있어 특히 기타구 주민 이용이 많 은 편이라고 한다.

셋째, 체재형 시민농원이다. 대표적인 것이 1993년 효고현 야치요(八千 代)정에 생긴 프로이덴야치요*이다. 시민농원정비촉진법에 규정된 간이숙 박시설로서 오두막집을 겸한 구획으로 구성된 프로이덴야치요는 고베에 서 승용차로 2시간 정도 떨어진 곳에 있기에 숙박이 가능하다. 이 오두 막집은 독일의 클라인가르텐의 라우베와 같은 형태이기에 이러한 체재 형 시민농원을 클라인가르텐이라고도 한다. 이 체재형 시민농원은 지자 체가 주체가 되어 개설하는 경우가 대부분이며, 정비 비용은 나라와 지 자체가 보조를 하고 있어 저렴하게 이용할 수 있다고 한다.

넷째, 농업체험형 시민농원이다. 대표적인 사례가 도쿄 네리마(練馬)구 에 있는 농업체험농원으로 2009년 현재 14곳이 있다. 30㎡의 농지가 일 인당 구획이 되며, 연간 20회 정도 재배강습도 받을 수 있다. 연간 회원 이용료는 지역 구민의 경우 3만 1000엔, 구민 외에는 4만 3000엔이다. 이 경우 수확물 대금이 포함된 것이다. 농업체험농원의 경우 생산녹지지 구로 인정돼 상속세 납세가 유예되기에 점점 늘어나고 있다고 한다.

---

* 프로이덴야치요(Freuden八千代)는 별장이 붙은 시민농원을 말한다.

우리나라의 도시농업은 인천도시농업네트워크의 도시농업사업, 서울 그린트러스트의 상자텃밭사업으로 대중적으로 활성화됐고, 광명시, 수원시에서 관련 조례 제정에 이어 많은 지자체에서 도시농업네트워크 결성과 조례제정을 통해 활동을 펼치기 시작했다. 특히 박원순 서울시장 재임 이후 서울시는 2011년을 '도시농업의 원년'으로 선포하며 도시농업 활성화를 적극 추진하고 있다.

우선 서울 강동구의 경우는 로컬푸드운동이 도시농업으로 연결된 사례이다. 인구 47만 명인 강동구는 현재 305곳의 농가가 있고 이 중 전업농이 100여 농가다. 강동구는 저렴한 비용으로 주민들이 도시농업을 체험할 수 있도록 놀려둔 개인 농지를 임차해 2010년 '친환경 도시텃밭'을 조성해 분양했다. 이와 별도로 개인 농지에 17곳의 주말농장이 운영되고 있다. 강동구가 조성한 텃밭은 6,411㎡ 규모로 한 구좌당 16.5㎡, 연간 이용료 5만 원에 226구좌를 개설했다. 씨앗과 모종, 유기질 비료, 자가 퇴비 상자, 농자재 등이 이용료에 포함된다. 개인 주말농장의 연간 이용료는 비슷한 면적에 7만~12만 원 정도다. 보궐선거에 이어 2010년 지방선거에서 재선한 이해식 구청장이 친환경 급식을 추진하면서 로컬푸드 운동을 시작했고 자연스럽게 도시농업으로 연결됐다. 강동구는 주말농장 형식인 텃밭 외에 어린이들이 농사를 보고 배울 수 있는 2403㎡ 규모의 친환경 체험농장도 운영하고 있다. 이곳에는 생태전문가 6명이 예약제로 유치원생과 초등학생을 대상으로 농산물 관찰과 수확 체험 등을 지도하고 있다.

서울 송파구의 경우는 '퇴근길에 호미질하는 도심 텃밭'을 확대시키고 있다. 강동구와 인접한 송파구는 2009년부터 친환경 텃밭을 주민들에게 분양하고 있다. 2009년 4,358㎡에서 2010년에는 구·사유지를 합쳐 모두 5,315㎡에 친환경 농장 '솔이텃밭'을 조성해 268구좌를 분양했다. 이 가운데 220구좌는 개인 분양, 나머지는 유치원과 복지기관 등에

분양됐다. 송파구 도시농업의 시작도 로컬푸드운동에서 비롯됐다. 나대지로 방치된 구유지 용도를 놓고 고민하다 민관 공동기구인 녹색송파위원회의 제안으로 시작됐다. 도심 하천인 성내천에 인접한 솔이텃밭은 가까운 곳은 걸어서 15~20분, 먼 곳도 차로 비슷한 시간에 갈 수 있을 정도로 접근성이 뛰어나다. 솔이텃밭은 지금도 민과 관이 역할을 분담해 공동으로 운영하고 있다. 구청은 비용이 들어가는 농기구 준비와 홍보, 참가자 모집, 분양자 선정, 교육 등을 맡고 시민단체인 서울그린트러스트가 실질적인 운영을 맡고 있다. 구청은 좀더 체계적이고 내실있는 영농 지도를 위해 2010년 하반기 중으로 도시농업지원센터를 설립할 계획이다. 송파구가 특히 공을 들이는 것은 텃밭을 매개로 지역사회의 커뮤니티를 형성하는 일이다. 가을에 무 배추를 수확해 푸드뱅크와 연계, 저

소득계층 등에 제공한다는 계획이다. 텃밭과 함께 도시농업 사업의 하나로 '스쿨 팜'을 확대하고 있다. 2009년에는 서울시와 서울그린트러스트가 공동으로 학교 동아리 차원의 상자텃밭을 보급했지만 2010년에는 구청이 본격적으로 나섰다. 현재 초·중·고교 15곳에 50만~100만 원을 들여 상자텃밭을 보급했다.(국제신문, 2010. 7.12)

한편 서울시는 현재 가구당 0.3㎡인 도시텃밭 면적을 2020년까지 10배인 3.3㎡ 규모로 확장하는 것과 더불어 원예 심리치료 프로그램을 운영하고, 음식물 쓰레기를 퇴비로 활용하는 등 도시농업을 도시화 문제점을 해소하는 연결고리로 활용하는 것을 골자로 하는 '2013년 도시농업 사업계획'을 2012년 12월에 발표했다. 서울시는 먼저 자투리 텃밭 2,500곳과 건물 옥상텃밭 65곳, 상자텃밭 1만 곳을 새로 설치하겠다고 밝혔다. 시민들이 직접 집 주변 공터나 자투리 공간을 텃밭으로 만들거나, 시·구가 국공유지나 활용 가능한 사유지를 빌려 시민들에게 분양해주는 방식이다. 아울러 서울시는 도시농업위원회를 발족하고 도시농업 워크숍 개최, 사회적 기업 육성, 시민단체 공모사업 지원 등 도시농업과 관련한 다양한 활동을 펼치겠다고 밝혔다. 이 외에도 서울의 도시농업을 한눈에 볼 수 있는 도시농업 지도를 2만 장 제작·배포해 시민들이 우수 도시농업 현장을 직접 방문, 벤치마킹할 수 있도록 할 예정이다. 해마다 5월에는 도시농업 박람회도 열기로 했다.(경향신문, 2012.12.18)

이와 함께 정책적 제안으로는 로컬푸드와 관련해 우선 중앙부처와 광역지자체 구내식당에서부터 로컬푸드 식재료 사용 및 지역쌀 유기농 급식시범학교 만들기가 중요하다고 본다. 지역에서 나는 것을 지역에서 소비하는 것이 중요한 것이다. 정부 중앙부처 구내식당의 경우 우리나라 전국에서 나는 식재료를 사용하도록 노력하고, 광역지자체 구내식당은 당해 지자체 및 인근 광역지자체에서 나는 식재료를 사용하도록 노력하고, 지역 일선학교에는 지역쌀 유기농 급식이 이뤄지도록 노력해야 할 것이다. 근래 학교 무상급식 여부가 이슈가 되고 있지만 장기적으로 는 지역 친환경 유기농 먹을거리 급식이 중요한 것임을 잊어선 안 될 것 이다. 이러한 사례는 일본 도쿄의 농림수산성 별관식당의 경우 당일 식 재료로 일본 국내산만을 사용하는 것을 원칙으로 하고 있음을 참고할 필요가 있다.

도농연대방안   **도시와 농촌 자원을 결합한 사업 아이디어 도출**

지금까지의 경제는 도시중심이며, 농촌은 소 외돼 왔다. 도시와 농촌의 연대와 상생이 부족했던 것이다. 지방에 있 는 것과 도시에 없는 것, 혹은 지방에 없는 것과 도시에 있는 것을 조합 해서 생겨나는 비즈니스 아이디어도 많다. 아미타지속가능경제연구소가 펴낸 『커뮤니티지브니스 창업교과서─아이디어 하나가 지역경제를 살린 다』(2011)에는 지방의 자연자원과 도시의 기술과 아이디어를 연결하는 새 로운 커뮤니티 비즈니스의 아이디어가 많이 소개돼 있다.

가령 지방에 있는 것과 도시에 있는 것들의 예를 들면 다음과 같은 것 을 들 수 있다. 이를 표로 나타내면 〈표 7-2〉와 같다.

이러한 것을 바탕으로 농촌와 농촌을 결합하는 비즈니스 아이디어의 예를 들면 다음과 같다. 첫째, 고령노동자, 부족한 재취업처(농촌)와 젊 은이의 창업열, 일자리 부족(도시)을 결합해 '고령자 창업 컨설팅'을 생각 할 수 있다. 둘째, 일손 부족, 논밭(농촌)과 경력 향상, 새내기 연수(도시) 를 결합하면 '전원에서 시행하는 체험형 기업연수' 아이디어를 낼 수 있 다. 셋째, 수확한 농산물, 특산물(농촌)과 벼룩시장(도시)를 결합하면 '전 원형 벼룩시장'을 발간할 수 있다. 넷째, 방금 딴 채소·과일(농촌)과 '택 배·퀵서비스·안전한 식재료에 대한 욕구(도시)'를 결합하면 '농가직송 택 배'를 구상할 수 있다. 다섯째, 고령자 증가, 철도 폐선(농촌)과 택시(도시) 를 결합하면 '지역보조 택시' 사업을 생각할 수 있다는 것이다.(아미타지속

표 7-2 지방에 있는 것과 도시에 있는 것들의 비교

지방에 있는 것(농촌현실)	도시에 있는 것(도시현실)
자연, 온천, 옛날 놀이, 수레, 지혜, 지역의 맛, 흙, 관광자원, 여행객, 가재, 상쾌한 공기, 숨바꼭질, 그리움, 참견, 산나물, 산에서 나는 것, 연금생활, 산림, 목재, 집, 빈집, 벌레, 맑은 시냇물, 산, 버섯, 반딧불이, 생채기, 진흙놀이, 강놀이, 어름덩굴, 논밭, 문화, 명산(名産), 꽃, 풀, 전설, 모기장, 향토요리, 돌, 메아리, 소리, 나무오르기, 축제, 차, 낚시, 유대, 여유, 메밀국수 밀기, 전통음식, 직물, 벌꿀, 조용함, 소수(少數) 교육, 넓은 토지, 아름다운 밤하늘, 정(情), 짐승, 위기감, 식재료, 지역의 역사, 술, 막걸리, 물, 자극에 대한 욕구, 옛이야기, 원풍경, 돌아갈 장소, 시간, 새로 인 지붕, 닫힌 편의점, 대형 쇼핑몰, 꽃밭, 방언, 전통공예, 시골처녀, 자전거용 헬멧, 대지주, 거친 아이들, 어부, 해녀, 장수풍뎅이, 숲속 모기, 뱀, 밀짚모자, 고무장화, 소, 새나 벌레 울음소리, 바다, 눈, 아름다운 풍경, 넓은 하늘, 칠흑같은 밤, 적란운, 논두렁길, 야초, 나락, 계단밭, 연밭, 개여울, 숲, 달빛, 퇴비냄새, 잡초, 둑, 호수, 빈터, 뒷산, 지평선, 집이 크다, 에어컨이 없는 집, 곳간, 방공호, 막과자집, 무인역, 재래식 변소, 우물, 폐교, 녹슨 자판기, 오래된 간판, 우사, 민박집, 캠프장, 트랙터, 콤바인, 긴 직선도로, 헛간, 토관(土管), 만물상, 골프장, 무인정미소, 시장, 지방술, 행상인, 이웃사귀기, 지자체 사무소와의 유대, 과소화대책, 받은 물건 나눠주기, 옥호(屋號), 인정, 조상대대의 묘, 하루에 한편 오는 버스, 수확된 농산물, 특산품, 민화(民話), 방금 딴 야채나 과일, 고령자의 증가, 철도망의 폐선, 재취업처의 부족, 일손 부족	회사, 비둘기, 음식점, 경마, 파친코, 소공원, 공중무선 LAN, 노상 아티스트, 정년퇴직자, 젊은이, 입시, 카페, 역내 상점, 소음, 가로등, 지하철, 빌딩, 단신 생활, 부부맞벌이, 점포, 라면집, 패스트푸드, 게임, 브랜드, 광통신, 대기업, 외국인, 화려한 복장, 방, 매스컴, 대형서점, 교통편리, 정보, 사람, 국회, 오염하천, 관료, 운동장, IT인프라, 카메라, 쥐, 음식물쓰레기, 무료지, 에코 로하스 붐, 맥주, 만화카페, 클럽, 독신, 부자, 건강 지향, 매ㅣ아단골점, 고층건축, 스포츠클럽, 캐리어, 비즈니스 기회, 빨리 걷기, 메가뱅크, 유명대학, 외자기업, 스트레스, 홈리스, 경비회사, 유명인, 고급점, 24시간 영업, 통신, 헝거리정신, 오락, 낙서, 디스코, 정보, 모자가정, 역빌딩, 젊은이의 창업열, 재취업처 부족, 캐리어 업, 키자니아(KidZania), 아이폰(iPhone), 체인점, 백화점, 본사, 걸을 수 있는 거리, 그림 그리기, 꿈을 가진 젊은이, 애완동물, 방언에 대한 동경, 알바생, 광고, 지방출신자, 학원에서 돌아오는 아이들, 영화 스포츠 스타, 트랜스젠더, 페트견, 스키, 비싼 채소, 별이 보이지 않는다, 오염된 공기, 유료 공원, 고급 지향, 빨리빨리 문화, 치유에 대한 욕구, 30대 이상의 독신여성, 경쟁의식, 효율주의, 개인주의, 고가다리, 잠들지 않는 거리, 10대 미혼모, 행열, 인파, 신상품, 계층문화, 극장, 미술관, 체증, 만 원지하철, 옥외 광고비전, 미용실, 미용살롱, 벼룩시장, 자연회귀, 택배

출처: 아미타지속가능경제연구소, 『커뮤니티 비즈니스 창업교과서-아이디어 하나가 지역경제를 살린다』, 생각비행, 2011. pp.147-149. 내용 중 일부 수정해 재작성.

가능경제연구소, 2011)

농촌일손돕기은행의 설립

도농교류와 상생을 통해서는 많은 일자리를 창출할 수 있는데 지금까지는 이러한 것을 도시는 도시 안에서만, 농촌은 농촌 안에서만 찾으려고 하다보니 새로운 대안을 찾기 어려운 점이 많았다고 본다. 이러한 도 농상생을 통한 일자리창출 방안 몇 가지를 제안한다.

첫째, 정부 또는 지자체 차원에서 '농촌일손돕기은행' 또는 '농촌일손 돕기본부'를 만드는 것도 좋은 방안으로 볼 수 있다. 우리나라의 농촌 지역은 전국이 고령화로 일손이 태부족하다. 특히 가을철 지역에 단감, 사과, 배 등 과수 따기에 인력이 집중적으로 필요하다. 기존의 농활이 나 워킹할러데이 경우 봉사차원이 강하나 농촌일손돕기은행의 경우 도 시지역 청년이나 중장년층이 아르바이트나 일자리 마련이 되도록 시스 템을 짤 필요가 있다.

농촌일손돕기은행의 구조는 이렇다. 먼저 인터넷 홈페이지 구축하고 연간 농촌지역 일감을 발굴해 정보를 제공할 필요가 있다. 일손 수요 자와 공급자가 인터넷등록을 하게 한다. 또한 일손 공급자에 대한 사전 교육도 필요하다. 이 경우 농촌일손돕기학교를 만들어 수료생에게 준농 업사 인정을 해주는 것도 하나의 방안이 될 것이다. 지자체 차원에서 는 유휴농지나 빈집 등록 관리 프로그램을 마련해 도시인들에게 귀향 귀촌을 이끌어낼 수가 있다고 본다. 정부 차원에서는 중앙도농상생본 부, 광역지자체별로도 도농상생본부를 구성해 국가 및 지자체 차원에 서 도농교류지원기금 확보를 통해 민관협력체로서 운영할 필요가 있다. 우선 희망농가와 희망일손들이 농촌일손돕기은행 홈페이지를 통해 임 금, 숙식 등 정보 교류가 가능토록 한다. 그리고 가령 과일따기 일당이 4만 원일 경우 행정 차원에서 1만 원 정도 보조토록 할 필요가 있다. 물 론 이 경우 과일따기 일당도 숙련도에 맞춰 2~3등급을 나눠 일당도 조 정하되 현장에서 일손돕기 확인 등을 통해 도덕적 해이가 없도록 지원 을 최소화하고 가능한 한 시장경제 구조에서 크게 벗어나지 않도록 농 촌생산성 향상 보조금 형태로 지불하는 것이 바람직할 것이다. 농촌지 역에 따라서는 마을회관 등에 일부 숙식장소 마련하기 위해 시설개선자금 지원도 필요할 것이며, 일손돕기 지역 인근 명소와 생태문화관광 연계도 가능할 것이다. 이렇게 하면 도농교류를 통해 농촌지역 활성화는 물론, 도시 유휴인력의 일자리 창출문제가 해결에 어느 정도 도움이 될 것으로 기대된다.

농촌일손돕기은행(본부)의 구조는 〈그림 7-1〉과 같다.

귀농귀촌정보센터의 실질적 운영과 농촌빈집정보시스템의 구축

도농상생을 위해 절실한 것이 지자체별 귀농귀촌정보센터이다. 현재 우리나라의 경우 농촌진흥청이 운영하고 있는 귀농귀촌종합센터(www.returnfarm.com)와 강원도 양구군 귀농귀촌종합지원센터(ygfarmlife.kr)와 같이 지자체가 운영하거나 상주귀농귀촌정보센터(http://cafe.daum.net/sjrefarm)와 같이 귀농단체가 운영하는 귀농귀촌정보센터가 있다. 농촌진흥청의 귀농귀촌종합센터 홈페이지에는 귀농귀촌 지원정책, 농업창업, 인턴제, 교육과정 및 체험정보가 소개돼 있다. 문제는 이러한 정보가 너무 귀농에만 맞춰 있다는 것이다. 특히 우리나라의 경우 근래 베이비부머세대의 퇴직을 계기로 이들을 귀농귀촌, 또는 '5도2촌'(도시 5일 농촌 2일 거주)생활이

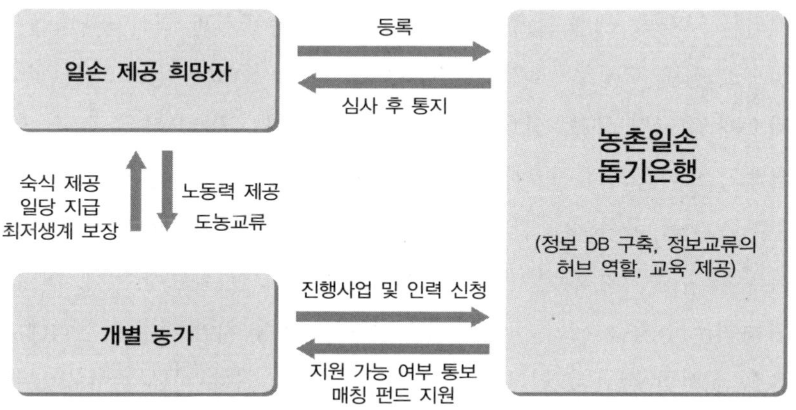

그림 7.1 농촌일손돕기은행의 구조

가능하도록 서울특별시나 광역지자체별로 귀농귀촌종합정보센터를 설치할 필요가 있다고 본다. 그래서 귀농귀촌 희망자뿐만 아니라 연금생활자로 농촌에서 여유있게 살고자 하거나, 도시 생활인으로 일시적으로 농촌에서 생활을 즐기고자 하는 사람까지도 지원하는 곳이어야 한다. 일본의 경우 도쿄 한복판 JR유라쿠초(有楽町)역 인근 도쿄교통회관 6층에 '고향생활정보센터(ふるさと暮らし情報センター)'가 있다. 이 센터는 NPO법인 고향회귀지원센터(ふるさと回帰支援センター)가 운영하는데 일본 전국의 지자체가 이 NPO법인에 위탁해 지역마다 고향정보센터를 개설하고 있다. 가령 고향생활정보센터 내 '후쿠시마고향생활정보센터(ふくしまふるさと暮らし情報センター)의 경우 후쿠시마현이 이 NPO법인에 위탁 개설하고 있는데 전문상담원을 두고, 후쿠시마에 정주하거나 도농지역을 오가며 살 생각을 갖고 있는 사람을 대상으로 후쿠시마현의 전원생활체험과 거주 상담을 할 수 있는 '시험프로그램'을 접수하고, 후쿠시마현의 부동산정보 및 빈집정보 또는 지자체가 분양하는 주택단지정보를 제공하며, 더 나아가 후쿠시마현의 취직정보까지 제공하고 상담에도 응하고 있다.(www.pref.fukushima.jp/fui/furusato_info.html)

한편 농촌지역 지자체의 경우 귀농귀촌정보센터 또는 귀농귀촌지원센터는 지자체, 생협, 농협, 상공회의소 지역 유관기관 핵심인사들을 중심으로 설립 후에 각 지원기관간의 네트워크를 구축해 정보 교환 및 사례소개 등 실시하고, 상호 지원할 필요가 있다. 정책방향은 우선 데이터베이스의 축척이 필요한데 홈페이지에 항상 최신정보를 제공할 수 있는 시스템을 만들어야 한다. 또한 이미 귀농귀촌을 실천하고 있는 사람들의 사례 축적과 관련 앙케이트조사를 제대로 할 필요가 있다. 그리고 귀농귀촌이 가능하도록 농협, 어협, 산림조합 등 지역 기관과 협력해 교육을 실시할 필요가 있다. 끝으로 귀농귀촌을 위한 체험 투어 및 세미나 등을 적극 개최할 필요가 있다.

또한 귀농귀촌정보센터가 제 역할을 하기 위해서는 '유휴농지 및 농촌빈집정보시스템의 구축'이 절실하다. 이는 귀농귀촌을 하고 싶으나 농촌의 땅값 및 집값이 비싸 현실적으로 불가능하고 유휴농지나 농촌빈집은 많지만 도시인들로서는 관련 정보를 체계적으로 얻을 수 없는 현실에서 나온 것이다. 현재 우리나라에서는 농촌진흥청 귀농귀촌종합센터 홈페이지의 '빈집정보'란이나 경북 문경시의 경우처럼 농촌빈집정보센터 홈페이지를 운영하는 곳도 있지만 등록된 빈집정보가 거의 없는 실정이다. 물론 이러한 것은 개인정보 노출의 문제가 있어 현실적인 어려움이 있을 수 있다. 그렇지만 지자체별로 '농촌 빈집정보등록제도'를 제대로 실시해 볼 것을 제안한다. 빈집 주인이나 빈집 이용 희망자 모두 상호신뢰를 할 수 있는 시스템을 구축할 필요가 있다. 빈집 주인의 경우 해당 토지 주소, 부동산관련 세금납부증명서 및 서약서 등을 첨부해 기초지자체 담당부서에 신청하도록 한다. 등록 신청한 물건에 대해서는 직원이 현장조사를 실시해 토지나 가옥 배치 등을 확인한 뒤 사진 촬영을 해 빈집정보 대장에 등록하면 지자체 홈페이지 '빈집정보센터'에 게재한다. 이용희망자 또한 이용희망자정보를 서약서를 첨부해 등록신청해 시구군 담당부서에 제출하도록 한다. 빈집 매매 및 임대의 교섭이나 계약은 당사자간에 하도록 하면 된다. 단 알선 및 중개 등을 목적으로 한 부동산업자들의 정보등록은 금하도록 해야 할 것이다.

저탄소도시 사례4

—

'슬로시티'
이탈리아 그레베

'네가 무엇을 먹는가를 말하라. 그러면 내가 너의 사람됨을 말하리라'. 18세기 프랑스의 법률가 브리야 사바랭이 그의 저서 '미각의 철학'에서 한 말이다.

패스트푸드로 통칭되는 '속도지향의 사회'대신에 '느리게 사는 사회'를 지향하는 '슬로시티(Slow City)운동'이 유럽의 작은 마을에서 전 세계로 '조용히' 들불처럼 번지고 있다. 그 중심에 있는 도시가 바로 이탈리아의 그레베 인 키안티(Greve in Chianti: 약칭 키안티)이다. 피렌체에서 자동차로 약 1시간 거리에 있는 조그만 시골 도시로 인구라고 해봐야 기껏 1만여 명으로 우리나라로 치면 군단위의 마을에 가까운 이곳이 세계 19개국 125개 도시의 '느림 왕국'의 도읍지이자 세계적인 생태휴양도시로 자리 잡고 있다.

그레베는 '와인과 올리브의 도시'이기도 하다. 해발 500~700m 산간에서 계단식 경작을 하는 포도원과 올리브 농장이 많은 이곳의 포도·올리브·스파게티 공장은 모두 가내수공업

이다. 옛날방식 그대로 하기에 생산 공정에서 공해나 쓰레기 발생이 적고 각종 첨가물도 없다. 그야말로 슬로푸드가 생산되는 것이다. 이러한 식품들은 지역 내에서 소비되고 관광객에게는 비싼 값으로 판매된다.

이곳에선 피자도 패스트푸드가 아닌 슬로푸드이다. 대량생산이 아닌 이탈리아식 전통요리법으로 만들기 때문이다. 식당의 음식도 돼지고기, 토끼고기, 꿩고기 등 지역 토속 요리가 유명하다. 이 지역 고급 레스토랑도 지역산 포도주를 판매하는데 '투스칸 와인'은 세계적인 브랜드가 되고 있다. 매년 9월말 10월초엔 '포도 페스티벌'이 열린다. 슬로시티 그레베에는 대형 승용차나 패스트푸드점 그리고 코카콜라 마크가 잘 보이지 않는다. 청량 음료나 인스턴트식품 자판기도 보기 힘들다. 거대 자본의 패스트푸드나 대형쇼핑몰의 입점이 허용되지 않기 때문이다. 대신 우리로 치면 생협 마트가 있을 뿐이다. 외지인의 부동산매매거래도 원천적으로 봉쇄돼 있다. 시청 광장 주변에는 지역에서 난 흙으로 만든 보도블록이 깔려있고, 쓰레기통도 흙을 구워 만든 테라코타 도자기로 만들어 놓았다. 마을 어디를 가더라도 지역민이 경영하는 작은 상점에는 늘 신선한 식품이 판매되고, 작은 식당에는 슬로푸드를 판매한다.

그레베는 옛 수도원 시설로 지금은 지역 종교예술 박물관이기도 한 성프란체스코성(城)을 중심으로 걸어서 30분이면 중심가를 둘러볼 수 있을 정도이다. 그레베에는 옛 건물을 리모델링한 호텔과 숙소들이 많다. 재미있는 것은 이러한 호텔을 비롯한 숙소에 에어컨이 거의 없다는 사실이다. 에어컨이 없는 이유는 옛 벽돌 건물의 벽이 두꺼워 창문과 셔터를 여닫는 것만으로 냉난방이 가능할 정도로 자연 에어컨 시스템이 잘 돼 있기 때문이라고 한다. 실제 에어컨이 필요하다고 느끼는 날이 1년에 며

그레베 지역 특산의 밀로 만든 마카로니 제품(상)
지역산 와인을 판매하는 그레베 레스토랑 입구의
와인 디자인(중)
슬로시티의 중심인 그레베 시청(하)

© 장희정(신라대 교수)(상·중·하)

칠이 되지 않는데다 그레베의 건축법은 에어컨 시스템을 창문에 설치하는 것도 허가를 얻어야 하고, 설치비도 비싸다고 한다. 이런 점에서 그레베는 전통의 지혜를 오늘날 되살린 세계에서도 손꼽을 만한 도시인 것이다.

그레베는 이런 것 때문에 생태관광 체험지로 입소문이 퍼졌다. 호텔이나 민박집에서도 밤에는 모기장을 치든지 모기향을 피워야 한다. 그러나 숙소에서 조금만 밖으로 나가면 딱정벌레를 얼마든지 만날 수 있고 호기심이 있는 여행자들은 전갈, 지네, 도마뱀 등도 쉽게 볼 수 있다. 마을 자체가 생태박물관인 셈이다.

슬로시티운동은 지난 1999년 10월 그레베시와 인근의 오르비에토, 브라, 포시타노 등 작은 도시의 시장들이 모여 세계를 향해 '느리게 살자'고 호소한 데서 비롯됐다. 당시 그레베 시장이던 파울로 사투르니니씨가 주민들과 세계를 향해 패스트푸드에서 벗어나 지역요리의 맛과 향을 재발견하고 생산성 지상주의와 환경과 경관을 위협하는 바쁜 생활태도를 몰아내자고 강조하고 나섰던 것이다. 처음엔 주민들의 반발을 사기도 했지만 그는 '슬로'라는 것이 불편함이 아닌 자연에 대한 인간의 기다림이란 사실을 많은 사람들에게 알렸다. 시대를 거꾸로 가는 발상의 전환이었던 것이다. 그는 시장을 마친 뒤 '투스카나 키안티 문화협회'의 회장으로 슬로시티운동의 전도사 역할을 해왔다.

사실 슬로시티운동의 시작은 슬로푸드(Slow Food)운동의 연장선에 나왔다. 슬로시티운동은 '먹을거리야말로 인간 삶의 총체적 부분'이라는 판단에서 우선 지역사회의 정체성을 찾고 도시 전체의 문화를 바꾸자는 운동으로 확대된 것이다. 지난 1986년 이탈리아 로마에 패스트푸드의 대명사인 맥도널드 햄버거가 진출해 이탈리아 전통음식을 위협하자 이탈리아 북부의 작은 도시 브라에서 시작된 것이 슬로푸드운동이다. 슬로푸드의 심벌은 느림을 상징하는 '달팽이'이다. 그래서 광우병이 유럽을 휩쓸 때도 이곳 그레베는 안전했을 뿐만 아니라 오히려 슬로푸드의 중요성을 유럽 사람들에게 환기시켰을 정도라고 한다.

슬로시티는 자전거 이용하기, 소음 제거, 보행자구역 확대 등 '7가지 기본규정'을 토대로 지역풍토와 여건에 맞게 운동을 추진하고 있다. 그래서인지 슬로시티의 적정 규모는 5만 명을 넘지 않는 것이 좋다고 한다. 대도시의 경우 기초지자체 수준으로 낮춰 구나 동 차원에서 추진할 필요가 있다고 슬로시티연맹 관계자들은 조언한다. 전반적으로 시민들의 생활의 속도를 늦추는 반면 여유 공간과 시간을 확대하는데 초점을 두고 있는 것이다.

이러한 슬로시티연맹의 취지에 공감해 우리나라의 경우도 한국슬로시티본부가 생겼고, 전남 신안군, 장흥군, 담양군, 완도군과 경남 하동군, 충남 예산군 등이 슬로시티에 가입했다. '슬로시티의 수도' 그레베시의 고용률은 100%이며 소득수준도 이탈리아의 중소도시 평균보다 훨씬 높다고 한다. 또한 생태관광도시로 명성이 높아감에도 불구하고 범죄율이 전국에서 가장 낮다는 것이다.

'느리게 살자'는 정책이 오히려 문화와 경제를 살리는 '경쟁력'의 원천이며 지역에서 나는 모든 것을 사랑하고 자연으로 돌아가는 도시. 그레베는 '작은 것이 아름답다(슈마허)', '느린 것이 아름답다(칼 오너리)'는 것을 보여주는 우리 시대의 '오래된 미래'이다.

8

공정무역과 생태관광

<h1 style="text-align:center">8.1 │ 국제무역과 환경</h1>

환경규제와 국제무역 근래 경제의 글로벌화가 급속히 진행되고 있다. 가령 신흥국과 개도국의 무역의존도는 2006년 현재 71.9%에 이르고 국제무역이 없으면 경제가 돌아가지 않는 상황에 이르고 있다. 경제의 글로벌화는 무역이나 대외투자가 늘어남으로써 경제가 활성화된다고 하는 이점이 있다. 대외투자가 늘어나면 환경대책이 앞선 선진국의 기술이 개도국으로 이전되기 때문에 환경개선으로 연결되는 효과가 기대될 수 있다. 또한 개도국 사람들의 소득이 증가하면 사람들이 보다 나은 환경을 요구하는 만큼의 여유가 생기기 때문에 환경대책이 진전될지도 모른다. 한편으로는 글로벌화로 인해 부유층과 빈곤층의 경제격차가 확대되거나 환경파괴가 일어난다는 비판도 있다. 가령 아마존의 열대림 파괴의 원인의 하나로 국제무역의 영향이 지적되고 있다. 불법으로 채벌된 목재가 해외로 수출됨으로써 열대림 파괴를 일으키고 있고, 해외에 수출하는 쇠고기를 생산하기 위해 열대림이 방목지로 바뀌고 있고, 해외에 수출하는 사료용 곡물을 생산하기 위해 열대림이 농지로 전환되고 있는 등 국제무역이 다양한 영향을 일으키고 있는 것이다.

이러한 무역에 의해 환경문제가 생길 가능성이 있기 때문에 국제협약

가운데는 환경규제조치가 있는 경우가 많다. 그 중 1973년에 체결된 '멸종위기에 처한 동식물의 국제거래에 관한 국제협약(일명 워싱턴협약)'은 멸종위기에 처한 야생동식물이 국제거래로 남획되고 멸종하고 있는 것을 피하기 위해 수출국과 수입국이 협력해 국제거래를 규제하는 협약이다. 호랑이, 고릴라, 오랑우탕 등 약 5,000종의 동물과 약 2만 8000종의 식물이 대상이 돼 있다. 1989년에 체결된 '유해폐기물의 월경이동 및 그 처분 규제에 관한 바젤협약(일명 바젤협약)'은 유해폐기물이나 기타 폐기물이 국외로 반출돼 환경오염이 생기는 것을 막기 위해 유해폐기물의 수출입을 원칙적으로 금지하고 있다. 2004년에 일본 규슈지방의 업자가 중국에 수출한 폐플라스틱 가운데 쓰레기가 포함됐기 때문에 바젤협약 위반 우려가 있다고 해 중국 정부가 일본에서 오는 폐플라스틱의 수입을 전면 중지한 사례가 있다.(栗山浩一, 2008)

닉 한리(Nick Hanley) 외(2007)는 무역과 환경의 일반균형모델 및 부분균형모델 등 이론적 모델 연구 결과 무역과 환경정책 간의 관계를 다음과 같이 예측했다. 첫째, 환경보호를 위한 추가비용은 비교우위의 형태를 변화시킬 수 있다. 이렇게 되면 엄격한 환경정책은 특정상품에 대해 그 나라가 가지고 있던 비교우위를 실제로 변화시켜 그 상품을 더 이상 수출할 수 없게 한다. 둘째, 국가 간 생산요소의 이동이 자유롭다면 이러한 효과는 더욱 강화될 것이고 오염상품 생산에 사용되던 생산요소는 환경규제가 약한 국가, 소위 오염천국으로 이동될 것이다. 예를 들어 이러한 효과는 탄소배출과 같이 오염수준이 과도하여 지구적 환경문제인 경우에는 오히려 더 나빠질 가능성이 있다. 그러나 지하수오염과 같은 경우 그 오염물질이 단지 지방적인 영향만을 가질 때는 이로울 수도 있는데 그 경우에는 환경비용이 상대적으로 낮은 국가로 오염장소가 이동됐기 때문이라는 것이다.

이처럼 국제무역에 대한 환경규제는 국제무역에 의한 환경파괴를 막는 효과가 있지만 한편으로는 환경보호를 명목으로 한 비관세장벽이라는 비판도 있다.

오호성(1997)은 환경개선을 위한 무역규제 수단으로 ① 상계관세와 일방적 규제, ② 국제협약, ③ 공정 및 생산방식에 대한 규제, ④ 국제환경경영의 표준화, ⑤ 그린라운드를 들었다.

첫째, 상계관세와 일방적 규제이다. 환경상계관세는 환경규제가 엄격한 국가가 덜 엄격한 국가로부터 수입되는 상품에 대한 환경규제 수준의 격차에 따른 생산비의 차이를 상쇄시키기 위해 부과하는 관세이다. 미국이 상계관세 법안을 추진해왔으나 이 제도가 국제사회에서 공인받아 세계적으로 시행되는 데는 많은 문제점이 있다는 지적이 있다. 즉 국가간 오염물질을 흡수처리할 수 있는 자정능력의 차이, 환경문제에 대한 국민간 선호의 차이, 공해방지 능력과 기술의 차이 등이 있기 때문에 구체적인 관세의 부과대상, 기준 및 부과방법에 대해 논란의 여지가 있다는 것이다. 이와 별도로 미국, 독일 등 일부 선진국은 자국의 환경기준을 강화해 일정기준에 미달하는 제품에 대해서는 일방적으로 수입을 규제하는 제재조치를 취하고 있다. 미국이 1990년 대기정화법(Clean Air Act)를 통해 대폭적인 자동차 배기가스의 감축과 높은 연비기준을 정해 놓고 이에 미달되는 자동차의 수입을 금지한 사례가 대표적이다.

둘째, 국제협약이다. 월경성(越境性) 환경문제와 지구환경문제는 각국의 협력메커니즘이 없을 경우 환경개선 목표를 달성할 가능성이 없다. 국제협력을 통한 상호규제와 규제수단의 실효성을 확보하기 위한 무역제재조치를 가하는 것이 최근의 추세이다. 현재 환경보호를 위한 국제협약은 '워싱턴협약(1973년 3월 체결)', '몬트리올의정서(1986년 9월 체결: 오존층 파괴물질인 CFC(프레온가스) 등 95종의 생산 및 사용규제)', '바젤협약(1989년 3월 체결)', '기후변화협약(1992년 5월 체결)', '생물다양성협약(1992년 5월 체결)' 등 1997년 현재 120여 개의 협약이 발효중이며, 이 가운데 무역규제를 수반하고 있는 환경협약이 기후변화협약을 비롯한 18개에 이른다.

셋째, 생산방식에 대한 규제이다. 지구환경 보전의 필요성이 커짐에 따라 완성된 상품뿐만이 아니라 제품을 만드는 생산과정에서 야기되는 환경문제에 대한 관심도 증대하고 있다. 이러한 맥락에서 제기된 이슈가 '공정 및 생산방식(PPMs: Process and Production Methods)'에 관한 논의와 규제 움직임이다. PPMs 규제수단으로 특정 PPMs을 지정해 사용할 것을 강요하거나 특정 PPMs의 사용을 금지하는 방법 등이 있다. PPMs규제는 환경보호 측면에서 상당한 효과가 있을 것으로 기대되고 있는 반면 이것이 수입제품에 적용될 경우 새로운 무역장벽이 될 가능성이 있다.

넷째, 국제환경경영의 표준화이다. 국제표준기구(ISO)의 국제표준규격 ISO14001시리즈와 같이 환경인증제도를 기업활동에 반영시키려는 노력이 대표적인 사례이다. 또한 EU는 1993년 유럽연합 발족을 계기로 역내 기업들에게 환경경영·감사제도(Eco-Management & Audit Scheme)를 실시하기로 합의했다. 그리고 환경관리 실시사항을 주기적으로 평가해 환경보고서를 만들어 사회에 공표한 다음에 공인환경검증사로 하여금 기업이 만든 환경보고서를 평가·인정하도록 하는 제도이다.

다섯째, 그린라운드이다. 우루과이 라운드(Uruguay Round)협정이 자유무역을 위해 대부분의 무역제한조치의 철폐를 목적으로 하고 있다면 그린라운드(Green Round)는 지구환경보호를 위해 공해유발제품 및 생태계 훼손행위에 대해 다자간 협상방식으로 무역규제원칙을 제정하려는 국제적 움직임을 포괄적으로 지칭하는 용어다. 원래 GATT(관세 및 무역에 관한 일반협정)에는 환경과 자연자원의 보호를 위해 무역자유화를 규제할 수 있는 예외 규정이 있었으나 이 예외 규정은 지구환경문제나 자원고갈문제가 중요한 관심사로 떠오르기 훨씬 전에 만든 것이어서 환경보호 측면은 무시돼 있다고 볼 수 있다. 환경보호론자들은 과거 GATT의 무역분쟁소위원회가 지금까지 어렵게 쌓아올린 국제적 자원보호 노력을 비관세 무역장벽으로 판정한 일에 대해 큰 반감을 갖고 있다. 이 때문에 환경보호론자들은 자유무역이 환경보호에 유해하다고 생각하게 되는 중요한 계기가 됐다.

탄소발자국과 푸드마일리지　우리들이 살아가면서 사용하는 자원량은 어느 정도나 될까. 우리나라의 경우 특히 무역의 존도가 높다.

문화일보(2012.10.4)에 따르면 우리나라의 무역의존도가 주요 20개국(G20) 가운데 가장 높지만 내수 비중은 최하위권에 속해 외부 충격에 가장 취약한 것으로 나타났다. 이에 따라 유럽재정위기와 미국·중국 경기회복세 약화 등 대외 악재에 경제가 발목을 잡힐 수 있다는 우려가 커지고 있다는 것이다. 경제협력개발기구(OECD)에 따르면 한국의 무역의존도(수출입이 국내총생산(GDP)에서 차지하는 비중)는 2011년 현재 110.30%로 G20 중 가장 높은 것으로 집계됐다. 우리나라의 무역의존도는 2009년 95.76%로 사우디아라비아(96.66%)에 이어 2위였으나 2010년 101.98%를 기록하며 1위로 올라선 뒤 2011년에도 G20 중 최고치를 기록했다는 것이다. 우리나라 다음으로 무역의존도가 높은 국가는 독일(95.19%), 사우디아라비아(92.25%), 영국(66.49%), 멕시코(64.70%), 캐나다(63.48%) 순이었다. 반면 내수가 GDP에서 차지하는 비중의 경우 우리나라는 G20 가운데 17위에 불과했다. 우리나라의 GDP 대비 민간소비 비중은 2011년 현재 52.93%로 조사됐다. 우리나라보다 민간소비 비중이 낮은 국가는 사우디아라비아(30.16%), 중국(34.40%), 러시아(49.34%) 등에 불과했다. 무역의존도가 높고 내수 비중이 낮은 경제는 구조적으로 외부 요인에 취약하다는 약점을 안고 있다는 것이다.

이러다 보니 우리들의 생활이 해외수입 등 국제무역에 크게 의존하고 있다보니 자연히 지구환경보호에 커다란 부담이 되고 있다. 이러한 우리의 생활을 돌아보는 지표로 '생태발자국', '탄소발자국', '푸드마일리지' 등이 있다.

1990년대에는 인간활동이 환경에 미치는 부하를 자원의 재생산이나 폐기물의 정화에 필요한 면적으로서 나타내는 '생태발자국(Ecological Footprint)'이라는 개념이 만들어졌다. 즉 생태발자국은 경제활동을 함으로써 어느 정도 토지면적을 필요로 하는가 하는 것을 조사하는 방법이다. 햄버거를 예를 들자면 쇠고기 생산을 위해 초목지가 필요하며 또 운송 시 발생하는 CO₂를 나무심기를 통해 흡수하기 위해 얼마나 많은 토지가 필요한가를 표시한 것이다. 이러한 방법으로 모든 경제활동에 필요한 토지면적을 계산함으로써 환경에 대한 영향을 파악할 수가 있다. WWF(세계자연보호기금)의 『2012 살아있는 지구 보고서(Living Planet Report 2012)』에 따르면 2008년 우리나라 1인당 생태발자국은 4.6ha로 1인당 생태발자국이 세계 149개국 가운데 29위를 기록한 것으로 나타났다. 이는 세계 평균 2.7ha보다 약 1.7배 높다. 독일(30위·4.53ha)과 일본(37위·4.14ha)을 앞지른 수준인데 우리나라 국민 한사람의 일상생활이 자연생태계에 미치는 영향을 토지 면적으로 환산한 수치이기에 높으면 높을수록 그만큼 생태계 훼손이 크다는 것을 의미한다.

'탄소발자국(Carbon Footprint)'이라는 개념은 개인 또는 단체가 직접·간접적으로 발생시키는 온실가스의 총량을 의미한다. 탄소발자국은 2000년을 기준으로 각국의 CO₂의 배출량에서 산림 등의 흡수량을 빼 그 나라의 1인당 CO₂의 연간 잔류중량을 색으로 표시하고 있다.

이 탄소발자국이라는 말은 생태발자국의 유래와 마찬가지로 '인간활동이 온실가스 배출로 지구환경을 덮은 발자국'이라는 비유에서 나온 것으로 일반적으로 제품이 판매되기까지의 온실가스 배출량으로 표시된다. 생태발자국은 면적으로 나타내지만 탄소발자국은 온실가스배출량(중량)으로 나타낸다. 생태발자국은 국가나 행정구획 등의 대규모 지역

단위로 환경부하를 생각할 때 면적으로 나타내는 것이 이해하기 쉬운데 비해 탄소발자국은 개인이나 기업단위로 생각해 단지 배출되는 온실가스의 양을 재기만 하면 되는 것이다. 탄소발자국은 이산화탄소 배출량을 나타내는 단위로 t-CO2eq(이산화탄소 환산톤)이라는 것을 사용한다. 우리가 매일 접하는 제품에 붙어있는 탄소배출량 인증마크가 그 제품의 탄소발자국을 나타내는 것이다. 이를 탄소라벨 또는 탄소성적표지라고도 한다.

매일경제(2009.6.9)에 따르면 영국 제과업체인 워커스 크리스프스(Walkers Crisps)가 2008년부터 이 회사가 만드는 과자 제품에 '75g, CO2'라는 탄소라벨을 붙이고 있다는 것이다. 이는 '이 제품을 제조, 포장, 운반해 매장 선반에 올려놓기까지의 이산화탄소 배출량이 75g'이라는 뜻이다. 영국 최대 유통업체인 테스코는 매장에서 팔리는 7만개 상품 모두에 탄소라벨을 부착하겠다는 계획을 발표했다. 킴벌리 클라크, 코카콜라 등도 탄소라벨을 도입하기로 했고, 일본 삿포로도 이에 동참하기로 했다고 한다. 탄소라벨은 인간의 삶을 평가하고 통제하는 가장 무서운 도구가 될 것이라는 전망도 나온다. 남긴 탄소발자국에 따라 세금(탄소세)을 내고 탄소 발생을 얼마나 줄이느냐에 따라 연봉이 좌우되는 시대가 눈앞에 다가오고 있다는 분석이다.

영국 제과업체 워커스 크리스프스의 제품에 부착돼 있는 탄소라벨

© 워커스 크리스프스 홈페이지
(www.engshop.de)

한편 국내 기업 중에는 홈플러스가 최초로 '홈플러스 탄소발자국 관리시스템'을 구축하고 있다. 한국경제(2012.5.31)에 따르면 홈플러스는 2050년까지 '탄소 제로'를 달성한다는 목표로 '홈플러스 탄소발자국 관리시스템(Homeplus Direct Carbon Footprint Tool)'을 운영하고 있는데 그 첫 발걸음으로 2006년 대비 2020년에는 CO_2배출량을 50% 줄일 예정이라는 것이다. 이에 따라 2008년 문을 연 부천 여월점에 처음 선보인 '그린 스토어'는 기존 점포에 비해 에너지 사용량을 40%, CO_2배출량을 50% 줄인 매장으로 설계했다. 홈플러스는 소비자들의 녹색소비도 다양한 방법으로 유도하고 있다. 자전거를 이용해 점포를 방문하는 고객들에게 전 점포에서 50~500점의 그린 마일리지를 제공한다. 제품 전 과정에서 발생하는 이산화탄소 양을 겉면에 표시하는 탄소라벨링제도를 38개 품목에 적용하고 있다. 또 2차 포장재를 줄인 상품 구매시에는 해당 상품 가격의 2%를 그린 마일리지로 적립해준다는 것이다.

탄소발자국은 또한 나라별로 1인당 탄소발자국의 차이도 크다. 에드거 G. 허트위치, 글렌. P. 피터스(Edgar G. Hertwich, Glen P. Peters)의 논문 '각국의 탄소발자국- 글로벌, 무역관련 분석(Carbon Footprint of Nations: A Global, Trade-Linked Analysis)'에는 2001년 기준으로 나라별로 1인당 탄소발자국 실태가 밝혀져 있는데 이를 정리한 것이 〈표 8-1〉이다.

〈표 8-1〉에 따르면 1인당 탄소발자국이 우리나라는 9.2t, 미국이 28.6t, 영국 15.4t, 일본 13.8t, 중국 3.1t, 인도 1.8t이었다. 그런데 2005년 기준에서는 우리나라가 12.2t으로 5년새 3t이 늘어났다. 미국이 오히려 25.9t으로 약 3t 줄었다. 그렇지만 미국의 탄소발자국이 세계에서 최고인데 그 만큼 온실가스를 많이 배출하고 있다는 것이다. 영국도 11.6t, 일본도 9.7t으로 모두 줄었고 중국은 3.2t, 방글라데시는 0.3t 정도로 아주 낮다. 현재 지구촌의 연간 1인당 탄소발자국은 평균 3t을 잡고 있지만 실제로는 세계 평균은 6t 정도 된다고 한다.

표 8.1 2001년도 주요 국가의 1인당 탄소발자국

	발자국 (tCO₂e/p)	인구 (백만 명)	가정부문 비중	가정 부문을 100%로 한 세부 비중							
				건설	주거	식품	의복	공산품	이동	서비스	무역
미국	28.6	277.5	82%	7%	25%	8%	3%	12%	21%	16%	8%
호주	20.6	19.4	82%	9%	21%	16%	2%	8%	16%	16%	11%
캐나다	19.6	31.2	75%	8%	18%	8%	2%	9%	30%	18%	6%
영국	15.4	59.3	62%	7%	21%	14%	3%	15%	22%	10%	11%
독일	15.1	82.0	63%	8%	22%	13%	4%	11%	22%	17%	5%
일본	13.8	126.8	68%	14%	12%	11%	4%	15%	22%	18%	8%
러시아	10.1	145.7	92%	9%	40%	15%	1%	3%	16%	17%	1%
한국	9.2	47.6	75%	11%	15%	12%	3%	12%	32%	19%	7%
아르헨티나	6.5	37.5	88%	4%	12%	39%	3%	6%	18%	12%	6%
남아공	6.0	43.4	90%	5%	21%	21%	2%	10%	17%	15%	9%
멕시코	5.6	100.9	77%	9%	12%	12%	3%	11%	29%	14%	4%
칠레	4.9	15.4	73%	8%	11%	11%	6%	10%	27%	12%	5%
브라질	4.1	172.3	88%	6%	5%	5%	2%	7%	19%	15%	4%
중국	3.1	1269.9	94%	25%	12%	12%	3%	10%	8%	15%	2%
인도	1.8	1032.1	95%	8%	14%	14%	3%	9%	12%	10%	3%

출처: Edgar G. Hertwich, Glen P. Peters, "Carbon Footprint of Nations: A Global, Trade-Linked Analysis.", Environmental Science and Technology. 2009, 43(16), p. 6416. 총 70 개국 중 주요국만 발췌 정리함.

한편 글로벌시대에 식품의 대량수입 등 무역과 관련해서 식품소비의 탄소배출량을 줄이는 노력이 중요하다. 이를 계산하고 줄이는 노력을 하고자 하는 것이 푸드마일리지(Food Mileage)운동이다. 푸드마일리지는 1994년 영국의 소비자운동가 겸 런던대 식량정책학 교수인 팀랑(Tim Lang)이 내놓은 '푸드마일(Food Miles)'에서 나왔다. '푸드마일리지(Food Mileage)'는 '식량(Food)의 운송거리(Mileage)'라는 의미이며 식량의 운송량과 운송거리를 정량적으로 파악하는 것을 목적으로 한 지표 내지 사고방식이다. 식량의 운송에 따라 배출되는 이산화탄소가 지구환경에 미치는 부하에 착안한 것이다. 주로 수입상대국별 식량수입량중량 x 수출국까지의 운송거리(가령 t·km)를 표시한다. 식품의 생산지와 소비지가 가까우면 푸드마일리지는 작게 되고 멀면 멀수록 커진다. 즉 운송거리가 멀어질수록 푸드마일리지가 높아지고, 불필요한 에너지 소비가 많으며 그만큼 환경에 나쁜 영향을 미친다고 할 수 있는 것이다. 예를 들어 칠레산 포도 1t을 수입하면 한국까지 오는 데 푸드마일리지는 약 1만 6000t·km, 미국 알래스카에서 문어 1t을 수입하면 푸드마일리지가 2만t·km이 넘게 된다는 것이다.(栗山浩一, 2008)

2010년 한국대기환경학회지에는 한국과 일본·영국·프랑스 4개국의 푸드마일리지를 비교한 연구 결과가 소개됐는데 그 결과에 따르면 2007년 1인당 농산물을 수입하기 위해 배출하는 이산화탄소량은 한국이 6,143t·km로 1위를 차지했고 일본(5,760t·km), 영국(3,211t·km), 프랑스(1,468t·km) 순으로 나타났다는 것이다. 2003년엔 일본이 5,916t·km로 한국(4,222t·km)보다 많았으나 역전됐다. 4년 만에 한국은 1인당 푸드마일리지가 약 2,000t·km 늘었다는 것이다.(조선비즈, 2012.1.18)

CO_2 100g을 1poco(포코)라고 한다. 보통 텔레비전을 1시간 시청하면 발생하는 이산화탄소량이 0.1poco이다. 칠레산 포도 한송이(약 300g)의 푸드마일리지가 약 48t·km인데 이때 이산화탄소 배출량은 3.76poco이다. 우리나라 안에서 자동차로 1~2시간 걸리는 지역에서 포도를 구입하면 포도 푸드마일리지는 0.27t·km로 이산화탄소 배출량은 0.07poco이다. 그러니까 칠레산 포도를 사먹으면 국산 포도에 비해 무려 53배의 이산화탄소를 배출하는 것이 된다.

우리 일상생활에서 이산화탄소 배출량을 알아보려면 대한민국그린스타트네트워크 홈페이지(www.greenstart.kr), 환경재단 기후변화센터 'CO2 ZERO' 홈페이지(www.co2zero.kr), 국립산림과학원의 탄소나무 계산기(carbon.kfri.go.kr) 등을 통해 자신의 탄소발자국을 계산할 수 있다.

8.2 | 공정무역

공정무역이란 영어로 'Fair Trade'에 해당하는 말로 자유무역에 대안을 제시해 빈곤을 해결하자는 뜻에서 최근에는 '대안무역' 또는 '희망무역'으로도 불리고 있다.

공정무역운동이란 생산자와 구매자 간의 신뢰와 존중을 바탕으로 한 직거래 무역방식이다. 제3세계의 가난한 생산자들이 친환경적인 방법으로 생산한 물품을 정당한 가격에 구매함으로써 그들에게 원조가 아닌 경제적 자립을 도와주는 범세계적인 운동이다. 국제공정무역협회(IFAT)의 헌장에 있는 공정무역에 대한 정의를 보면 '공정무역은 대화, 투명성, 존경의 토대 하에 국제무역에서 좀 더 큰 공평함을 찾고자 하는 무역 파트너십이다. 특히 남반구에 사는 주변부 생산자, 노동자들에게 더 좋은 무역조건들을 제공하고 이들의 권리를 보호하는 것을 통해 지속가능한 발전에 기여한다'고 정리하고 있다. 이처럼 공정무역은 공정한 거래를 통해 가난한 나라의 생산자들이 정당한 대가를 받을 수 있도록 하는 것이며, 이러한 거래를 통해 이들이 생산한 제품에 공정하고 안정된 가격이 매겨지게 된다(마일즈 리트비노프 · 존메딜레이, 2007). 이러한 물품 중 대표적인 것이 커피이며 그래서 공정무역 커피를 '착한 커피'라고도 부르는 이유가 여기에 있다. 참고로 우리나라는 세계 10위 커피 소비국이다.

공정무역은 제2차 세계대전 이후 유럽에서 시민운동 차원에서 시작됐으며 대표적인 예가 네덜란드의 공정무역 커피인 '막스 하벨라르'를 든다. 프랑스 판 데어 호프 신부가 멕시코의 가난한 커피 재배 농부와 함께 생활하다 '우리는 원조를 바라지 않는다. 우리가 생산하는 커피에 정당한 가격만 지불해 준다면 우리는 가난에 허덕이며 도움의 손을 내미는 일은 없을 것이다'라는 농부의 말에 힌트를 얻어 '막스 하벨라르 커피'를 자유시장에 내놓은 것이 선구적 사례라고 한다. 이러한 운동이 20여 년 전 일본 생협에 전해져 필리핀의 바나나와 설탕, 인도의 면화로 만든 의류 거래 등으로 공정무역이 확장돼 왔다고 한다. 공정무역 농산물을 재배하는 전 세계 농민은 80만 명에 이르고, 공정무역이 세계 무역에서 차지하는 비중은 0.1% 정도이지만 영국인이 마시는 차의 5%, 스위스인이 먹는 바나나의 절반이 이 같은 공정무역으로 이뤄지고 있을 정도로 꾸준히 늘고 있다.

우리나라는 '아름다운가게'가 공정무역 운동을 주도적으로 전개하고 있다. 2002년 10월 출범 때 이미 대안무역을 준비해왔던 아름다운가게는 2003년에 한 때 동남아 33개 단체에서 수입한 수공예품을 판매해왔으나 유통에 어려움을 느껴 중단한 경험이 있다. 2005년 하반기부터는 일본의 공정무역 단체인 '네팔리 바자로'를 통해 네팔의 커피농가와 연결이 되면서 자료조사 및 샘플 실험연구를 거쳐 지난해 8월부터 네팔 유기농커피인 '히말라야의 선물'을 개발해 판매에 나서고 있다.

가령 공정무역 커피의 경우 자유무역 제품에 비해 최종판매가격은 비슷하나 산지 농민에게 상대적으로 비싼 가격을 지불하고 있다. 세계 자유무역시장의 커피 생두 기준가격은 1kg에 평균 1.36~2.0달러인데 거래량이 많을수록 kg당 가격이 현저히 떨어진다. 반면 공정무역 커피 가격은 kg당 2.78달러로 거래량이 많아지거나 커피 가격이 폭락해도 최저가격을 유지해준다. 아름다운가게의 '히말라야의 선물'의 경우 kg당 3.45 달러를 지불해 세계 공정무역 제시 가격보다도 훨씬 높고 판매수익금도 다시 제3세계 기금으로 적립하고 있어 현지 농가에 큰 도움이 되고 있다.(국제신문, 2007.2.25)

그러나 공정무역에 대한 비판도 있다. 첫째, 공정무역으로 생산자에게 지불하는 가격이 값싼 상품에 대한 일종의 보조금이 되어 결국 인위적으로 커피 가격이 올라 생산자들이 그 이익을 얻기 위해 초과공급할 것이라는 비판이 있으며(매일경제, 2009.6.3), 둘째, 공정무역 자체가 원거리에서 식량을 공급받는 구조를 기본으로 하고 있기 때문에 지구온난화시대에 먹거리 이동거리를 줄이지 못하는 점과 지역의 자급 구조를 위반하고 있다는 주장이 있다. 이 외에도 공정무역으로 인해 수입국들의 농민이나 생산자들의 이해와 배치된다는 논쟁도 벌어지고 있다(예진수, 2006). 이러한 논란에 대해 공정무역을 지지하는 사람들은 공정무역의 가격은 생산자들이 지속가능한 생산을 할 수 있는 최저가격일 뿐이며, 이는 생산자에게 공정한 대가를 지불하는 것이고 아동노동을 보호할 수 있다는 장점이 있다고 주장한다. 또한 대부분의 공정무역 제품들은 자국에서 생산되지 않는 물품들이 거래되고 있기 때문에 무역으로써 해결돼야 하는 물품들로 지역의 자급 구조나 수입국들의 생산자들과의 이해문제는 크지 않다고 보고 있다.(천경희 외, 2010)

무역분야에 공정무역이 있다면 이를 관광분야에 적용한 것이 '공정여행'이다. 공정여행이란 여행지의 지역경제와 자연, 문화를 존중하는 여행방식을 말한다. 임영신·이혜영은 『희망을 여행하라』(2009)라는 공정여행 가이드북에서 공정여행 개발과정의 기준과 공정여행의 조건으로 다음 네 가지를 들고 있다. 첫째, 투자자와 지역공동체 사이에 공정하고 동등한 거래자로서 파트너십을 형성한다. 둘째, 지역과 이익을 공정하게 나눈다. 셋째, 관광객과 지역주민 사이에 공정한 거래가 이뤄져야 한다.

넷째, 공정한 임금과 근로조건을 지킨다가 그것이다.

공정무역의 대표적 사례   공정무역의 규모는 어느 정도나 될까? 공정무역의 거래량은 세계무역의 0.1%에 불과하지만 유럽 시민의 80%가 공정무역을 알고 있으며 매년 그 규모가 20%씩 급성장하고 있어 국제공정무역상표인증기구(FLO) 집계로 2007년 현재 거래액이 22억 달러나 되고 있다(한겨레, 2008.5.14). 또한 스타벅스, 던킨 두넛 등 기존의 대형 기업들 또한 좋은 기업이미지를 소비자에게 심어주기 위해 공정무역 상품을 거래하고 그 거래비율도 높이고 있는 실정이다. 공정무역운동은 국내에서도 점차 확산되어 공정무역으로 취급하는 품목과 그 수가 증가하여 2008년 현재 커피, 초콜릿, 마스코바도(설탕)를 비롯하여 200여 개의 품목을 취급하고 있으며 이러한 상품들이 몇 년 전부터는 시민운동 차원이 아닌 백화점과 대형할인매장에까지 등장하고 있으며 공정무역커피를 판매하는 카페들도 생겨나고 있다. 또한 공정무역의 국내 판매액은 2007년부터 비약적으로 성장하여 2008년 총 매출액이 약 28억 원을 넘어섰으며, 이는 200%가 넘는 증가율을 보이고 있는 것이다.(천경희 외, 2010)

이러한 공정무역 단체로 세계적으로 잘 알려진 단체가 옥스팜이다. 옥스팜 인터내셔널(Oxfam International)은 14개 기구의 연합체로서 100여 개 국에서 3,000여 개의 제휴 협력사와 함께 구호활동을 펼치고 있는 단체이다. 빈곤 해결과 불공정무역에 대항하는 대표적인 기구이다. 옥스팜은 1942년 설립된 단체로서 옥스퍼드대학교 학술위원회의 머리글자를 딴 'Ox'와 기근을 나타내는 영단어 'Famine'의 앞 세글자 'Fam'을 따서 명명됐다. 옥스팜 영국은 옥스퍼드에 본사를 두고 있다. 공정무역 가게인 옥스팜은 세계 전역에 수많은 가게를 열어 공정무역 상품과 의복, 직물을 판매하는데 최초로 구호점포를 1948년 열었다. 활동금은 대중의 기부에 따르는 데 영국에서는 50만 명 이상이 기금을 내거나 각종 기부활동에 참여하고 있다고 한다. 현재 영국에만 750개의 점포가 있는데 100여 개 정도는 책과 음반 전문점이다. 옥스팜은 유럽을 통틀어 가장 큰 중고서적 소비단체이며 매년 1,200만 권을 판매한다. 전 세계적으로는 1만 5000여 개의 점포가 있다.(www.oxfarm.org)

영국의 옥스팜이나 '페어트레이드 커피' 등은 국제적인 빈곤대책, 환경보호를 목적으로 해 아시아, 아프리카, 중남미 등의 개도국으로부터 선진국에 수출을 할 때 공정무역을 기반으로 하고 있다. 주된 품목으로 커피, 바나나, 카카오와 같은 식품이나 수공예품, 의복 등이 있으며, 수요나 시장가격의 변동에 의해 생산자가 부당하게 싼 가격으로 억지로 팔거나 항상 저임금 노동자가 발생하는 것을 막고 또한 아동노동이나 빈곤으로 인한 난개발 환경파괴를 막기 위한 것을 목적으로 한다. 최종적으로는 생산자 노동자의 권리와 지식, 기술의 향상을 통한 자립을 지향하고 있다.

우리나라의 공정무역단체도 활성화되고 있다. 그 중 대표적인 단체로 '아름다운가게', '여성환경연대', '한국YMCA전국연맹', '두레생협연합회'와 같은 NPO와 '페어트레이드코리아', '다크초콜릿'과 같은 공정무역기업이 있다.

아름다운가게는 현재 전국 72개 매장에서 '히말라야의 선물' 티백제품(4g×12개 싱글백 5,000원)을 판매하고, '아름다운커퍼 쇼핑몰(www.beautifulcof-fee.org)'에서는 200g 홀빈제품(1만 원)을 온라인 판매한다. 이밖에 올가, 홈플러스 등 일부 대형유통업체의 매장을 통해서도 판매되고 있다. YMCA는 2006년부터 '동티모르 지원을 위한 YMCA 평화커피(www.ymcakorea.com)'를 주문 판매하고 있다. 티백형 15봉지 4박스 1세트가 2만 원, 파우더형 220g 2파우치 1세트가 3만 원이다. 두레생협연합회(www.dure.coop)는 생협 회원을 대상으로 필리핀 네그로수 유기농설탕과 팔레스타인 올

리브농가의 '착한 올리브유'를 판매하고 있는데 흑설탕 500g 한 봉지가 2,000원이다. 여성환경연대(www.ecofem.or.kr)는 인도 네팔의 유기농 면의류인 '착한 옷'과 베트남 캄보디아 등지에서 수입한 수공예품을 주문 판매하고 있다.

아름다운가게가 판매하는 공정무역 커피의 생산지는 네팔이다. 이곳 현지를 다녀온 아름다운가게 이행순 간사는 현지 소식을 이렇게 전한다.(국제신문, 2007.2.25)

'이들 농민이 사는 곳은 굴미지역. 네팔의 수도 카트만두에서 비행기로 40분 거리인 바이와라공항에서 지프차로 국도를 3시간, 비포장도로를 2시간 달려가야 하는 해발 800m의 오지마을이다. 이곳에 굴미지역 커피협동조합이 있는데 조합원은 835가구. 이곳에서 아름다운가게가 수입하는 네팔 커피의 90%를 생산하고 있다. 커피 재배면적은 모두 약 45 ha로 커피나무로 치면 약 10만 그루가 된다. 모두가 농약이나 화학비료 없이 손으로 생산하는 친환경 커피이다. 커피는 씨앗을 심으면 3~5년 뒤 첫 열매가 여는데 커피나무는 7~8월에 꽃이 피고, 2~3월에 빨갛게 익는다. 이를 '커피 체리'라고 한다. 굴미지역 커피협동조합은 수집한 커피 열매를 직원들이 기계나 수작업을 통해 선별한 뒤 카트만두로 보낸다고 한다. 인근 아르가칸치 기초커피협동조합에선 103가구 조합원이 한국 수출 커피 생두의 10%를 생산하고 있다. 이들 네팔의 농가는 가구당 평균 50~100그루의 커피나무를 키우고 있는데 가구당 연간 소득은 10만~20만 원 정도. 우리에게는 적게 느껴질지 모르지만 그래도 이 돈은 이들 농가의 1년 생활비가 된다. 커피나무 한 그루에서 '히말라야의 선물' 홀빈 200g짜리 약 2봉지가 만들어진다고 한다. 이들 농가는 대부분 흙집이고 아이들은 2~3시간 걸어 학교에 다니고 있다고 한다. 이 간사는 "커피협동조합 사무실 벽에 '커피를 심어 가난을 근절하자'라는 표어와 함께 아름다운가게의 '히말라야의 선물' 포스터가 나란히 있어 가슴이 뭉클했다"며 "우리들의 현명한 소비가 세상을 바꿀 수 있다는 자신감을 얻게 된 귀한 여행이었다"고 현지에서 느낀 감동을 전했다.

페어트레이드코리아는 '저개발국 여성 돕는 공정무역회사'임을 강조한다. 이 회사 이미영 대표가 2000년대 초 제3세계 빈곤여성에 실질적 도움을 줄 수 있는 방안을 모색하던 중 2004년 '네팔리 바자로'란 일본 공정무역단체를 만나 감동을 받아 2007년 대한민국 1호 공정무역기업을 설립했다고 한다. 직원은 16명으로 패션소품, 수공예품, 유기농 면과 커피, 초콜릿 등을 수입 판매하며, 2008년부터 국내 최초 공정무역 패션브랜드 '그루(g:ru)'로 영업을 본격화하고 있다. 이 회사의 원칙은 '국내 생산이 안 되거나 불가능한 제품을 거래하고, 친환경성과 여성노동자의 생산을 중시한다.'는 것이다. 홈페이지를 통해 상품별 생산자이야기를 볼 수 있도록 해놓았다.(www.fairtradegru.com)

우리가 무심코 마시는 커피 한잔일지라도 그것이 어떤 과정을 거쳐 여기까지 왔는지를 안다면 커피에 대한 인식을 새롭게 하게 될 것이다. 공정무역운동은 주체적인 소비자로서 환경과 인권문제를 생각하는 대안경제행위라고 할 수 있다.

8.3 | 생태관광*

생태관광이란 생태관광이란 용어는 1983년 멕시코의 환경운동가 라스쿠라인(Lascurain)이 관광을 통해 습지를 보존할 수 있다는 발생에서 처음 사용한 것으로 알려져 있다. 일반적으로 '환경보호와 지역주민의 복지 향상을 염두에 두고 자연지역으로 떠나는 책임 있는 여행'이라는 국제생태관광학회(The Ecotourism Society)의 정의가 사용되고 있기는 하나, 국제적으로 표준화된 생태관광의 정의는 없는 상황이다. 국제자연보호연합(ICUN)에서는 생태관광에 대한 보다 엄격한 정의를 제시하고 있는데, '자연을 즐기고 감상하기 위해 비교적 훼손되지 않은 자연지역으로의 환경적으로 책임 있는 여행이나 방문으로서, 보전을 증진하고, 부정적 영향을 유발하지 않으며, 지역주민에게 사회경제적 편익을 제공하는 관광'이 그것이다. 생태관광(Eco-Tourism)은 지역사회 발전과 생태계 보전에 기여하는 지속가능한 자연관광으로 자연상태가 우수한 지역에서 이루어지는 관광활동을 의미하기도 하고 기존

---

* 이 내용에 관해서는 필자가 연구자로 참여한 '생태관광 헌장 및 수칙 제정을 통한 생태관광 확산 및 실천방안 수립 연구(서울대 환경계획연구소, 2009.9)'를 보완 정리한 것이다.

의 관광에서 탈피하여 새롭게 추구하여야 할 방향이나 원칙을 의미하기도 하며, 간단하게 환경 체계에 대한 중요한 인식을 심어주고 관광지의 경제적·사회적·생태적 상황에 긍정적으로 기여하는 것으로 정의할 수 있다.(김성진, 2003)

해외에서의 생태관광은 1980년대에 대량관광의 대안으로 그 개념이 등장하여 적용이 시작되었으며, 태평양과 동아시아 국가들에서는 1990년대 본격적으로 도입이 되기 시작했다(제종길, 2007). 남미나 동남아시아의 경우, 낮은 국민소득에도 불구하고 풍부한 관광자원과 선진화된 관광 경영방식의 결합을 통해 생태관광에 있어서는 국내보다 한 발 앞서 있는 상황이다. 실제로 코스타리카, 에콰도르, 인도네시아, 필리핀 등은 세계적인 생태관광지로 각광 받고 있다(김세천 외, 2002). 유엔은 생태관광의 세계적인 중요성을 인식하여 1998년 7월 유엔총회에서 2002년을 '세계 생태관광의 해(International Year of Ecotourism, IYE)'로 지정했다. 이후 유엔의 지속가능개발위원회는 국제기구, 정부, 민간부문이 이를 위한 활동을 수행하도록 요청하였으며, 세계관광기구(WTO)와 유엔환경계획(UNEP)이 '세계 생태관광의 해' 기간 동안 국제적으로 수행되는 활동들을 준비, 조정하는 역할을 담당하고 있다.

협의로 생태관광은 환경의 질을 보전하는 동시에 관광을 발전시킨다는 측면에서 생태 환경에 기초한 생태관광 상품만을 포함한다. 즉, 생태적 가치를 가지는 장소를 관광자원화하는 것을 의미한다. 이는 생태계의 보존에 이바지하는 자연체험여행을 통해 관광지의 지역사회 통합, 관광산업과 관광자원의 통합 등을 시도하는 것을 의미한다. 광의로는 생태관광은 자연환경이나 문화를 손상시키지 않은 상태에서 지역을 탐방함으로써 자연과 문화를 이해하고 감상할 수 있도록 배려하는 '환경적으로 건전하고 지속가능한 관광'을 총칭하며 관광활동을 환경보전적인 방향으로 유도하는 것을 의미한다. 자연에 대하여 책임질 수 있는 관광

이면 곧 생태관광의 범주에 속한다.(조진희, 김수봉, 2007)

유사개념으로는 자연관광(Nature Tourism), 환경관광(Environment Tourism), 녹색관광(Green Tourism), 농촌관광(Agri-Tourism), 전원관광(Rural Tourism), 지속가능한 관광(Sustainable Tourism)이 있다. 자연관광(Nature Tourism)은 자연환경에 직접적으로 연관된 관광물에 의존하는 모든 유형의 관광을 의미하며, 자연적 경관, 야생생태계와 문화유적에 대한 학습 및 향유의 목적으로, 비교적 훼손되지 않고 덜 오염적인 지역을 여행하는 형태를 말한다. 환경관광(Environment Tourism)은 자연을 기초로 지속적으로 관리되는 보전 지향적이고, 적정한 범위 내에서 환경교육적인 관광활동의 현상을 의미한다. 녹색관광(Green Tourism), 농촌관광(Agri-Tourism), 전원관광(Rural Tourism)은 같은 의미로 프랑스에서는 녹색관광(Green Tourism), 독일에서는 농촌 관광(Agri-Tourism), 영국에서는 전원관광(Rural Tourism)이라는 용어를 선호하나, 사실상 모두 비슷한 의미로 사용되고 있다. 이들은 보전적 관광개발을 통해 농촌의 생활여건을 개선하는 관광을 의미하며, 새로운 관광활동과 체험을 제공하는 기회를 주고, 도시민에게 농촌을 알리고 즐거움을 제공하는 관광형태를 말한다. 그리고 지속가능한 관광(Sustainable Tourism)은 생태적 균형을 유지할 수 있는 환경적 수용력에 따른 관광을 말한다. 지속가능한 관광은 대안관광보다 환경보호나 생태계의 지속성을 더욱 중요시하는 개념으로서 출현한 것이다.(김양자, 2001)

이러한 점에서 생태관광은 환경중심적인 시각과 개발중심적인 시각을 동시에 수용하여 ① 자원의 보전, ② 지역사회의 발전, ③ 관광객의 교육적 체험 등의 세 가지 목표를 지향하고 있다(김성진, 2003). 지역자원에 대한 권한을 지역사회에 위임하여 주인의식을 가지고 지역 관광자원을 관리하게 하고, 관광객에게는 잘 보전된 자연환경을 통해 질 높은 관광체험을 제공하는 것이다.

생태관광의 구성요소는 ① 자연의 보전(생태관광자원의 주요 매력인 자연성 확보), ② 환경교육 프로그램(교육프로그램을 통해 특화된 서비스 제공), ③ 지역 참여(경제적 편익 확보)라는 세 가지 요소를 확보해야만 한다고 한다(김성일, 2002). 이를 통해 보전과 개발의 조화라는 목표가 달성되고 궁극적으로는 경제적, 사회적, 환경적으로 지속가능한 관광이 가능해진다는 것이다. 이것으로 생태관광의 구성요소, 기대 결과, 생태관광의 목표, 지속가능한 생태관광이라는 목적의 일련의 과정을 통해 생태관광으로 지역사회에 지속가능한 개발이 이루어지는 과정을 구성할 수 있다는 것이다.

여행기획자 정란수는『개념여행』(2012)에서 생태관광에 대한 비판적 시선을 다음과 같이 소개하고 있다. 먼저 국내에서 진행되고 있는 생태관광의 형식적 측면에서의 문제로서 예약문화에 익숙하지 않는 것을 지적하고 있다. 순천만, 우포늪 등의 세계적 생태관광지가 아직도 예약제를 시행하고 있지 않아 밀려드는 관광객 때문에 몸살을 앓고 있다는 것이다. 또한 이러한 생태관광지의 각종 관리시스템의 부재를 든다. 내용적 측면에서는 생태관광을 표방하는 국내의 관광들이 실제로는 자연관광에 불과한 경우가 많은 데 생태관광의 가장 중요한 자연자원 보존을 중심으로 하는 관광체험활동과 교육이 제대로 이뤄지지 않고 있다는 것이다. 이러한 비판의식이 없을 경우 생태관광은 환경과 생태를 상품화하는 생태사업주의와 결탁하게 될 수도 있다는 것이다.

생태관광의 대표적 사례　　생태관광이 세계 여행시장에서 차지하는 비율은 2000년 기준으로 5~10% 정도로 상당한 비율을 차지하고 있는 것으로 추정되고 있다. 특히 생태관광 시장의 성장률은 기존관광 시장에 비해 2~3배에 달하는 것으로 나타나고 있다고 한다.(조진희·김수봉, 2007)

국내의 경우 생태관광은 그간 몇몇 환경단체를 중심으로 비교적 소수에게만 알려져 있었으나 최근에 들어 웰빙, 슬로우라이프, 녹색성장 등의 사회적 흐름 속에 대안적인 여가선용의 한 방식으로서 널리 주목을 받게 됐다. 이런 관심을 반영하듯, 2009년 환경부에서는 전국 우수 생태관광지를 선별 '생태관광지 30선'을 홍보하고 있으며, 향후 이를 100곳까지 늘릴 계획을 발표한 바 있고 일선 관광지 역시 갯벌탐험, 철새관찰, 도보여행 등 다양한 생태체험 프로그램을 개발·운영하고 있다. 또한 국가 생태관광 포털 사이트(www.eco-tour.kr), 산림청의 '숲에온' 포털 사이트(http://www.foreston.go.kr), 국립공원관리공단의 포털 사이트(http://ecotour.knps.or.kr)가 운영중에 있어 국내 생태관광지에 대한 종합적인 정보 제공이 이루지고 있다. 정부차원에서 볼 때, 1997년 개정된 자연환경보전법 제42조에 '생태관광 육성과 관리에 관한 조항'이 추가되어 생태관광이라는 용어가 법률상에 처음으로 등장한 이래, 해양수산부의 습지보전법 시행령 제8조, 산림청의 임업 및 산촌 진흥 촉진에 관한 법률 제 19조 등에 생태관광이 명시되어 관계부처가 생태관광 활성화에 노력을 기울이고 있다(환경부, 1997). 국립공원관리공단에서도 저탄소 녹색성장의 핵심사업으로서 국립공원 생태관광 사업을 추진해왔는데 기존의 국립공원 이용 방식이 등산객에 의한 소위 '정상정복형 방식'이었다면, 이를 전문적인 해설과 자연체험 등이 어우러진 이른바 '수평적 탐방 문화'로 유도한다는 것이 국립공원 생태관광의 골자이다.

그러나 국외에 비해 생태관광 분야에 대한 체계적인 조사와 연구개발이 미비하고, 아직은 대중들에게 생소한 관광으로 국민 의식도 낮다고 할 수 있다. 관련 세미나나 포럼 등이 7~8년 전부터 지속적으로 개최되고 있으나 실제로 지자체나 환경단체가 가지는 관심에 비하여 관광업계와 관광학계의 관심은 크지 않은 편이다.

이제 생태관광의 현장을 한 번 살펴보자. 나는 지난 2009년 '생태관광 헌장 및 수칙 제정' 관련 연구를 위해 서울대 환경계획연구소 팀과 함께 일본 홋카이도 쿠시로습원과 국내 우포늪, 순천만 등 국내외 생태관광지를 둘러볼 기회를 가졌다.

일본의 쿠시로습원은 람사협약에 의해 보전지역으로 지정돼 있는 일본 최대의 습원으로 동서 약 17km, 남북 약 36km, 면적 26.861ha에 이르며, 일본 홍학과 같은 철새의 도래지로 유명하다. 원래는 오랫동안 쓸모없는 땅으로 인식되어 1960년 말에서 1970년 초까지는 간척지로 활용하거나 토지개선, 배수공사, 댐건설 등에 이용하려고 하였으나 1971년 쿠시로습지의 미래에 대한 시민 심포지움이 열리면서 쿠시로습지의 과학적 가치가 조금씩 인식되기 시작했다. 그 뒤, 쿠시로에서는 지방정부와 민간단체 및 지역주민이 유기적으로 협조하여 습지보전과 지역개발을 효과적으로 조화시켜 주민소득을 증대시켰을 뿐 아니라 이 지역을 생태관광지로 현명하고도 지속가능하게 이용하고 있다.

우리나라의 경우 생태관광으로 대표적인 곳은 경남 창녕의 우포늪을 들 수 있다. 우포늪은 낙동강 주변에서 강물의 역류로 인해 물이 고이면서 생긴 우포, 목포, 사지포, 쪽지벌의 4개 늪으로 이루어져 있는데 약 350여종의 동식물이 서식하고 있는 국내 최대 규모의 습지이다. 우포늪은 1930년대 제방이 만들어져 논으로 사용되기도 했고, 1970년대에는 이후 비용문제로 중단되기는 하였으나, 매립공사가 진행되기도 하였다.

그 결과 한때는 250만 평에 달했던 습지가 현재는 70만 평 정도로 줄어든 상태이다. 그 중 7만 평이 담수지역으로 창녕군 유어면, 이방면 및 대합면에 걸쳐 원시생태계를 유지하고 있다. 1991년 창녕 인근의 마산과 창원에서 보전운동을 시작하면서 우포늪은 우리나라 습지운동의 시발점이 되었다. 1997년 자연생태보호지역 지정, 1998년 '물새와 그 서식지 보전에 관한 국제협약'인 람사협약에 등록되었다. 보호지역으로 지정된 현재, 인간에 의한 생태계 파괴는 크게 줄었고, 그 결과 우포늪의 생물 개체수도 증가 추세에 있다.

창녕 우포늪과 더불어 우리나라 생태관광지로 빼놓을 수 없는 곳이 전남 순천만이다. 순천만은 남북으로 길게 뻗은 여수반도와 고흥반도가 에워싸고 있는 항아리 모양의 내만으로 총연장 40km에 갯벌이 200만 평, 갈대밭이 70만 평에 이른다. 연안습지로서 강하구, 갈대밭, 염습지, 갯벌, 섬 등의 다양한 지형을 가지고 있으며, 주변 육지에는 논, 염전, 갯마을, 양식장, 구릉, 산 등이 인접해 있다. 다양한 지형들이 한 지역에 어우러져 있는 만큼 그 어느 곳에서도 찾기 어려울 정도의 생태계 다양성(Ecosystem Diversity)과 서식지 다양성(Habitat Diversity)을 보유하고 있다. 1990년대 후반부터 10년 넘게 지역민, 시민단체들, 순천시가 노력한 결과 해양수산부에서는 2003년 순천만을 습지보호지역으로 지정하였고, 연안습지로는 최초로 보성갯벌과 함께 람사협약에 등록됐다. 조망권이 탁월한 순천만은 갈대밭과 국내 최고로 손꼽히는 낙조 풍경 등으로 인해 관광객이 급증하고 있다. 2008년 한 해 동안 약 260만 명의 관광객이 순천만을 찾았고, 그 경제적 효과만도 1,000억 원대에 달하는 것으로 알려지고 있다. 이에 순천시는 '생태수도 순천'이라는 슬로건 하에 생태자원을 통한 지역발전을 꾀하고 있다.

또 하나 전국적으로 유명해진 생태관광 코스로 제주 올레길을 빼놓을 수 없다. 제주 올레길은 2007년 9월 성산일출봉을 통과하는 첫 코스가 나온 이래 2012년 11월 현재 총연장 422km에 이르는 26개 코스가 모두 개설됐다. 올레길은 길을 알려주는 화살표와 화장실 표지 외에는 어떤 시설물도 덧붙이지 않았으며, 도로를 포장하거나 나무를 뽑는 등의 인위적인 길 내기 대신에 기존의 마을길을 활용하는 방식으로 개발됐다. 제주도의회 윤춘광 의원은 문화체육관광부가 2010년 예측 발표했던 자료에 근거해 2011년 올레길을 찾은 109만 명의 올레꾼이 발생시킨 경제적 효과를 3,250억 원으로 추산했다(경향신문, 2012.8.5). 지역 시내버스들이 올레길을 중심으로 한 노선 변경을 추진하고 있고, 지역 주민들도 아스팔트 새 길 포장보다는 마을의 옛 길을 복구하려는 움직임이 있으며, 올레꾼들의 편의를 위해 길가의 민박이나 식당들을 중심으로 화장실 나누어쓰기운동이 펼쳐지는 등 올레코스가 지역을 바꿔가고 있다고 한다.

한편 생태관광과 관련해 여행업계도 바뀌고 있다. 해외여행의 경우 지난 10년 동안 전 세계 사람들이 비행기를 타고 해외로 날아간 거리는 해마다 60%씩 늘고 있고, 비행기에서 발생하는 이산화탄소는 전체 지구에서 배출되는 이산화탄소량의 3% 수준이다. 더구나 높은 고도에서 발생하는 이산화탄소가 지구온난화에 끼치는 영향은 지상에서 발생하는 이산화탄소보다 세 배 더 높다는 것이다(임영신·이혜영, 2009). 이에 대해 일본의 여행사 JTB간토(関東)은 2007년부터 '지구온난화를 생각하는 미국에코투어-6일간의 여행'을 기획하기도 하고, 여행 때 배출되는 CO$_2$를 그린전력증서 구입으로 상쇄하는 'CO$_2$제로여행'을 판매하고 있다. 가령 40명이 도쿄를 출발해, 신칸센 등을 이용해 교토에 2박3일 단체여행을 한다고 할 때 통상의 여행비용에다 1인당 300~600엔 정도의 그린전력 발행대금을 추가부담하도록 하는 것이다(日本總合研究所, 2008). 또한 지역의 지속가능성을 존중하는 공정여행도 외국에서는 활발히 전개되고 있다. 1989년에 창립된 영국의 시민단체인 '투어리즘컨선(Tourism Concern)'은 매년 『윤리적 여행 가이드북(The Ethical Travel Guide)』를 펴내 전 세계 70여 개 국 400여 코스를 소개하며 '책임있고 지속가능한 여행'이 될 수 있도록 캠페인을 펼치고 있다. 가능한 한 비행기를 이용하지 않고 갈 수 있는 코스도 많이 소개돼 있다. 투어리즘컨선 홈페이지(www.tourismconcern.org.uk) 에 들어가면 무료로 '가이드북'을 볼 수 있다. 생태관광은 이러한 공정여 행의 마인드가 토대가 돼야 할 것이다.

이러한 생태관광이 지속가능싱을 가지기 위해서는 다음과 같은 점아 필요하다고 볼 수 있다.(서울대 환경계획연구소, 2009)

첫째, 생태관광 헌장 및 지침이 필요하다. 생태관광은 대상지에 대한 학습이 선행되는 가운데, 자연과 해당 지역 문화에 대한 존중이 그 무 엇보다도 중요하기에 기존의 관광 활동과는 다른 생태관광 특유의 정신 과 원칙을 널리 알릴 필요가 있다.

둘째, 지역주민의 참여이다. 생태관광지 개발의 계획단계에서부터 관 리단계에 이르는 전 과정에서 주민들이 자신들의 목소리를 낼 수 있는 통로를 마련해주어야 한다. 또한 생태관광을 통한 경제적 이익이 지역에 환수될 수 있도록 시스템을 정비해야 할 것이다.

셋째, 교육 및 체험 프로그램의 개발이다. 관광객의 만족도 증진을 위 해 다양한 학습프로그램이 요구된다. 대상지의 생태환경이나 지역 문화 에 대한 이해를 돕는 각종 문화체험사업 역시 관광객의 이용 만족도를 높이는데 기여한다고 하겠다.

넷째, 보존 관리 및 연구 시스템의 확충이다. 최근 지자체들이 경쟁적 으로 개발하고 있는 국내 생태관광지들의 경우, 체험관이나 공원 건립 등 하드웨어 건설에 치중하느라, 전문적 연구나 관광객 관리 등 소프트 웨어적 부분에는 소홀한 경향이 있다. 생태적으로 민감한 대상지에 대 규모 관광객들이 일시에 들이닥쳐 반(反)생태적인 관광행태를 보이는 사 례는 예방을 해야 할 것이다. 관리시스템과 더불어 연구시스템의 확충도 중요하다. 생태자원에 대한 자연과학적 연구뿐만 아니라 관광객의 이용 만족도 조사나 관광프로그램 개발 등 관광을 통한 지역개발 관점에서의 인문·사회과학적 연구도 포함되어야 할 것이다.

9

사회적 금융과 지역화폐 그리고 지역재단

9.1 │ 사회적 금융

사회적 금융이란　　　2008년 9월 15일 미국 투자은행인 리먼 브러더스 파산으로 시작된 글로벌 금융위기는 과도한 파생금융상품 남발로 인한 세계금융제도의 허상을 그대로 보여주었다. 이러한데서 화폐·금융의 역할에 대한 근본적인 회의가 일고 있다. 이에 대한 대안금융을 모색하는 노력이 시민적 입장에서 고민되고 있다.

김종철은 『녹색평론』 제119호(2011년 7-8월호)의 '우애의 경제를 위하여'라는 글에서 사람들이 글로벌 금융위기를 계기로 현대금융제도의 허구성을 깨닫기 시작했고 그래서 '사회적 은행'이 유럽에서 새삼스럽게 더 주목을 받고 있다며 '사회적 은행'의 필요성을 강조하고 있다. 사회적 은행이란 단순히 돈을 벌기 위한 목적보다도 금융시스템이 좀 더 윤리적이고, 생태적으로 건강한 사회를 만드는 데 기여하는 것이 돼야 한다는 철학을 가진 사람들이 모여서 설립·운영하고 있는 금융협동체로 자연히 이자가 매우 낮은 은행이다. 그런 은행의 전형이 독일의 게엘에스(GLS)은행이라는 것이다. 슈타이너의 아이디어에 따라 설립된 이 은행은 예금이자가 낮다는 것을 알면서도 자신들의 돈이 공익을 위해 사용된다는 점을 더 중요하게 생각한다. 이 은행에는 은행 운영진과 주요 고객으로 구성된 심사위원회가 있어서 대출금이 어떤 목적과 용도로 사용될 것인지 면밀히 검토한 뒤에 싼 이자로 돈을 빌려주거나 경우에 따라서는 무상 증여를 해준다. 이 은행은 3P원칙이라는 것을 늘 강조하는데 'Profit(이익), People(사람), Planet(지구)', 즉 이익을 내되 사람을 위하고, 지구를 위한다는 원칙이다. 놀랍게도 이 은행은 1970년대에 시작되어, 지금 독일의 웬만한 도시에 지점들이 있고, 현재의 은행 총자산 규모는 독일 최대 은행이라는 도이체방크의 약 1000분의 1 정도가 된다고 한다. 사회적 은행의 경우는 현재 통용되고 있는 국가화폐를 가지고, 그것을 선용하는 모범적인 사례라고 할 수 있다는 것이다.

유럽에는 '무기산업에는 투자하지 않는다'거나 '환경과 사회에 공헌하는 기업이나 사업에만 융자한다'는 경영방침을 세운 '사회적 은행'이 많이 있다. 대표적인 것이 독일의 GLS은행이나 네덜란드의 토리오도스은행, 영국의 생협은행, 이탈리아의 윤리은행 등이다. 물론 이러한 사회적 은행의 모델로는 방글라데시의 그라민은행을 뺄 수 없다.

그런데 사회적 은행이란 개념은 보다 넓은 '사회적 금융'이란 개념에 포함된다고 볼 수 있다. 김진호·양준호는 2013년 4월 26일 부산 경성대 중앙도서관에서 열린 '2013 한국지역사회학회 춘계학술대회'에서 '해외 사례로 본 사회적 금융의 의의와 과제'라는 주제를 통해 사회적 금융의 정의를 다음과 같이 정리했다.

사회적 금융이란 협의의 주체로서 사회적인 목적을 추구하는 조직을 재무적으로 지원하는 은행이라 할 수 있는데, 다양한 금융상품을 통해 사회적인 목적을 추구하는 조직에게 자금을 매개하는 중개기관이자 그 모습이 일반적으로 은행의 형태를 보이고 있다는 것이다. 프랑스 드 클러크(Frans de Clerk)와 올라프 웨버(Olaf Weber) 등은 대부분의 사회적 금융기관이 은행의 형태로 업무를 수행하는 사실에 기인해 '사회적 금융(Social Finance)' 대신 '사회적 은행업(Social Banking)'이라는 단어를 사용하고자 하였으며 '사회적 금융(은행업)'이란 예금, 대출, 투자, 기부금을 포함한 기타 금융상품 및 서비스 등의 수단을 통해 사람, 환경, 문화에 긍정적인 영향을 주는 금융'이라고 정의하고 있다. 그러나 현상적으로 보이고 있는 넓은 의미로서 사회적 금융은 일반은행의 형태를 보일 뿐만 아니라 사례를 통해 다양하게 존재하고 있다. 이를 각국의 설립법에 근거해 범주화하자면 사회적 금융기관은 일반은행 형태뿐만 아니라 비영리기관의 모습도 보이며, 상호협동조합, NPO기관, 특별법에 근거한 금고의 형태로 존재한다. 따라서 사회적 금융은 현상적으로 사회적 은행뿐만 아니라 다양한 형태로 존재한다고 할 수 있다는 것이다.

이웃 일본에는 유럽과 같은 구조의 '사회적 은행'은 없고, 군수산업에 대한 투자를 규제하는 법률도 없다. 대신 시민 측에서 그러한 구조를 만들려는 움직임이 있는데 그 대표적인 것이 NPO은행이다. 일본에서 NPO은행의 역사를 보면 1994년 '미래은행 사업조합'이 도쿄에 설립됐다(다나카 유 외, 2010). 그 뒤 가나카와, 홋카이도, 나가노 등 일본 곳곳에 NPO은행이 설립돼 현재 19곳이 있으며 최근 2~3년 사이에 아오모리, 후쿠시마, 와카야마, 히로시마, 후쿠오카현, 오사카부 등에서도 설립 움직임이 나타나고 있다고 한다. 그런데 NPO은행은 실제로는 은행과 같은 예금업무를 볼 수 없다는 것이다. NPO은행은 설립법상 '은행'을 위한 설립법이 아닌 대금업법의 적용을 받기 때문에 이른바 사채와 동등한 취급을 받는다. 따라서 법적으로 은행기관이 아니기 때문에 예금을 취급할 수 없고 출자금 및 기부금을 조달하는 형태로 자금을 운용하고 있기에 어떤 NPO은행도 원금 보장을 하지 않으며 출자에 대한 배당을 실시하지 않는 특수한 구조로 돼 있다는 것이다.(김진호·양준호, 2013)

다나카 유 외(2010)는 일본 NPO은행의 특징으로 다음 2가지를 들고 있다.

첫째, 비영리, 저리, 투명성이다. 돈벌이가 목적이 아니기 때문에 출자에 대한 배당은 없거나, 있어도 아주 적다. 대출 금리는 대부분의 은행이 연 3% 안팎으로 그 은행의 운영비를 충당할 만큼으로 정한다. 대출처에 관해서는 연간 몇 차례 발행하는 뉴스레터나 홈페이지를 통해 알 수 있도록 하고 있다. 또 연 1회 열리는 총회에 출자자가 참여해 1년간의 운영방침을 정하고 임원을 선출하는 등 스스로 민주적이고 투명한 운영을 하고 있다.

둘째, 출자, 대출, 변제의 순환이다. NPO은행은 시민이 출자한 돈을 바탕으로 그 돈이 변제되면 또 다른 곳에 대출되는, 지역에서 돈이 돌고 도는 구조이다. 일반은행의 예금처럼 원금이 보장되지는 않으며, 대출금처럼 변제가 약속된 돈도 아니다. 따라서 출자자는 이러한 위험성을 감수하고도 사회공헌이라는 뜻에 동의하는 사람들로 구성돼 있다는 것이 중요하다.

김진호·양준호(2013)는 사회적 금융과 일반영리금융과의 차이점을 7가지 항목에 걸쳐 비교 설명하고 있다.

첫째, 보상에 대한 견해가 다르다. 사회적 금융 거래자는 경제적 보상이 아무리 높다고 하더라도 사회적 목적과 미션을 수행하지 않고 자금거래 후 사회문제를 일으키는 결과를 낳는다면 거래를 하지 않는다는 것을 의미한다. 실제로 사회적 금융기관들은 2000년대 들어 고수익을 냈던 중국과 브라질의 금융파생상품을 취급하지 않았는데 그 이유는 이 상품들이 중국 서부지역과 브라질의 아마존을 친환경적으로 개발하지 않았기 때문이라는 것이다.

둘째, 자금거래의 메커니즘이 다르다. 일반영리금융은 정량적 분석을 통해 상대적으로 익명성이 높은 대출 형태를 보이는데 반해 사회적 금융은 면대면에 근거한 정량적 평가를 기초로 대출을 한다. 즉 어느 곳에, 어떻게 자금이 흘러가는지, 사회적 목적 실현에 부합하는 지에 대한 영향력까지 판단한다는 것이다.

셋째, 배당형태가 다르다. 영리금융은 일반적으로 '고배당-고위험, 저배당-저위험'의 형태를 보이지만 사회적 금융은 사회적 미션 실현을 위해 '저배당-고위험'과 같은 다양한 배당형태를 나타내고 있다는 것이다.

넷째, 제공하는 서비스 자체가 다르다. 영리금융은 수익성 제고를 위해 자금거래량을 늘리는 것에 초점을 두는 반면, 사회적 금융은 자금 대출뿐만 아니라 자금을 공급받는 주체들의 역량을 강화하고자 하는 균형적 의지를 보이고 있다는 것이다.

다섯째, 자본을 제공하는 측면에서도 다르다. 영리금융은 수익성에 근거해 금전적 자본에 초점을 맞추고 있으나, 사회적 금융은 금전적 자본을 포함한 연대와 호혜, 가족의 원리를 바탕으로 둔 사회적 자본 제공을 보다 중시하고 있다. 실제로 방글라데시 그라민은행의 경우 경제적 자립성이 낮은 부녀자계층에 소액대출을 하면서 채무자 5인이 연대해 상호 대출에 대한 책임을 나눠 갖는 방식을 통해 사회적 자본을 증대시키는 효과를 낳았다.

여섯째, 대출의 패턴이 다르다. 영리금융은 호경기에는 대출량을 늘리고 불경기에는 대출량을 줄이는 경기순응적인 대출 패턴을 보이는데 비해 사회적 금융은 경기침체, 실업 등의 이유로 발생하는 사회문제 해결을 위한 사회적 경제조직에게 오히려 대출량을 늘리는 패턴을 보인다는 것이다.

일곱째, 자금거래의 범위가 다르다. 사회적 금융은 자금거래범위가 현상적으로 매우 한정적으로 나타난다. 사회적 금융은 지역사회문제 해결을 위해 지역에 뿌리내린 경제조직이나 조합에 가입된 조합원 등을 대상으로 자금거래를 하는 경우가 대부분이라고 한다.

양준호(2012)는 사회적 금융은 사회적 경제의 하위개념으로 사회적 경제를 구성하는 4가지 분야 중 한 분야에 포함되는데 사회적 경제는 사회적 기업-협동조합-지역화폐-사회적 금융으로 크게 구성되는데 각 개념들은 명확한 자기영역을 갖고 있는 동시에 상호보완적인 영역으로 관계하고 있다고 설명하고 있다. 그리고 사회적 경제를 구성하는 사회적 경제조직, 특히 사회적 기업과 협동조합들이 지속가능하고 자생적으로 뿌리내리기 위해서는 이들에게 자본조달이 매우 중요함과 동시에 사회적 경제 구축을 위한 사회적 금융의 올바른 이해와 나아가 국내에 사회적 경제조직을 전담하는 사회적 금융기관 설립이 필요하다고 주장하고 있다.

사회적 금융의 대표적 사례 이러한 사회적 금융은 다양한 형태를 띠고 있다. 사회적 은행의 전형은 방글라데시 경제학자 무하마드 유누스(Muhammad Yunus)가 설립한 '그라민은행(Grameen Bank)'을 들 수 있다. 무하마드 유누스는 사비로 빈민들에게 담보없이 돈을 빌려주다가 1976년 은행에서 자신이 대출을 받아 빈민들에게 소액대출을 하는 '그라민은행 프로젝트'를 운영했다. 그 결과 1979년까지 500여 가구를 절대 빈곤에서 구제했고, 이 성공에 고무돼 1983년 그라민은행을 법인화했다. 극빈자에 대한 무담보 대출이었으나 회수율이 99%에 육박해 그라민은행은 1993년 이후 흑자로 전환하였고, 대출받은 극빈자 600만 명(전체 대출액 약 50억 달러)의 58%가 절대 빈곤에서 벗어난 것으로 집계됐다. '빈곤은 사회구조에 기인한다'는 생각에서 시작된 그의 마이크로크레디트운동은 빈곤퇴치운동의 모임이 돼 세계 각국으로 전파됐다. 유누스는 빈곤퇴치의 공로를 인정받아 자신이 총재로 있는 그라민은행과 함께 2006년도 노벨평화상의 공동 수상자로 선정됐다. 현재 세계은행(World Bank) 추정에 따르면 전 세계 7,000여 개의 마이크로크레디트기관이 약 1,600만 명의 개도국 빈민을 위해 봉사하고 있다고 한다.(마틴 셰퍼, 2012)

　　유럽에서 사회적 은행의 대표적인 사례로는 독일의 게엘에스은행과 네덜란드의 토리오도스은행을 들 수 있다.

　　독일의 게엘에스은행(GLS Bank)는 1974년 독일 최초로 보쿰(Bochum)에 문을 연 '윤리은행(Ethical Bank)'으로 문화, 사회, 환경벤처에 자금을 빌려주는 사회공헌을 목적으로 한 은행이다. 독일어 GLS(Gemeinschaftsbank für Leihen und Schenken)는 영어로 'Community Bank for Loans and Gifts(대출과 기부를 위한 지역은행)'이다. 협동조합 형태인 게엘에스은행은 성공적인 사례로 평가받고 있다. 이 은행은 연 4회 정보지를 발행해 융자처의 정보를 자세히 보고하고 있는데, 이를 통해 예금자는 자신이 저금한 돈의 행방을 알 수 있다. 이 은행의 총 자산규모는 2006년 말 현재 6억 4500만 유로에서, 2008년 10억 1300만 유로, 2010년 말에는 18억 4700만 유로로 늘었다. 2010년 한 해 동안 새롭게 새 고객이 1만 8000명 늘어났고, 2011년 2월 게엘에스은행은 무려 37%의 성장률을 기록했다고 발표해 은행 역사에서도 비약적인 발전을 하고 있는 것으로 평을 받고 있다.(GLS Bank, Wikipedia)

　　네덜란드의 토리오도스은행(Toriodos Bank)은 1980년에 설립된 '윤리은행'이다. 네덜란드는 물론 벨기에, 독일, 영국, 스페인에도 지점이 있다. Triodos라는 이름은 그리스어 'Tri hodos'로 영어로는 'Three Way Approach(제3의 방식의 접근)'라는 뜻이라고 한다. 토리오도스은행은 사회적이고 생태적인 사업이나 자선단체에 대출을 목적으로 주로 공정무역, 유기농가, 창조적 문화예술단체, 재생가능에너지 프로젝트, 사회적 기업에 대한 지원을 하고 있다. 2005년 말 현재 총자산규모가 14억 4500만 달러라고 한다. 토리오도스은행은 최초로 '그린펀드(Green Fund)'를 출시해 친환경프로젝트를 대상으로 암스테르담 증권거래소에 상장하기도 했다. 2012년 말 현재 이 은행에는 약 40만 명의 예금자가 가입해 있으며, 은행건물이 있지만 주로 인터넷 거래를 중심으로 운영하고 있는 것이 특징이다. 토리오도스은행에는 '사용처 지정형' 계좌가 있어, 그 계좌에 맡겨둔 돈은 유기농업이나 재생가능에너지를 생산하는 사업자 등을 지원하는 데 융자되는데 중요한 것은 네덜란드 정부가 이런 환경보전형 예금 및 투자에 대해 세제 우대를 하고 있고, 예금자는 이자 등에 부과되는 세금을 면제받는다고 한다.(Triodos Bank, Wikipedia)

이처럼 유럽의 '사회적 은행' 또는 '윤리은행'은 지역사회의 공익사업에 대출을 하는 은행이다. 지금까지 일반 은행의 운영방식이니 대출처의 불투명함 또는 익명성에 문제가 있다고 비판하는 사람들이 자신들이 생각하는 이상적인 은행을 만든 것이다. 이들 은행에서는 예금 계좌를 개설할 때 생태, 교육, 직업훈련, 노인복지, 의료 등과 같이 대출 분야를 지정할 수 있다. 특히 이탈리아의 윤리은행은 대출심사를 2단계에 걸쳐 하는데, 1단계에서는 지역의 출자자 집단이 윤리은행의 '9가지 가치(환경에 대한 배려, 민주적 운영, 남녀의 기회평등 등)'에 바탕을 두고 운영되는 사업체인지를 검토하는 등 직접 대출심사에 참여할 수 있다고 한다.(천경희 외, 2010)

이러한 사회적 은행은 지속가능성이 있을까 싶은데 이처럼 사회적 은행의 성장률은 2006~2008년 사이에 20~25%를 유지했고 금융위기가 최고조에 이르렀던 2009년, 평균 30%에 이르는 수치를 보였다고 한다. 또한 이 시기에 일반영리금융에선 구제금융을 지원받기 위해 안간힘을 썼던 반면 사회적 은행들은 단 한곳도 구제금융을 신청하지 않았던 현상은 금융위기의 원인과 해결책을 찾는 경제학자에게는 시사하는 바가 크다 할 수 있다는 것이다.(김진호·양준호, 2013)

일본에서는 이러한 은행을 'NPO은행'이라고 부른다. 이처럼 NPO은행은 규모는 작지만 돈이 전쟁이나 환경파괴에 사용되지 않고 지역이나 사회에 도움이 되는 데 쓰이도록 하기 위해, 시민들이 출자해서 NPO나 환경주택건설사업 등에 융자를 하고 있는 것이 특징이다. 이뿐만 아니라 시민이 스스로 '환경과 사회를 배려한 금융기관이나 투자펀드를 선택하자'고 호소하는 에이 시드 재팬(A SEED JAPAN, 국제청년환경 NGO)의 '에코저금 프로젝트'나 사회책임투자(SRI)의 확산을 목표로 하는 '시프재팬(SIF-JAPAN)'의 활동도 전개되고 있다.

2005년 3월 일본에서 '계좌를 바꾸면 세계가 바뀐다. 3억 엔의 에코저금 실천!'이라는 캠페인이 시작됐다. 그해 4월 지구의 날 행사에서부터 '에코저금 실천'을 호소해 그 해 9월에 목표액인 3억 엔 모금을 달성했다. 에코저금 실천캠페인 전후로 사람들이 선택한 금융기관을 보면 선언 이전에는 약 65%를 차지하던 우체국·도시은행 비율이 약 4%로 크게 줄었고, 대신 지역 금융기관인 지방은행과 노동금고의 비율이 크게 증가했다고 한다. 특히 NPO은행에 출자하거나 최근 확대되고 있는 사회책임투자(SRI)에 투자하는 사람도 약 10%나 됐다고 한다. 에코저금 선언은 2007년 5월 현재, 약 1,000명이 총액 5억 5000만 엔이 넘는 선언을 했다고 한다.(다나카 유 외, 2010)

한편, 사회적 금융기관 가운데 1990년에 설립된 셰어드 인터레스트(Shared Interest)는 공정무역기금을 조달하는 기업에 투자함으로써 공정무역기업의 주주가 되기도 한다. 이 회사는 협동조합 조직으로 전 세계의 가난한 나라에 공정하고 정당한 금융서비스를 제공해 가난을 줄이는 것을 목표로 하고 있다. 현재 약 8,300명의 회원이 2,000만 파운드 이상을 투자하고 있다고 한다.(천경희 외, 2010)

우리나라의 경우 사회적 금융으로는 (사)함께만드는세상 사회연대은행을 들 수 있다. 2002년 설립된 사회연대은행(이사장 김성수, 성공회 주교)은 저소득층의 자활을 위한 마이크로크레디트(창업지원 및 대출)와 소셜 파이낸스(사회적 기업 대출 및 경영지원) 등을 통해 금융적 방식으로 사회문제를 해결하고자 하는 국내의 대표적인 대안금융기관이다. 특히 사회연대은행 사회적 기업본부는 지난 2007년 사회적 기업 경영컨설팅 지원(고용노동부)을 시작으로 2008년 사회적 기업 시설운영비 대출사업(고용노동부), 2009

년 사회적 일자리 창출사업 경영지원(고용노동부) 등을 통해 국내 사회적 기업 육성 초기부터 파트너십을 만들어왔다. 2011년에는 사업을 더욱 확대해 청년 등 사회적 기업가 육성사업(사회적 기업진흥원), 사회적 기업 네트워크 지원사업(특임장관실), 사회적 기업 단기운영자금 지원사업(대우증권), 소셜 파이낸스 파일럿 프로젝트(Social Finance Pilot Project)(산업은행) 등을 통해 기존 사회적 기업 분야에 대한 대안금융을 확대함은 물론, 사회적 기업 경영지원 및 육성기관으로시의 위상을 재정립하고 있다. 특히 2012년에는 LG전자의 후원을 받아 '녹색성장분야 예비사회적 기업 성장지원사업'을 운영해 성장가능성이 크고 지역사회에 기여도가 높은 녹색성장분야 예비 사회적 기업 14개를 선정해 지원을 하고 있다.(www.bss.or.kr)

（재)함께일하는재단은 1998년 IMF 외환위기 당시, 전 국가적인 실업 대란과 경제 불황을 극복하고자 출범된 '실업극복국민운동위원회 (공동위원장: 강원용, 김수환, 송월주)'에서 출발하여, 2003년 6월, 장기화·구조화되는 실업 상황에 보다 적극적으로 대응하기 위해 공익재단법인 '(재)실업극복국민재단 함께일하는사회'로 재출범했으며 2008년 (재)함께일하는재단으로 새롭게 탄생했다. '실업 극복'이라는 사명감을 안고 첫 발을 내디뎠던 이 재단의 비전은 '사회적 양극화 해소와 지속가능한 일자리 창출을 통한 행복한 사회 만들기'이다. 함께일하는재단은 다양한 실직 계층을 위한 양질의 일자리를 창출하고, 새로운 고용모델로 주목받는 사회적 기업이 꾸준히 성장해 나갈 수 있도록 지원하고 있으며 특히 청년실업 문제 해소를 위한 특화 프로그램의 개발·운영 및 소셜벤처 발굴·지원에 노력하고 있다. 이밖에 지역의 주체들과 함께 지역 활성화를 위한 사업을 추진하고, 연구, 출판, 포럼 등 다양한 형태로 실업 및 빈곤 상황에 대한 발전적인 전망을 제시하고 있다.(www.hamkke.org)

9.2 | 지역화폐

지역화폐란 지역화폐는 기왕의 국가화폐가 아니라, 아예 화폐 자체를 지역공동체 자신이 독자적으로 만들어 사용하자는 아이디어에서 나온 것이다. 말하자면 돈의 실질적인 주인이 되자는 것이다. 화폐발행권익이라는 것이 있다. 화폐를 발행하는 주체가 화폐를 발행한다는 사실 자체로 인해 저절로 갖는 특권적인 이익을 말한다. 이것을 '시뇨리지(seignorage)*'라고 하는데 지역화폐라는 것은 이 '시뇨리지'를 지역이나 공동체 자신이 차지하자는 것이다.(김종철, 2011)

김종철(2011)은 '시뇨리지'의 중요성을 다음과 같이 설명한다. 지금 한국에서 우리가 보통 돈이고 할 때는 대개 한국은행권을 말하는데 이때 시뇨리지는 한국은행이 갖고 있다고 할 수 있겠지만 우리가 지금 사용하는 돈 중에서 한국은행권이 차지하는 비중은 극히 낮다는 것이다. 지금부터 20~30년 전에는 전체통화량 가운데 30~40%쯤 됐을 것이지만 지금은 3~5% 정도로 보고 있다. 실제로 요즘 현금 가지고 다니면서 쓰

---

* 국가가 화폐 발행으로 얻게 되는 이득으로 화폐의 액면가치와 실제로 만들어지는데 들어간 비용과의 차액을 말한다. 기축통화효과 또는 화폐주조차익이라고도 한다.

는 사람이 드물기 때문이다. 신용카드의 경우 우리가 상점에서 물건을 사면서 카드를 내면 상점 쪽에서 전자기기를 통해 금융망에서 그 카드의 유효성을 확인하고 확인이 되면 결제가 되는데 결제가 되는 순간 그 이전까지 이 세상에 존재하지 않았던 돈이 발생하는 것이다. 다시 말해서, 돈이라는 것은 은행이 고객에게 대부를 해주는 순간 창조되는 것이라는 것이다. 은행은 수수료든 이자든 대출을 해준 대가를 챙기는데 그것이 시뇨리지라는 것이다.

그는 미국 노스다코타주가 2009년 이후 금융위기 상황에서도 전혀 흔들림 없이 튼튼한 재정을 유지하고, 실업률도 미국에서 최하위라고 하는데 그렇게 된 결정적인 원인이 노스다코타주가 주립은행 시스템을 갖고 있기 때문이라고 밝혔다. 다른 주에서는 민간 상업은행들이 차지하고 있는 시뇨리지를 이 주에서는 노스다코타주립은행이라는 공공 금융기관이 차지하고 있기에 그 결과로 은행이 얻는 막대한 수익이 그대로 주의 다양한 공공사업에 필요한 자금으로 쓰일 수 있다는 것이다. 이는 은행이 공공기관으로 역할을 하면 그 공동체의 삶이 얼마나 안정되고 풍요로워질 수 있는가를 보여주는 단적인 사례라며 현재 미국에서는 캘리포니아주를 포함해서 여러 주에서 주립은행 신설운동이 시민운동 차원에서 활발하게 벌어지고 있다고 한다.

더 나아가 김종철은 공공은행도 물론 중요하지만, 실은 가장 래디컬한 자주적 금융시스템이자 우리가 당장 실현할 수 있는 것은 '지역화폐'라고 주장한다. 현재의 금융통화제도는 경제성장을 강요하는 시스템이기 때문이라며 지금 무엇보다 필요한 것은 어떻게 하면 경제성장을 멈추고, 지속가능한 생활방식을 만들어낼 것인가 하는 것이라고 한다. 결국은 풀뿌리 차원에서 이러한 지배적인 금융통화제도에서 벗어나는 방법으로는 자주적인 삶의 공간을 구축하는 길밖에는 없는데 그것이 지역화폐운동이라는 것이다. 돈이라는 것이 과연 무엇인지 그 정체와 본질을 정확히 이해하는 게 무엇보다 중요하고 그리하여 자본가와 은행업자들이 차지하고 있는 시뇨리지를 우리 자신이 차지하자는 것, 그것이 우리 자신이 자주적으로 살고, 우리가 속한 공동체를 살리는 결정적으로 중요한 방책이라고 강조한다.

지역화폐는 '지역통화' 또는 '공동체화폐'로도 불린다. 천경희 외(2010)는 '공동체화폐운동은 현대 자본주의 시장경제사회의 많은 문제들을 해결하기 위한 대안적 경제운동으로 전 세계 2,000여 개 지역에서 실험되고 있는 새로운 지역사회운동'이라며 다음과 같은 소비생활의 소비문화적 특성을 갖고 있다고 한다.

첫째, 공동사회 실현을 통해 소외를 탈피할 수 있다. 함께 사는 공동체 실현을 모색하기에 지역공동체를 활성화시킨다는 것이다. 둘째, 환경친화적 가치를 실현할 수 있다. 생물지역주의의 환경친화적 공간시스템과 지역품앗이의 경제시스템으로 진정한 의미의 환경친화적 공동체 건설을 가능케 한다는 것이다. 셋째, 지역경제 활성화에 기여한다. 지역 내에서 화폐가 오랫동안 자주 순환하게 되면 더 많은 지역 부가가치가 창출된다는 것이다. 넷째, 공동체 구성원의 능력 개발과 실업자 구제수단이 된다. 실업자로 하여금 노동시장과 계속 접촉할 기회를 많이 주기 때문이라는 것이다. 다섯째, 신뢰를 통해 신용사회 구축에 기여한다. 이자에 대한 부담이나 자본주의 속의 경쟁에 대한 부담이 없기 때문이라는 것이다.

다나카 유 외(2010)는 지역화폐가 갖고 있는 긍정적인 점을 다음과 같이 들고 있다. 첫째, 시민이 마음대로 발행할 수 있다. 둘째, 지역에서 만들어내기 때문에 돈이 거의 돌지 않는 지역에서도 쓸 수 있다. 셋째, 지역에서만 쓸 수 있기에 경제가 지역 내에 순환하도록 할 수 있다. 넷째, 금리가 붙지 않는다는 것이다. 지역화폐는 인플레이션이 심한 경우에 오히려 인플레이션의 영향을 받지 않아 지역경제에 도움이 된다는 것이다.

홋카이도대 경제학과 교수인 니시베 마코토(西部忠)는『녹색평론』제65호(2002년 7–8월호)의 '지역통화 LETS(레츠)*에 대하여'라는 글에서 지역통화의 특징을 LETS를 예로 들어서 다음과 같이 종합 정리해놓았다.

첫째, 계좌등록제도를 취하는 LETS에서는 참가하는 사람이 누구인가 하는 것이 분명하게 드러나기 때문에 유통권도 명확히 한정된다. LETS가 회원제로 되어있다는 것은 중요하다. LETS는 회원제를 채택함으로써 무제한적인 접근에 대치하고, '공유지'를 해체해 온 화폐 그 자체를 '공유지'로 삼는 하나의 방법이라고 할 수 있다. 둘째, LETS는 이자가 발생하지 않는 무이자 화폐라는 특징이 있다. 무이자이기 때문에 흑자도 적자도 시간과 더불어 증가하지 않는다. 그 결과 화폐의 유통속도가 상승하고, 거래가 활발하게 된다. 제로 또는 마이너스 이자는 화폐 축적을 억제하고, 그 사용을 자극하는 것이다. 셋째, LETS의 경우에는 참가자가 화폐를 자발적으로 발행한다는 것이다. 현금형 지역통화의 경우는 집중적인 발행·관리가 가능하게 된다. 넷째, LETS를 포함해 모든 지역통화가 자율분산형 네트워크로서 시장을 형성한다는 점이다. 2명의 참가자가 가격이나 조건을 자유로이 교섭해 거래가 개별적으로 성립한다는 것이다. 다섯째, LETS는 경제적 미디어로서 신용화폐가 될 뿐만 아니라, 경제적 및 문화적 미디어로서 신뢰화폐이기도 하다는 것이다. LETS는 단순한 경제적 미디어가 아니라 이념을 공유하기 위한 커뮤니케이션 미디어라는 측면을 갖고 있어 '화폐'의 의미를 변용시키는 것과 동시에 '지역'의 의미까지도 변용시키는 것이 된다는 것이다.

---

* LETS는 (Local Exchange Trading System)'의 줄인 말로 직역하면 '지역교환거래체계'가 된다. 지역통화에는 LETS 이외에 여러 가지가 있고 전 세계에 2000~3000 종류가 있는 것으로 알려져 있다.

표 9.1 지역화폐의 특성 비교

구 분	일반 사회의 지역경제	공동체사회의 지역경제
지향점	세계화 지향적	지역화 지향적
지역경제의 관점	지역경제	지역화폐
경제의 운영의 특징	지역 외 의존형, 대외의존형	지역 내 교환형, 자급자족형
목적	경제적 성장, 지역경제 발전모색	나눔, 지역공동체 형성
교환매개물	재화, 화폐	노동, 마음
대상과의 관계	상호경쟁	상호부양
접근방법	입자상, 변화 할당, 지역성장 시 차분석 등	거래의 대면성

출처: 김성균·구본영, 『에코커뮤니티』, 이매진, 2009. p.277.

김성균·구본영은 『에코커뮤니티』(2009)에서 지역화폐의 특성을 비교해 정리해 놓았는데 이는 〈표 9-1〉과 같다.

지역화폐의 대표적 사례 전 세계적으로 지역화폐는 수천가지가 넘는다. 천경희 외(2010)는 공동체화폐운동의 대표적인 사례로 '레츠(LETS)', '킴가우어(Chiemgauer)', '슈테른탈러(Sterntaler)' 등을 소개하고 있다.

레츠(LETS)는 1983년 영국 출신 프로그래머인 마이클 린턴이 캐나다의 코목스 밸리라는 작은 섬마을에 최초로 도입했다. 현재 지역화폐가 가장 활성화된 나라로 호주를 들 수 있는데 호주에는 지역화폐의 하나인 레츠 그룹이 200개 이상 활동하고 있으며, 1991년에 시작된 시드니 서부의 블루마운틴레츠는 회원수가 2,000명으로 세계 최대 규모로 알려져 있다는 것이다. 또한 호주 퀸즈랜드주 멜라니시는 인구 4,000여 명의 마을인데 1989년 호주 최초로 지역화폐가 도입돼 호주 대륙 300여 곳으로 확산시킨 본산이라고 한다. 레츠 운영소는 한 달에 한 번 공동체화폐 소식지를 발행하며 물품, 서비스, 시간 등을 서로 필요한 만큼 주고받으며 살아가고 있다고 한다.

'킴가우어(Chiemgauer)'는 독일 바이에른주 뮌헨 인근의 소도시인 프리

엔, 로젠하임, 트라운슈타인 등지에서 유통되는 지역화폐로, 2003년 프리엔의 발도로프학교 학생들의 주도로 시작됐는데 현재 유통되는 지역화폐의 대표적인 성공사례로 꼽히고 있다는 것이다. 킴가우어는 2005년까지 회원 수가 매년 2배로 증가했고, 그 이후에도 매년 55% 가량의 높은 성장을 꾸준히 이어왔다는 것이다. 재환전 수수료가 매우 낮아 상당히 자주 유로화로 재환전되는 편이며, 기업들이 고객을 더 얻는 경제적 효과가 있어 킴가우어의 성과는 상당히 큰 것으로 평가되고 있다. 처음 참가한 업체들 중에 3년 뒤에 킴가우어를 탈퇴한 기업이 1%가 채 되지 않는 것은 기업들의 높은 만족도를 증명한다는 것이다. 최근 2년 여 동안은 지역카드(Regiocard)를 운영해 킴가우어의 교환을 쉽게 했는데 바서부르그라는 곳에서는 'e-킴가우어'를 도입해 온라인을 통해 킴가우어 유통이 가능하도록 하고 있다는 것이다. 킴가우어를 통해 협회들은 이미 2004년에 4,800유로, 지방정부들은 5,600유로의 소득을 올렸고, 2007년에는 2만 5000유로 이상의 소득을 거두었는데, 이는 전년보다 50% 정도 늘어난 규모였다고 한다. 2004년의 분석 결과에 따르면 향후 10년 내로 킴가우어를 도입한 지방정부들은 매년 8만 4000유로 가량의 순이익을 거둘 것이며, 약 1,000개의 일자리를 창출할 수 있을 것으로 전망됐다고 한다.

'슈테른탈러(Sterntaler)'는 오스트리아 접경지대의 소도시 아인링(Ainring)에서 2002년 11월에 결성된 STAR협회가 이웃간 상호부조를 위한 소위 '타우쉬링(Tauschring)'의 탄생에 그 기원을 둔다고 한다. STAR협회 가입자들은 상호부조를 위해 쏟은 노동시간을 '탈렌테(Talente)'라고 하는 단위를 통해 계산을 했는데 1시간 노동을 10탈렌테로, 이를 10유로에 상당하는 것으로 간주했다. 2004년 4월에는 슈테른탈러라는 지역화폐를 출범시켜 탈렌테와 병행해 운영해왔다. 이 역시 유로와 1대1 가치로 구매되도록 했으며, 이를 유로화로 재환전할 경우 10% 정도의 높은 부과금을 내도록 했다. 즉 100슈테른탈러는 90유로로 되바꿀 수 있으며 동시에 65유로와 30탈렌테로 바꿀 수 있도록 해 5%의 부과금만 지불하게 하면서 이웃간 상호부조의 활성화를 유도하기도 했다. 2006년 현재 아인링과 주변 지역에 거주하는 약 700명의 소비자와 175개 업체가 슈테른탈러의 유통에 참여하고 있고, 약 4만 장의 지폐가 유통되고 있다고 한다. 참가업체들은 주요 슈퍼마켓을 포함해 약국, 꽃가게, 정육점 등 다양하며 또한 여러 기업체들이 이미 슈테른탈러를 임금의 일부로 지급하는 방식을 택하고 있다는 것이다. 2008년 이후 슈테른탈러는 지역카드(Regiocard)와 연동해 운영되고 있기도 하다는 것이다. 유로화로 재환전할 때 지불해야 하는 수수료가 상대적으로 높기 때문에 슈테른탈러의 순환은 매우 강한 편이라고 한다.

니시베 마코토(2002)는 현존하는 지역통화를 '이사카아워', '타임달러', 'LETS', 'WIR' 등 크게 4가지 종류로 나눠 소개하고 있다. '이사카아워'는 1991년에 미국 뉴욕주 이사카에서 폴 글로버가 시작한 지폐형의 지역통화로 1이사카아워는 노동 1시간, 10달러에 상당한다는 것이다. '타임달러'는 1986년에 에드가 칸이 고안하여, 미국 전역의 200단체, 5만명이 참가하고 있는 시간예탁제도로서, 서비스 시간을 참가자 사이에 교환하는 시스템이다. 'LETS'는 선진국을 중심으로 2,000개 이상의 지역에서 실행중인데 이와 거의 같은 시스템으로서 독일이나 덴마크, 북유럽에는 '교환링크', 프랑스에는 'SEL'이 있다고 한다. 'WIR'는 현존하는 가장 오랜된 지역통화로 스위스의 취리히에서 1934년에 바나 찌먼과 폴 엔츠에 의해 협동조합으로서 설립됐다. WIR는 1936년에는 스위스 은행법에 근거하여 WIR은행으로 개조되었지만, 동시에 LETS와 같은 식의 거래도 어느 시기까지 주변적으로 행해졌는데 현재는 참가자가 8만 명, 연간거래가 20억 달러에 이른다고 한다. 수표형의 지역통화가 중소기업 상대 거래에 이용되고 있고, WIR은행은 저리융자도 하고 있다는 것이다.

그는 이 4가지 종류의 지역통화를 비교할 때 ① 그 통화가 무엇을 단위로 하고 있는가, ② 둘째, 어떠한 발행방식을 취하고 있는가, ③ 이자·가격을 어떻게 결정하는가 등 3가지 점을 중심으로 판단할 것을 제안했다. 첫째, 단위와 관련해서는, 노동시간을 취하든가, 국민통화에 링크하든가, 양쪽을 병용하든가 하는 방식이 있는데 어느 것이든지 주체가 상대방과 함께 자유로이 가격을 결정할 수 있어야 하며, 노동시간 단위의 지역통화나 그렇지 않은 것도 동시에 존재하는 것이 바람직하다는 것이다. 둘째, 발행방식으로는 중앙의 관리위원회가 지폐를 발행하거나, 각 개인이 장부상의 계좌에서 적자·흑자를 내면서 거래하는 장부기록 방식이 있는데 이 발행방식이 지역통화를 분류하는 데 가장 중요한 기준이 된다는 것이다. 이사카아워처럼 중앙위원회가 지폐를 발행하는 지역통화는 현금처럼 거래가 간편하고 익명으로 이루어지는 이점도 있으나 위조문제나 중앙에 발행 권한이 집중될 위험이 있다는 것이다. LETS와 같은 장부방식은 계좌기록의 번잡함이나 거래의 비익명성이 문제라고 할 수 있으나 계좌기록의 번잡함은 IC카드나 인터넷 등을 이용해 기술적 해결이 가능하고, 비익명성도 오히려 장점이 될 수도 있다는 것이다. 셋째, 이자에 관해서는, WIR를 제외한다면, 거의 모든 지역통화가 제로 또는 마이너스의 이자를 설정하고 있는데, 그 대강은 미리 지역통화의 창설자나 관리위원회가 결정한다는 것이다.

일본에서도 1990년대부터 '에코머니'라는 이름의 지역화폐가 300여 곳에서 활발히 유통되고 있다. 그 중 하나인 '아톰통화'는 2004년 도쿄 와세다, 다카다노바지역에서 통용되고 있는 유형화폐로 만화 주인공 아톰의 디자인이 새겨져 있다. 그 밖에도 캐나다와 미국, 프랑스, 이탈리아, 독일, 네덜란드 등 유럽의 여러 도시와 농촌에서도 공동체화폐제도가 시행되고 있으며 남미와 아시아 등지에도 급속도로 번지고 있어 공동체화폐제도는 이제 전 세계적인 현상임을 알 수 있다.(박용남, 2001)

김종철(2011)은 일본 나고야지역의 세계 최초 쌀본위제 지역화폐 발생 사례를 의미있게 소개하고 있다. 나고야 근교에서 우리나라로 치면 귀농에 해당하는 '반농반X' 일을 하는 젊은이가 시작한 이 지역화폐의 이름은 '오무스비'이라고 한다. 오무스비는 우리말로 '연대' 또는 '주먹밥'이라는 뜻을 갖고 있다. 유기농을 하는 근처의 몇몇 농민들과 협약을 맺어 2010년 봄에 쌀농사가 시작될 때 지역화폐 1만 장을 발행했는데 지폐 한 장이 유기농 현미 반홉에 해당되도록 설계를 했다는 것이다. 농민들이 농사지어서 가을에 그 지폐를 쌀로 바꿔주면 된다. 농사를 시작할 때 농민들에게 지역화폐를 주고, 농민들은 이것을 가지고 농사철 동안 논밭 일을 도와주러 오는 사람들에게 답례로 주기도 하고, 농민들과 그 지폐를 가진 사람들은 미리 약정된 인근 협력 상점들에서 이 지역화폐를 사용했다. 협력점은 카페나 식당, 구멍가게, 마사지점, 미장원, 이발소 등 소규모 상점들 중심으로 30개쯤에서 시작했는데 상당수 사람들이 기꺼이 동참했다고 한다. 여기서 중요한 것은 이 '오무스비'라는 지역화폐에는 쌀이 뒷받침이 돼있다는 사실이다. 요즘은 미국달러이건 한국은행권이건 금은(金銀)이 뒷받침되어 있지 않고 그냥 국가가 보증하는 신용화폐일 뿐이지만 '오무스비'는 엄연히 쌀이라는 인간생활에 매우 긴요한 물건이 뒷받침을 하고 있다는 것이다. 신용이라는 점에서 이보다 더 확실한 신용이 없다는 것이다. 김종철은 기존의 지역화폐운동 중에서도 쌀본위제 지역화폐가 매우 큰 의미가 있는 것은 이 화폐는 협소한 지역적 한계를 벗어나서 비교적 광범위하게 활용될 가능성이 있고 뜻있는 시민단체가 농민들과 제휴를 해서 지역화폐를 만들어 널리 사용할 수 있는 조건과 분위기를 만들 수 있다는 것이다. 나고야의 이 쌀본위제 화폐는 2010년 10월 농사철 마지막에 총 1만 장 중에 7,000장이 회수됐고 현미쌀과 교환됐다고 한다.

우리나라에서 지역화폐운동은 최초로 1996년부터 『녹색평론』에 소개되기 시작했으며, 1998년 3월 신과학운동 조직인 '미래를 내다보는 사람들의 모임'이 '미래화폐'라는 이름으로 지역화폐를 운영한 것에서 시작됐다. 현재 전국에 '한밭레츠', '광주나누리', '송파품앗이' 등 30여 개의 지역화폐운동 단체가 있다(조녀선 크롤, 박용남 역, 2003). 그 중 대표적인 곳이 대전지역의 공동체인 지역품앗이 '한밭레츠'이다. 한밭레츠는 '두루로 만드는 행복한 마을'이라는 슬로건을 내세우며 2000년 2월 70여 명의 회원으로 시작했다. 한밭레츠의 화폐이름 '두루'란 '두루두루'라는 뜻이며, '1두루'는 우리나라의 법정화폐단위인 '1원'과 등가이다. 한밭레츠는 이 두루를 이용해 회원들이 노동과 물품을 거래하는 교환제도를 운영한다. 2008년 현재 한밭레츠의 거래총액은 약 1억 8000여 만 두루에 이르며, 매월 거래건수는 600~1,100여 건, 거래참여 가구 수는 160~210가구 정도다. 거래 내역별로 보면 농산물(22.1%), 의료(16.5%), 가맹점 거래(12.2%), 재활용품(11.0%), 자원활동(8.5%), 교육(5.3%) 등의 순이다. 한밭레츠는 2002년 '대전민들레의료생협'과 2004년 대안학교인 '대전푸른숲학교(현 '꽃피는 학교')'의 산파 역할을 했다. 그동안 품앗이만찬 등 공동체 행사를 통해 건강한 이웃관계를 형성해왔으며, 노인과 주부들이 새로운 기술과 재능을 배울 기회를 갖는 데 큰 기여를 하고 있다.

부산 사하구 사하품앗이 회원들이 담소를 나누고 있다.

© 곽재훈(국제신문 기자)

부산 사하구의 지역공동체인 '사하품앗이'는 지난 2007년 1월 10여 명의 지역 활동가들이 뜻을 모아 '송이'라는 지역화폐운동을 시작했다. 2010년 현재 회원수만 600명을 넘어섰고, 이중 60여 명이 공동체를 이끌고 있다. 사하품앗이는 지역화폐를 활용해 서로 필요한 품을 나누는 품앗이 경제공동체이다. 이를테면 약국을 운영하는 A씨가 주부 B씨에게 아이를 맡기며 2만 송이를 내면 B씨는 받은 송이로 C씨에게 컴퓨터 수리를 부탁하는 방식이다. 거래 가격은 당사자들끼리 정한다. '마이너스 통장'도 가능해 마이너스 송이를 쌓아가며 계속 다른 사람의 품을 사올 수도 있지만 아직 그런 얌체 회원은 없다고 한다. 2008년 사회복지공동모금회의 도움으로 1,500만 원을 들여 인터넷(www.sahapoomasi.or.kr) 송이 거래시스템을 구축하면서 비로소 노동뿐만 아니라 물품 거래까지 활성화됐다. 병원, 약국, 미용실, 운동화세탁점 등 송이를 사용할 수 있는 지역 가맹점도 10여 곳 생겼다. 특히 회원들끼지 자신의 특기를 가르치는 '품앗이학교'의 인기가 높다. 지금까지 천연화장품 천연비누 환경수세미 만들기를 비롯해 성격유형검사 요리교실 등 다양한 학교를 열어 지식과 재능을 서로 나눴다.(부산일보, 2010.6.30)

조녀선 크롤은 『레츠-인간의 얼굴을 한 돈의 세계』(2003) 말미에 '레츠의 핵심은 지구의 미래를 위해 그 중요성이 날로 증가하고 있는 지속가능성의 개념과 정확히 일치한다. 레츠는 사람들을 세계적으로 생각하면서 지방적으로 실천하도록 용기를 북돋워 주는 시스템'이라고 강조하고 있다.

이러한 지역화폐운동은 돈 없이는 거래관계가 불가능하다고 인식하고 있는 도시적 삶에 인간다운 정을 나누며 자신이 갖고 있는 재능을 활용해 새로운 공동체를 만들어갈 수 있는 대안경제로 유용성이 매우 크다고 하겠다.

9.3 지역재단

지역재단이란   지역에서 좋은 일을 하고 싶은데 문제는 자금이다. 이럴 때 좋은 일을 하는데 지원해주는 재단이 있으면 얼마나 좋을까. 현재 우리나라에는 장학재단, 복지재단은 많아도 지역재단은 참 드물다. 그러나 이제 지역에서 좋을 일을 하는 것을 돕는 지역재단이 곳곳에서 늘어나고 있다.

박원순은 『지역재단이란 무엇인가』(2011)라는 책에서 지역재단이란 '지역주민들이 한 푼 두 푼 돈을 내서 기금을 만들고, 그 기금으로 지역사회의 다양한 문제를 해결해 나가는 지역의 풀뿌리단체들을 지원하고 그럼으로써 그 지역주민들의 삶의 질이 더 나아지고 지역의 문제들이 풀려가는 선순환 구조를 만들어가는 지역의 엔진 역할을 하는 기관'이라고 정의했다. 희망제작소 홈페이지(www.makehope.org)에는 지역재단을 '돈과 사람, 커뮤니티의 성장과 안정성, 가치지향성을 선순환 시킬 수 있는 시스템'이라고 규정지었다. 지역재단은 지역 내 다양한 출처로부터 기금을 모집하며, 지역의 각계각층 인사의 참여를 통해 지역리더십을 발휘하는 비영리조직이다. 지역 내 비영리단체에 대한 '자원배분' 및 '주민참여'를 통해 복지, 교육, 환경, 경제 등 지역사회의 광범위한 영역에서의 문제해결 및 변화를 위한 '매개체' 역할을 수행하는 기관인 것이다. 지역사회의 요구에 대응하고 이를 통해서 지역을 변화·혁신시키는 것을 목적으로 지역에 의해 설립되고 지역을 위해서 운영되는 지역의 재단이기에 지역재단은 지역사회의 변화와 발전을 위하여 재단의 기금을 사용한다는 면에서 다른 자선기관과 다르다. 재단이 직접 문제를 해결하는 것이 아니라 문제 해결에 전문성이 있는 지역의 시민사회가 각 지역과 영역에서 자신의 전문성을 잘 발휘할 수 있도록 이들이 수행하는 공익적 활동을 지원하는 방식을 통해 문제해결을 시도한다는 면에서 일반 시민단체들과 차별성을 가진다. 재단이라 하면 흔히 '자선, 장학재단'을 떠올리기 쉬운데, 지역재단이란 지역사회가 당면한 다양한 문제를 해결하기 위한 것으로, 자금난에 처한 공익단체들이 지속적이고 보다 적극적인 활동을 할 수 있도록 도와주는 기관이라고 볼 수 있다. 지역재단의 개념을 한 마디로 요약하면 '지역의 촉매제(Community Catalyst)'라는 것이다. 궁극적으로는 주민들의 참여를 이끌어내고 이들을 지원하는 것이 주요한 역할이다.

일반적으로 지역재단(Community Foundation)'의 특징으로 다음 6가지를 들고 있다. 첫째, 기부활동을 한다. 즉 지역발전 프로젝트를 지원하기 위한 배분활동을 한다는 것이다. 둘째, 미션이 광범위하다. 즉 지역 주민의 삶의 질 향상을 미션으로 한다. 셋째, 지리적으로 한정된 지역(커뮤니티)에 봉사한다. 도시나 주 또는 권역, 지구, 지방 등의 커뮤니티를 대상으로 한다. 넷째, 공적 혹은 사적 기부를 받고 지역 내에서 기부자를 주로 찾는다. 다섯째, 지역을 반영하는 지역의 다양한 기관에 의해 운영된다. 여섯째, 지속가능성의 주요요소인 자금을 지속적으로 축적해나간다는 것이다.(en.wikipedia.org)

박원순(2011)은 지역재단의 특징으로 다음과 같은 것을 들고 있다.

첫째, 지역재단에는 돈이 있어야 한다. 즉 기부를 통해 재단을 조성한다는 것이다. 지역재단이 기금의 모집과 배분을 통해서 지역사회의 변

화·혁신·발전이라는 미션을 지속적으로 수행하기 위해서는 지역재단
에 영구적으로 사용가능한 재원과 재단을 영구적으로 지속가능하게 하
는 수익모델이 있어야 한다. 그 재원은 중앙기관으로부터 내려 받은 기
금을 통해서가 아니라 각 지역에서 그 지역의 문제를 고민하고 씨름하
는 사람들로부터 마련되고 이들에 의해서 독립성과 자립성을 가지고 운
영되어야 한다. 지역재단은 수많은 개인, 기업 등 다양한 출처를 통하
여 기부를 받는다.

둘째, 지역에 기반을 둔 미션과 지속가능성이 있어야 한다. 즉 기부를
내는 곳이 지리적으로 한정돼 있고, 다양한 기부자로부터 기부를 받는
다. 지역문제 해결과 발전을 위해서 만들어진 조직이기 때문에 당연히
지역적 특성이 반영된 미션을 가지고 있어야 한다. 다수의 지역주민이
기부해 마련된 돈으로 특정한 목적의 기금을 만들어서 운영되는 조직이
기에 주민들로부터 기부를 이끌어 내고 지역에서 장기적으로 지지를 받
고 활동하기 위해서는 미션의 필요성·현실성과 목표의 구체성·지역성에
대해서 다수의 지역주민으로부터 공감과 동의를 얻어야 한다. 목표와 존
재 의의가 없는 기관에 기부를 할 사람은 없다. 지역재단은 기부자에게
세제혜택, 지역문제 안내 등 다양한 서비스를 제공한다.

셋째, 지역의 시민사회나 사회적 기업, 협동조합 등과 연대·협업해야
한다. 즉 지역의 다양한 서비스를 제공한다. 지역문제 해결을 위해서 지
역사회 역량을 조직하고 극대화한다는 면에서 지역재단은 그 자체가 목
적이 아니라 수단이 된다. 지역사회의 문제 해결과 지역사회의 역량 극
대화는 지역사회를 아주 자세하게 잘 알고, 지역사회에서 나타나고 변화
하는 다양한 요구를 해결하는 데 전문적인 지식을 가진 지역의 사회적
경제조직과의 연대와 협동을 통해서만 가능하다. 지역 내에 필요한 서비
스를 담당하는 지역 시민단체를 지원하고, 시민단체가 없을 경우 지역
재단과 별개로 새로운 시민단체를 인큐베이팅해야 한다.

넷째, 장학, 복지를 넘어선 지역의 다양한 문제를 해결해야 한다. 미국의 700여 개 지역재단 중 민간재단의 경우 기금이 지원되는 72%가 명문대학, 연구소, 의료기관, 미술관, 박물관으로 집중되는 것에 비해 지역재단의 기금은 지역학교, 노숙자 지원 같은 인적 서비스, 의료 등 69%가 지역의 저소득층 및 가장 필요로 하는 부분에 지원되고 있다고 한다.

다섯째, 지역대표성을 확보하고 주민참여를 활성화해야 한다. 이사회 구성에서 지역의 각 계를 대표하는 인사로 구성해 지역대표성을 확보해야 한다. 기부자는 단순히 기부자로서만 머무는 것이 아니라 해당 분야의 위원회에 대한 참여활동을 통해 의견을 개진하고 문제해결 과정에 직간접적으로 참여하는 것이 바람직하다.

박원순(2011)은 또한 '지역재단 설립을 꿈꾸는 사람에게 주는 10계명'을 다음과 같이 제시하고 있다. 이를 정리하면 〈표 9-2〉와 같다.

표 9.2 지역재단 설립을 꿈꾸는 사람에게 주는 10계명

제1계명: 함께 상의하고 함께 추진할 그룹을 조직하라.
제2계명: 신뢰가 생명이다. 신뢰의 인물을 모아내고 신뢰의 시스템을 구축하라.
제3계명: 공부하고 학습하라. 배워서 헛된 것은 없다.
제4계명: 이사회의 구성으로부터 모금은 시작된다. 좋은 이사는 좋은 모금가다.
제5계명: 씨앗기금을 모아놓고 설립절차를 밟아라.
제6계명: 모금은 관계맺기, 지역의 모든 구성원이 지역재단의 주인이다.
제7계명: 좋은 배분과 지원은 좋은 모금을 약속한다. 돈 쓸 곳을 미리 고민해두라.
제8계명: 지역언론과 캠페인이 지역재단의 이미지와 홍보에 결정적이다.
제9계명: 지역사회의 발전과 모금, 배분을 위한 창의적 아이디어와 이니셔티브가 재단의 미래를 결정한다.
제10계명: 지역재단의 CEO는 기부자와 수혜자, 지역인사, 지역사회를 모시는 최고의 머슴이다. 겸허하고 겸손하라.

출처: 박원순, 『지역재단이란 무엇인가』, 아르케, 2011. pp.192~204. 요약 정리.

지역재단의 대표적 사례　　전 세계 재단연합회라고 할 수 있는 WINGS (World-Wide Initiatives for Grantmakers Support)가 발간한 2005년도 『2005 Community Foundation Global Status Report(세계 지역재단 현황보고서)』에 따르면 적어도 전 세계 46개국에 1,175개의 지역재단이 존재하며, 2004년에 지역재단의 수는 총 5% 늘었고, 지역재단이 있는 나라의 수도 9% 늘었다는 것이다. 2010년 현재 46개국에 1,680개의 지역재단이 있는 것으로 알려져 있고, 이들 대부분은 북미주, 특히 미국(709), 캐나다(171개), 멕시코(19개), 영국(59개), 독일(84개), 중앙 유럽(35개), 러시아(19개)에 집중돼 있으며, 아시아·태평양지역, 남미, 그리고 서유럽과 아프리카에서도 최근 뿌리를 내리기 시작했다고 한다. 미국의 지역재단은 2009년 현재 737개이며, 이들이 보유한 자산은 총 495억 달러 이상으로 1990년의 328개에 비해 성장 속도가 매우 가파르다. 또한 미국의 '재단센터(Foundation Center)'에 따르면 2009년 한 해 동안 배분한 돈이 42억 달러에 이르고 있다고 한다.(박원순, 2011)

　　미국 '재단센터'의 홈페이지(www.foundationcenter.org)를 보면 2012년 10월 현재 자산총액으로 10억 달러 이상인 지역재단이 모두 11개 있다고 밝히고 그 지역재단의 명단과 자산규모를 소개해놓고 있다. 그 중 1위는 털사지역재단(Tulsa Community Foundation)인데 자산총액이 40억 2245만 달러이다. 2위는 실리콘밸리지역재단(Silicon Valley Community Foundation: 20억 8192만 달러), 3위 뉴욕지역재단(New York Community Trust: 18억 7788만 달러), 4위 클리블랜드재단(The Cleveland Foundation: 18억 1694만 달러), 5위 시카고지역트러스트(Chicago Community Trust:15억 9576만 달러), 6위 캘리포니아지역재단(California Community Foundation: 12억 4240만 달러), 7위 마린지역재단(Marin Community Foundation: 12억 746만 달러), 8위 광역캔사스시티지역재단(Greater Kansas City Community Foundation: 11억 8948만 달러), 9위 샌프란시스코재단(The San Francisco Foundation: 11억 106만 달러), 콜럼부스재단(The Columbus Foundation and Affiliated Organizations: 10억 6103만 달러),

11위 오레곤지역재단(Oregon Community Foundation: 10억 4010만 달러) 순이다. 한 편 매년 배분 총액으로 보면 2012년 10월 현재 7개 미국 지역재단이 1억 달러 이상을 기부하고 있는데, 광역캔사스시지역재단이 2억 5200만 달러를 기부해 1위를 차지했고, 2위가 실리콘밸리지역재단(2억 4900만 달러), 3위가 뉴욕지역재단(1억 4100만 달러), 4위가 시카고지역재단(1억 3100만 달러), 5위가 캘리포니아지역재단(1억 1800만 달러) 순이었다.

이들 지역재단 중 대표적인 것으로 미국의 최초의 지역재단인 클리블랜드지역재단을 들 수 있다. 클리블랜드지역재단은 부유한 변호사이자 지역 은행가였던 프레드릭 고프(Fredric H. Goff)가 지역의 신탁은행들이 관리하던 자선기금들을 하나의 조직으로 모아내 1914년에 설립했다. 이 재단은 지역문화에 대한 철저한 연구와 이해를 바탕으로 1919년에야 첫 번째 기부를 이끌어냈다. 이사회는 5년 동안 지역사회의 이슈를 연구하고 조사해 클리블랜드 도심공원시스템에 대한 청사진을 만들었으며, 이 재단이 생긴 지 10년만에 부패한 사법제도를 바꾸고, 소녀들도 소년과 평등한 교육을 받을 수 있도록 공공교육의 변화를 이끌어냈다고 한다. 클리블랜드지역재단은 전 세계적으로 지역재단을 확산시키는 모체가 됐는데 이 재단이 설립되고 5년 안에 시카고, 보스톤 등 미국의 주요 지역에 지역재단이 잇달아 생겨났다고 한다. 이 재단은 총 18억 달러의 시민발전기금(Civic-Progress Fund)과 8,000만 달러 규모의 기부금을 보유하고 있으며 지금까지 지원한 전체 교부금은 17억 달러에 이른다고 한다. 교통, 교육, 안전, 청소년 발달, 예술, 지역·주거·커뮤니티 개발, 경제 전반에 걸쳐서 주민 삶의 질 향상과 커뮤니티 자산의 축적, 기부금 조성을 통한 지역 문제 해결과 지역공동체 동반성장 등을 미션으로 하고 있다. 이 기금은 중장기 사업을 대상으로 하는 '이사회주도기금(Board Directed)'과 지역사회 수요·요구에 조응하는 사업을 대상으로 하는 '지역사회기반기금(Community Responsive)', 출연자들의 조언이나 요구를 반영한 '출연자선택기금(Donor Directed)'으로 구성돼 있다. 클리블랜드지역재단의 2011년 기부금 배분사업을 보면 이사회주도기금이 전체의 26%이며, 지역사회기반기금 24%, 출연자선택기금 17%, 지정배분기금 22%, 단체지원기부금 6% 등으로 구성돼 있다.(www.clevelandfoundation.org)

매년 기부금 배분 순위가 최상급을 자랑하는 실리콘밸리지역재단은 1954년 설립된 '지역재단실리콘밸리(Community Foundation Silicon Valley)'와 1964년 설립된 '페닌슐라지역재단(Peninsula Community Foundation)'의 통합으로 2007년 탄생했다. 현재 자산 규모 20억 달러에 독립 기금 수가 1,500개에 이르는 이 재단은 샌마티오(San Mateo)와 산타클라라(Santa Clara)지역에서 '자선은행'의 역할을 하고 있는데 지난 5년간 15억 달러를 배분했다고 한다. 이 재단도 설립초기에는 그렇게 성공적이지 못했는데 1989년 피터 히어로(Peter Hero)가 재단 회장으로 부임하면서 급성장했다고 한다. 피터 히어로 회장은 2년 동안 점심시간마다 참치샌드위치를 들고 다니면서 지역의 영향력있는 사람들을 만나 설득을 했다고 한다. 이 재단은 배분사업부(Grantmaking Department)와 커뮤니티리더십부(Community Leadership Department)를 통해서 사업을 전개하고 있다. 배분사업부는 교육, 경제적 안정성, 이주민 사회통합, 지역 계획수립과 사회안전망 등 5개 분야에 연간 800만~1,000만 달러의 기금을 배분하고 있다. 커뮤니티리더십부는 주로 조사업무를 담당하는데 지역사회 수요조사, 지표발표, 성과보고서, 특수상황에 대한 특별보고서 등을 발표하며 타 기관과의 공동사업을 하거나 특정정책 도입을 위해서 주정부나 연방정부를 상대로 입법 로비활동을 펼치기도 한다는 것이다.(www.siliconvalleycf.org)

근래 미국 최고의 자산 규모를 자랑하는 지역재단은 털사지역재단(Tulsa Community Foundation)이다. 털사지역재단은 2009년 말에는 총자산 규모가 44억 1277만 달러에 이르기도 했다. 호클라호마주의 제2의 도시인 털사시에 있으며, 지역에 5억 8000만 달러를 배분했다. 이 재단은 1998

년에 털사지역의 석유업자, 은행가이자 자선사업가인 조지 카이저에 의해 설립됐으며 그 뒤 17명의 자선사업가들의 기부로 공공자선조직으로서는 2006년 미국 최대의 지역재단이 됐다. 이 재단은 정부기관에도 기부를 하고 있다.(www.tulsacf.org)

이밖에 기부금액의 100%를 뉴욕 빈곤문제 해결에 사용하는 진보적인 재단인 로빈훗재단(Robin Hood Foundation)(www.robinhood.org)이나 자원활동가와 비영리단체 고객을 연결해주는 역할을 하는 탭루트재단(Taproot Foundation)(www.taprootfoundation.org)도 있다.

이처럼 미국에서 지역재단이 성장하게 된 것은 세제와 밀접하게 관련돼 있다고 한다. 지역재단은 1914년에 처음 출범했지만 그 획기적 성장은 1969년의 세제개혁법(Tax Reform Act)이 계기가 된다고 보고 있다. 이 세제개혁법은 지역재단에 공공자선기관(Public Charity)의 자격을 부여했기에 지역재단에 기부하는 돈에 대한 세금 감면이 가능하게 됐다. 이를 통해 지역재단이 지역의 자선기관에 머무는 것이 아니라 미국사회 자선의 중심적인 위치를 차지하게 만들었다는 것이다. 특히 '기부자선택기금(Donor Advised Fund)'이 생겨나면서 평범한 시민들도 쉽게 기부에 참여할 수 있게 됐으며 세제 혜택에 이어 편리성, 고객의사 존중 등 기부의 동기를 촉발할 수 있게 됨으로써 모금이 증대되고 이에 따라 지역재단의 비약적인 성장이 이뤄지게 됐다는 것이다.(박원순, 2011)

아시아지역에서는 지역재단이 가장 발달한 곳이 일본이다. 일본은 오사카커뮤니티재단, 시민기금고베, 나라미래창조기금, 고베효고2005꿈기금프로젝트, 세타가야마치즈쿠리펀드 등 다양하다. 일본의 특정비영리활동법인인 '퍼블릭리소스센터(Public Resource Center)'는 2006년 현재 일본에 26개의 지역재단이 있는 것으로 소개하고 있다.(www.public.or.jp)

'공익재단법인 오사카커뮤니티재단(大阪コミュニティ財団)'는 사지 게이조(佐治敬三) 산토리 회장의 아이디어에서 출발해 오사카상공회의소가 공식 제

안한 뒤 여러 기업이 호응해서 1991년 설립된 일본 최초의 지역재단이다. 2013년 현재 재단 기금수가 총 232건, 기부금액이 총 29억 2000엔 정도가 됐으며, 유산기부가 18건 정도 된다고 한다. 2013년 3월에 열린 이사회에서 2013년 지원사업을 확정했는데 지원건수는 총 163건에, 지원총액이 8,453만 엔이라고 한다. 그리고 오사카커뮤니티재단은 개인 기부금에 일본 내각부가 최근 마련한 새로운 세액공제제도를 적용받게 됐다고 한다.(www.osaka-community.or.jp)

도쿄도 세타가야구의 '일반재단법인 세타가야트러스트마치즈쿠리(世田谷トラストまちづくり)'는 마을 만들기 지원재단으로 유명하다. 이 재단은 2006년 4월 ⑷세타가야트러스트협회와 ⑷세타가야구도시정비공사가 통합해 참여·연대·협동의 마을 만들기를 추진하고 지원하기 위해 설립됐다. 이 재단의 특징은 공익신탁제도를 활용하고 있다는 점이다. 공익신탁제도란 공익적 목적으로 일정한 재산을 수탁자(신탁은행)에게 위탁하고 수탁자는 이것을 관리 운영하면서 공익활동을 해가는 시스템으로 마을 만들기라는 공익적 목적을 위해 재산의 운용이익을 활용하거나 경우에 따라 일부를 사용하는 사업을 하고 있다.(www.setagayatm.or.jp)

우리나라도 최근엔 지역재단이 늘어나고 있다. 지역재단의 사례로 ⑷아름다운재단, 김해생명나눔재단, 부천희망재단, 천안 ⑷풀뿌리자치희망재단, 성남이로운재단, ⑷완주커뮤니티 비즈니스센터, 청주 금천동 금천장학회 등을 들 수 있다.

그 중에서도 대표적인 사례가 ⑷아름다운재단이다. 아름다운재단은 박원순 변호사가 1999년 5월 시민공익재단 설립을 제안해 시민사회단체, 종교계, 법조계 등의 전문가들이 참여해 2000년 8월 설립된 우리나라 최초의 지역재단이다. 그 모델은 미국의 지역재단이다. 비영리재단법인인 아름다운재단의 비전은 '행동하는 시민 기부문화의 확산자, 공익활동의 지속가능모델 인큐베이팅'을 내세우고 있다. 핵심가치는 '투명성,

공익성, 상호존중'이다. 투명성 확보를 위해 매년 외부회계감사 결과 공시, 월례보고서 발간, 월별 외부수입지출장부 및 직원급여의 공개, 객관적이고 공정한 배분위원회 운영, 임직원 윤리헌장 등이 제도화돼 있다. 상호존중을 위해서는 기부자의 삶의 연대기 게재, 맞춤형 기부컨설팅은 물론 도움 받는 이의 개인정보와 사생활의 보호 및 사회적 인식의 개선을 위해 노력하고 있다고 한다. 재단의 기부금은 주로 아동, 청소년, 여성, 장애인, 노인, 교육, 문화 등에 사용되는데 기부자는 자신이 낸 기부금이 쓰일 분야를 지정할 수 있다. 2000년 8월 일제시대 일본군 위안부로 정신대에 끌려갔던 김군자 할머니가 평생 모은 재산 5,000만 원을 기부하면서 첫 공익기금이 조성됐다. 주요사업은 ① '아름다운 1% 나눔' 캠페인, ② 사회적 약자 지원, ③ 소수자 지원, ④ 공익활동 지원, ⑤ 기부컨설팅, ⑥ 교육과 연구, ⑦ 공익변호사그룹 공감 등이 있다. 재정 및 사업활동을 보면 2011년 한해 총 2만 2656명이 88억 8000만 원을 기부했다. 그 중 사업비는 64억, 운영비 17억으로 176개 단체 8,860명에게 지원했다. 내역을 보면 공익과 대안 23%, 빈곤과 차별 29%, 미래세대 20%, 나눔문화 6%, 기타 나눔 22%이었다.(www.beautifulfund.org)

　사회복지법인 생명나눔재단은 경남 김해에서 2004년에 설립돼 주로 소아난치병환자와 빈곤아동, 독거노인 등 어려운 이웃에게 나눔을 실천하고 있다. 2004년 당시 급성 백혈병 진단을 받았으나 어려운 가정형편 때문에 항암치료와 골수이식 수술비용을 감당하지 못하는 이송희(5) 양과 인연을 맺은 뒤 '송희야 활짝 피어나렴'을 슬로건으로 내걸고 지역주민과 시민사회단체가 참여해 5,300여 만 원의 성금을 모아 전달했다. 그 뒤 소아난치병을 앓는 어린이의 생명을 구할 상시적인 조직이 필요하다는 공감대가 확산돼 155명이 발기인으로 참여해 지역재단인 생명나눔재단을 출범시킨 것이다. 정부의 재정지원이나 연구사업 등의 프로젝트를 받지 않으면서도 출범 후 5년간 송희와 같은 어린이 60여 명을 살렸다. 재단에서는 해마다 빈곤아동과 장애아동을 100명씩을 모아 국내 놀이시설에서 통합캠프를 열고 있고, 장애아동 학부모를 위한 '홀로서는 엄마학교'도 운영하고 있다. 이 재단의 홈페이지 첫 화면에는 재단이 소외된 이웃을 보살필 수 있는 기부자참여현황이 퍼센트로 나와 있는데 2012년의 후원금 수입은 2억 9504만 원이다. 2013년 1월 하순부터는 가게를 찾는 첫손님의 결제금액이나 이익금을 기부하는 '첫손님사업' 약정을 지역 영업점 50곳과 체결해 소아난치병아동, 빈곤아동, 독거노인을 돕는 사업을 새로 펼치고 있다.(www.lifeshare.co.kr)

부천희망재단은 2011년 3월 부천지역에서 설립된 경기도 최초의 지역재단이다. '행복한 1% 기부' 릴레이운동을 시작으로 부천지역 각계 인사 200여 명이 뜻을 모았다. 이들 인사는 자신이 받는 월급이나 수입, 용돈의 1% 기부에 참여해 어려운 이웃들에게 100%의 큰 희망을 만들기 위한 나눔을 시작한다는 의미의 '87만을 향한 1% 기부 스타트' 행사를 추진하고 있다. 미취학아동 의료비지원사업이나 독거노인 희망연탄 나눔과 2011년 '크리스마스의 기적'과 같은 배분사업을 했다. 2012년도 기부금 수입은 3억 6268만 원이었다.(www.hopefoundation.or.kr)

이 처럼 지역재단은 지역의 핵심 과제 해결 지혜를 구하고 재원 마련을 핵심으로 한다. 한편 부산지역에서는 최근 광역지자체 단위의 지역재단 만들기 노력이 일어나고 있다. 지역 지식인, 기업인, 언론인 등이 적극 나서 힘을 모으고 있는데 지역사회운동의 대표성과 상징성을 극대화할 수 있고 규모의 경제를 통해 중앙과 지방의 불균형을 시정하며 지역 내에서의 시민사회의 불균등, 발전 격차 해소 등을 위해 필요하다는 것이다. 가칭 '부산창조재단'은 지역개발 인력육성, 지역 공동체 함양 프로그램 지원, 지역개발과 지역시민사회 성장을 위한 연구정책 사업 지원, 시민사회 주도형 사업 지원, 부산사랑, 부산홍보 사업 지원, 사회적 경제 육성 지원 사업, 도농연대 지역농산물직거래 사업 지원 등 다양한 사업을 구상중이며 오는 11월 설립을 목표로 지역의 힘을 모으고 있다.

이러한 지역재단이 정착하기 위해서는 모금에 대한 감세 등 정부의 정책이 매우 중요하다는 것을 알 수 있다. 일본의 경우 NPO법인에 대한 기부를 촉진시킴으로써 NPO법인의 활동을 지원하는 것을 목적으로 하는 인정특정비영리활동법인제도(인정NPO법인제도)가 있다. 인정NPO법인제도는 설립 후 5년 이내의 NPO법인에 대해서는 초기 출범 지원을 위해 요건에서 '퍼블릭스포트테스트(PST: Public Support Test)'가 면제되며, 세제상 우대조치가 인정되는 가인정을 1회에 한해 받을 수가 있는 '가인정NPO법인제도'가 최근 새롭게 도입됐다. 인정NPO법인 또는 가인정NPO법인이 되기 위한 일정한 요건이란 다음과 같다.

① 퍼블릭서포트테스트에 적합할 것(가인정은 제외), ② 사업활동에 있어 공익적인 활동이 차지하는 비율이 50% 미만일 것, ③ 운영조직 및 경리가 적절할 것, ④ 사업활동의 내용이 적절할 것, ⑤ 정보공개를 적절히 행할 것, ⑥ 사업보고서 등을 관할청에 제출할 것, ⑦ 법령위반, 부정행위, 공익에 반하는 사실이 없을 것, ⑧ 설립일로부터 1년 이상 경과할 것 등이다.

그 중에 '퍼블릭서포트테스트'란 널리 시민의 지원을 받고 있는 지 여부를 판단하기 위한 기준으로 인정기준의 핵심이 되는 것이다. PST의 판정에 있어서는 '상대값기준', '절대값기준', '조례개별지정' 가운데 하나의 기준을 선택할 수 있는데 설립초기의 NPO법인에는 재정기반이 약한 법인이 많기에 초기 출범 지원으로 가인정NPO법인제도에서는 PST에 관한 기준이 면제되고 있다. '상대값기준'이란 실적판정기간에 경상수입금액 중 기부금 등 수입금액이 차지하는 비율이 5분의 1 이상일 것을 요구하는 기준이다. '절대값기준'은 실적판정기간 내 각 사업년도 중 기부금 총액이 3,000엔 이상인 기부자의 수가 연평균 100명 이상일 것을 요구하는 기준이다. '조례개별지정'은 인정NPO법인으로서 인정신정서 제출전일까지 사무소가 있는 지자체의 조례에 의해 개인주민세의 기부금세액공제 대상이 되는 법인으로서 개별적으로 지정을 받을 것을 요구하는 기준이다.(www.cao.go.jp)

지역재단은 지역을 바꾸는 힘이다. 지역재단이 새로운 지역의 희망이 될 수 있도록 지역 각계각층의 뜻과 지혜를 모을 필요가 있을 것이다.

저탄소도시 사례5

'녹색문화도시' 미국 피츠버그

'철강왕' 앤드류 카네기가 살았던 곳이며, 『침묵의 봄(Silent Spring)』의 저자인 생태주의 학자 레이첼 카슨 여사가 활동했던 곳. 또한 우리들에겐 익숙한 미국 슈퍼볼의 영웅 한국계 하인즈 워드 선수가 소속한 '피츠버그 스틸러스'가 있는 곳. 그리고 2009년 9월 G20(주요 20개국) 정상회의가 열린 곳. 바로 미국 워싱턴 D.C에 인접한 펜실베이니아주 남서부의 피츠버그시이다. 민관파트너십을 바탕으로 수 십 년에 걸친 '도시 르네상스' 운동을 벌여 녹색문화도시 재창조에 성공한 사례로 높이 평가받고 있는 도시이기도 하다. 공해도시에서 창조도시·바이오도시로 거듭난 피츠버그는 2007년 도시평가에서 대학, 의료, 물가, 치안, 교통 부문에서 뛰어난 도시로 미국에서 살기 좋은 도시 1위를 차지하기도 했다.

1758년 세워진 피츠버그시는 인구가 40만 명 정도이지만 인근 9개 중소도시를 합친 '피츠버그 광역권'은 240만 명 정도 된다. 남북전쟁 당시 전략적 요충지였던 피츠버그는 19세기 이후 철강, 알루미늄, 유리산업 등 세계적 공업도시로 성장했으나 대기오염으로 시민들이 만성호흡기 질환에 시달려 20여 명이 사망하는 공해사건도 생겼는가 하면 1950년대 이후 쇠퇴의 길을 걸으면서 한 때 '뚜껑이 열린 지옥'으로 공해도시란 오명도 함께 해왔다.

그러나 이러한 위기에 지역 상공인과 지방정부 그리고 지역대학이 피츠버그의 부흥을 위한 민관파트너십을 구축해 공해 탈출과 녹색문화도시 재개발에 성공한 것이다.

'창조도시'로도 알려진 피츠버그의 재생에는 지역 상공인들의 역할이 컸다. 피츠버그광역권 상공회의소와 지역시민경제단체 연합체인 'ACCD(앨러게니지역개발연합)'은 지난 1980년대 초부터 1990년대 초까지 10여 년간 불황으로 잃어버린 10만 여명의 일자리를 되찾고 공업도시를 문화상업도시로 바꾸는데 앞장섰다. 피츠버그에는 현재 바이엘, 파나소닉, 노바, 웨스팅하우스전기 등 세계적인 기업 70여 개사의 본사가 자리 잡고 있다. 이들의 전략산업은 생명과학, 의료기기, IT, 첨단금속, 전자광학 등이다. 이들 기업 주변은 녹색 숲으로 둘러싸여 있다. 피츠버그는 활기찬 문화도시이자 '바이오도시'로 변했다.

하이테크산업을 비롯한 보건, 교육, 금융을 중심으로 한 산업구조 개편으로 지역경제는 재생했다. 2008년 세계 경제 위기에서도 피츠버그는 큰 어려움을 겪지 않았고 오히려 취업률이 높아갔다. 이러한 것이 오바마 미 대통령이 2009년 G20 정상회의 개최지로 뉴욕이 아닌 피츠버그를 선정한 이유이기도 하다.

피츠버그의 성공 요인은 무엇일까. 피츠버그는 무엇보다 공해도시란 이미지에서 벗어나 세계적인 도시의 브랜드 마케팅에 성공했다고 볼 수 있다. 그 중 대표적인 것이 '피츠버그 문화 트러스트(Pittsburgh Cultural Trust: PCT)'의 존재이다. 피츠버그 시민들은 스스로 피츠버그의 자랑거리를 만들어냈다는 사실에 자부심을 갖고 있다. 일종의 지역재단이다.

1960년대부터 피츠버그는 공해도시 탈출을 위해 '제1, 2차 르네상스' 캠페인에 돌입했다. 민관파트너십을 통해 도시 재개발에 나서 수질 대기오염 극복, 공공녹지 및 도시 경관 조성을 적극 추진했다. 그 결과 오염됐던 도심하천인 앨러게니강에는 10여 년 전부터 송어와 배스 등 50여 종의 물고기가 사는 맑은 강으로 변했다고 한다. 일찍이 녹색에서 대안을 찾는 노력이 서서히 결실을 보고 있는 것이다.

이러한 과정에서 '피츠버그에 사는 101 가지 이유'라는 홍보물도 나왔다. '공기가 맑다, 범죄가 적다, 싼 비용으로 새 집 구하기가 쉽다, 골프 치기가 좋다' 등 등 무려 100가지가 넘는 피츠버그의 자랑거리를 시민 스스로 만들어냈다. PCT는 이러한 '제1, 2차 르네상스'에 이어 도심지역을 '문화특구(Cultural District)'로 만들자는 운동을 추진했다. 예술을 사랑했던 세계적인 식품회사인 하인즈그룹의 고(故) 잭 하인즈 회장이 나서 낡은 극장가를 품격 있는 예술타운으로 만들자고 제창했다. 이를 계기로 지난 1984년 비영리조직인 PCT가 만들어졌다. 지역경제 발전과 문화 진흥을 목표로 1987년까지 4,300만 달러가 투입된 '문화특구 개발 플랜' 결과 하인즈홀과 컨벤션센터밖에 없었던 중심가가 14개의 문화시설과 수목으로 가득찬 공원과 광장 그리고 상가가 들어선 '문화특구'로 변신했다. 요즘엔 한해 1,500여 건의 각종 공연 전시 등이 이뤄지고 있는 녹색문화의 거리, 젊은이들의 거리가 된 것이다. 문화특구에선 문화와 환경 그리고 경제의 통합을 볼 수 있다. 또한 중심가의 낡은 오피스텔이 아파트 주거지로 바뀌면서 직장과 주거지가 가까이 있는 '직주근접형(職住近接型)' 주택지를 형성하고 있다.

피츠버그를 뒷받침하는 중요한 기둥 가운데 하나가 지역대학이다. 피츠버그에는 피츠버그대학과 카네기멜런대학(CMU)이란 명문대학이 있다. 카네기멜런대학은 1900년 앤드류 카네기가 설립한 카네기기술학교와 1913년 앤드류 멜런이 설립한 멜런공학연구소가 전신이다.

앨러게니 강이 보이는 피츠버그의 문화중심가(상)
피츠버그의 세계적 녹색건물 데이비드 L. 로렌스 컨벤션센터(하)

© 김해창(상·하)

피츠버그대 메디컬센터의 고용인원이 2만 9500여 명, 피츠버그대학 1만 500여 명(학생수 3만 4000여 명), 카네기멜런대가 4,300여 명(학생수 9,600여 명)으로 월마트(9,000여 명), US에어웨이그룹(4,400여 명)을 능가한다. 카네기멜런대는 공학과 사회과학의 접목 등 학제적 연구가 강하고, 기업과의 협력도 좋아 미국 기업이 가장 선호하는 대학으로 알려져 있다.

피츠버그에는 세계적인 녹색 건축물인 '데이비드 L. 로렌스 컨벤션센터'가 유명하다. 앨러게니강의 '레이첼카슨대교' 인근 9번가에 있는데 이 센터는 '세계 최초의 녹색 컨벤션센터'로 유명한 친환경 빌딩이다. 2009년 9월 G20 정상회의가 개최된 곳도 바로 이곳이다. 이 컨벤션센터는 지난 2003년 9월에 개관했는데 부지가 약 12만㎡이나 된다. 이 건물은 일광 센서, 일산화탄소 센서, 물재활용시스템 등으로 물 소비를 60% 절약하는 등 전체 에너지를 35%나 줄이는 시스템으로 설계된 '녹색빌딩'이다. 자연채광 지붕과 유리벽은 햇빛으로 온도를 자동조절하며, 전시공간의 75%를 자연 채광으로 하고 있다. 또한 앨러게니강에서 올라오는 자연 기류를 빌딩의 통풍이나 냉방에 활용하고 있고 페인트나 카펫 등에 유독화학제품을 일절 사용하지 않았다는 것이다.

피츠버그시는 현재 그린빌딩의 산업화를 적극 추진하고 있다. 피츠버그광역권에는 1,800여 개 건설업체가 있는데 그중 600여 개가 그린 빌딩 건축 쪽으로 방향을 선회하고 있다는 것이다. 이러한 그린빌딩 활성화를 위해 미 연방차원에서도 세금혜택 등을 고려중이라고 한다. 피츠버그는 이렇듯 지방정부, 지역상공인, 대학, 시민단체가 유기적 파트너십을 맺고 녹색문화도시를 세계에 자랑하고 있다.

한편 피츠버그시는 최근 도심을 자전거 전용도로로 출퇴근하도록 하는 '펜 에비뉴 프로젝트(Penn Avenue Project)'를 추진중이다. 루커라벤슈탈 피츠버그시장은 2009년 8월초 이 같은 프로젝트를 발표했는데 이는 도심의 교통수단으로 자전거를 중심에 놓고, 16~32에비뉴에 이르는 시내 주도로에 자전거 전용도로를 내 피츠버그를 '자전거천국'으로 만들겠다는 것이다. 교통신호에서도 자전거는 자동차에 우선하도록 하고, 자전거 이용자와 보행자의 안전을 중시하는 교통인프라를 구축할 것이라고 한다. 또한 피츠버그시는 7개 년 계획을 세워 현재 3만여 그루인 가로수를 6만여 그루로 늘이는 사업을 추진중이다. 녹색문화 창조도시 피츠버그는 지금 녹색도시 혁명이 일고 있다.

이 장의 내용은 '김해창, 저탄소도시 조성의 편익 추정 및 선호도 분석에 관한 연구, 부산대 대학원 경제학박사 학위논문, 2010. 8,'의 일부를 요약 정리한 것이다.

10

저탄소도시 만들기와 거버넌스

전원도시   도시는 대내외적 여건 변화에 능동적으로 적응하기 위해 변화의 과정을 거쳐 왔다. 산업혁명시대의 도시공해문제로부터 벗어나기 위해 전원 속에 도시를 조성하고자 한 전원(田園)도시가 최초의 환경문제에 대응한 도시유형이라 볼 수 있다. 전원도시 이후 개발에 따른 환경훼손 문제를 해결하기 위해 도시분야에서는 생태도시가 부각되었다. 생태도시는 도시를 하나의 생태계로 해석하여 중요한 자연환경을 보존하고 무절제한 개발행위로부터 환경파괴를 억제하기 위한 수단을 강구해왔다. 1990년대를 전후해선 환경문제와 경제위기가 동시에 발생함에 따라 환경적으로 지속가능한 경제성장을 도모하자는 것이 세계적 과제로 등장하게 됐다. 이러한 도시의 지속가능성을 바탕으로 한 지구환경문제 대응 도시는 21세기 들어서는 시대적 과제인 지구온난화 문제에 대응하고 환경적으로 지속가능한 발전을 할 수 있는 새로운 개념의 저탄소도시를 중시하고 있다. 환경문제에 대응해온 도시의 변천은 크게 전원도시, 생태도시, 저탄소도시로 시간적, 또한 공간적으로 확대 발전하고 있다고 볼 수 있다.

환경문제에 대응한 도시의 초기 개념은 1902년 하워드(E. Howard)의 '전원도시(Garden City)'로 거슬러 올라갈 수 있다. 하워드는 19세기 후반 영국에서 도시환경이 열악해지고 농촌이 쇠퇴하는 등 심각한 사회문제가 되자 도시와 전원 양쪽의 장점을 취해 소규모이지만 자족적인 생활환경을 가진 전원도시를 건설할 것을 최초로 제안했다. 그가 제안한 전원도시의 크기는 2,400ha로 중앙부 400ha가 도시부이며, 그것을 둘러싼 전원부로 구성되며 인구는 도시부 약 3만 명, 전원부 2,000명 정도로 계획했다. 이러한 제안은 다수의 지지를 얻어 1903년 런던에서 북쪽으로 약 50km 떨어진 레치워스(Letchworth)에 건설을 시작했디. 한 때 자금부족과 회사의 매수위기 등 많은 어려움을 겪었으나 분양을 임대로 운영하며 개발이익을 주민에게 환원하는 것을 바탕으로 한 토지의 일괄관리 원칙은 지금까지 이어져 오고 있다. 1995년에는 토지관리가 레치워스헤리티지재단(Letchworth Heritage Foundation)으로 넘어갔으며 2003년 이 재단은 건설착수 100주년을 맞이하여 이 도시에 대해 환경공생을 목표로 전원부 보전정비사업에 착수했다.(丸田賴一, 2005)

전원도시는 도시의 물리적 시설만이 아닌 사회경제적 구조의 재조정까지 담고 있는 특징적인 도시로서, 현대적 의미에서도 도시와 농촌의 장점만을 살린 도농통합형의 저밀도 경관도시라고 할 수 있다. 이러한 전원도시는 대도시 인구과밀 현상으로 야기되는 여러 가지 문제의 해소를 위해 건설되는 신도시의 모델로 이용돼 왔다. 그러나 영국의 전원도시 계획은 레치워스의 경우도 런던이 팽창되면서 그 목적을 달성할 수 없었다고 한다(김광식, 1994). 우리나라의 일부 신도시계획에도 이 개념이 도입되었으나, 런던과 같이 도시의 인구집중과 도시팽창으로 많은 문제점들이 지적되고 있다.(김철수, 2001)

생태도시   레지스터(R. Register)는 1987년에 에코시티(Ecocity)라는 말을 처음으로 사용했다(Register, 1987). 생태도시는 1992년 브라질 리우환경회의 이후로 대두된 개념인 지속가능한 발전을 목표로 제기됐다. 독일의 외코폴리스(ökopolis)나 일본의 에코시티(Ecocity), 에코폴리스(Ecopolis), 미국의 녹색도시(Green City), 환경도시(Environment City), 지속가능한 도시(Sustainable City) 등 여러 가지 용어가 혼용되고 있는데 '생태도시'는 도시를 하나의 유기적 생태계로 보는 개념으로 볼 수 있다.

외코폴리스는 독일의 슈투트가르트(Stuttgart)에서 실제 도시계획에 반영됐는데 생태계 보호와 인간성 회복의 원리를 바탕으로, 바람길을 이용해 도시경관과 자연환경을 잘 배려한 도시라 할 수 있다. 이 도시계획에서는 교외로부터 도심으로 바람 흐름을 유도하고, 대기오염과 도시열섬 효과를 제거하기 위한 대책을 마련하고 있으며 이러한 내용이 지구상 계획에 반영되어 있고, 건축물 층수 제한과 통풍길 확보 등을 위한 각종 규제대책이 마련돼 있다(김철수, 2001). 주로 일본에서 사용하고 있는 에코시티와 에코폴리스는 시민 개개인의 자각에 기반을 둔 도시로서, 그 구조 및 기능이 환경에 대한 배려가 잘 되어 있는 도시라고 할 수 있다(김귀곤, 1993). 에코시티는 일본 고베시나 시가현의 환경보전시범도시계획을 통해 널리 알려져 있는데 ① 자연과 공생하는 환경조화형 생태공간 창조, ② 도시 내 자립과 안정, 적절한 물질순환, ③ 여유있고 쾌적한 도시공간의 창조, ④ 환경과 공생하는 생활과 생산활동의 전개 등을 지향하고 있다. 그러나 이 계획들은 인간과 자연이 공생하는 도시상을 제시하는 데는 성공적이지만 바람직한 도시상을 총체적으로 제시하지 못하고, 녹지공간의 활용과 인구분산, 자립형 에너지 이용 등을 통해 환경과 공생하는 도시를 만들겠다는 목표를 제시하는 데 그치고 있다는 비판이 제기되고 있다(김철수, 2001). 환경도시란 '자연자원을 살린 토지이용을 도모하는 등 생태계에 준한 시스템을 구축함과 동시에 시민, 기업, 행정이 하나가 돼 시민의 안전성, 건강, 교육문화, 쾌적성이나 편리성의 확보를 향해 종합적인 검토·배려가 행해지는 지속가능한 도시

를 말한다. 영국의 레스터나 브라질의 꾸리찌바를 대표적인 도시로 들 수 있다.(丸田賴一, 2005)

한국도시연구소(1998)는 생태도시를 '저하된 도시환경의 질을 높여 도시인의 쾌적한 생활환경을 보장하고, 나아가 도시의 지속가능한 발전을 가능하게 하는 것'으로 정의하고 있다. 김철수(2001)는 생태도시를 '유기체로서의 도시가 환경용량의 범위 내에서 경제활동을 비롯한 각종의 사회활동으로 인한 도시환경에 대한 부하가 석고, 환경의 질이 안정적이고 쾌적할 뿐만 아니라 지구환경보전에 대한 역할분담의 기능을 잘 수행하는 인간과 자연이 공존하는 지속가능한 도시'라고 정의하고 있다. 김일태(2001)·최병환(2003)은 우리나라에서 생태도시의 개념은 협의의 접근 즉, 단순히 자연과 조화를 이루는 쾌적한 도시라는 의미로 녹색도시, 어메니티 도시와 중간적 범위를 갖는 개념으로 시민들이 건강하게 살아갈 수 있으며 환경친화적인 요소가 많이 도입된 사례로서의 친환경도시, 환경보전도시, 건강도시라는 개념이 사용되고 있다고 한다.

조경학적인 측면에서 도시경관과 녹지조성을 강조하는 미국의 녹색도시(Green City)는 도시생활과 자연이 서로 조화되는 건강하고 풍요로운 도시를 조성하기 위해 경관조성에 힘쓰는 도시를 의미한다. 그러나 녹색도시계획 전반이나 대기 또는 수질 등 환경의 질과 관련한 방안들에 대해서는 별다른 관심을 보이지 않고, 주로 건축 설계 차원에서 논의를 진행시키고 있다는 점 등에서 문제가 제기되고 있다는 비판도 있다(김철수, 2001). 어메니티 도시(Amenity City)란 '있어야 할 것이 있어야 할 곳에 있는 것'이라고 하는 윌리엄 홀포드(William Holford)의 어메니티 정의에 바탕을 두고, 인간이 도시의 장에서 개성적인 생명체로 생존하고 생활해 가는 데 불가결한 쾌적함을 창조적으로 구성할 수 있는 자연, 역사, 문화, 안전, 심미성, 편리성이 갖추어지고 종합적인 인간의 도시다움과 개성을 실현할 수 있는 도시를 말한다(酒井憲一, 1998). 지속가능한 도시(Sustainable City)란 미래세대가 그들 스스로의 필요를 충족시킬 수 있는 능력을 저해하지 않으면서 현세대의 필요를 충족시키는 개발 또는 생태계의 환경용량 내에서 인간생활의 질을 향상시키는 개발이 가능한 도시를 의미한다. 그러나 이 개념은 지구주의를 활용한 서구적 주도권의 지속적인 유지에 그 목적이 있다는 비판을 받기도 한다.(Ekins, 1993)

저탄소도시　　　　　　　　저탄소도시는 종래 생태도시가 종합적인 도시의 지속가능성을 바탕으로 한 개념이라면 근래 지구온난화 문제에 집중 대처한다는 의미에서 온실가스를 줄이는 데 중점을 두고, 이러한 목표 하에 도시 인프라나 소프트웨어를 설계, 운영하는 것을 의미한다. 저탄소도시는 탄소중립도시, 녹색성장도시, 저탄소녹색도시, 배출제로도시 등의 개념을 포괄한다고 볼 수 있다.

변병설(2009)은 탄소중립도시(Carbon Neutral City)란 '지구온난화의 주범인 탄소배출을 가능한 한 줄이고 발생된 탄소를 흡수하여 대기 중의 CO_2 농도를 궁극적으로 제로화하는 도시'로 정의한다. 그러나 현실적으로 대기 중의 CO_2 농도 제로화는 불가능하기에 탄소중립도시는 기후변화의 주범인 탄소배출량을 최소화하고자 하는 목표지향적인 개념으로 사용된다는 것이다. 국토해양부(2009)는 저탄소녹색도시란 '저탄소녹색도시 조성을 위한 도시계획수립지침'에서 언급한, 저탄소의 정의와 녹색도시 정의의 합성어를 지칭한다. 즉 저탄소란 화석연료에 대한 의존도를 낮추고 청정에너지의 사용 및 보급을 확대하며 녹색기술의 적용 및 탄소흡수원 확충 등을 통하여 온실가스를 적정수준 이하로 줄이는 것을 말하며, 녹색도시란 압축형 도시공간구조, 복합토지이용, 대중교통 중심의 교통체계, 신재생에너지 활용 및 물·자원순환구조 등의 환경오염과 온실가스 배출을 최소화한 녹색성장의 요소들을 갖춘 도시를 말한다. 이재준(2009)은 '탄소배출을 최대한 억제하고, 친환경 도시 및 산업기반을 통해 세계화, 지방화에 따른 도시경쟁력 강화를 도모하고 지속가능한 도시로의 구조 변환을 추구하는 도시'를 '저탄소녹색도시'로 정의했다. 윤용한(2009)은 기존에 제시되었던 친환경도시에 탄소저감, 지속가능성 등을 포함하는 개념으로 생태계를 보존하고 환경친화적인 도시, 탄소배출을 최소화하는 도시, 지속가능한 발전을 추구하는 도시를 녹색도시로 규정했다. 이러한 탄소중립도시, 저탄소녹색도시, 녹색도시 등의 개념은 광의의 '저탄소도시'의 개념에 포함된다고 할 수 있다. 이런 면에서 저탄소도시는 지속가능성을 바탕으로 한 생태도시의 21세기적 시급성에 기인한 '전략적 용어'로 볼 수가 있다.

이러한 점을 바탕으로 저탄소도시란 '지구온난화 문제의 핵심으로서 이산화탄소를 비롯한 온실가스의 발생을 최대한 감축하거나 흡수하는 것을 목표로 토지이용, 에너지, 교통, 자원순환, 공원녹지, 생태공간 등 도시계획의 핵심요소의 효율적인 개선을 추구하는 도시'로 정의할 수 있겠다.(김해창, 2010)

표 10.1 지구환경문제 대응 도시 개념의 시대적 변천

도시 개념	전원도시	생태도시	저탄소도시
시기	1900년대~	1970년대~	2000년대~
특징	·분산 ·자족성 ·자연보전	·인간과 환경의 공존 ·지속가능한 발전(Sustainable Development) ·생물다양성, 자립성, 안정성	·탄소저감 및 흡수 ·지속가능성(Sustainability) ·굿거버넌스(Good Governance)
대표적 도시	Letchworth(영국)	Stuttgart, Freiburg(독일), Curitiba(브라질), Berkely(미국) 등	BedZED(영국), Vikki(핀란드) 등
주요 계기	1902년 Howard의 논문	·1972년 '성장의 한계' ·1987년 '우리의 공동의 미래' ·1992년 '리우회담' ·1997년 지구온난화방지 교토회의(COP3)	·2001년 IPCC 제3차 평가보고서 ·2005년 교토의정서 발효 ·2007년 독일 하인리겐담 G8정상회의 선언

학문적 배경	생물생태학	경관생태학, 자원생태학	기후생태학
유사도시 개념	자족도시 (Self-sufficient city)	외코폴리스(ökopolis), 에코시티(Ecocity), 에코폴리스(Ecopolis), 녹색도시(Green City), 지속가능한 도시(Sustainable City), 어메니티 도시(Amenity City) 등	탄소중립도시(Carbon-Neutral City), 배출제로도시(Zero-Emission City) 등

출처: 김해창, '저탄소도시 조성의 편익 추정 및 선호도 분석에 관한 연구', 부산대 대학원 경제학 박사 학위논문, 2010년 8월, p.40.

지구환경문제에 대응한 도시개념의 시대적 변천의 흐름을 종합하면 〈표 10-1〉과 같이 정리할 수 있다.

한편 지속가능한 도시를 지향하는 시대의 전략적 도시 패러다임의 변천을 도식화하면 〈그림 10-1〉과 같다.

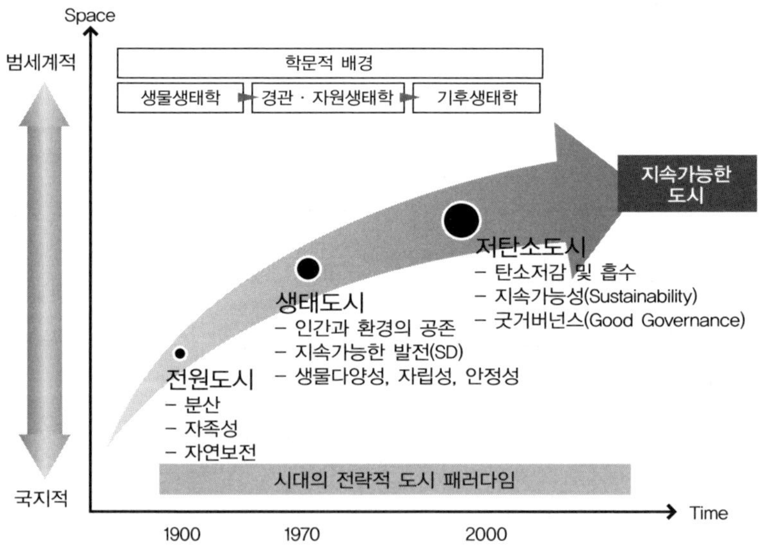

그림 10.1 시대의 전략적 도시 패러다임의 변천
출처: 김해창, '저탄소도시 조성의 편익 추정 및 선호도 분석에 관한 연구', 부산대 대학원 경제학박사 학위논문, 2010년 8월, p.41.

〈그림 10-1〉에서 가로축을 시대적 흐름으로 보고, 세로축을 공간적 확대로 보면 전원도시, 생태도시, 저탄소도시는 모두 지속가능한 도시를 추구하는 과정에서 나온 개념임을 알 수 있다. 시대적으로 보면 전원도시가 1900년대 초반이며, 생태도시는 1970년대에 시작돼 1990년대 말에 세계적으로 확대되며, 21세기에 들어서는 저탄소도시가 전세계적으로 확산되고 있는 것이다. 그리고 전원도시에 비해 생태도시가, 생태도시에 비해 저탄소도시의 개념이 국지적인 것보나는 진지구적 차원에서 국가 및 지자체로 확산되고 있음을 알 수 있다. 또한 이들 도시의 변천을 뒷받침하는 학문적인 배경으로 전원도시 시기는 생물생태학, 생태도시 시기에는 경관생태학·자원생태학, 저탄소도시 시기에는 기후생태학을 들 수 있다.

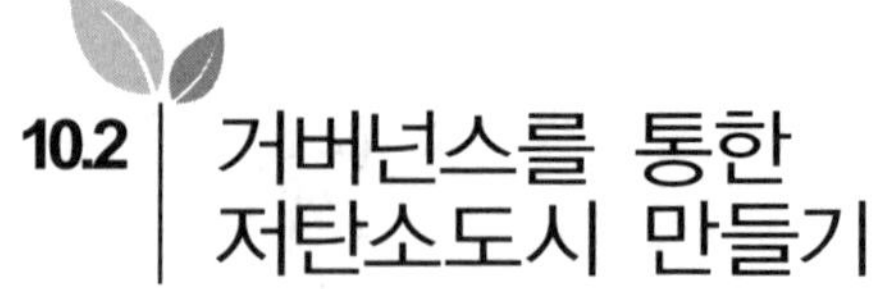

거버넌스를 통한 저탄소도시 만들기

저탄소도시 조성을 위한 시민의 지불의사금액과 선호도

저탄소도시 조성을 위한 시민의 지불의사금액

저탄소도시를 조성하기 위해서는 먼저 저탄소도시의 핵심요소가 무엇인지를 이해할 필요가 있다. 국토해양부가 밝힌 '에너지절약형 신도시 조성을 위한 연구방향(2009)'에서 저탄소도시 조성을 위한 핵심요소로 크게 신재생에너지 사용 확대, 빗물관리시스템 개선, 녹색교통체계 구축, 자연생태녹지 확보를 강조하고 있다. 김홍배 외(2009)는 경기도 화성시 동탄(2) 신도시에 적용가능한 계획요소로 총 28개 계획요소를 들고 있다.* 28개의 계획요소를 크게 나누면 탄소저감부문과 탄소흡수부문으로 나눌 수 있다. 탄소저감부문에는 에너지저감과 자원저감분야가 있으며, 탄소저감부문에는 에너지절약 8개(고단열·고기밀 건축, 일조를 고려한 건물배치, 자전거 활성화 시스템, 보행자 도로, 대중교통 환승시스템, 대중교통 및 보행자 전용지구, 탄소저감 대중교통수단, 녹색도로)와 신재생에너지 활용 4개(태양광발전시스템, 태양열시스템, 패시브솔라시스템, 소규모 열병

---

* 동탄(2)신도시 저탄소도시 도입을 위한 계획요소는 친환경 계획요소와 국외사례를 토대로 도출하였으며, 친환경 계획요소 중 탄소저감 및 탄소흡수와 직접적인 관련이 적은 계획요소는 제외한 것이다.

합발전시스템)가 도출되며, 자원저감부문은 자원순환 4개(천연자연 재료 사용, 중수재활용, 우수재활용, 우수저장탱크)가 도출됐다. 탄소흡수부문에는 녹지부문과 수자원부문으로 나뉘는데 녹지부문에는 단지녹화 2개(탄소공원 조성, 단지 내 텃밭 조성), 입체녹화 2개(지붕녹화, 벽면녹화), 그린네트워크 4개(그린웨이, 바람길 조성, 탄소 숲 조성, 생물이동통로)가 도출되며, 수자원부문에선 수자원체계 2개(실개천 조성, 우수저류지), 수순환체계 2개(자연지반, 투수성 포장)가 도출됐다.

한편 김철수(1999)는 생태도시를 위한 조건으로 도시 생태종의 다양성 복원, 도시 순환체계의 회복, 도시 인공시설의 친환경적 배열과 함께, 자연과 공존하는 친환경적 생활체계의 구축을 중요한 조건으로 들고 있다. 이는 저탄소도시에서도 크게 다르지 않을 것이다. 따라서 저탄소도시 도입을 위한 계획요소에서 시민들의 환경의식 정도가 중요하며, 그 중 저탄소 관련 환경교육이 주요한 계획요소가 될 수 있다고 본다.* 최병환(2004)도 생태도시 구축을 위하여 첫째, 인식의 전환, 둘째, 개인과 전체의 조화, 셋째, 인간과 자연의 화해를 들고 있다.

이러한 점을 종합해 볼 때 저탄소도시의 핵심요소를 크게 ① 에너지 저감, ② 자원 저감, ③ 녹지 증대, ④ 수자원 확보, ⑤ 환경교육 실시라는 5부문으로 설정할 수 있다(김해창 외, 2010). 이러한 저탄소도시의 핵심요소를 바탕으로 저탄소도시 조성을 위해 도시주민들이 자신이 살고 있는 주거지의 저탄소 친환경사업 추진에 얼마의 비용을 낼 수 있는지를 알아보는 것은 향후 민관거버넌스사업 추진에 매우 중요한 의미를 갖는다고 볼 수 있다.

---

* 일본 요코하마시의 경우 '에코하마 에너지절약 도전 프로젝트'에서 2008년 한 해 동안 요코하마시 초등학교 학생 약 2만 명이 참가해 모두 440만t의 CO2 배출을 감축한 사례가 있다. 요코하마시 관계자는 에너지절약 프로젝트 분석 결과 에너지절약은 생활에서 조금만 의식해 실천하면 약 15%의 절감 효과가 나타난다고 밝혔다.(김해창, 2009)

김해창(2010)은 부산시 해운대 신시가지 아파트단지 주민들을 대상으로 자신이 살고 있는 아파트단지의 저탄소 친환경사업 추진을 위한 지불의사금액(WTP)을 가상평가법(CVM)으로 측정하고, 또한 어떤 저탄소 친환경사업에 대한 선호도가 있는지를 컨조인트 분석(Conjoint Analysis)을 통해 추정했다. 조사 설문은 가상평가법, 컨조인트 분석 모두 모집단인 해운대 신시가지 아파트 가구수(3만 2018)에 총 1,000부를 배포해 672부의 유효한 응답지를 회수해 99% 신뢰수준(645부 이상)을 보였다.

가상적 설문사항은 "현재 귀하가 거주하고 계시는 아파트단지를 보다 저탄소 아파트단지로 만들기 위해 저탄소 친환경사업을 한다고 가정할 때 아파트 관리비 형태로 추가 분담금이 월 A원 발생합니다. 귀하께서는 지불의사가 있습니까?"라는 것이었다. 이 질문의 월 A값의 지불의사금액은 사전조사에서 얻어진 지불의사금액 분포를 이용해 2,000원부터 2만 원까지 10개의 가격수준으로 설정하고 이 가운데 임의로 하나를 질문한다. 지불의사 유도방식은 응답자에게 일정액의 금액을 제시하고 '예/아니오' 어느 쪽인지를 1회만 대답하게 하는 단일양분선택방식(single-bounded dichotomous choice)을 채택했다.

실증분석 결과, 저탄소 친환경 아파트 조성을 위한 아파트단지 내 저탄소 친환경사업 추진에 가구별 관리비 형태의 지불의사금액은 월 1만 78원(중앙값)으로 추정됐다. 추정된 지불의사금액 월 1만 78원을 가구당 연간 관리비로 보면 12만 936원이 된다. 해운대 신시가지 아파트단지의 평균적인 아파트 가구수가 400~700세대에 이르는 점을 고려하면, 아파트단지별로 저탄소 친환경사업 기금이 4837만 4400원~8465만 5200원에 이른다. 이를 해운대 신시가지 전체 저탄소 친환경사업 기금 가용액으로 확대하면 전체 가구수(3만 2028)에 연간 가구별 관리비 지불의사금액(12만 936원)을 곱한 38억 7333만 8200원이 나온다.

한편, 저탄소 친환경 아파트 조성을 위한 지불의사금액에 영향을 줄

수 있는 요인으로 설문한 '저탄소 인식도', '사회경제적 특성', '환경 실천도'의 3가지 요인도 도출됐다. 특히 지불의사금액과의 상관관계에서는 저탄소 인식도의 증가가 지불의사금액에 비례해 증가하는 요인으로 나타났으며, 특히, 탄소세 도입 찬성과 친환경 아파트 입주의사가 있는 응답자에게서 높게 나타났다. 저탄소 인식도가 '낮은' 응답자에 비해 저탄소 인식도가 '높은' 응답자의 지불의사금액이 약 1만 6200원 높게 나타났다. 더불어, 유기농산물의 구매여부도 지불의사금액에 플러스의 영향을 주는 요인으로 밝혀졌다. 이는 앞으로 저탄소 친환경사업의 효율적 추진을 위해서는 저탄소 인식도 제고에 대한 국민적 교육·홍보시스템의 구축이 중요한 과제 중 하나라는 것을 보여주고 있다. 이와 함께 아파트단지 거주자의 지불의사금액을 토대로 대도시 아파트의 저탄소 친환경사업을 활성화하기 위한 정부와 지자체의 지원책 수립이 필요하다는 것을 알 수 있다. 이는 '지역에너지자립'에서도 언급된 바 있듯이 정부의 저탄소 친환경사업 활성화를 위해서는 정부의 일방적인 시설설치형 사업보다는 주민의 의지를 반영한 민간주도형 사업 또는 민관거버넌스형으로 추진하는 것이 바람직하다는 사실을 보여주고 있다.

저탄소도시 조성을 위한 시민의 저탄소 친환경사업 선호도

저탄소도시 조성에 있어 주민들의 지불의사금액을 파악하는 것과 함께 주민들이 어떤 저탄소 친환경사업을 선호하는 지 파악하는 것도 중요하다고 볼 수 있다.

김해창 외(2010)는 부산시 해운대 신시가지 아파트단지에 적용할 수 있는 계획요소를 전문가 집단 및 해운대 신시가지 주민을 대상으로 실시한 사전조사를 통해 아래와 같이 5가지 평가요인과 10가지 평가수준을 설정했다. 첫째, 에너지저감부문에서 신재생에너지 활용의 하나로 태양광발전시스템 설치를 평가요인으로 삼았다. 해운대 신시가지의 경우 열병합발전시스템이 이미 설치되어 있기 때문에 개별 아파트단지 차원에서는 관리사무소 등에 태양광발전시스템을 설치하는 것을 고려할 수 있다. 둘째, 자원저감부문으로 자원순환의 차원에서 빗물재활용을 평가요인으로 삼았다. 셋째, 녹지부문에서 탄소공원 조성이나 벽면녹화와 같이 단지 내 녹화를 평가요인으로 삼았다. 넷째, 수자원부문에서 생태연못 조성 및 투수성 포장의 생태주차장 조성을 평가요인으로 삼았다. 다섯째, 탄소저감과 탄소흡수부문에 대한 지속성을 담보하기 위하여 저탄소도시 관련 환경교육의 실시를 평가요인으로 삼았다.

이러한 해운대 신시가지 아파트단지 내 저탄소 친환경사업 계획요소를 바탕으로 저탄소 친환경사업의 평가요인을 정리하면 〈그림 10-2〉과 같다.

컨조인트 분석은 설문 대상자들에게 가상의 특성 조합으로 이루어진

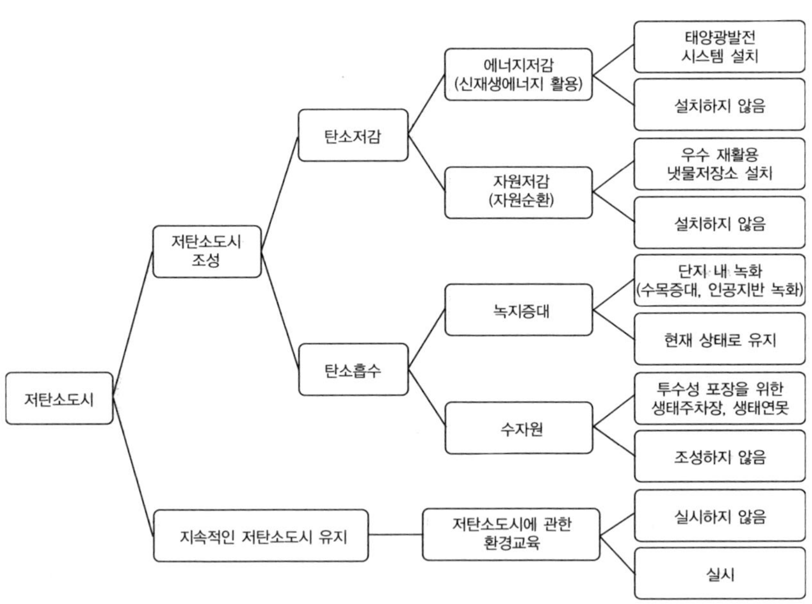

그림 10-2 저탄소 친환경사업의 평가요인 설정

출처: 김해창·김영하·강상목, '컨조인트 분석을 이용한 저탄소도시 조성의 선호도 추정-부산 해운대 신시가지를 대상으로', 환경정책 제18권 제2호, 2010.9. p.63.

대안들을 제시하고 이에 대해 선택하거나 순위를 매기게 함으로써 편의 (Bias)를 최소화하여 분석하고자 하는 기법으로 자료생성 과정(Data Generating Process)를 반드시 거친다. 프로파일의 추출은 SPSS11.5J의 통계 프로그램 직교설계(Orthogonal Design)를 이용해 '에너지저감(신재생에너지 활용)', '자원저감(수자원)', '녹지증대', '수자원', '저탄소도시에 관한 환경교육'의 5가지 평가요인의 평가수준에 대한 최소한의 설문항목을 선정하기 위해 프로파일 설계를 실시해 10개의 프로파일을 주출해 실문에 이용했다.

조사 결과, 부산시 해운대 신시가지 아파트단지 내 저탄소 친환경사업에 대한 주민들의 선호도는 지불의사금액 유무와 관계없이 전체 주민들의 응답을 종합하면 에너지저감(신재생에너지활용), 수자원, 저탄소도시 환경교육, 자원저감, 녹지증대 순인 것으로 나타났다. 이를 지불의사금액 유무에 따라 보면, 지불의사금액에 '예'라고 동의한 주민의 선호도는 에너지저감(신재생에너지), 저탄소도시 환경교육, 수자원, 녹지증대, 자원저감(자원순환)의 순으로 나타났고, 지불의사금액에 '아니오'라고 응답한 주민의 선호도는 에너지저감(신재생에너지), 수자원, 자원저감(자원순환), 저탄소도시 환경교육, 녹지증대의 순으로 나타났다. 여기서 지불의사 유무와 관계없이 주민들이 가장 선호도를 보인 사업은 에너지저감(신재생에너지)에 관한 것이었다. 그리고 저탄소도시 환경교육에 대해서는 지불의사금액에 '예'라고 응답한 주민의 경우 에너지저감에 이어 2위를 차지할 정도로 중요하게 생각하는 데 비해 지불의사금액에 '아니오'라고 응답한 주민의 경우는 4위를 차지할 정도로 그다지 중요하게 생각하지 않는 것으로 나타나 대조를 보였다.

또한 선호도와 관련해 특이한 것이 저탄소 환경교육이다. 앞서 가상평가법에서도 지불의사에 영향을 주는 요인으로서 저탄소 인식도와 환경 실천도가 밀접한 관계가 있는 것으로 나타났는데 컨조인트 분석에서 지불의사가 '있다'고 응답한 주민들의 선호도 가운데 저탄소 환경교육이 에너지저감(신재생에너지)에 이어 2위를 차지하고 있다는 점에서 환경교육의 실시가 향후 저탄소도시 조성에 매우 중요한 요인이라는 사실을 보여주고 있다.

따라서 컨조인트 분석에서 나타난 아파트단지 내 저탄소 친환경사업 가운데 특히 에너지저감(신재생에너지)과 저탄소 환경교육에 대해선 보다 체계적인 보급 확산 대책이 요망된다. 이러한 주민들의 지불의사 및 선호도를 바탕으로 아파트단지의 특성에 맞게, 주민들의 뜻을 반영한 저탄소도시 조성정책이 수립될 필요가 있다. 아울러 기존의 아파트단지의 저탄소 친환경 리모델링사업을 확산시키기 위한 정부나 지자체 차원의 인센티브의 제공이 필요하며, 향후 신도시 조성에 있어서는 이 같은 저탄소도시 조성의 기본 정책을 바탕으로 주민들과 굿거버넌스를 통해 추진할 때 효과적인 목표달성이 가능할 것으로 판단된다.

저탄소도시를 위한 거버넌스 정책들

미국의 학자 라이스(J.L.Rice, 2009)는 미국 지자체가 수십 년간 개발 적용해온 기후변화 완화 및 대처 프로그램인 미국 시장 기후보호협약(US Mayors Climate Protection Agreement)의 분석을 통하여 도시의 정책 영역의 핵심이 기후변화 대응에 있다고 밝혔다. 그 과정에서 지자체가 환경정책의 영향력을 확대하고 있고, 온실가스 목록(Inventory)의 작성 및 실행 그리고 시민참여가 도시 환경정책의 목표가 되었다고 한다.

이웃나라 일본의 경우 저탄소사회의 실현을 목표로 온실가스의 대폭 감축 등의 노력을 행하는 환경모델도시로 정부 차원에서 지자체를 선정하여 적극적으로 저탄소도시 추진에 나서고 있다. 우리나라의 경우도 최근 정부 차원에서 저탄소 및 기후변화 대응 시범도시를 지정하여 정책적으로 추진하고 있으나 아직은 온실가스 목록 작성이나 도시의 감축목표 설정 수준에 머무르고 있다. 이제 '저탄소 녹색성장'의 개념을 '지속가능한 사회 만들기' 또는 '저탄소사회 만들기'로 재설정해 단기 중장기 목표를 설정하고, 그것을 계획 실천하는 과정에서 국민이, 시민이 주체적으로 참여할 수 있는 민관거버넌스시스템 만들기부터 시작해야 한다. 한편 시민의 입장에서도 저탄소사회 만들기는 에너지절감 기술의 확보만을 의미하는 것이 아니라 우리의 삶의 질에 대한 문제, 우리 사회의 미래가치에 대한 문제라는 점을 거듭 강조하지 않을 수 없다. 이러한데서 거버넌스(Governance) 또는 굿거버넌스(Good Governance)야말로 저탄소사회를 만들어가는 데 가장 절실한 방법이다. 거버넌스는 확실한 리더십을 발휘함에 있어 합법적인 권한의 행사를 지지하는 사람들, 구조, 과정과 전통간의 다이나믹한 상호작용, 방향, 부주의와 명령의 실체, 기타 제어로서 그 문제 해결의 방법에 적당한 회계 및 자원활용과 그 활동 결과를 의미한다. 거버넌스의 사례는 정부와 시장간, 정부와 시민간, 정부와 민간 혹은 볼런티어부문간, 선출직 공직자와 임명직 공직자간간, 지역기관과 도시 및 농촌거주자간, 의회와 행정기관간, 국가와 기관간 등 다양하다.

이런 면에서 볼 때 거버넌스는 시민 참여와 정보공개가 핵심이라고 볼 수 있다. 지역에 있어 환경보전에 대한 노력에는 지역의 구성주체인 '주민참여'가 불가결이다. 행정기관의 정책수립이나 시책이 아무리 좋아도 주민의 이해나 협력, 실천이 없으면 효과적으로 목표를 달성할 수 없다.

기타무라 요시노부(2001)는 주민참여 기법은 과제와 논점에 따라 대상 주민이나 목적 기능이 다를 수 있지만 대개 아래와 같다고 한다. 첫째, 정보제공 및 공개이다. 모든 거버넌스, 참여기획의 전제로 정보제공이 불가결하다. 시민으로부터 고충은 정보제공의 출발점이라고 할 수 있다. 둘째, 청취 요구이다. 공청회 설명회 등으로 결과 공표의 유무나 방법 시기 등 사전 확인이 중요하다고 할 수 있다. 셋째, 참여 협의 상담이다. 간담회, 라운딩 테이블, 결과 취급 및 사후 진행관리에 대한 관여 유무의 확인이 중요하다. 넷째, 기획 협동이다. 소수 전문가가 워크숍 등에 참여해 계획을 수립해 사업을 하는 것으로 민관의 차이를 인정하고, 장점을 살리며, 상승적 효과를 발휘하고, 정보와 책임을 공유하며, 대등한 입장을 견지하고, 공개의 원칙 아래, 상호학습하고 상호지원하는 것이 열쇠이다. 다섯째, 위임 위탁이다. 행정이 할 사업을 시민단체에 위임 또는 위탁하는 게 합리적이고 효율적이라고 판단될 경우 일정 조건 하에 시민에게 사업 실시를 위임 또는 위탁하는 것이다. 여섯째, 시민 자율사업이다. 행정지원과 관계없이 시민이 자율적으로 하는 공익적 활동으로 이와 관련해 발생한 이익을 사적으로 분배하지 않는 선구적 개척적인 활동에는 행정이 보조금 등을 지원하기도 한다. 결국 저탄소사회 만들기는 행정입장에서 주민을 참여시키는 수준을 넘어 '각 구성 주체의 역할 활동'과 '구성 주체간 파트너십'을 지역에 확립해 가는 것을 바탕으로 민·관·산·학간의 굿거버넌스가 절실히 요망된다.

미즈타니 요이치 외(水谷洋一 外)는 『지역발! 스톱 온난화 핸드북-전략적 정책 형성의 추진(地域發!-ストップ溫暖化ハンドブック:戰略的政策形成のすすめ)』(2008)에서 온실가스 감축을 위한 전략적 정책 형성 단계를 크게 ① 지역의 현상 파악과 분석, ② 시책의 전략적 선택, ③ 정책 수단의 동원, ④ 현상 개혁을 위한 전략 4가지로 나누어 소개하고 있다.

전략적 정책형성프로그램의 첫걸음은 온실가스의 배출특성을 포함해 지역에서 지구온난화대책을 구축할 때 활용·동원할 수 있는 지역자원 및 제도 기반과 대책을 담당하는 주체의 역량 등의 현상을 파악·분석하는 것에 있다. 이 경우 지역자원을 파악을 위한 평가항목으로는 ① 자연환경분야, ② 사회경제분야, ③ 마을 만들기 분야를 들 수 있다. 이 중 자연환경분야에서는 일조량이나 바람의 상황, 강우량의 특성에 따라 태양광발전 및 태양열이나 풍력발전, 빗물이용 등을 들 수 있는데 이에 따라 태양광발전시스템 설치보조금이나 태양열이용시스템 설치보조금, 빗물이용촉진보조금 등의 제도화가 가능한 것이다. 사회경제분야에서는 가령 에너지절약기술 및 환경수준이 높은 지역인지 대중교통시스템이 잘 구축돼 있는지 바이오매스에너지를 이용하고 있는 지 등을 파악할 필요가 있다. 그리고 마을만들기분야에서는 지역의 환경강좌 개설이나 전문가들의 스터디그룹, 민관협력사업의 실시 여부 등을 파악하는 것이 중요하다.

한편 민관거버넌스와 관련해 분야별로 살펴보면 먼저 자연에너지분야에서는 민간사업에 대한 지원이 중요하다. 특히 자연에너지 도입 사업계획에는 소프트, 하드한 측면에서의 지원이 필요한데 기술적 정보의 제공, 인적 물적 측면에서의 협동이 중요하다. 이어서 자연에너지의 시장 확대를 위해 자연에너지를 도입하는 사업자와 주민에 대해 경제적 지원이 중요한데 이는 크게 '푸시정책(Push Policy)'과 '풀정책(Full Pokicy)'으로 나눌 수 있다. 푸시정책은 공급증대를 촉진하는 것으로 자연에너지설비 도입 때 자금융자 내지 일부보조, 세금 감면, 생산전력량에 맞는 보조금제도 등을 들 수 있다. 풀정책은 수요확대를 촉진하는 정책으로 생산된 에너지를 우선적으로 구입하는 그린전력 구입 시스템을 들 수 있다. 현재 우리나라에서는 2012년부터 푸시정책으로 '신재생에너지공급의무화제도(RPS:Renewable Portfolio Standard)'를 시행하고 있는데 이것이 오히려 2002년에 도입했던 '발전차액지원제도(FIT: Feed-in Tariff)'보다 후퇴한 정책이라는 지적이 있다. 소규모 햇빛발전소와 관련해 발전차액지원제도의 경우 햇빛발전을 통해 생산된 전력을 한전이 항상 기준가격으로 구매해주는데 비해 신재생에너지공급의무화제도에서는 한전이 시장에서 결정된 가격으로 제한된 양만 구입(신재생에너지 구입 의무량이 2012년에 전체 전력 중 2%, 2022년까지 10%로 늘릴 계획임)하면 되기에 설치비 단가가 높은 소규모 햇빛발전소의 경우 가격 경쟁력이 상대적으로 떨어지기에 햇빛발전의 확대가 어려워진다는 것이다.

한편 거버넌스와 관련해 지자체의 솔선수범이 매우 중요한 역할을 한

다는 사실이다. 행정의 솔선수범사례로는 '여름철 넥타이안매기운동', '냉방온도 28℃ 설정', '월 1회 자가용 안 타는 날' 등의 캠페인을 직원들이 실천하거나 하이브리드카 전기자동차 천연가스차 등을 공용차로 도입해 배치하거나 공공시설 등에 태양광발전시스템 천연가스 열병합발전 등 재생가능에너지를 도입하거나 자체적으로 사무실에서 배출되는 온실가스의 감축계획을 수립 실천하는 것들을 들 수 있다.

가정분야에서 CO_2배출량을 감축하는 방법도 크게 2가지로 나눌 수 있는데 하나는 에너지절약, 자원절약 등 생활행동을 변화시키는 방법이고, 다른 하나는 효율이 좋은 에너지 소비 기기를 선택 보급하는 방법이다. 이 경우 팸플릿이나 인터넷 등 매체를 통해 절약 정보를 제공하거나 일정기간 집중적으로 이벤트 및 캠페인을 실시하고, 가정에서 에너지사용량이나 실천도를 스스로 체크토록 하는 자기관리시스템을 구축하거나, 절약 성과를 정량적으로 평가해 거기에 맞는 인센티브를 부여하는 방법 등을 생각할 수 있다.

이제 저탄소사회 만들기와 관련해 우리사회에 필요한 것은 무엇일까. 민·관·산·학이 거버넌스를 통해 해야 할 것으로 다음과 같은 것들을 들고 싶다.

첫째, 적어도 저탄소사회 만들기를 위해 차근차근 기반부터 다져나가야 할 것이다. 그러기 위해서는 범정부 차원에서 통합적으로 우리사회의 2050년, 2030년에 대한 백케스팅(Backcasting)*이 이뤄져야 할 것 같다. 아직도 우리나라는 저탄소사회 만들기를 위한 대국민 시나리오가 없다. 국가 온실가스 중기(2020년) 감축목표는 발표했으나 적어도 2050년을 기점으로 한 '백케스팅'의 목표설정이 없는 게 문제이다. 그리고 저탄소사회

---

* 백케스팅은 미래의 바람직한 사회 모습을 상정해 거기서부터 현재로 소급해 바람직한 사회로 도달하기 위해 지금부터 무엇을 어떤 순서로 실시해야 하는가를 생각하는 예측방법을 말한다.

만들기의 목표도 이제는 유럽연합 수준을 지향하지 않으면 안 된다. 이를 위해선 다양한 계층의 시민·기업가·학자들의 견해를 수렴해 우리나라의 미래 역량에 맞는 저탄소사회 비전과 목표를 수립해야 할 것이다.

둘째, 저탄소사회 만들기를 위해선 기업 차원에 'CSR경영'을 확립하도록 해야 한다. 특히 환경경영에 대한 새로운 체제를 도입해 사회와의 부단한 커뮤니케이션을 하도록 분위기를 마련해줘야 한다고 본다. 기업 및 사업자 차원에서는 ISO14001 등 환경관리제도의 도입, CSR보고서 등의 발행을 통해 대사회 커뮤니케이션을 적극적으로 실천할 필요가 있다. 우리도 이제는 기업이 정부의 지시에 따라 마지못해 움직이는 것이 아니라 시대의 흐름에 앞서 행동하는 그런 기업으로 체질이 바뀔 때가 되지 않았나 싶다. 정부 또한 '글로벌 스탠더드'에 의거해 책임감을 갖고 산업계를 리더해갈 필요가 있다고 본다.

셋째, 지방자치단체의 역할의 중요성을 빼놓을 수 없다. 이제는 지자체가 앞장서 지구온난화방지계획을 지역에 맞게 수립하고, 또한 조례를 만들어 지자체 행정의 정책 우선순위로 잡아나가야 할 때이다. 저탄소사회 만들기를 새로운 도시의 브랜드로 만들어가고 있는 선진 도시를 보면 중앙정부의 정책에만 의존하지 말고 지자체에서 선도적으로 지역에 맞는 저탄소사회 만들기 플랜을 거버넌스를 통해 수립할 필요가 있다.

넷째, 운수 에너지 산업 차원의 에너지절감 노력과 함께 소비부문에서의 현명한 선택이 바탕이 돼야 한다. 결국 저탄소사회는 '녹색소비자'가 만들어내는 것이기 때문이다. 소비자의 목소리를 기업이나 정부에 전달하는 생활속의 녹색소비자운동이 절실히 요구된다.

다섯째, 우리가 잊어서는 안 되는 것이 자원절약과 더불어 건강한 먹을거리를 생산하는 지속가능한 농업의 구축이 절실하다는 사실이다. 이러한 농업에 대한 자립성 제고나 '지산지소', '로컬푸드'의 확립이 없이는 에너지절감도 불가능할뿐더러 에너지절감만으로 미래의 식량문제를 근본적으로 해결할 수 없기 때문이다. '저탄소 녹색성장'을 이야기하면서 농업을 무시하고 농촌을 버리는 정책은 가짜이다. 저탄소사회 만들기를 위해선 농업에 대한 전향적인 대책 마련이 시급하다.

여섯째, 더 이상 원자력발전에 너무 의존해서는 안 된다는 사실이다. 2011년 3·11 후쿠시마원전 사고의 교훈을 잊지 말고 탈원전시나리오를 지금부터 추진해야 한다. 그리고 태양광, 풍력, 바이오매스발전 등 지역 특성에 맞는 소규모 분산형 대안에너지의 개발에 대한 정책적 지원을 아끼지 않아야 할 것이다. 또한 중앙집권적 정책 집행방식으로는 지역의 실정을 반영하기 어렵고, 잘못된 투자로 인한 예산 낭비 또한 피할 수 없음은 자명한 일이다.

일곱째, 우리가 이 시점에서 꼭 짚고 넘어가야 할 것이 '경제성장의 신화'에서 벗어나는 일이다. 2008년 일본은 '일본 저탄소사회의 시나리오'에서 2050년까지 이산화탄소를 지금보다 70% 감축하기 위해 GDP 성장률을 1% 혹은 2%로 잡았다. 그만큼 이제는 성장의 한계를 느끼고 있다. 경제에 있어, 양의 문제가 아닌 질의 문제, 성장이 아닌 분배정의의 문제를 깊이 있게 다뤄야 할 것이다.

여덟째, 글로벌한 차원에서 저탄소사회를 만들기 위해 '전략적 정책 형성 프로세스'를 제도화하는 일이 필요하다. 전 세계 1000여개 도시가 참여하고 있는 ICLEI(지방단체국제환경협의회)는 ① 온실가스 배출 목록의 작성(GHG inventory conducted), ② 배출량 감축 목표의 설정(Targets adopted), ③ 지역실행계획의 개발(Local action plan developed), ④ 정책·조치의 실행(Policies/Measures implemented), ⑤ 결과 모니터링 (Results monitored)이라는 5단계의 작성평가기준에 맞춰 도시의 기후변화대응 수준을 등록하게 하고 있다. 이러한 글로벌 스탠더드에 맞춰 지자체의 저탄소사회 만들기 프로그램을 거버넌스를 통해 수립하고 실천해 나가야 할 것이다.

아홉째, 이러한 저탄소사회 만들기를 위해서는 행정 차원에서의 솔선수범이 전제가 돼야 한다. '에너지절약은 정부, 시청, 구청부터!'라는 표어가 필요한 때이다. 이를 바탕으로 민간기관에 대한 보조금 지원 및 인센티브의 부여, 협업형 추진조직의 구축과 지원, 민간기관의 사업화에 대한 지원, 제3섹터 사업화 등 다양한 정책적 연계가 가능할 것이다.

　열 번째, 이러한 거버넌스를 위해 행정 차원에서 시스템을 제대로 마련하는 것이 중요하다. 환경담당부서의 정책기획 및 실시능력을 향상시키고, 시민참여 협동조례나 지구온난화방지조례 제정 등이 필요하다. NPO나 시민단체 또한 투명성과 책임성을 바탕으로 행정과의 파트너십을 지속적으로 가져가도록 적극 노력할 필요가 있다고 하겠다.

저탄소도시 사례6

'환경모델도시' 일본 기타큐슈

일본 남쪽 규슈지역 최북단에 위치한 일본 4대 공업지대의 하나인 후쿠오카현 기타큐슈(北九州)시는 도시발전과 환경보존과의 관계를 어떻게 해나가야 할 것인가를 잘 보여주는 세계적인 환경모델도시이다. 그것은 지난 1960년대 이래 '잿빛도시'의 오명을 갖고 있던 세계적인 공해도시가 1990년대 들어서는 세계적인 녹색도시로 변모하는 '환경기적'을 일으켰기 때문이다.

기타큐슈시는 지난 1963년 모지시 고쿠라시 와카마스시 등 인접 5개 도시가 합병해 탄생한 일본 유수의 중화학공업도시로 현재 인구 100만 명이 넘는, 규슈지역의 경제 문화의 중심지로 자리잡고 있다. 1900년대 일본 최초의 제철소인 신일본제철을 기간으로 한 근대공업 지역이던 이곳은 지난 1950~1960년대 소위 고도경제성장시대에 공해가 극심해졌다. 매연과 악취에 시달리던 시민들이 피해실태조사를 토대로 기업과 행정당국에 진정을 하는 사례가 잇따랐고 더욱이 1950년대부터는 공장배

수와 생활오수로 인해 도카이만에서의 어획이 불가능하게 됐다. 이에 기타큐슈시는 1963년부터 공해행정조직을 정비하고 공해대책심의회를 설치하는 등 체제정비에 나서 1967년에는 시와 기업이 처음으로 공해방지협정을 체결했다. 1971년에는 환경청이 설치되기에 앞서 시는 현재 환경국에 해당하는 공해대책국을 설치하고 중앙정부의 법률보다 엄격한 '기타큐슈시 공해방지조례' 등을 제정했으며, '그린 기타큐슈 플랜'을 통해 대규모 도시녹화사업을 추진했다.

그 결과 기타큐슈시의 대기 수질오염은 지난 1960년에 비해 10분의 1 정도로 줄어드는 등 눈에 띄게 달라져 지난 1985년에는 OECD의 환경백서에 '잿빛도시에서 녹색도시로 변모한 도시'로 소개되기에 이르렀다. 1987년에는 도카이만에 110여종의 어류가 살고 있는 사실이 확인됐다. 그 결과 1990년 유엔환경계획(UNEP)으로부터 '글로벌 500상'을, 1992년에는 '환경과 개발에 관한 유엔회의'(UNCED)에서 '유엔 지방자치단체상'까지 수상하게 된다.

기타큐슈가 녹색도시로 변모하게 된 가장 큰 요인은 무엇일까. 세계은행이 지난 1993년 펴낸 '기타큐슈시 사례보고서'에 따르면 기타큐슈시의 공해방지대책에서 가장 큰 요인은 지방자치단체에 권한위임을 한 것을 첫 번째로 들고 있다. 이는 지난 1970년 '현(県)지사'의 권한인 '스모그경보' 발령권을 기타큐슈시장에게 위임한 것이 공무원은 물론 기업인과 주민들의 의식을 고양시켜 공해대책에 주도적으로 나서게 만들었다는 분석이다. 또 하나는 공해방지를 위해 산학협력체제를 효과적으로 운용했다는 것이다. 즉 공해물질 배출기업은 가령 전력 철강산업의 에너지원으로 천연가스 도입을 비롯해 제조설비나 공정의 개선, 자원 및 에너지절감을 통해 생산성 향상을 추진하는 등 소위 '저공해형 생산기술(CP기술)'의 도입을 통

해 공해대책에 모범을 보였다.

기타큐슈는 국제협력분야에서는 지역 내 200여 개 기업, 학술기관, NGO, 행정기관 등의 광범위한 지원 아래 지금까지 143개국으로부터 모두 4,000여 명의 해외 연수생을 받아들임과 동시에 전문가를 각국에 파견하고 있다. 특히 중국 따렌(大連)시의 환경 개선을 위해 ODA(해외기발원조) 개발조사를 지원해 '따렌 환경 모델지구계획' 수립에 협력함으로써 국제적인 환경개선에도 앞장서고 있는데 그 결과 따렌시도 2001년 UNEP '글로벌 500상'을 수상하게 됐다. 2002년 지속가능발전세계정상회의(WSSD)에선 '기타큐슈 사례'가 이 회의의 '실행계획'에 기재될 정도로 세계적인 환경수도로도 알려지고 있다.

지난 2007년 당선된 기타하시 겐지 시장은 2008년 들어 아예 '기타큐슈 세계환경수도 창조회의'를 구성해 '세계의 환경수도 만들기'를 선언했다. 그리고 스스로 세계의 환경모델도시가 되겠다고 천명한 것이다. 기타큐슈시는 일본 정부의 환경모델도시 공모에 선정됐는데 이때 내세운 것이 성장하는 아시아의 저탄소사회 만들기를 견인하는 '아시아 환경프런티어 도시의 실현'이었다. 이를 위해 기타큐슈시는 첫째 산업도시로서의 저탄소사회 만들기, 둘째 저출산 고령화사회에 대응한 저탄소사회 만들기, 셋째로 아시아의 저탄소화를 향한 도시간 환경외교를 지향하겠다는 것이다. 목표는 공업지역과 시가지가 가까운 특성을 살려 '에너지 이용이 적은 콤팩트 도시' 만들기를 추진해 기타큐슈 시내의 이산화탄소를 2050년에는 약 800만t으로, 2005년도의 1,540만t에 비해 약 50%로 줄이겠다는 것이다.

기타큐슈시는 액션플랜과 실질적인 시책을 종합적으로 추진하기 위해 시장을 본부장으로 하는 '기타큐슈시 환경모델도시 청내(廳內)추진본부' 및 '프로젝트팀'을 2008년 8월초에 설

숲으로 둘러싸인 기타큐슈 신일본제철 전경(상)
기타큐슈 시 홈페이지에 소개된 아시아저탄소센터(하)

© 김해창(상)
© 기타큐슈시 홈페이지(하)

치하고, 9월말에는 민관일체가 돼 노력하는 조직 '기타큐슈시 환경모델도시 지역추진회의'를 발족했다. 구체적인 노력으로는 첫째, '저탄소 200년 거리'를 정비하고 고령자 및 아이들이 안전·안심하고 살 수 있는 저탄소의 거리를 만들며, 정부가 제창하는 '200년 주택', 태양광발전 등을 적극 추진한다는 것이다. 둘째로는 '아시아저탄소센터'의 조기 설치에 노력한다는 것이다. 기타큐슈는 이 같은 '세계 환경수도의 창조'를 위해, 시민 NPO 기업 등 다양한 입장의 사람들에게서 나온 각종 의견과 제안을 바탕으로 수많은 논의를 거듭하고 있다고 한다.

기타큐슈시는 이러한 환경모델도시의 액션플랜 수립 및 추진체계에서 민관협력을 강조하고 있다. 시 환경국 환경정책부에는 환경수도 추진실이 따로 설치돼 있다. 그리고 이러한 환경모델도시 만들기는 녹색도시 만들기를 추진해온 기타큐슈의 민관협력 행정에 그 바탕을 두고 있다. 기타큐슈시를 둘러보면 한 눈에 녹색도시임을 느낄 수 있다. 신일본제철 야하타 제철소의 인근 전망공원에 올라가 내려다보면 마치 숲 속에 공장이 들어서 있는 것 같다. 이 숲의 크기는 133ha로 녹지가 제철소 전체면적(950ha)의 약 14%를 차지하고 있다. 이곳 숲은 너비 100m에 연장 2~3km로 이어질 정도로 두텁다. 이런 것이 가능한 열쇠는 바로 기타큐슈시의 '공장녹화협정'에 있다. 지난 1974년 기타큐슈시는 공장입지법을 토대로 신일본제철과 녹화협정을 맺어 공장부지의 10% 이상을 녹화하기로 한 것이다. 신일철이 1978년까지 직접 공장 주변에 상수리나무숲을 조성했다. 시 공원녹지부 녹정과 아래에는 꽃계(花係)라는 부서가 있고, 또한 건설국 내에는 '반딧불이계'라는 독특한 부서가 있다. 이러한 노력으로 기타큐슈시는 이제 '별이 보이는 마을 100경'에 선정될 정도로 일본 내에서 공기가 맑은 '환경산업도시'로도 이름을 얻고 있다. 잿빛도시에서 회색도시로 거듭난 기타큐슈시는 이제 일본의 환경모델도시를 넘어 '세계의 환경수도'로의 도약을 꿈꾸며, 실천행정을 펴고 있다.

참고문헌

_ 국내문헌

(사)日本化學工學會 SCE.Net 편. 장태익·정영관 공역. 신·재생에너지공학. 북스힐. 2008.

Carlo Borzaga·Jacques Defourny. 박대석 박상하 고두갑 역. **사회적 기업** I. 시그마프레스. 2009.

Ken Peattie·Adrian Morley. 조영복·곽선화·류정란 역. **사회적 기업-다양성과 역동성, 배경과 공헌.** 시그마프레스. 2010.

강근복. 대형국책사업의 추진과 정부와 민간부문의 역할. **사회과학논총,** 9, 171-188. 충남대 사회과학연구소. 1998.12.

강상목·문석웅·민동기·신영철, 생태도시의 비용편익분석-김포양촌의 생태시설을 중심으로. **환경정책연구,** 8(3), 1-26. 2009.

고용노동부 사회적기업과. **사회적 기업** 51. 고용노동부. 2010.

고지마 히로유키. 김경원 역. **확률의 경제학.** 살림Biz. 2004.

국토해양부. 저탄소 에너지절약형 신도시 조성 추진 보도자료. 2009.6.5.

권오상. **환경경제학.** 박영사. 2000.

권은정. **착한기업 이야기.** 웅진지식하우스. 2010.

글러스 러미스. 김종철 역. 경제성장이 안되면 우리는 풍요롭지 못할 것인가. 녹색평론사. 2002.

기상청 기후국 기후정책과. 기후변회 2007: 종합보고서. 기상청. 2008.

김광식. 도시개발에 있어서 에너지 절감 방안: 효율적 에너지 수요관리를 위한 사회석 기빈 개발. 경실련환경개발센타. 1994.

김귀곤. **생태도시계획론: 에코폴리스계획의 이론과 실제.** 대한교과서주식회사. 1993.

김기태. 균형성과표 기반 공공사업평가체계에 관한 연구. **영산논총,** 15, 90-91. 영산대학교 출판부. 2005.2.

김상봉. 공공투자사업의 사회경제적 효율성 평가방법과 그 적용에 관한 연구-일본의 행정투자 및 공공사업을 중심으로. **정책분석평가학회보,** 12(2), 1-27. 2002.

김성균·구본영. 에코뮤니티-생태적 삶을 위한 모둠살이의 도전과 실천. 이매진. 2009.

김성진. 생태관광의 한계와 가능성. 환경사회학연구 ECO, 4, 116. 2003.

김세천·정안성·송형섭·이주희·이창헌·최형근·김재욱·박윤철. 필리핀 생태관광의 체험과 개선방안. 한국산림휴양학회지 6(2), 77-80. 2002.

김승래·김지영. 녹색성장 세제의 설계와 경제적 효과: 탄소세 도입을 중심으로. 한국조세연구원. 2010.

김영섭·손황제. 일본의 지산지소 현황과 시사점. CEO FOCUS, 220, 1-27. 2009.

김윤호. 커뮤니티 비즈니스의 개념 정립에 관한 연구-사회적 기업과의 구분을 목적으로. 한국사회와 행정연구, 21(1), 275-299. 2010.5.

김재현·장주연·태유리·김해창. 국내 500대 기업의 산림분야 사회공헌활동 프로그램의 유형과 추진방식. 한국임학회지, 99(6), 816. 2010.

김정욱. 주요 환경현안 및 국책사업에서의 지속가능성 확보방안. 미래도시와 환경. 다운샘. 2003.

김정원. 사회적기업이란 무엇인가?. 아르케, 2009.

김종철. 우애의 경제를 위하여. 녹색평론, 119. 2011. 7-8.

김지석. EU-ETS의 현황과 발전방향: 영국의 경험과 산업계 시각. 온실가스 배출권거래제법안 주요 쟁점에 대한 정책토론회. 환경부 한국환경공단 공동주최 발표자료. 2011.6.1.

김진범·정윤희·이승욱·전영환. 도시재생을 위한 커뮤니티 비즈니스 지원방안 연구. 국토연구원. 2009.

김진호·양준호. 해외사례로 본 사회적금융의 의의와 과제. 2013 한국지역사회학회 춘계학술대회 자료집, 335-355. 2013.4.

김철수. 생태도시의 측정지표개발에 관한 연구. 경남대학교 행정학 박사학위 논문. 1999.

김태윤·김상봉. 비용편익분석의 이론과 실제: 공공사업 평가와 규제영향. 박영사. 2004.

김해창. 공공사업의 환경파괴적 구조분석 및 개선방안 연구. 환경연보, 19(1), 1~10. 2012.

김해창. 국책사업을 구조조정하라. 녹색평론, 72, 96-110. 2003. 9-10.

김해창. 어메니티를 통한 저탄소도시. 시민이 행복한 도시 부산 이렇게 바꾸자. 부산경실련. 2010.

김해창. 일본 저탄소사회로 달린다. 이후. 2009.

김해창. 저탄소경제학. 경성대학교 출판부. 2013.

김해창. 저탄소도시 조성의 편익 추정 및 선호도 분석에 관한 연구. 부산대 대학원 경제학 박사 학위논문. 2010. 8.

김해창·김영하·강상목. 컨조인트 분석을 이용한 저탄소도시 조성의 선호도 추정-부산 해운대 신시가지를 대상으로. 환경정책, 18(2), 63. 2010. 9.

김홍배·이재준·홍선. 동탄2 신도시 저탄소도시 도입 연구. 한국토지공사. 2009.

김홍배·김재구. 도시 내 탄소발생량 산정과 저탄소도시 개발의 핵심부문에 관한 연구. 국토계획, 45(1), 35-48. 2010.

니시베 마코토. 지역통화 LETS(레츠)에 대하여. 녹색평론, 65. 2002 7-8.

다나카 유·에이 시드 재팬 에코저금 프로젝트 외. 김해창 역저. 굿머니-착한 돈은 세상을 어떻게 바꾸는가?. 착한책가게. 2010.

데이비드 V. 헐리히. 김인혜 역. 세상에서 가장 우아한 두바퀴 탈것. 알마. 2004.

데이비드 본스타인. 박금자 역. 달라지는 세계-사회적 기업가들과 새로운 사상의 힘. 지식공작소. 2009.

라즈 파텔. 제현주 역. 경제학의 배신. 북돋움. 2011.

마일즈 리트비노프·존메딜레이. 김병순 역. 인간의 얼굴을 한 시장 경제, 공정 무역. 모티브북. 2007.

마틴 셰퍼. 사회급변현상연구소 억. 급변의 과학. 궁리 2012.

모성은. 커뮤니티 비즈니스의 대외사례와 시사점. 월간 자치발전. 한국자치발전연구원. 2010.5.

문태훈. 환경정책론. 형설출판사. 1999.

박원순. 지역재단이란 무엇인가. 아르케. 2011.

박천규·정도현·김병훈·이영주·박형건. 탄소 사고팔 준비가 되었나요?. 도요새. 2012.

백혜숙. 도시농업의 세계. 2012 중등지속가능발전교육 핵심교원연수 자료집. 교육과학기술부. 2012.8.

베르나르 마리스. 조홍식 역. 무용지물 경제학. 창비. 2008.

변병설. 저탄소 에너지절약형 신도시 해외사례 및 조성전략. 저탄소에너지절약형 신도시 조성을 위한 세미나 자료. 국토도시계획학회. 2009. 9.

변병설. 지속가능한 생태도시계획. 지리학연구, 39(4), 491-500. 2005.

브루스 액커만·앤 알스톳·필리페 반 빠레이스. 너른복지연구모임 역. 분배의 재구성-기본소득과 사회적 지분급여. 나눔의 집. 2011.

스기타 사토시. 임삼진 역. 자동차, 문명의 이기인가 파괴자인가. 따님. 1996.

스테파노 자마니·베라 자마니. 송성호 역. 협동조합으로 기업하라. 북돋움. 2012.

스티븐 레빗·스티븐 더브너. 안진환 역. 슈퍼괴짜경제학. 웅진지식하우스. 2009.

신명호. 사회적 경제와 사회적 기업: 한국의 '사회적 경제' 개념 정립을 위한 시론. 도시와 빈곤, 89, 5. 2009.

신상철·박현주. 탄소세와 배출권거래제 연계를 통한 효율적 기후변화 대응방안. 한국환경정책·평가연구원. 2011.

아미타지속가능경제연구소. 김해창 역. 커뮤니티비즈니스 창업교과서-아이디어 하나가 지역경제를 살린다. 생각비행. 2011.

야마시타 소이치·스즈키 노부히로·나카타 데츠야. 정선철·김진희 역. 지구를 살리고 내 몸을 바꾸는 로컬푸드 조례. 이매진. 2011.

양준호. 사회적기업의 자본조달 컨설팅을 위한 연구용역. 인천대학교 사회적기업연구센터. 2012.

오대민·최영애. 자연과의 만남으로 나와 세상을 치유하는 도시농업. 학지사. 2011.

오호성. 환경경제학. 법문사. 1997.

요하네스 발라허. 박정미 역. 경제학이 깔고 앉은 행복. 대림북스. 2011.

우승국·김영국. 도로 네트워크의 온실가스 및 대기오염물질 산정방법론 연구. 한국교통연구원. 2011.

우자와 히로후미. 김준호 역. 지구온난화를 생각한다. 도서출판 소화. 1996.

월간 환경운동 함께 사는 길. 환경사전. 환경운동연합. 1997.

유동운. 환경경제학. 비봉출판사. 1992.

유정수. 쓰레기로 보는 세상: 자원 재활용의 허와 실. 삼성경제연구소. 2006.

이승우·김호철. 공공사업에서의 갈등관리 연구: 용인 죽전지구 택지개발사업 사례. 지역연구, 28, 19-58. 단국대학교 지역연구소. 2008. 12.

이윤재. 사회적기업 경제. 탑북스. 2010.

이재준. 신행정수도 생태도시 조성방안 연구. 국토연구원. 2004.

이재준. 한국형 생태도시 계획지표 개발에 관한 연구. 국토계획, 40(4), 9-27. 2005.

이재준·최석환. 기후변화 대응을 위한 지구단위계획 차원에서의 탄소완화 계획 요소 개발에 관한 연구. 국토계획. 44(4), 119-131. 2009.

이정전. 경제학을 리콜하라. 김영사. 2011.

이정전. 녹색경제학. 한길사. 1997.

이정전. 우리는 행복한가-경제학자 이정전의 행복방정식. 한길사. 2008.

이정전. 환경경제학. 박영사. 2004.

임영신·이혜영. 희망을 여행하라. 소나무. 2009

장정욱. 핵발전소와 지역경제·지방재정-일본 이카타정의 사례. Globalization and Local-ization: Perspective of Social Sciences. 2012.11.

전국경제인연합회. 국내외 CSR 추진 조직 운영현황과 시사점. 2007 기업, 기업재단 사회공헌백서. 전국경제인연합회. 2008.

전상인·조경진·김해창. 생태관광 헌장 및 수칙 제정을 통한 생태관광 확산 및 실천방안 수립 연구. 서울대 환경계획연구소. 2009.9.

전홍규·김태열·김현경·우미숙. 협동조합도시 볼로냐를 가다. 그물코. 2010.

정란수. 개념여행-여행기획자 정란수가 말하는 착한 여행, 나쁜 여행. 시대의 창. 2012.

정선희. 사회적 기업. 하우. 2004.

정장표·김해창, 기후변화와 국내외 도시의 대응전략, 경성대학교 기후변화특성화대학원, 2012.

제종길. 생태관광의 해외사례. 환경운동연합. 2007.

조녀선 크롤. 박용남 역. 레츠-인간의 얼굴을 한 돈의 세계. 이후. 2003.

조진희·김수봉. 관광태도로 분류한 생태관광객과 대중관광객의 특성 비교. 한국관광레저학회, 19(1). 2007.

천경희·홍연금·윤명애·송인숙. 착한 소비 윤리적 소비. 시그마프레스. 2010.

최광은. 모두에게 기본소득을. 박종철출판사. 2011.

최승원. 공공사업으로 인한 어업피해와 손실보상. 법학논집, 2(2), 17-37. 이화여자대학교

법학연구소. 1988.2.

페터 슈피겔. 홍이정 역. **휴머노믹스**. 다산북스. 2009.

프란츠 알트. 박진희 역. **생태적 경제 기적**. 양문. 2004.

하랄드 빌렌브록. 배인섭 역. **행복경제학**. 미래의 창. 2007.

하치스카 히로코·사쿠라이 이사무. 김응규 역. **지금이야 말로 도시農**. 농민신문사. 2012.

한국도시연구소. **생태도시론**. 박영사. 1988.

한국은행 부산본부 기획홍보팀. 탄소배출권시장의 현황 및 사사점. 한국은행 부산본부.
2010.6.

헤이즐 헨더슨. 정현상 역. 그린 이고노미: 지속가능한 경제를 향한 13가지 실천. 이후.
2008.

호소우치 노부타카. 정정일 역. 우리 모두 주인공인 커뮤니티비즈니스. 이매진. 2008.

홍기용. 영국정부의 공공사업 예비타당성조사 내용분석. 한국지역개발학회지, 16(4), 51-72.
2004.12.

후지무라 야스유키. 김유익 역. 3만엔 비즈니스 적게 일하고 더 행복하기. 북센스. 2012.

후지무라 야스유키. 장석진 역. 플러그를 뽑으면 지구가 아름답다. 북센스. 2011.

_ 외국문헌

Collins gem. *Carbon Counter*. Harper Collins Publishers. 2007.

David Throsby. *Economics and Culture*. Cambridge University Press. 2001.

Edgar G. Hertwich·Glen P. Peters. Carbon Footprint of Nations: A Global, Trade-
Linked Analysis. *Environmental Science and Technology*, *43*(16), 6414-
6420. 2009.

Ekins, Paul. Economic Values and the Natural World. *International Affairs*, *69*(4),
774. 1993. 10.

GREENPEACE International. False Hope. 2007.

IPCC. Climate Change: The Physical Science Basis~Summary for Policy Makers(http://
www.ipcc.ch).

Kerlin, J. Social Enterprise in the United States and Europe: Understanding and
Learning from the Differenses, 17, 247-263. 2006.

Register, R. Ecocity Berkeley: Building Cities For a Healthy Future. North Atlantic
Books. 1987.

Rice, J. L. Making Carbon Count: Global Climate Change and Local Climate Gover-
nance in the United States. Ph. D. The University of Arizona. 2009.

Roseland. Demensions of the Eco-city. *Cities*, *14*(4), 197-202. 1997.

The Foundation Center. Key Facts on Community Foundation. 2011. 9(http://founda-
tioncenter.org/gainknowledge/research/pdf/keyfacts_comm2012.pdf).

UK Government. Stern Review on the economics of climate change(http://www.hmtresury.uk).

WECD(World Commision on Environment and Development). *Our Common Future*. Oxford University Press. 1987.

エコビジネスネットワーク.　新・地球環境ビジネス2008-2009市場構造と市場ニーズ.　産学社. 2008.

エリック・エッカーマン. 松本廉平訳. 自動車の世界史. グランプリ出版. 1996.

ゲッツ・W. ヴェルナー. ベーシック・インカム: 基本所得のある社会へ. 渡辺一男訳. 現代書館. 2007.

ドミニク・プリオン. ATTAC Une economie au service de l'homme, Mille et une nuits 社. 2000.8.

フランツ アルト. 村上敦訳. エコロジーだけが経済を救う. 洋泉社. 2003.

加藤尙武. 環境と倫理. 有斐閣アルマ. 2001.

岡並木. 都市と交通. 岩波書籍. 1981.

岡田知弘. 地域づくりの経済学入門:地域內再投資力論. 自治体硏究社. 2008.

古賀純一郎. CSRの最前線. NTT出版. 2005.

宮本憲一. 地域經濟論. 有斐閣. 1989.

今中忠行・中川浩行・西本淸一・松田一弘. 工學倫理. 丸善株式會社. 2010.

金子勝. 脱原發成長論. 築摩書房. 2011.

大友詔雄. 自然エネルギーが生み出す地域の雇用. 自治体硏究社. 2012.

東京電力福島原子力発電所における事故調査・検証委員会. 政府事故調報告書. 2012.7.

藤野純一外. 低炭素社會に向けた12の方策. 日刊工業新聞社. 2009.

藤田祐幸. もう原發にはだまされない. 靑志社. 2011.

滝川薫・村上敦・池田憲昭・田代かおる・近江まどか.　欧州のエネルギー自立地域.　学芸出版社. 2012.

栗山浩一. 環境経済学の基本と仕組みがよくわかる本. 秀和システム. 2008.

飯田哲也.原発の終わり, これからの社会エネルギー政策のイノベーション. 学芸出版社. 2011.

保母武彦. 公共事業をどう変えるか. 岩波書店. 2001.

本多勝一. 麦とロッキード. 講談社. 1983.

山崎久隆. 原子力施設への破壊的行動の意味. アソシエ, 10. 御茶の水書房. 2002.

山崎元.　ベーシックインカムの誤解を解く. 山崎元のマルチスコープ.　ダイヤモンド・オンライン. 2012.3.21.

山森亮. ベーシック・インカム入門. 光文社. 2009.

三橋規宏. 環境再生と日本經濟. 岩波新書. 2004.

上岡直見. クルマの不経済学. 北斗出版. 1996.

上岡直見. 自動車にいくらかかっているか. コモンズ. 2002.

西岡秀三. 日本低炭素社會のシナリオ: 二酸化炭素70%削減の道筋. 日刊工業新聞社. 2008.

西川潤. 人間のための経済学−開發と貧困を考える. 岩波書店. 2000.

船瀬俊介. 巨大地震が原発を襲う. 地湧社. 2007.

細内信孝. がんばる地域のコミュニティビジネス―起業ワークショップのすすめ. 学陽書房. 2008.

小島寛之. エコロジストのための経済学. 東洋経済新報社. 2006.

小沢修司. 持続可能な福祉社会とベーシック・インカム. 公共研究. 3(4), 46−63. 千葉大学大学院　人文社会科学研究科. 2007.3.

水谷洋一・酒井正治・大島堅一. 地域發!−ストップ温暖化ハンドブック: 戦略的政策形成のすすめ.　昭和堂. 2008.

宇沢弘文. 自動車の社会的費用. 岩波書店. 1974.

遠州尋美. 低炭素社会への選択−原子力から再生可能エネルギーへ. 法律文化社. 2009.

日経サイエンス編集部. 低炭素革命. 日経サイエンス社. 2008.

日本スマートエナジー. 最新排出権取引の基本と仕組みがよ～くわかる本. 秀和システム. 2008.

日本總合研究所. 地球温暖化で伸びるビジネス. 東洋経済新報社. 2008.

日本土木工學會. エコポリス計劃策定基礎調査. 日本土木工學會. 1988.

自治体問題研究所. 社會保障の経済効果は公共事業より大きい. 自治体研究社. 1998.

諸富徹. 環境. 岩波書店. 2003.

諸富徹・淺岡美惠. 低炭素経済への道. 岩波書店. 2003.

佐藤由美. 自然エネルギーが地域を変える. 学芸出版社. 2003.

酒井憲一. 百億人のアメニティ. 築磨書店. 1998.

進士五十八. グリーン・エコライフ ―「農」とつながる緑地生活―. 小学館. 2010.

青山吉隆・中川大・松中亮治. 都市アメニティの経済学. 学芸出版社. 2003.

清水修二. 原發になお地域の未來を託せるか. 自治体研究社. 2011.

諏訪雄三. 公共事業を考える. 新評論. 2003.

環境経濟・政策學會. 環境経濟・政策學の基礎知識. 有斐閣. 2006.

環境省・日本交通公社. エコツーリズム. 平凡社. 2004.

丸田賴一. 環境都市事典. 朝倉書店. 2005.

荒井久治. 自動車の發達史(下). 山海堂. 1996.

찾아보기

_ 인명색인